零基础学 Qt 6编程

霍亚飞 编著

人民邮电出版社

北京

图书在版编目（C I P）数据

零基础学Qt 6编程 / 霍亚飞编著. -- 北京：人民
邮电出版社，2024.8
ISBN 978-7-115-63770-3

Ⅰ．①零… Ⅱ．①霍… Ⅲ．①软件工具－程序设计
Ⅳ．①TP311.561

中国国家版本馆CIP数据核字(2024)第039140号

内 容 提 要

　　这是一本 Qt 6 编程入门书，同步讲解了 Qt Widgets 和 Qt Quick 编程内容。全书共 14 章，前 8 章是基础内容，包括 Qt 概述、Qt Widgets 窗口部件和 Qt Quick 控件、布局管理、事件系统、界面外观等内容，其中穿插介绍了 Qt Creator 开发环境、Qt 信号和槽机制、Qt 程序编译过程、QML 语法基础等知识；第 9 章介绍图形动画基础；第 10～12 章介绍数据存储和显示的相关内容，本书从 Qt 涉及的众多应用领域中选取了常用的数据处理来重点讲解；第 13 章介绍多媒体应用；第 14 章介绍 QML 和 C++的集成开发。本书注重知识点和实践的结合，提供的实例兼具示范性和实用性，并就知识点提供了 Qt 文档关键字提示，让读者在学习的过程中掌握自主学习的方法并逐步养成良好的编程习惯。

　　本书提供了课件 PPT、实验讲义和程序源码，可作为高等院校相关课程的教材，也可作为各类软件开发人员的参考书。

　◆　编　著　霍亚飞
　　　责任编辑　吴晋瑜
　　　责任印制　王　郁　焦志炜
　◆　人民邮电出版社出版发行　　　北京市丰台区成寿寺路 11 号
　　　邮编　100164　　电子邮件　315@ptpress.com.cn
　　　网址　https://www.ptpress.com.cn
　　　北京七彩京通数码快印有限公司印刷
　◆　开本：787×1092　1/16
　　　印张：21.25　　　　　　　　　2024 年 8 月第 1 版
　　　字数：540 千字　　　　　　　 2025 年 5 月北京第 2 次印刷

定价：99.80 元

读者服务热线：(010)81055410　印装质量热线：(010)81055316
反盗版热线：(010)81055315

前　言

2020 年 12 月，Qt 6.0 发布。Qt 6 是 Qt 的一个新的重大版本，被重新设计为面向未来的生产力平台，提供了更强大、更灵活、更精简的下一代用户体验以及无限的可扩展性。不过新推出的前期版本缺少了 Qt 5.15 提供的一些常用功能。直到 2021 年 9 月，Qt 6.2 发布，作为 Qt 6 系列中第一个长期支持版本，其包含了 Qt 5.15 中的所有常用功能以及为 Qt 6 添加的新功能，从这个版本开始，大量用户开始学习并将应用转移到 Qt 6。2023 年 4 月，Qt 6.5.0 发布，该版本是 Qt 6 系列中第二个长期支持版本，相关功能趋于完善，本书基于该版本进行编写。

Qt 6 包含两种编程技术：Qt Widgets 和 Qt Quick。早期 Qt 作为 C++图形用户界面应用程序开发框架，只提供了基于 C++ Widgets 的编程方式。为了更好地迎合移动触摸设备，Qt 4.7 引入了一种全新的高级用户界面技术 Qt Quick 和一种声明式编程语言 QML，用于创建动态触摸式用户界面和轻量级应用程序。一开始，很多初学者和开发人员因学习和使用哪种技术感到困惑，由于对 Qt Quick 这项新技术不熟悉，加上当时的教程案例较少，更多的人倾向于学习和使用 C++ Widgets。经过十几年的发展，现在移动触摸界面已经成为主流，而 Qt Widgets 已经趋于完善，Qt 官方也把更多精力放到了 Qt Quick 上。所以，如果现在开始学习 Qt，那么 Qt Quick 是必须学习的。当然，作为 Qt 根基的 Qt Widgets 也是要学习的。而且，二者的学习不仅不会冲突，还会相互辅助，同时学习两种编程技术会起到事半功倍的效果。

本书特色

本书的目标是成为一本能让读者零基础入门 Qt 的图书，既适合作为教材由老师讲授，又适合学生自主学习。鉴于此，本书采用了如下方式进行编写。

- Qt Widgets 和 Qt Quick 进行同步讲解。这是本书最大的特点。Qt 现在已经发展为一个庞大的系统，只通过一本书将所有内容都详细介绍到是不现实的。本书精选了初学者入门 Qt 需要学习的一些核心内容，并主要针对图形动画、数据模型视图、Qt 图表、多媒体等常用功能模块进行详细讲解。所有内容都同步讲解了在 Qt Widgets 和 Qt Quick 中的实现方式，让读者学习一遍就能掌握两种编程技术。另外，由于两种编程技术的理念和实现方式是相通的，读者会发现，学习了其中一种实现方式，再学习另外一种会很轻松。
- 实例教学。本书内容以初学者的角度进行叙述，每个小知识点都通过从头编写一个完整的程序来讲解，即便是初学者也可以轻松上手，快速编写出自己的图形界面程序。本书尽量避免使用晦涩难懂的术语，而使用初学者易于理解的语言编写，目标是与读者进行对话，让初学者在快乐中掌握知识。
- 授之以渔。本书旨在向读者传授一种学习方法，告诉读者怎样发现问题、解决问题，怎样获取知识，而不是向读者灌输知识。本书的很多内容是基于 Qt 参考文档的，读者在学习时一定要多参考 Qt 帮助文档。本书讲解所有知识点和示例程序时，都明确标出了其在 Qt 帮助文档中对应的关键字，从而让内容有迹可循。

● 社区支持。本书以 Qt 开源社区为依托。读者可以通过论坛、邮件、QQ 群、微信公众号等方式和作者零距离交流。本书对应的网络教程是持续更新的，微信公众号和社区网站还会同步更新最新的资讯和优秀教程资源。

面向的读者

本书适合没有 Qt 编程基础、有 Qt 编程基础但是想系统学习 Qt Widgets 和 Qt Quick 开发的读者，也适合想从 Qt 5 跨入 Qt 6 编程的读者。要学习 Qt Widgets 编程内容，建议有一定的 C++基础，没有基础的读者可以在学习本书的同时学习 C++基础知识。本书提供了丰富的课件 PPT、实验讲义和程序源码，可作为高等院校相关课程的入门教材。

如何使用本书

本书共 14 章，前 8 章是基础内容，其中第 5 章是重点和难点，需要读者加强学习；第 9 章介绍图形动画基础，学习完本章可以实现动态界面和小游戏设计；第 10～12 章介绍数据存储和显示、Qt 图表以及 Qt 数据可视化等内容，因为 Qt 涉及的应用领域众多，本书选取了常用的数据处理来重点讲解；第 13 章介绍多媒体应用，其中包含音视频播放以及拍照、视频录制等内容；第 14 章介绍 QML 和 C++的集成开发，学习完本章可以更好地将 Qt Widgets 程序和 Qt Quick 程序进行融合。读者可以先学习前 8 章的内容，然后循序渐进地学习其余章节；有 Qt 编程基础的读者，可以根据需要进行选择性学习。对于 QML 语言，读者可以在编程实践中学习。本书没有将 QML 语法介绍单独作为一章，而是将其放到了附录中，读者可以在需要时自行查阅。

本书还配套了精心设计的课件 PPT 和实验讲义。囿于篇幅，很多图片和流程性的内容无法过多展示，但是通过 600 余页的 PPT 和 8 组实验，对书本内容进行了扩展，例如，书中未出现的 MySQL 数据库的安装与使用、Android 平台开发环境构建等内容，以及两个综合实例，都予以了补充。

本书为每一个知识点都设计了一个示例程序，而且列出了详细的项目构建过程，即便是初学者也可以根据书本内容轻松开发自己的应用。在学习过程中，笔者建议读者多动手，尽量自己按照步骤编写代码，当遇到自己无法解决的问题时，再去参考本书提供的源代码。每学习一个知识点，本书都会给出 Qt 帮助中的关键字——建议读者详细阅读 Qt 帮助文档，看看英文原文是如何描述的。不要害怕阅读英文文档，因为很难在网上找到所有文档的中文翻译；有时即使有中文翻译，也可能偏离原意，所以最终还是要自己去读原始文档。只要坚持，掌握了一些英文术语和关键词以后，阅读英文文档就不成问题。Qt 文档非常详细，学会查看参考文档是入门 Qt 编程的重要一步。

书中使用的 Qt 版本的说明

为了避免使用不同的操作系统而产生不必要的问题，建议读者使用本书采用的 Windows 10 操作系统。这里要向对 Qt 版本不是很了解的读者说明一下，对于 Qt 程序开发，只要没有平台相关的代码，无论是在 Windows 系统下进行开发还是在 Linux 系统下进行开发，无论是进行桌面程序开发还是进行移动平台或者嵌入式平台的开发，都可以做到编写一次代码，然后分别进行编译。这也是 Qt 最大的特点，即所谓的"一次编写，随处编译"。当然，这一特点要求没有平台相关代码。不过，对于本书讲述的基本内容，读者只需要学好知识，然后编写代码，在不同系统使用不同的 Qt 版本进行移植、编译即可。

在学习本书时，推荐大家使用指定的 Qt 和 Qt Creator 版本，因为对于初学者来说，任何微小的差异都可能导致错误的理解。当然，这不是必需的。

致谢

首先要感谢王峰松老师的信任和支持，他给了我很多有益的建议和充足的时间，确保了书稿和配套内容的质量。其次要感谢那些关注和支持我的朋友，是他们的一路支持和肯定，才让我有了无穷的动力。最后要感谢曾对本书内容做出贡献的周慧宗、董世明、程梁（豆子 devbean）等。得益于众多好友的帮助和支持，本书才可以在最短时间内以较高的质量呈现给广大读者。

由于作者技术水平有限，Qt 6 中又是全新的技术和概念，并且没有统一的中文术语参考，因此书中难免有各种理解不当和代码设计问题，恳请读者批评指正。读者可以到 Qt 开源社区下载本书的源码，查看与本书对应的不断更新的系列教程，也可以与作者进行在线交流和沟通，我在 Qt 开源社区等待大家。

作　者

资源与支持

资源获取

本书提供如下资源：
- 配套源代码；
- 课件 PPT；
- 实验讲义；
- 综合实例设计；
- 教学大纲及教学计划。

要获得以上资源，扫描下方二维码，根据指引领取。

提交错误信息

作者和编辑尽最大努力来确保书中内容的准确性，但难免会存在疏漏。欢迎您将发现的问题反馈给我们，帮助我们提升图书的质量。

当您发现错误时，请登录异步社区（https://www.epubit.com），按书名搜索，进入本书页面，单击"发表勘误"，输入错误信息，单击"提交勘误"按钮即可（见下图）。本书的作者和编辑会对您提交的错误进行审核，确认并接受后，您将获赠异步社区的 100 积分。积分可用于在异步社区兑换优惠券、样书或奖品。

图书勘误		发表勘误
页码： 1	页内位置（行数）： 1	勘误印次： 1
图书类型： ◉ 纸书　电子书		

添加勘误图片（最多可上传4张图片）

+

提交勘误

全部勘误　我的勘误

与我们联系

我们的联系邮箱是 wujinyu@ptpress.com.cn。

如果您对本书有任何疑问或建议，请您发邮件给我们，并请在邮件标题中注明本书书名，以便我们更高效地做出反馈。

如果您有兴趣出版图书、录制教学视频，或者参与图书翻译、技术审校等工作，可以发邮件给我们。

如果您所在的学校、培训机构或企业想批量购买本书或异步社区出版的其他图书，也可以发邮件给我们。

如果您在网上发现有针对异步社区出品图书的各种形式的盗版行为，包括对图书全部或部分内容的非授权传播，请您将怀疑有侵权行为的链接通过邮件发送给我们。您的这一举动是对作者权益的保护，也是我们持续为您提供有价值的内容的动力之源。

关于异步社区和异步图书

"异步社区"（www.epubit.com）是由人民邮电出版社创办的 IT 专业图书社区，于 2015 年 8 月上线运营，致力于优质内容的出版和分享，为读者提供高品质的学习内容，为作译者提供专业的出版服务，实现作者与读者在线交流互动，以及传统出版与数字出版的融合发展。

"异步图书"是异步社区策划出版的精品 IT 图书的品牌，依托于人民邮电出版社在计算机图书领域多年来的发展与积淀。异步图书面向 IT 行业以及各行业使用 IT 技术的用户。

目　　录

第 1 章　开始 Qt 6 编程

Qt 是一个完整的跨平台软件开发框架，其致力于简化桌面、嵌入式和移动平台的应用程序和用户界面的开发。经过 30 余年的发展，现在全球 70 多个行业数以亿计的设备和应用在使用 Qt。最新版本 Qt 6 是面向未来的生产力平台，可以使用同一套工具设计、开发 2D 和 3D 用户界面，实现下一代用户体验。

本章将从 Qt 的历史、特色开始，对 Qt 的两大界面开发技术、Qt Creator 以及几个常见的 Qt 工具进行详细介绍，带领读者全面了解 Qt。通过本章内容的阅读，读者将对 Qt 有一个整体的认识，为学习本书后面的知识打下良好的基础。

1.1　Qt 概述

Qt 是一个跨平台的应用程序和 UI 开发框架。使用 Qt 只需一次性开发应用程序，无须重新编写源代码，便可跨不同桌面和嵌入式操作系统编译部署这些应用程序。Qt 默认的 IDE（Integrated Development Environment，集成开发环境）是 Qt Creator，它是一个全新的跨平台 Qt IDE。Qt Creator 是由 Qt 构建的，可单独使用，也可与 Qt 库和开发工具组成一套完整的 SDK（Software Development Kit，软件开发工具包），其中包括高级 C++代码编辑器、项目和生成管理工具、集成的上下文相关的帮助系统、图形化调试器、代码管理和浏览工具等。Qt 本身是一个 C++开发框架，前期只有 C++ Widgets 一种开发技术，直到 Qt 4.7 引入了一种高级用户界面技术 Qt Quick，该技术更便于开发人员和设计人员协同创建动态触摸式用户界面和应用程序。

1.1.1　Qt 的历史

1995 年，挪威的奇趣科技公司（Trolltech）的两位创始人 Haavard Nord 和 Eirik Chambe-Eng 合作开发了 Qt 框架，并于当年 5 月发布了 Qt 第一个公开版本。初版 Qt 只有两个版本：适用于类 Unix 平台的 Qt/X11 和适用于 Windows 平台的 Qt/Windows。

2001 年年底，奇趣科技发布了 Qt 3，增加了对 macOS X 平台的支持。2005 年 6 月，奇趣科技发布了 Qt 4。这是一个全新的版本，与之前的 3.x 系列不仅二进制不兼容，甚至 API 也不兼容。

2008 年 6 月，诺基亚宣布完成对 Trolltech 的收购。同年，诺基亚将 Qt 的名字更改为 Qt Software，然后又更改为 Qt Development Framework。在诺基亚的领导下，Qt 的工作重心由桌面系统转移至诺基亚旗下的手持设备。2009 年 5 月 11 日，诺基亚宣布 Qt 源代码在著名的 Git 托管平台 Gitorious 面向公众开放，这标志着 Qt 正式成为面向社区的开源框架。

2009 年 3 月，Qt 4.5 发布，这是 Qt 被诺基亚收购后发布的首个全新版本，同时发布的还有全新的跨平台集成开发环境 Qt Creator 1.0。另外，Qt 还首次提供了可与现存的商业授权和 GPL 授权并行的 LGPL 授权。2009 年 12 月，Qt 4.6 发布，首次包含了对 Symbian 平台的支持。2010 年 9 月，Qt 4.7 发布，引入了一种全新的高级用户界面技术 Qt Quick 和一种声明式编程语言 QML，用于为移动和嵌入设备创建动态触摸式用户界面和轻量级应用程序。

2011 年 2 月，诺基亚宣布放弃自己的 Symbian 平台，转而投向微软公司的 Windows Phone

平台。2011 年 3 月，Digia（一家总部位于芬兰的 IT 业务供应商）与诺基亚公司签署协议，收购 Qt 商业许可证和服务业务。2012 年，Digia 从诺基亚收购 Qt 软件技术和 Qt 业务。收购完成后，Digia 负责之前诺基亚开展的所有 Qt 业务，包括研发、商业许可证、开源许可证和专业服务等业务。Digia 宣布将努力促使 Qt 支持 Android、iOS 和 Windows Phone 三大平台，并且继续关注桌面和嵌入式平台的开发。这意味着 Qt 正在努力成为一个全平台的开发框架。

2012 年 12 月，Qt 5 正式发布，这是继 Qt 4 之后的另一个大的升级。Qt 5 引入了全新的硬件加速图形处理，并且将 QML 和 Qt Quick 提升到与 C++等同的地位。传统的基于 C++的 Qt Widgets 仍将继续获得支持，但是全新的架构所带来的性能提升则更多作用于 QML 和 Qt Quick。

2014 年，Qt 公司在 Digia 内部成立。2016 年，Digia 公司分拆业务，与 Digia 的 Qt 业务相关的所有资产、负债和责任都转移到了新设立的 Qt 公司。分拆后，Qt 公司成为独立的上市公司。

2020 年 12 月，Qt 6.0 正式发布。为了适应不断发展的新技术和新需求，Qt 6 在利用 C++17、下一代 QML、新的图形架构、Qt Quick 统一 2D 和 3D、完全支持 CMake 等核心重点领域进行了大量改进，目标是让 Qt 成为未来的生产力平台。早期的 Qt 6 版本在一些功能上并不完善。2021 年 9 月，Qt 6 的第一个长期支持版本 Qt 6.2 LTS 发布，这是第一个推荐入门使用的 Qt 6 版本。

1.1.2　Qt 的特色

作为一个跨平台的应用程序开发框架，Qt 6 系列和 Qt 庞大的生态系统为微控制器（MCU）到超级计算机等各种硬件、操作系统或裸机，提供了整个产品线的设计和原型实现、开发和编码、调试和测试、部署和维护等所需的一切。整体来说，Qt 主要具有如下特色。

- 支持跨平台开发：Qt 可以"一次开发、任意部署"，可以在 Linux、Windows 或 macOS 上设计、开发一套代码，然后交叉编译到各种操作系统或裸机上进行部署，目标平台包括桌面平台（Linux/X11、macOS、Windows）、移动平台（Android、iOS）、嵌入式平台（Android Automotive OS、webOS OSE、嵌入式 Linux、实时操作系统 INTEGRITY 和 QNX）、Web 平台（WebAssembly）等。

- 配套工具齐全：Qt 拥有众多全流程的设计开发工具，可以为项目简化每一步工作流程。不仅有可供设计师和开发者无缝协作的 Qt Design Studio，还有跨平台的集成开发环境 Qt Creator，可以帮助用户编写代码，完成构建、编译、本地化等任务。另外，Qt 还有众多质量管理工具和部署工具，能够为整个软件生命周期提供全面保障。

- 拥有丰富的 API：Qt 包含一整套高度直观、模块化的 C++库类，拥有丰富的 API，可简化应用程序的开发。Qt 具有跨平台的基本组件和功能全面的扩展模块，涉及图形界面、网络、数据库、音视频、3D、图表、XML、数据可视化、Web 等众多领域。Qt 能生成高可读性、易维护和可重用的代码，具有较高的运行效率，且内存占用小。

- 支持多种语言：Qt 支持不同的开发语言，包括 C++、QML 和 Python 等。基于 C++的 Qt Widgets 用于创建复杂的桌面应用程序；而基于声明式 UI 语言 QML 的 Qt Quick 用于创建流畅、动态的移动触摸界面程序，还可以使用 JavaScript 进行逻辑业务描述；Qt for Python 可以通过 Python 进行 Qt 程序开发。

- 开源且永不过时：Qt 根植于开源，其开源社区由全球 150 多万名开发者组成。Qt 的成功部分归功于其强大的社区，社区通过发现和修复 bug，并通过共享其软件开发项目的各种特性来添加 Qt 代码库，从而提高了开发框架的质量。强大且活跃的社区让 Qt 蓬勃发展，使得 Qt 生态系统可以为项目的未来保驾护航。

1.1.3　Qt 软件开发框架介绍

Qt 包含一整套高度直观、模块化的 C++ 类库，拥有丰富的 API，可简化应用程序的开发。Qt 的模块可以分为 Qt 基本模块（Qt Essentials）和 Qt 扩展模块（Qt Add-Ons），整个开发框架如图 1-1 所示。

图 1-1　Qt 软件开发框架示意图

Qt 基本模块定义了 Qt 在所有平台上的基本组件，在所有 Qt 支持的开发平台和经过测试的目标平台上都可以使用。其中的 API 和库是 Qt 的基石，相关模块如表 1-1 所示。

表 1-1　Qt 基本模块

模 块 名 称	描　　　述
Qt Core	供其他模块使用的非图形核心类
Qt GUI	图形用户界面组件的基类，包括 OpenGL
Qt Widgets	用 C++ Widget 扩展 Qt GUI 的类
Qt QML	定义并实现了 QML 语言，也包含相关 C++ API
Qt Quick	QML 的标准组件库，用于构建具有自定义用户界面的动态应用程序
Qt Quick Dialogs	包含一些用于在 Qt Quick 中创建系统对话框并与之交互的类型
Qt Quick Layouts	包含一些用于在 Qt Quick 用户界面中排列布局项目的类型
Qt Quick Controls	为桌面、嵌入式和移动设备创建高性能用户界面提供的轻量级 QML 控件类型。这些控件采用简单的样式架构，非常高效
Qt Quick Test	QML 应用程序的单元测试框架，其中测试用例被写成 JavaScript 函数
Qt Test	用于 Qt 应用程序和库进行单元测试的类
Qt Network	网络相关的类，能够让网络编程更加简单和易于移植
Qt D-Bus	通过 D-Bus 协议进行进程间通信的类

Qt 是一个涉及众多领域的全面框架，除了基本模块，还包含了许多扩展模块，旨在为使用者提供真正的专业开发体验。Qt 包含数十种扩展模块，常用的一些扩展模块如表 1-2 所示。

表 1-2　Qt 常用的扩展模块

模 块 名 称	描　　　述
Qt Multimedia	音频、视频、收音机和相机相关功能的类
Qt Multimedia Widgets	Qt 多媒体子模块，包含用于实现多媒体功能的基于 Widget 的类
Active Qt	该模块的类能够使应用程序调用 ActiveX 和 COM 接口
Qt 3D	支持 2D 和 3D 渲染的近实时仿真系统的功能

续表

模 块 名 称	描　　述
Qt Bluetooth	提供对蓝牙硬件的访问
Qt Concurrent	可在不调用底层 Qt 原始多线程框架的情况下实现多线程功能
Qt Help	用于将文档集成到应用程序中的类，类似 Qt Assistant
Qt Image Formats	支持其他图像格式（TIFF、MNG、TGA 和 WBMP 等）的插件
Qt Print Support	该模块的类能够让打印更加简单和易于移植
Qt Quick Widgets	提供一个用于显示 Qt Quick 用户界面的 C++ Widget 类
Qt SCXML	提供从 SCXML 文件创建状态机并将其嵌入应用程序的类和工具
Qt Sensors	提供对传感器硬件和动作手势识别的访问
Qt Serial Bus	提供对串行工业总线接口的访问。目前该模块支持 CAN 总线和 Modbus 协议
Qt Serial Port	提供对硬件和虚拟串行端口的访问
Qt SVG	用于显示 SVG 文件内容的类。支持 SVG 1.2 Tiny 标准的一个子集
Qt WebChannel	提供从 HTML 客户端对 QObject 或 QML 对象的访问，以实现 Qt 应用程序与 HTML/JavaScript 客户端的无缝集成
Qt WebEngine	用于在使用 Chromium 浏览器项目的应用程序中嵌入网络内容
Qt WebSockets	提供符合 RFC 6455 的 WebSocket 通信
Qt WebView	通过使用平台自带的 API 在 QML 应用程序中显示网页内容，而不需要包含完整的网页浏览器栈
Qt XML	XML 相关的类，提供 SAX 和 DOM 的 C++实现
Qt SQL	使用 SQL 进行数据库集成的相关类
Qt Charts	用于展示视觉效果良好的图表的 UI 组件，由静态或动态数据模型驱动
Qt Data Visualization	用于创建酷炫的 3D 数据可视化的 UI 组件
Qt Virtual Keyboard	实现不同输入方法的框架以及 QML 虚拟键盘
Qt Device Utilities	提供用于控制嵌入式应用程序中各种设置的功能
Qt Quick Timeline	启用基于关键帧的动画和参数化
Qt State Machine	提供用于创建和执行状态图的类
Qt Quick 3D	为创建基于 Qt Quick 的 3D 内容或 UI 提供了一个高级 API
Qt Quick 3D Physics	提供了一个高级 QML 模块，为 Qt Quick 3D 添加了物理模拟功能
Qt PDF	包含用于显示 PDF 文件的类

1.1.4　Qt 的授权

对于应用程序开发，Qt 提供了商业和开源许可证下的双重许可证。商业许可证包含了根据自己的条件创建和分发软件的全部权利，无须承担任何开源许可义务，还可以获得官方的技术支持。Qt 也可以在 GPL 和 LGPLv3 开源许可证下使用，不过，Qt 工具和一些库仅在 GPL 下可用。Qt 开源许可非常适合开源项目、学术目的或者学生学习使用等项目。用户可以在 Qt 官网查看 Qt 授权的详细信息，也可以在安装 Qt 时查看 LGPLv3 等许可证的详细内容。

1.1.5　Qt Quick 和 QML 介绍

Qt Quick 作为一种新的界面技术，已经经过了十几年的发展。对于初学者而言，其实只需要学习最新版本的 Qt Quick 即可。不过为了避免被一些以前的术语或概念影响，读者可以先了解一下 Qt Quick 的由来和发展过程，今后如果看到一些相关名词，知道其作用即可。

1. 由来和发展

自 2005 年 Qt 4 发布以来，Qt 已成功在桌面和移动系统开发了众多应用。但是随后几年，计算机用户的使用模式发生了翻天覆地的变化：用户逐步从使用固定的 PC 转换到使用便携式计算机和现代移动设备。传统的桌面系统被越来越多的触屏式智能手机和平板电脑所取代，经典的窗口界面时代已经成为过去。使用 Qt 的经典 C++代码实现兼容不同大小屏幕的程序变得愈加困难。在这样的背景下，急需一种全新的界面开发工具适应现代化界面开发工作。

Qt 4 被设计用来开发适用于所有主流平台的桌面应用。为了给所有的主流桌面和移动系统提供基于触摸的现代化用户界面，从 2010 年发布的 Qt 4.7 开始引入了 Qt Quick 技术。当时对 Qt Quick 的定义为："一种高级用户界面技术，可以轻松创建供移动和嵌入式设备使用的动态触摸式界面和轻量级应用程序。"Qt Quick 主要由一个改进的 Qt Creator IDE（其中包含了 Qt Quick 设计器）、新增的简单易学的 QML（Qt Meta-Object Language，Qt 元对象语言）和新加入 Qt 库中名为 QtDeclarative 的模块等三部分组成。这些使得 QML 更方便不熟悉 C++的开发人员和设计人员使用。

Qt 4 中，QML 应用使用图形视图框架渲染；Qt 5 则改为使用更先进、性能更好的 OpenGL 场景图架构。由于渲染架构的改变，Qt 5 废弃了 QtDeclarative 模块，将所有 Qt Quick 的内容划分为两个相对独立的模块：Qt QML 和 Qt Quick。基于兼容性目的，QtDeclarative 模块一开始并没有完全移除，而是被移动到新的 Qt Quick 1 模块中。这个模块只是为向前兼容而存在，到 Qt 5.6 发布时已经被彻底移除。相对于 Qt Quick 1，Qt 5 中的 Qt Quick 模块是 2.x 版本，所以也被称为 Qt Quick 2。

2. Qt 6 中 QML 的概念

QML 是一种用于描述应用程序用户界面的声明式编程语言，它使用一些可视组件以及这些组件之间的交互和关联来描述用户界面。QML 是一种高可读性的语言，可以使组件以动态方式进行交互，并且组件在用户界面中可以很容易地实现自定义和重复使用。QML 允许开发者和设计者以类似的方式创建具有流畅动画效果、极具视觉吸引力的高性能应用程序。

QML 提供了一个具有高可读性的类似 JSON 的声明式语法，并提供了必要的 JavaScript 语句和动态属性绑定的支持。QML 语言和引擎框架由 Qt QML 模块提供。Qt QML 模块为 QML 语言开发应用程序和库提供了一个框架，它定义并实现了语言及其引擎架构，并且提供了一个接口，允许应用开发者以自定义类型和集成 JavaScript、C++代码的方式来扩展 QML 语言。Qt QML 模块提供了 QML 和 C++两套接口。

3. Qt 6 中 Qt Quick 的概念

广义上来说，Qt Quick 是 Qt 中基于 QML 语言的一种用户界面技术的统称，它是 QML、JavaScript 和 C++等多种技术的集合。具体来说，在 Qt 框架中 Qt Quick 模块是 QML 类型和功能的标准库，包含了可视化类型、交互类型、动画、模型、视图、粒子特效和渲染特效等。

在 QML 应用程序中，我们可以通过一个简单的 import 语句来使用 Qt Quick 模块提供的所有功能。Qt QML 模块提供了 QML 的引擎和语言基础，而 Qt Quick 模块提供了 QML 创建用户界面所需的所有基本类型。Qt Quick 模块提供了一个可视画布，并提供了丰富的类型，用于创建可视化组件、接收用户输入、创建数据模型和视图、生成动画效果等。Qt Quick 模块提供了两种接口：使用 QML 语言创建用户界面的 QML 接口和使用 C++语言扩展 QML 的 C++接口。使用 Qt Quick 模块，设计人员和开发人员可以轻松地构建流畅的动态式 QML 用户界面，并且在需要的时候将这些用户界面连接到任何 C++后端。

从 Qt 5.7 开始，Qt Quick 引入了一组界面控件，使用这些控件可以更简单地创建完整的应用界面。这些控件包含在 Qt Quick Controls 模块中，包括各种窗口部件、视图和对话框等。

1.2　如何选择 Qt Widgets 和 Qt Quick

Qt 6 包含两种用户界面技术：Qt Quick 和 Qt Widgets。Qt Quick 开发的界面流畅、动态，适合于触摸界面；而 Qt Widgets 用于创建复杂的桌面应用程序。Qt Quick 最早出现在 Qt 4.7 版本，作为一种全新的用户界面技术被引入，其目的就是应对现代化的移动触摸式界面。经过不断优化，直到 Qt 5 发布，Qt Quick 才真正发展壮大，并且能够与 Qt Widgets 平分秋色。与 Qt Widgets 使用 C++进行开发不同，Qt Quick 使用 QML 来构建用户界面，并使用 JavaScript 来实现逻辑。

本节对 Qt 6 中的 Qt Quick 和 Qt Widgets 两种技术进行对比介绍，让读者了解在实际编程中应该使用哪种技术。虽然二者存在区别，但是同样基于 Qt 核心理念进行开发，所以它们在功能实现上也存在着很多联系，本书后面的章节会对这两种技术进行对比讲解，读者在对比学习时可以看到两者是一脉相承的。

1.2.1　两者的区别

前文提到 Qt Quick 和 Qt Widgets 两种用户界面技术，对于初学者而言，选择哪种技术可能是一个头疼的问题，下面我们对两者进行多方面对比，如表 1-3 所示。

表 1-3　Qt Quick 和 Qt Widgets 用户界面技术对比

对比内容	Qt Quick、Qt Quick Controls	Qt Widgets	备　　注
使用的语言	QML/JS	C++	
原生外观和视觉	√	√	Qt Widgets 和 Qt Quick Controls 在目标平台上都支持原生的外观
自定义样式	√	√	Qt Widgets 可以通过样式表进行样式自定义，Qt Quick Controls 具有可自定义样式的选择
流畅的动画 UI	√		Qt Widgets 不能很好地通过缩放来实现动画，而 Qt Quick 通过声明方式提供了一种方便且自然的方法来实现动画
触摸屏支持	√		Qt Widgets 通常需要使用鼠标指针来进行良好的交互，而 Qt Quick 提供了 QML 类型来完成触摸交互
标准行业小部件		√	Qt Widgets 提供了构建标准行业类型应用程序所需的丰富部件和功能
模型/视图编程	√	√	Qt Quick 提供了方便的视图，而 Qt Widgets 提供了更方便和完整的框架。除了 Qt Quick 视图，Qt Quick Controls 还提供了 TableView 控件
快速 UI 开发	√	√	Qt Quick 是快速 UI 原型制作和开发的最佳选择
硬件图形加速	√	√	Qt 为 Qt Quick 界面提供了完整的硬件加速，而 Qt Widgets 界面通过软件进行渲染
图形效果	√		一些 Qt Quick 模块提供了图形效果，而 Qt Widgets 界面可以使用 Qt GUI 模块来实现一些图形效果
富文本处理	√	√	Qt Widgets 为文本编辑器提供了全面的基础支持，Qt 的富文本文档类也可以在 Qt Quick 和 Qt Quick Controls 的 TextArea 控件中使用，但可能需要一些 C++实现

1.2.2　如何选择两种技术

Qt Quick 用于创建动态和流畅的用户界面，而 Qt Quick Controls 提供了按钮、对话框和菜单等控件，不仅可以用来开发移动应用程序，也可以用来开发桌面应用程序。

Qt Widgets 包含了桌面环境中常见的用户界面小部件，这些小部件与底层平台很好地集成在一起，可以在 Windows、Linux 和 macOS 上提供原生外观。与 Qt Quick 不同，这些小部件适用于创建大型桌面应用程序，不太适合创建具有流畅界面的以触摸为中心的应用程序。

总体来说，Qt Quick 是触摸界面应用的最佳选择。推荐使用 Qt Quick 的情况如下。

- 使用短周期原型化设计。
- 在移动、嵌入式设备或 MCU 上运行。
- 在触摸屏上工作。
- 包含大量动画和图形效果。

Qt Widgets 主要用于创建复杂的桌面应用程序。推荐使用 Qt Widgets 的情况如下。

- 大型标准工业应用。
- 仅在桌面上运行。
- 类似于本地 Linux、macOS 和 Windows 应用程序。
- 需要很好地集成到底层平台中。

1.3 Qt 6 的下载和安装

本节通过下载和安装 Qt 6，正式带读者开始 Qt 的学习之路。需要说明的是，本书使用的开发平台是 Windows 10 桌面平台，主要讲解 Windows 版本的 Qt 6，使用其他平台的读者可以参照学习。为了避免因开发环境的版本差异而产生不必要的问题，我们推荐读者在学习本书前下载和本书相同的软件版本。本书使用 Qt 6.5.0 版本，其中包含了 Qt Creator 10.0。

安装 Qt 和 Qt Creator 时，需要下载 Qt Online Installer 进行在线安装，读者可以到 Qt 官网下载，选择下载开源版（Downloads for open source users），然后进行下载。

下载完成后双击运行，首先出现的是欢迎界面，在这里需要登录 Qt 账户，如果没有，可以单击下面的"注册（Sign up）"进行注册，当然也可以到 Qt 官网进行注册。在安装文件夹选择界面，可以指定安装的路径（注意不能包含中文）。在选择组件界面，可以选择安装一些模块，鼠标指针移到一个组件上，可以显示该组件的简单介绍。这里主要选择了 MinGW 版本的 Qt 6.5.0 和一些附加库，建议初学者使用相同的选择，为了方便后面学习移动开发内容，读者也可以先勾选上 "Android" 选项，如图 1-2 所示（注意，读者可以直接安装最新版本，如果想安装和本书相同的版本，可以勾选右侧的 "Archive" 复选框后单击下面的"筛选"按钮。后期还可以使用 Qt 安装目录里的 MaintenanceTool.exe 工具添加或者删除组件）。后面的安装过程选择默认设置即可。

图 1-2 Qt 安装时选择组件的界面

组件中的 MinGW 表明该版本 Qt 使用了 MinGW 作为编译器。MinGW 即 Minimalist GNU For Windows，是将 GNU 开发工具移植到 Win32 平台下的产物，是一套 Windows 上的 GNU 工具集，用其开发的程序不需要额外的第三方 DLL 支持就可以直接在 Windows 下运行。在 Windows 系统中，用户还可以使用 MSVC 版本的 Qt，需要使用 Visual C++作为编译器。

1.4 Qt Creator 开发环境简介

Qt Creator 是一个跨平台的、完整的 Qt 集成开发环境，其中包括了 C++ 和 QML 代码编辑器、项目和生成管理工具、集成的上下文相关的帮助系统、图形化调试器、代码管理和浏览工具等。

1.4.1 Qt Creator 的特色

Qt Creator 作为集成开发环境，从简洁明了的项目创建向导、功能完善的代码编辑器、上下文相关的帮助系统到丰富的项目版本控制等，为项目开发提供了所需要的一切。总体来说，Qt Creator 包含以下特色。

- 支持多种系统平台：可以在 Windows、Linux 和 macOS 桌面操作系统上运行，并允许开发人员编译构建桌面、移动和嵌入式平台应用程序。通过构建设置可以轻松地在目标之间切换。
- 强大的代码编辑器：可以在 Qt Creator 代码编辑器上使用 C++、QML、JavaScript、Python 和其他语言编写代码，具备代码补全、语法突出显示、代码重构等功能。
- 简明的向导和丰富的示例：在 Qt 项目向导的引导下，可以轻松创建项目；借助大量演示程序、代码示例和分布教程，可以帮助使用者快速入门。
- 所见即所得的 UI 设计工具：包括 Qt 设计师（Qt Designer）和 Qt Quick 设计师（Qt Quick Designer），前者用于 Qt Widgets 设计和构建图形用户界面，可以用带有传统 C++ Qt API 的表单快速设计和构建小部件和对话框；后者可以从头开始或基于现成的 UI 控件快速设计和构建 Qt Quick 应用程序和组件。
- 好用的帮助系统：集成了 Qt 助手（Qt Assistant），从而实现上下文相关的帮助系统，可以从编辑器一键进入关键字的帮助文档。格式清晰、内容详尽的帮助文档可以让使用者快速上手。
- 快速完成国际化：通过集成 Qt 语言家（Qt Linguist），可以方便快捷地将 Qt C++和 Qt Quick 应用程序翻译成本地语言。
- 方便的项目和版本管理：无论导入现有项目，还是从头开始创建一个项目，Qt Creator 都能生成所有必要的文件，包括支持 CMake 和用 qmake 进行交叉编译。
- 丰富的调试和性能分析：集成调试器和性能分析器，对于 C++代码，支持设置断点、单步调试和远程调试等功能；对于 QML 应用程序，通过时间线和火焰图，可以由 CPU 和内存使用情况的可视化表示快速识别性能瓶颈。
- 支持多种版本控制：Qt Creator 集成了大多数流行的版本控制系统，包括 Git、Subversion、Perforce 和 Mercurial 等。

1.4.2 Qt Creator 界面介绍

打开 Qt Creator，其界面如图 1-3 所示。它主要由主窗口区、菜单栏、模式选择器、构建套件选择器、定位器和输出窗口等部分组成，简单介绍如下。

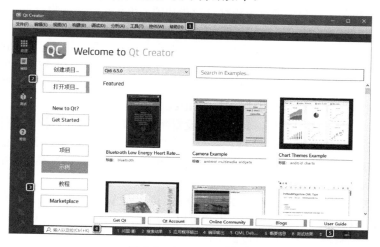

图 1-3　Qt Creator 界面

1. 菜单栏（Menu Bar）

菜单栏中有 9 个常用的功能菜单。

- "文件"菜单：包含新建、打开和关闭项目或文件、打印及退出等基本功能菜单。
- "编辑"菜单：这里有撤销、剪切、复制、查找和选择编码等常用功能菜单，在"高级"菜单中还有标示空白符、折叠代码、改变字号大小和使用 vim 风格编辑等功能菜单。这里的"Preferences"菜单包含了 Qt Creator 各个方面的设置选项：环境设置、文本编辑器设置、帮助设置、构建和运行设置、调试器设置和版本控制设置等。用户可以在环境设置的 Interface 页面设置用户界面主题。
- "视图"菜单：包含控制侧边栏和输出窗口显示等相关菜单。
- "构建"菜单：包含构建和运行项目等相关的菜单。
- "调试"菜单：包含调试程序相关的功能菜单。
- "分析"菜单：包含 QML 分析器、Valgrind 内存和功能分析器等相关菜单。
- "工具"菜单：这里提供了快速定位菜单、C++和 QML/JS 相关工具菜单、测试相关菜单以及 Qt 语言家等外部工具菜单等。
- "控件"菜单：包含设置全屏显示、分栏和在新窗口打开文件等菜单。
- "帮助"菜单：包含 Qt 帮助、Qt Creator 版本信息、报告 bug 和插件管理等菜单。

2. 模式选择器（Mode Selector）

Qt Creator 包含欢迎、编辑、设计、调试、项目和帮助 6 种模式，各种模式完成不同的功能，也可以使用快捷键来切换模式，各自对应的快捷键依次是 Ctrl+数字 1～6。

- 欢迎模式。图 1-3 所示的就是欢迎模式，主要提供了一些功能的快捷入口，如打开帮助教程、打开示例程序、打开项目、新建项目、快速打开以前的项目和会话、联网查看 Qt 官方论坛和博客等。项目页面显示了最近打开的项目列表，可供用户在这里快速打开一个已有项目；示例页面显示了 Qt 自带的大量示例程序，并提供了搜索栏，可以实现快速查找；教程页面提供了一些基础的教程资源；Marketplace 页面分类展示了 Qt 市场的一些内容，如 Qt 库、Qt Creator 插件和马克杯及 T 恤等商品。
- 编辑模式。其主要用来查看和编辑程序代码，管理项目文件。Qt Creator 中的编辑器具有关键字特殊颜色显示、代码自动补全、声明定义间快捷切换、函数原型提示、F1 键快速打开相关帮助和全项目中进行查找等功能。也可以在"编辑→Preferences"菜单项中对编辑器进行设置。

- 设计模式。编写 Qt Widgets 程序时，用户可以在这里设计图形界面，进行部件属性设置、信号和槽设置、布局设置等操作。编写 QML 代码时，用户也可以使用 Qt Quick Designer，以"所见即所得"的方式设计界面。通过"帮助→关于插件"菜单项打开已安装插件对话框，然后在其中勾选 QmlDesigner 项即可启用。

- 调试模式。对于 C++代码，这里支持设置断点、单步调试和远程调试等功能，其中包含局部变量和监视器、断点、线程等查看窗口；对于 QML 代码，可以使用 QML Profiler 工具对 QML 代码进行分析。用户可以在"编辑→Preferences"菜单项中设置调试器的相关选项。

- 项目模式。其包含对特定项目的构建设置、运行设置、编辑器设置、代码风格设置和依赖关系设置等。构建设置中，用户可以对项目的版本、使用的 Qt 版本和编译步骤进行设置；编辑器设置中可以设置文件的默认编码和缩进等。

- 帮助模式。其包含目录、索引、查找和书签等导航模式，可以在帮助中查看和学习 Qt 和 Qt Creator 的各方面内容。可以在"编辑→Preferences"菜单项中对帮助选项进行相关设置。

3. 构建套件选择器（Kit Selector）

构建套件选择器包含了目标选择器（Target selector）、"运行"按钮（Run）、"调试"按钮（Debug）和"构建"按钮（Building）4 个图标。目标选择器用来选择要构建哪个项目、使用哪个 Qt 库，这对于多个 Qt 库的项目很有用；还可以选择编译项目的 Debug 版本、Profile 版本或 Release 版本。单击"运行"按钮可以实现项目的构建和运行；单击"调试"按钮可以进入调试模式，开始调试程序；"构建"按钮用来完成项目的构建。

4. 定位器（Locator）

定位器用来快速定位项目、文件、类、方法、帮助文档以及文件系统。可以使用过滤器来更加准确地定位要查找的结果。用户可以在帮助中通过 Searching with the Locator 关键字查看定位器的相关内容。

5. 输出窗口（Output panes）

输出窗口包含了问题、搜索结果、应用程序输出、编译输出、QML Debugger Console、概要信息、版本控制、测试结果等 8 个选项，它们分别对应一个输出窗口，相应的快捷键依次是 Alt+数字 1～8。"问题"窗口显示程序编译时的错误和警告信息；"搜索结果"窗口显示执行搜索操作后的结果信息；"应用程序输出"窗口显示在应用程序运行过程中输出的所有信息；"编译输出"窗口显示程序编译过程输出的相关信息；"版本控制"窗口显示版本控制的相关输出信息。

1.5　运行一个示例程序

前文提到，欢迎界面提供了丰富的 Qt 示例程序，在学习使用 Qt 之前，用户可以通过这些示例程序了解 Qt 的功能，在后续学习中也可以借鉴这些示例程序的代码，进而快速实现某一方面的应用。欢迎界面提供的示例程序几乎涉及了 Qt 支持的所有功能，当然用户也可以在搜索栏查找关键字。本节将分别运行一个 Qt Widgets 示例程序和一个 Qt Quick 示例程序，让读者对两种应用有一个直观的认识。

1.5.1 运行 Qt Widgets 示例程序

其实，除了 Qt Quick 应用，大部分应用都可以称为 Qt Widgets 应用，这里为了查看比较典型的 Widgets 应用，我们在搜索栏中输入"widgets"关键字，结果如图 1-4 所示。

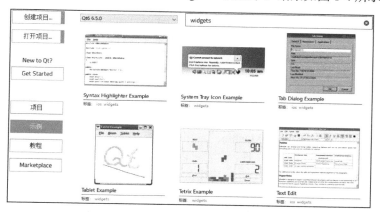

图 1-4 widgets 相关示例程序

如果单击选择经典的"Text Edit"示例程序，这时会跳转到项目模式进行套件选择，因为这里现在只有一个 Desktop Qt 6.5.0 MinGW 64-bit 构建套件，所以直接单击"Configure Project"按钮即可。关于构建套件，用户可以通过"编辑→Preferences"菜单项打开首选项对话框进行设置。安装好 Qt 后会默认设置一个构建套件，其中包含了 Qt 版本、编译器、调试器等设置，如果以后需要使用多个 Qt 版本或者编译器，那么用户可以手动设置构建套件。

下面我们进入编辑模式。每当打开一个示例程序，Qt Creator 会自动打开该程序的项目文件，然后进入编辑模式，并且打开该示例的帮助文档。用户可以在编辑器左上角的项目树形视图中查看该示例的源代码。现在单击左下角的"运行"按钮▶或者按下 Ctrl + R 快捷键，则程序开始编译运行，相关信息会显示在下面的"编译输出"和"应用程序输出"窗口中。"Text Edit"示例程序运行效果如图 1-5 所示。

图 1-5 "Text Edit"示例程序运行效果

不建议直接修改示例程序的代码。如果用户想根据自己的需求进行更改，则应该先对项目进行备份。用户可以通过 Qt 安装路径查找示例程序目录，也可以在编辑模式左侧项目树形视图中的文件（例如 main.cpp）上右击，然后从弹出的菜单中选择"在 Explorer 中显示"，这样就会在新窗口中打开该项目目录。可以先将该目录进行备份，然后再运行备份程序进行修改等操作。

要关闭一个项目，可以通过"文件→Close Project"菜单项，也可以直接在编辑模式左侧项目树形视图中的项目目录上右击，然后从弹出的子菜单中选择"关闭项目"菜单项。

1.5.2　运行 Qt Quick 示例程序

要查找 Qt Quick 相关示例程序，可以在搜索栏中输入"quick"关键字，然后选择一个比较感兴趣的示例程序，比如"Coffee Machine"。在编辑模式下，用户可以查看该示例的源代码，以.qml 为扩展名的文件就是 QML 文件，读者可以对比一下其 C++ 和 QML 代码实现。程序运行效果如图 1-6 所示。可以看到，Qt Quick 应用的界面非常漂亮，并且其中的动画、滑动等效果在传统 Qt Widgets 程序中是很难实现的。

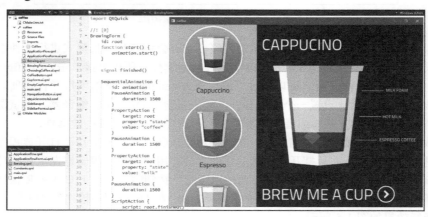

图 1-6　"Coffee Machine"示例程序运行效果

1.6　帮助模式

按下 Ctrl+6 快捷键，即可进入帮助模式。在左上方的目录栏中单击"Qt 6.5.0 Reference Documentation"，打开 Qt 参考文档页面，这里的分类几乎涵盖了 Qt 的全部内容，如图 1-7 所示。

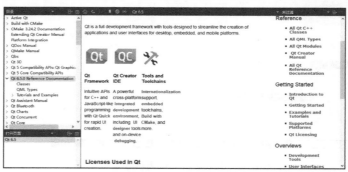

图 1-7　Qt 参考文档

在"Reference"分类中，有 C++类、QML 类型、Qt 模块和 Qt 参考文档，这里是整个 Qt 框架的索引。在"Getting Started"分类中，"Introduction to Qt"对 Qt 6 进行了简单介绍；"Getting Started"给出了初学者开始 Qt 学习的入门引导；"Examples and Tutorials"包含了 Qt 所有的示例程序和入门教程，可帮助初学者进行 Qt 开发；"Supported Platforms"通过表格形式展示了 Qt 对各个系统平台和编译器的支持情况；"Qt Licensing"对 Qt 的授权方式进行了介绍。在"Overviews"分类中，Qt 最重要的内容按领域给出，如 Development Tools、User Interfaces 等。

按下快捷键 Ctrl + M，或者单击界面上方边栏■图标，就可以在帮助中添加书签。打开帮助模式时默认是目录视图，帮助的工具窗口还提供了"索引""查找"和"书签"3 种方式对文档进行导航，如图 1-8 所示。在索引方式下，用户只要输入关键字，就可以得到相关内容的列表；在查找方式下，可以输入关键字在整个文档的所有文章中进行全文检索；在书签方式下，可以看到以前添加的书签，双击书签就能快速打开对应的文档。

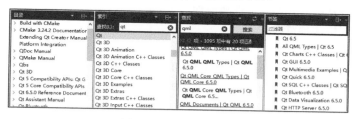

图 1-8　帮助导航模式

还有一种快速打开帮助文档的方式，那就是在编辑模式下编写代码时，将鼠标指针图标移至类型或者函数上，这时会弹出工具提示，如图 1-9 所示，然后按下 F1 键就可以在编辑器右侧快速打开其帮助文档，再次按下 F1 键或者单击上方"Open in Help Mode"按钮都可以在帮助模式打开该文档。注意，本书涉及的关键字查找，如果没有特别说明，都是指在索引方式下进行的。关于帮助模式的使用，用户可以在帮助中通过 Using the Help Mode 关键字查看。

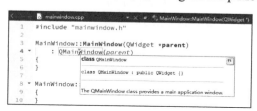

图 1-9　在编辑模式下编写代码时弹出工具提示

1.7　Qt 工具简介

Qt 会默认安装几个实用的工具，它们分别是 Qt Assistant（Qt 助手）、Qt Designer（Qt 设计师）和 Qt Linguist（Qt 语言家）。用户可以从"开始"菜单启动它们，也可以在安装路径下找到它们。笔者这里的安装路径是 C:\Qt\6.5.0\mingw_64\bin。这些工具都已经很好地整合到了 Qt Creator 中。另外，还有一个 Qt Design Studio 工具，可以让设计师轻松将设计的 2D 或 3D 界面直接转换为 QML 代码。本节将对这几个工具进行简单介绍。

1.7.1　Qt Assistant

Qt Assistant 是可配置且可重新发布的文档阅读器，可以方便地进行定制，并与 Qt 应用程序一起进行发布。Qt Assistant 已被整合至 Qt Creator，即前文介绍的 Qt 帮助。其功能如下。

- 定制 Qt Assistant，并与应用程序一起重新发布。
- 快速查找关键词、全文本搜索、生成索引和书签。
- 同时为多个帮助文档集合建立索引并进行搜索。
- 在本地存放文档或在应用程序中提供在线帮助。

1.7.2 Qt Designer

Qt Designer 是强大的跨平台 GUI 布局和格式构建器。由于 Qt Designer 使用了与应用程序中将要用到的相同的部件，因此可以使用屏幕上的格式快速设计、创建部件以及对话框。使用 Qt Designer 创建的界面样式功能齐全并可以进行预览，这样就可确保其外观完全符合要求。其功能和优势如下。

- 使用拖放功能快速设计用户界面。
- 定制部件或从标准部件库中选择部件。
- 以本地外观快速预览格式。
- 通过界面原型生成 C++或 Java 代码。
- 将 Qt 设计师与 Visual Studio 或 Eclipse IDE 配合使用。
- 使用 Qt 信号和槽机制构建功能齐全的用户界面。

1.7.3 Qt Linguist

Qt Linguist 提供了一套加速应用程序翻译和国际化的工具。Qt 使用单一的源码树和单一的应用程序二进制包就可同时支持多个语言和书写系统。其主要功能如下。

- 收集所有 UI 文本，并通过简单的应用程序提供给翻译人员。
- 语言和字体感知外观。
- 通过智能的合并工具快速为现有应用程序增加新的语言。
- 采用 Unicode 编码，支持世界上大多数字母。
- 运行时可切换从左向右或从右向左的语言。
- 在一个文档中混合多种语言。

1.7.4 Qt Design Studio

Qt Design Studio 是一个可视化的用户界面（UI）设计构成工具，可以让素材变成一个可运行的 UI 构成。简单来说，就是该工具填补了设计师与开发者之间的鸿沟，让设计师可以将设计的 2D 或 3D 界面直接转换为 QML 代码。另外，可以将 Photoshop 等设计软件创建的 UI 直接导入 Qt Design Studio。Qt Design Studio 的功能和特色如下。

- 轻松融合 2D 和 3D。利用对 2D 和 3D 图形的原生支持，将 UI 设计提升到全新的维度，无缝地混合、制作动画，而无须区分 2D 和 3D。支持所有主流的 3D 创作工具，如 Maya、Blender 和 3D Max 等，可以将 3D 元素轻松导入设计中。
- 可以利用现成组件。通过使用现成的组件库来节省时间和精力，组件库包含简单的形状和复杂的 UI 组件。还可以直接在工具中创建和编辑粒子效果，例如火焰或火花等。
- 可以通过真实硬件快速迭代。将设计快速转换为交互式原型制作，并在目标硬件上验证、迭代。开发者可以将功能性 UI 整合进应用程序。构建的内容均可跨平台，编译到任何硬件或操作系统环境中。
- 自动化生成代码。可以为设计生成功能完善的代码，让开发者不必编写任何多余的代码。使用 Figma、Adobe XD 或 Adobe Photoshop 等设计工具创建的 UI 设计，可以直接进行导入，新的素材和设计会自动生成代码供开发者使用。

1.8 关于本书源码的使用

在本书的编写过程中，每个示例开始都明确注明了项目源码的路径，可供读者到 Qt 开源社区的下载页面下载本书源码。所有的源码都放在了 src 文件夹中，读者可以根据书中的提示找到对应的源码目录。书中使用"示例 2-1"这样的方式来指定一个例子，对应的项目源码路径表示为"src\02\2-1\"。

找到对应的源码后，读者可以直接双击.pro 文件在 Qt Creator 中打开项目；也可以使用 Qt Creator 的"文件→打开文件或项目"菜单项打开源码中的.pro 项目文件；还可以直接将源码目录中的.pro 文件拖入 Qt Creator 界面来打开，打开后在项目模式重新选择构建套件。

1.9 小结

本章简单介绍了 Qt 的历史、特色以及 Qt Widgets 和 Qt Quick 两种用户界面技术，并对使用 Qt Creator 运行示例程序进行了演示。本章旨在让读者了解如何使用 Qt 帮助，因为后续章节里的很多知识点涉及使用帮助索引来查找关键字。现在读者对 Qt 及 Qt Creator 已经有了一个大概了解，对于更加详细的内容，我们会在后续章节中展开介绍。

1.10 练习

1. 简述 Qt 的历史和特色，谈谈自己对 Qt 的看法。
2. 熟悉一些常用的 Qt 基本模块和 Qt 扩展模块。
3. 简述 Qt Widgets 和 Qt Quick 的区别，掌握如何选择这两种技术。
4. 掌握 Qt 的安装方法。
5. 熟悉 Qt Creator 开发环境，掌握运行示例程序的方法。
6. 掌握 Qt 帮助的使用方法。
7. 了解 Qt Assistant、Qt Designer 等 Qt 工具。

第2章 第一个 Qt 应用

通过第 1 章的学习，读者已经对 Qt 程序有了一个初步的印象。本章将从创建一个 Qt 项目讲起，分别讲述 Qt Widgets 项目和 Qt Quick 项目的创建、运行和发布的全过程。对于 Qt Widgets 项目，本章会对整个项目的每行代码进行分析解释，并通过多种方式编写代码，然后在命令行进行编译，让读者了解 Qt Creator 创建、管理、编译和运行项目的内部实现；对于 Qt Quick 项目，本章除了对项目进行介绍还会讲解 Qt 资源文件的使用以及 QML 语言的一些基本语法。学完本章，读者就能够掌握 Qt 项目建立、编译、运行和发布的整个过程。

2.1 第一个 Qt Widgets 应用

下面我们先来看一下 Qt Widgets 应用程序的创建、运行、发布过程，然后对整个项目进行分解，通过不同方式进行编码，并会对 Qt Creator 编辑模式、设计模式进行介绍。

2.1.1 创建 Qt Widgets 应用

首先运行 Qt Creator，通过下面的步骤创建 Qt Widgets 项目，即例 2-1，项目源码路径为 src\02\2-1\ helloworld。

（1）选择项目模板。选择"文件→New Project"菜单项（快捷键为 Ctrl+Shift+N），在"选择一个模板"处选择 Application(Qt)分类中的 Qt Widgets Application 项，然后单击"选择"按钮，如图 2-1 所示。

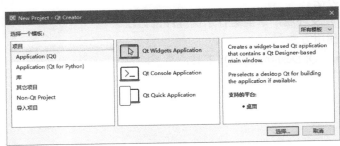

图 2-1　选择项目模板

（2）设置项目位置。在项目位置页面输入项目的名称"helloworld"，然后单击"创建路径"右侧的"浏览"按钮来选择源码路径，比如笔者这里设置为 E:\app\src\02\2-1（注意：项目名称和路径中不能出现中文），如图 2-2 所示。如果选中了"设为默认的项目路径"复选框，那么以后创建的项目会默认使用该目录。

（3）选择构建系统。这里使用默认的 qmake 即可。qmake 会在后面详细介绍。

（4）设置类信息。用户可以在 Class Information 页面创建一个自定义类。这里设定类名为 HelloDialog，基类选择 QDialog，表明该类继承自 QDialog 类。使用这个类可以生成一个对话框界面。这时下面的 Header file（头文件）、Source file（源文件）和 Form file（表单文件，也称窗体或界面文件）都会自动生成，保持默认设置即可，如图 2-3 所示。这里勾选的"Generate form"表明会自动生成表单文件 hellodialog.ui，这样用户就可以使用设计模式来可视化设计界面。当然，也可以不勾选，而是通过手动编写代码来设计界面。关于这一点，我们会在后面的内容中详细介绍。

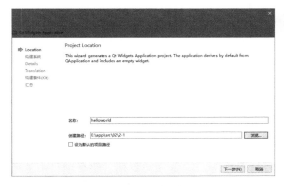

图 2-2　设置项目位置

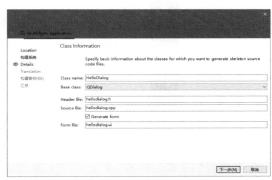

图 2-3　设置类信息

（5）选择翻译文件。因为现在不需要进行界面翻译，所以直接单击"下一步"按钮。

（6）选择构建套件。现在只有一个 Desktop Qt 6.5.0 MinGW 64-bit 可用，会默认为 Debug、Release 等版本分别设置不同的目录，如图 2-4 所示。这里还提示了 Android 构建套件还没有设置，可以单击来进行创建。以后需要进行 Android 开发时，用户可以通过"编辑→Preferences"菜单项打开首选项对话框并进行设置。

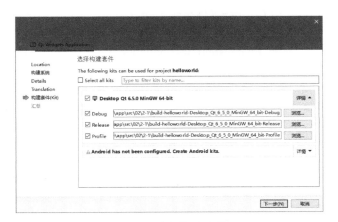

图 2-4　选择构建套件

（7）设置项目管理。用户在这里可以看到这个项目的汇总信息，还可以使用版本控制系统，现在不需要进行设置，所以直接单击"完成"按钮即可完成项目创建。

2.1.2　编辑模式和设计模式

下面通过项目创建的流程来穿插讲解 Qt Creator 的编辑模式和设计模式。

1. 编辑模式

项目创建完成后会直接进入编辑模式，界面默认被分为 3 个区域：项目树形视图、打开的文档列表和阅览编辑区，如图 2-5 所示。

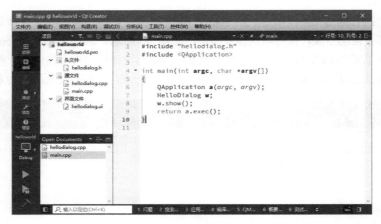

图 2-5 编辑模式

首先我们来看左侧的分栏，位于上方的是项目树形视图，这里分类罗列了整个项目中的所有文件。右上角的 🔽 工具包含简化树形视图、隐藏目录或生成的文件等功能；而 🔁 工具用来设置与编辑器同步，选中该工具后，在编辑器切换文件时，在树形视图中会自动选中相应的文件。每个分栏都可以通过左上角的下拉列表选择显示为其他内容，也可以通过右上角的 🔳 工具来添加新的分栏，可添加的分栏内容如图 2-6 所示。

位于编辑模式右侧的是代码阅览编辑区，提供了关键字高亮显示、代码自动补全、上下文相关帮助等实用工具。用户可以通过"编辑"菜单或者右击弹出快捷菜单来查看更多编辑相关的功能。如果想调整字体大小，可以使用快捷键 Ctrl ++（加号）来放大字体，使用 Ctrl +-（减号）来缩小字体，也可以使用 Ctrl 键+鼠标滚轮来缩放字体，使用 Ctrl + 0（数字）使字体还原到默认大小。

用户打开项目目录，例如 E:\app\src\02\2-1\helloworld，可以在项目树形视图的一个文件上右击，在弹出的快捷菜单上选择"在 Explorer 中显示"来快速打开项目目录，如图 2-7 所示。项目目录中现在只有一个 helloworld 文件夹，该文件夹包含了 6 个文件，各个文件的说明如表 2-1 所示。这些文件的具体内容和用途会在后面的内容中详细讲解。

图 2-6 添加分栏

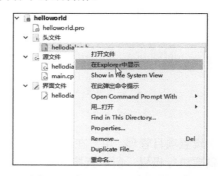

图 2-7 在 Explorer 中显示文件

表 2-1 项目目录中各个文件的说明

文　　件	说　　明
helloworld.pro	该文件是项目文件，其包含了项目相关信息
helloworld.pro.user（图 2-7 中不显示）	该文件包含了与用户有关的项目信息

续表

文 件	说 明
hellodialog.h	该文件是新建的 HelloDialog 类的头文件
hellodialog.cpp	该文件是新建的 HelloDialog 类的源文件
main.cpp	该文件包含了 main()主函数
hellodialog.ui	该文件是设计师设计的界面对应的表单文件

2. 设计模式

在 Qt Creator 的编辑模式下双击项目树形视图中的 hellodialog.ui 文件，这时便进入了设计模式，如图 2-8 所示。可以看到，设计模式由以下几部分构成。

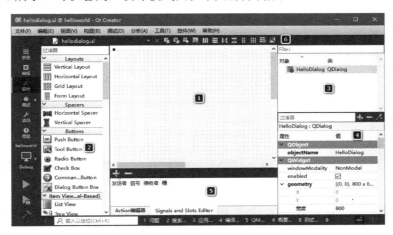

图 2-8　设计模式

（1）主设计区。主设计区是图 2-8 中的中间部分，主要用来显示和设计窗体。

（2）部件列表窗口（Widget Box）。部件列表窗口分类罗列了各种常用的标准部件，可供用户使用鼠标将这些部件拖入主设计区中的窗体上。

（3）对象查看器（Object Inspector）。对象查看器这里列出了窗体上所有部件的对象名称和父类，而且以树形结构显示了各个部件的所属关系。用户可以在这里单击对象，以选中该部件。

（4）属性编辑器（Property Editor）。属性编辑器显示了各个部件的常用属性信息，可供用户更改部件的一些属性，如大小、位置等。这些属性按照从祖先继承的属性、从父类继承的属性和自己的属性的顺序进行了分类。

（5）Action 编辑器与信号/槽编辑器。这两个编辑器可供用户对相应的对象内容进行编辑。动作编辑器会在第 6 章介绍，信号/槽编辑器的内容会在第 5 章详细介绍。

（6）常用功能图标。单击主设计区上方的 4 个图标 可以进入相应的模式，这些模式分别是窗口部件编辑模式（默认模式）、信号/槽编辑模式、伙伴编辑模式和 Tab 顺序编辑模式。后面的几个图标用来实现添加布局管理器以及调整大小等功能。

下面我们从部件列表窗口中找到 Label（标签）部件，按住鼠标左键将它拖到主设计区中，再双击它进入编辑状态，然后输入"Hello World! 你好 Qt！"字符串。Qt Creator 的设计模式中有几个过滤器，就是写着"过滤器"的输入框。例如，在部件列表窗口的过滤器中输入"Label"，就可以快速定位到 Label 部件。用户还可以使用"工具→界面编辑器"菜单项来实现不同风格的预览、设定窗体、在窗体与其对应的源文件间进行切换等操作。更多设计模式的相关内容可以在帮助中通过 Getting to Know Qt Designer 关键字查看。

2.1.3　项目模式和项目文件

按下快捷键 Ctrl+5 或者单击"项目"图标，可以进入项目模式。如果现在没有打开任何项目，则项目模式是不可用的。项目模式分为构建和运行、编辑器、代码风格、依赖关系等多个设置页面，如图 2-9 所示。如果当前打开了多个项目，那么在界面上方会分别列出这些项目，可以选择自己要设置的项目。

图 2-9　项目模式

在"构建和运行"页面可以设置要构建的版本，如 Debug 版本、Profile 版本或 Release 版本。这 3 个版本的区别是：Debug 版本程序包含了调试信息，可以用来调试，但生成的可执行文件很大；而真正发布程序时要使用 Release 版本，不带任何调试符号信息，并且进行了多种优化；另外，Profile 是概述版本，带有部分调试符号信息，在 Debug 版本和 Release 版本之间取一个平衡，兼顾性能和调试，性能较优且方便调试。

这里有一个"Shadow build"选项，就是所谓的"影子构建"，其作用是将项目的源码和编译生成的文件分别存放，就像前面创建项目时看到的，helloworld 项目经编译构建为 Debug 版本后会生成 build-helloworld-Desktop_Qt_6_5_0_MinGW_64_bit-Debug 文件夹，里面放着编译生成的所有文件。将编译输出与源码分别存放是个很好的习惯，尤其在使用多个 Qt 版本进行编译时更是如此。"Shadow build"选项默认是选中的，如果想让源码和编译生成的文件放在同一个目录下，那么也可以将这个选项取消勾选。"构建的步骤""清除的步骤"和"构建环境 Build Environment"等选项一般不用设置，如果对编译命令不是很熟悉，这里的设置保持默认即可。

在"编辑器"设置页面中，可以设置默认的文件编码、制表符和缩进、鼠标和键盘的相关功能，这些都是默认的全局设置，一般不建议修改，当然也可以按照自己的习惯进行自定义设置；在"代码风格"设置页面中，可以自定义代码风格，还可以将代码风格文件导出或者导入，这里默认使用了 Qt 的代码风格；如果同时打开了多个项目，在"依赖关系"设置页面中，可以设置它们之间的依赖关系；Qt Creator 集成的 Clang Tools 可以通过静态分析来发现 C、C++和 Objective-C 代码中的问题，具体使用方法可以在帮助中通过 Using Clang Tools 关键字查看。对于初学者而言，这些选项一般都不需要更改，这里不作过多介绍。

下面我们看一下例 2-1（即源码路径为 src\02\2-1 的程序）中 helloworld 项目的 helloworld.pro 项目文件的内容：

```
 1  QT          += core gui
 2
 3  greaterThan(QT_MAJOR_VERSION, 4): QT += widgets
 4
 5  CONFIG += c++17
 6
 7  # You can make your code fail to compile if it uses deprecated APIs.
 8  # In order to do so, uncomment the following line.
 9  #DEFINES += QT_DISABLE_DEPRECATED_BEFORE=0x060000
10
11  SOURCES += \
12      main.cpp \
13      hellodialog.cpp
14
15  HEADERS += \
16      hellodialog.h
17
18  FORMS += \
19      hellodialog.ui
```

第 1 行声明了这个项目使用的模块。core 模块包含了 Qt 的核心功能，其他所有模块都依赖于这个模块；而 gui 模块提供了窗口系统集成、事件处理、OpenGL 和 OpenGL ES 集成、2D 图形、基本图像、字体和文本等功能。当使用 qmake 工具来构建项目时，core 模块和 gui 模块是被默认包含的，也就是说，编写项目文件时不添加这两个模块也是可以编译的。其实，模块就是很多相关类的集合。读者可以在 Qt 帮助中通过 Qt Core 和 Qt GUI 关键字来查看这两个模块的相关内容。第 3 行添加了 widgets 模块。这行代码的意思是，如果 Qt 主版本大于 4（也就是说当前使用的是 Qt 5 或者更高版本），则需要添加 widgets 模块。其实，直接使用"QT += widgets"也是可以的，但是为了保持与 Qt 4 的兼容性，建议使用本例中的这种方式。Qt Widgets 模块提供了经典的桌面用户界面的 UI 元素集合，简单来说，所有 C++程序用户界面部件都在该模块中。第 5 行开启对 C++17 的支持。第 7～9 行是注释信息，第 7 行和第 8 行的意思是，如果取消第 9 行的注释，那么当自己的代码使用了 Qt 6 中已经标记为过时的 API，编译时就会出错。第 11～19 行分别是项目中包含的源文件、头文件和表单文件。这些文件都使用了相对路径，因为都在项目目录中，所以只写了文件名。

这里还要简单介绍一下那个在项目目录中生成的.pro.user 文件，它其实是一个 XML 文档，包含了本地构建信息，例如 Qt 版本和构建目录等。可以用记事本或者写字板打开这个文件，以查看其内容。使用 Qt Creator 打开一个.pro 文件时，会自动生成一个.pro.user 文件。因为读者的系统环境都不太一样，Qt 的安装与设置也不尽相同，所以如果要将自己的源码公开，那么不需要包含这个.user 文件。如果要打开别人的项目文件，但里面包含了.user 文件，则 Qt Creator 会弹出提示对话框，询问是否载入特定的环境设置，这时应该选择"否"，然后选择自己的 Qt 套件即可。

2.1.4 程序的运行

现在可以按快捷键 Ctrl+R 或者单击左下角的"运行"按钮 ▶ 来编译运行程序。完成后，我们再来看一下项目目录中的文件就会发现该项目目录下多了一个 build-helloworld-Desktop_Qt_6_5_0_MinGW_64_bit-Debug 目录，这是默认的构建目录。也就是说，现在 Qt Creator 将项目源文件和编译生成的文件进行了分类存放，这就是前面提到的"影子构建"的作用。该目录中有 3 个 Makefile 文件、一个 ui_hellodialog.h 和一个.qmake.stash 文件，还有 3 个目录 debug、release 和.qtc_clangd，如图 2-10 所示。release 目录是空的，debug 目录中有 3 个.o 文件、一个.cpp 和一个.h 文件，它们是编译时生成的中间文件，而剩下的一个 helloworld.exe 文件便是生成的可执行文件。

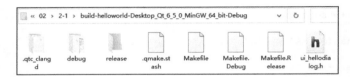

图 2-10　build-helloworld-Desktop_Qt_6_5_0_MinGW_64_bit-Debug 目录

双击运行 helloworld.exe，则会弹出系统错误对话框，提示找不到 Qt6Widgets.dll 文件，这时可以去 Qt 的安装目录下找到该文件。在 Qt 安装目录的 bin 目录（笔者这里的路径是 C:\Qt\6.5.0\mingw_64\bin）中找到该文件，把 Qt6Widgets.dll 文件复制到 debug 目录中。再次运行程序又会提示缺少其他的文件，那么可以依次将它们复制过来。当提示缺少"Qt platform plugin"时，我们需要将插件目录（笔者这里的路径是 C:\Qt\6.5.0\mingw_64\plugins）中的 platforms 目录复制过来，只需让该目录中保留 qwindows.dll 文件即可。继续运行程序，发现已经没有问题了。

其实，可以直接将 Qt 的 bin 目录路径加入系统 Path 环境变量中去，这样程序运行时就可以自动找到 bin 目录中的 DLL 文件了。具体做法：在系统桌面上右击"此电脑"，在弹出的快捷菜单中选择"属性"，然后在弹出的"系统"对话框中选择"高级系统设置"一项，接下来在"系统属性"对话框中单击"环境变量"按钮，如图 2-11 所示；进入环境变量设置界面后，在"系统变量"栏中找到"Path"变量，单击"编辑"按钮，弹出"编辑环境变量"对话框，单击"新建"按钮，然后添加自己 Qt 的安装路径，例如 C:\Qt\6.5.0\mingw_64\bin，最后单击"确定"按钮即可，如图 2-12 所示。现在删除那些复制过来的文件，再次运行 helloworld.exe 文件，发现已经可以正常运行了。

图 2-11　"系统属性"对话框

图 2-12　"编辑环境变量"对话框

2.1.5　程序的发布

下面我们回到 Qt Creator 中对 helloworld 程序进行 Release 版本的编译。在左下角的目标选择器中将构建目标设置为 Release，如图 2-13 所示，然后单击"运行"图标。编译完成后，查看项目目录中 build-helloworld-Desktop_Qt_6_5_0_MinGW_64_bit-Release 目录的 release 文件夹，其中已经生成了 helloworld.exe 文件。可以看一下它的大小，只有 24.5KB，而前面 Debug 版本的 helloworld.exe 却有 1.5MB，相差很大。如果前面已经添加了

图 2-13　选择构建 Release 版本

Path 系统环境变量，那么现在就可以直接双击运行该程序。

如果要使 Release 版本的程序可以在别人的计算机上运行（对方计算机也要是 Windows 平台，如果是其他平台，就需要进行交叉编译，具体方式可以查看其他相关图书），还需要将几个 DLL 文件与可执行文件一起发布。可以在桌面上新建一个文件夹，将其命名为"我的第一个 Qt 程序"，然后将 release 文件夹中的 helloworld.exe 复制过来，再到 Qt 安装目录的 bin 目录中将 libgcc_s_seh-1.dll、libstdc++-6.dll、libwinpthread-1.dll、Qt6Core.dll、Qt6Gui.dll 和 Qt6Widgets.dll 这 6 个文件复制过来。另外，还需要将 Qt 安装目录的 plugins 目录中的 platforms 文件夹复制过来（不要修改该文件夹名称），里面只需要保留 qwindows.dll 文件即可。最后使用 WinRAR 等打包压缩软件对它进行压缩，就可以发布出去了。

另外，Qt 提供了一个 windeployqt 工具来自动创建可部署的文件夹。例如，生成的 release 版本可执行文件在 C 盘根目录的 myapp 文件夹中，则只需要在系统"开始"菜单的 Qt 目录中启动 Qt 6.5.0 (MinGW 11.2.0 64-bit)命令行工具，然后输入下面的命令即可：

```
windeployqt c:\myapp
```

如图 2-14 所示，用 windeployqt 工具会将所有可用的文件都复制过来，有些可能是现在并不需要的，所以建议一般情况下不要使用该方式，只有在无法确定程序依赖的文件时再使用。如果不想使用 Qt 自带的命令行工具来运行该命令，而是用命令行提示符（CMD），那么必须保证已经将 Qt 安装目录的 bin 目录路径添加到了系统 Path 环境变量中。

图 2-14　windeployqt 工具运行效果

 若程序中使用了 PNG 以外格式的图片，则发布程序时就要将 Qt 安装目录下的 plugins 目录中的 imageformats 文件夹复制到发布程序文件夹中，其中只要保留自己用到的文件格式的 DLL 文件即可。例如用到了 GIF 文件，那么只需要保留 qgif.dll。同理，如果程序中使用了其他的模块，比如数据库，那么就要将 plugins 目录中的 sqldrivers 文件夹复制过来，里面只需保留用到的数据库 DLL 文件。

我们再来看一个经常被提到的概念：静态编译。静态编译是相对于前面讲到的动态编译而言的。就像前面看到的一样，Qt Creator 在默认的情况下，编译的程序要想发布就需要包含 DLL 文件，这种编译方式被称为动态编译。而静态编译就是将 Qt 的库进行重新编译，用静态编译的 Qt 库来链接程序，这样生成的目标文件就可以直接运行，而不再需要 DLL 文件的支持。不过这样生成的可执行文件会很大，而且静态编译缺乏灵活性，也不能部署插件。从前面的介绍可以看到，其实发布程序时带几个 DLL 文件并不是很复杂的事情，而且如果要同时发布多个应用程序，还可以共用 DLL 文件，所以一般使用默认的方式就可以了。想了解更多 Qt 发布的知识和静态编译的方法，可以在帮助中索引 Deploying Qt Applications 关键字，而 Windows 平台发布程序对应的关键字是 Qt for Windows - Deployment。

2.1.6　程序源码与编译过程详解

我们之前创建了第一个 Qt Widgets 项目，可以看到，通过 Qt Creator 只需要简单的几步就可以创建出一个图形用户界面程序，它在后台自动完成了绝大多数的工作。但是生成的源码目录中的各个文件都是什么？它们有什么作用？相互之间有什么联系？Qt 程序到底是怎么编译运行的？了解这些问题对于初学者学习 Qt 至关重要。

我们将通过多种方式来实现 helloworld 程序，从纯代码编写，到使用.ui 表单文件，再到使用自定义类，其中还会使用命令行进行代码编译。本节的内容将让读者清楚地了解 Qt 程序的编写和编译过程，以及 Qt Creator 在后台所做的工作。在讲解几种方式的同时还会涉及很多基本操作和知识点的介绍，建议读者亲自动手完整测试一遍，为后期的学习打好基础。

1.　方式一：使用纯代码编写程序

（项目源码路径为 src\02\2-2\helloworld）这种方式将在 Qt Creator 中使用纯代码编写 helloworld 程序并编译运行，这里的纯代码是相对于使用.ui 表单文件而言的。前面的例 2-1 中，创建项目时默认使用了自动生成的表单文件 hellodialog.ui，并在设计模式通过拖放部件的形式完成了界面设计。采用这种方式可以简化界面设计的工作量，但是读者需要明白，通过设计模式完成的效果，使用纯代码同样可以完成。下面我们使用编写代码的方式来完成界面设计，具体步骤如下。

（1）新建空项目。打开 Qt Creator，使用 Ctrl+Shift+N 快捷键新建项目，模板选择"其他项目"中的 Empty qmake Project，如图 2-15 所示。

图 2-15　选择模块

然后将项目命名为 helloworld 并设置路径。完成后，双击 helloworld.pro 文件，添加一行代码：

```
greaterThan(QT_MAJOR_VERSION, 4): QT += widgets
```

按快捷键 Ctrl + S 保存该文件。因为后面程序中使用的几个类都包含在 Qt Widgets 模块中，所以这里需要添加这行代码。

（2）往项目中添加 main.cpp 文件。在编辑模式左侧的项目树形视图中的项目目录 helloworld 上右击，从弹出的快捷菜单中选择"添加新文件"项（也可以在编辑模式直接按 Ctrl +N 快捷键），从弹出的"新建文件"对话框选择 C/C++ Source File 模板，将其名称设置为 main.cpp，路径保持默认的项目目录不变，后面的选项也保持默认即可。

（3）编写源代码。向新建的 main.cpp 文件中添加如下代码。

```
1   #include <QApplication>
2   #include <QDialog>
3   #include <QLabel>
4   int main(int argc, char *argv[])
5   {
```

```
6       QApplication a(argc, argv);
7       QDialog w;
8       QLabel label(&w);
9       label.setText("Hello World! 你好 Qt! ");
10      w.show();
11      return a.exec();
12  }
```

前 3 行是头文件包含。Qt 中每一个类都有一个与其同名的头文件，因为后文会用到 QApplication、QDialog 和 QLabel 这 3 个类，所以这里要包含这些类的定义。第 4 行就是在 C++中最常见的 main()函数，它有两个参数，用来接收命令行参数。第 6 行新建了 QApplication 类对象，用于管理应用程序的资源，任何一个 Qt Widgets 程序都要有一个 QApplication 对象。因为 Qt 程序可以接收命令行参数，所以它需要 argc 和 argv 两个参数。第 7 行新建了一个 QDialog 对象，QDialog 类用来实现一个对话框界面。第 8 行新建了一个 QLabel 对象，并将 QDialog 对象作为参数，表明了对话框是它的父窗口，也就是说，这个标签放在对话框窗口中。第 9 行给标签设置要显示的字符。第 10 行让对话框显示出来。默认情况下，新建的可视部件对象都是不可见的，要使用 show()函数让它们显示出来。第 11 行让 QApplication 对象进入事件循环，这样当 Qt 应用程序运行时便可以接收产生的事件，例如单击鼠标、按下键盘等事件。

（4）查看程序运行效果。按下 Alt+4 快捷键，可以查看编译输出信息，如图 2-16 所示。再看运行的程序界面，发现窗口太小，下面继续更改代码。

图 2-16　编译输出信息

（5）更改代码如下。

```
1   #include <QApplication>
2   #include <QDialog>
3   #include <QLabel>
4   int main(int argc, char *argv[])
5   {
6       QApplication a(argc, argv);
7       QDialog w;
8       w.resize(400, 300);
9       QLabel label(&w);
10      label.move(120, 120);
11      label.setText(QObject::tr("Hello World! 你好 Qt! "));
12      w.show();
13      return a.exec();
14  }
```

如果想改变窗口的大小，可以使用 QDialog 类中的函数来实现。要查找需要的函数，读者

25

可以查看 QDialog 类的帮助文档，使用第 1 章讲到的快速打开帮助的方式，将鼠标指针移动到编辑器 QDialog 字符串上，看到提示后按下 F1 键打开 QDialog 类的帮助文档。这里包含了 QDialog 类的详细介绍，在前面罗列了使用该类需要添加的头文件、该类继承关系、该类的派生类等信息。在文档的下面是 QDialog 类的属性、成员函数、信号和槽等的详细介绍，但是这里并没有显示该类的所有成员，如果想查看包含继承而来的所有成员，可以单击"List of all members, including inherited members"链接，如图 2-17 所示。从众多成员里面，根据字面意思，这里选定了 resize() 函数，读者可以直接单击函数查看其具体的介绍文档。

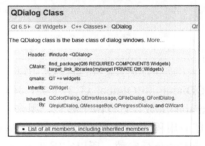

图 2-17　查看 QDialog 类的帮助文档

在第 7 行代码下面另起一行，输入"w.resi"（注意，w 后面输入一个点"."），这时按下回车键，代码便自动补全，并且显示出 resize() 函数的原型。它有两个重载形式，可以用键盘方向键来查看另外的形式，这里的"int w，int h"就是宽和高。然后写出第 8 行代码，设置对话框宽为 400，高为 300（单位是像素）。还要说明的是，编写代码时所有的符号都要使用输入法中的英文半角（中文字符串中的除外）。

第 10 行代码设置了 label 在对话框中的位置，默认对话框的左上角是(0，0)点。第 11 行添加的 QObject::tr() 函数可以实现多语言支持，建议程序中所有要显示到界面上的字符串都用 tr() 函数括起来。国际化的内容会在第 8 章详细介绍。

这里再补充说明一下代码自动补全功能。在编辑器中输入代码时可以发现，打完开头几个字母后就会出现相关的列表选项，这些选项都是以这些字母开头的。现在要重点提醒的是，如果要输入一个很长的字符，比如 setWindowTitle，那么可以直接输入"swt"这 3 个字母（就是 setWindowTitle 中首字母加其中的大写字母）来快速定位它，然后按下回车键就可以完成输入，如图 2-18 所示。也可以使用快捷键"Ctrl+空格"来强制代码补全，不过要注意，它可能与系统输入法的快捷键冲突，这时可以在"编辑→Preferences→环境→键盘→TextEditor"中修改快捷键，或者修改系统输入法的快捷键。另外，在"编辑→Preferences→文本编辑器→补全"中可以对自动补全进行设置。可以在帮助索引中通过 Completing Code 关键字查看更多相关内容。

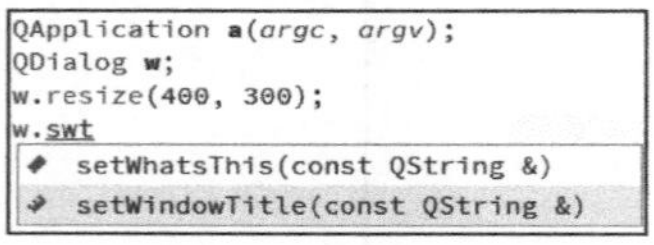

图 2-18　代码自动补全功能

2．方式二：使用其他编辑器纯代码编写程序并在命令行编译运行

下面我们将脱离 Qt Creator，使用普通文本编辑器（如 Windows 的记事本）编写 helloworld 程序，并在命令行中编译运行。通过对比，让读者看到 Qt Creator 后台是怎样编译程序的，也让读者明白 Qt Creator 只是将编辑、编译、运行等功能进行了集成，其实这些操作完全可以在外部手动实现。可以在帮助索引中通过 Getting Started with qmake 关键字查看该部分内容。

（1）新建项目目录。在 Qt 的安装目录（笔者这里是 C:\Qt）中新建文件夹 helloworld，然后在其中新建文本文档，并编写代码。当然也可以直接将前面（例 2-2）main.cpp 文件中的所有内容复制过来，最后将文件另存为 main.cpp（保存时要将编码选择为 UTF-8，否则中文可能显示乱码），如图 2-19 所示。

图 2-19　创建 main.cpp 文档

（2）使用命令编译程序。打开系统"开始"菜单中 Qt 安装目录下的命令提示符程序 Qt 6.5.0 (MinGW 11.2.0 64-bit)，这里已经配置好了编译环境。现在的默认路径为 C:\Qt\6.5.0\mingw_64，输入命令"cd C:\Qt\helloworld"跳转到新建的 helloworld 目录中。然后输入"qmake–project"命令来生成.pro 项目文件，这时可以看到在 helloworld 目录中已经生成了 helloworld.pro 文件。下面使用记事本打开该文件，在最后添加如下一行代码：

```
greaterThan(QT_MAJOR_VERSION, 4): QT += widgets
```

下面接着输入"qmake"命令来生成用于编译的 Makefile 文件。这时在 helloworld 目录中出现了 Makefile 文件、debug 目录和 release 目录，当然这两个目录现在是空的。最后输入"mingw32-make"命令来编译程序，编译完成后会在 release 目录中出现 helloworld.exe 文件。整个编译过程如图 2-20 所示，看一下编译输出的信息可以发现，其与前面在 Qt Creator 中的编译信息（见图 2-16）是类似的，只是这里默认编译了 release 版本，如果想编译 debug 版本，只需要更改命令参数即可。

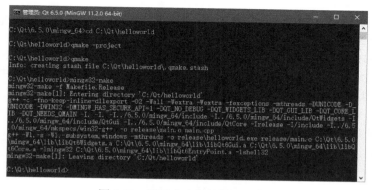

图 2-20 通过命令行编译 Qt 项目

这里对 Qt 程序的编译过程做一个简单的补充。qmake 是 Qt 提供的一个编译工具，它可以生成与平台无关的.pro 文件，然后利用该文件生成与平台相关的 Makefile 文件。Makefile 文件中包含了要创建的目标文件或可执行文件、创建目标文件所依赖的文件和创建每个目标文件时需要运行的命令等信息。最后使用 mingw32-make 工具来完成自动编译，mingw32-make 就是通过读入 Makefile 文件的内容来执行编译工作的。使用 mingw32-make 命令时会为每一个源文件生成一个对应的.o 目标文件，最后将这些目标文件进行链接来生成最终的可执行文件。qmake.exe 工具在 Qt 安装目录的 bin 目录中，而 mingw32-make.exe 工具在 MinGW 编译器目录的 bin 目录中，笔者这里的路径是 C:\Qt\Tools\mingw1120_64\bin。

（3）运行程序。在命令行接着输入"cd release"命令，跳转到 release 目录下，然后输入"helloworld.exe"，按下回车键，就可以运行 helloworld 程序了。

这就是脱离 Qt Creator 进行 Qt 程序编辑、编译和运行的整个过程。可以看到，Qt Creator 是将项目目录管理、源代码编辑和程序编译运行等功能集合在了一起，让开发者可以把更多精力放在代码设计上，这就是集成开发环境（IDE）的含义。

3. 方式三：使用.ui 表单文件来生成界面

（项目源码路径为 src\02\2-3\helloworld）下面在 Qt Creator 中往 helloworld 项目里添加.ui 文件，使用.ui 文件生成界面来代替前面代码生成的界面，并讲解.ui 文件的作用。然后脱离 Qt

Creator，使用命令行再次编译.ui 文件和整个项目。通过对比，让读者了解.ui 文件及其编译过程。可以在帮助索引中通过 Using a Designer UI File in Your C++ Application 关键字查看相关内容。

（1）添加.ui 文件。在前面例 2-2 的基础上进行更改，像前面添加 main.cpp 文件那样向项目中继续添加新文件。在模板中选择 Qt 分类中的 Qt Designer Form，在选择界面模板时选择 Dialog without Buttons 项。最后将文件名称改为 hellodialog.ui。

（2）设计界面。添加完文件后便进入了设计模式，在界面上拖入一个 Label 部件，并且更改其显示内容为 "Hello World! 你好 Qt!"。然后通过右侧的属性编辑器，在其 geometry 属性中更改坐标位置为 "X：120，Y：120"。这样就与那行代码 "label.move(120, 120);" 起到了相同的作用。接着在右上角的对象查看器中选择 QDialog 类对象，并且在下面的属性编辑器中更改它的对象名 objectName 为 HelloDialog，如图 2-21 所示。

（3）生成 UI 头文件。按下 Ctrl+S 快捷键保存修改，然后按下 Ctrl+2 快捷键回到编辑模式，则会看到.ui 文件的内容，它是一个 XML 文件，里面是界面部件的相关信息。

图 2-21　设置对象 objectName 属性

使用 Ctrl+Shift+B 快捷键或者单击左下角的▇图标来构建项目。然后到本地磁盘的项目目录的 build-helloworld-Desktop_Qt_6_5_0_MinGW_ 64_bit-Debug 目录中，就可以看到由.ui 文件生成的 ui_hellodialog.h 头文件了。下面我们看一下这个头文件中的具体内容。

```
1  /*******************************************************************
2  ** Form generated from reading UI file 'hellodialog.ui'
3  **
4  ** Created by: Qt User Interface Compiler version 6.5.0
5  **
6  ** WARNING! All changes made in this file will be lost when recompiling UI file!
7  ********************************************************************/
8
9  #ifndef UI_HELLODIALOG_H
10 #define UI_HELLODIALOG_H
11
12 #include <QtCore/QVariant>
13 #include <QtWidgets/QApplication>
14 #include <QtWidgets/QDialog>
15 #include <QtWidgets/QLabel>
16
17 QT_BEGIN_NAMESPACE
18
19 class Ui_HelloDialog
20 {
21 public:
22     QLabel *label;
23
24     void setupUi(QDialog *HelloDialog)
25     {
26         if (HelloDialog->objectName().isEmpty())
27             HelloDialog->setObjectName("HelloDialog");
28         HelloDialog->resize(400, 300);
29         label = new QLabel(HelloDialog);
30         label->setObjectName("label");
31         label->setGeometry(QRect(120, 120, 131, 31));
32
33         retranslateUi(HelloDialog);
34
35         QMetaObject::connectSlotsByName(HelloDialog);
36     } // setupUi
```

```
37
38        void retranslateUi(QDialog *HelloDialog)
39        {
40            HelloDialog->setWindowTitle(QApplication::translate("HelloDialog",
"Dialog", nullptr));
41            label->setText(QCoreApplication::translate("HelloDialog",
            "HelloWorld!\344\275\240\345\245\275 Qt\357\274\201", nullptr));
42        } // retranslateUi
43
44    };
45
46    namespace Ui {
47        class HelloDialog: public Ui_HelloDialog {};
48    } // namespace Ui
49
50    QT_END_NAMESPACE
51
52    #endif // UI_HELLODIALOG_H
```

其中，第 1～7 行是注释信息。第 9、10、52 行是预处理指令，能够防止对这个头文件的多重包含。第 12～15 行包含了几个类的头文件。第 17、50 行是 Qt 的命名空间开始和结束宏。第 19 行定义了一个 Ui_HelloDialog 类，该类名就是在前面更改的对话框类对象的名称前添加了 "Ui_" 字符，这是默认的名字格式。第 22 行是一个 QLabel 类对象的指针，这个就是对话框窗口添加的 Label 部件。第 24 行 setupUi() 函数用来生成界面，因为当时选择模板时使用的是对话框，所以现在这个函数的参数是 QDialog 类型的，后面会看到这个函数的用法。第 26、27 行设置了对话框的对象名称。第 28 行设置了窗口的大小。第 29～31 行在对话框上创建了标签对象，并设置了它的对象名称、大小和位置。第 33 行调用了 retranslateUi() 函数，这个函数在第 38～42 行进行了定义，实现了对窗口里的字符串进行编码转换的功能。第 35 行调用了 QMetaObject 类的 connectSlotsByName() 静态函数，使得窗口中的部件可以实现按对象名进行信号和槽的关联，如 void on_button1_clicked()，这个在第 5 章讲解信号和槽的时候还会讲到。第 46～48 行定义了命名空间 Ui，其中定义了一个 HelloDialog 类，该类继承自 Ui_HelloDialog 类。

可以看到，Qt 中使用 .ui 文件生成了相应的头文件，其中代码的作用与前面纯代码编写程序中代码的作用是相同的。使用 Qt 设计师可以直观地看到设计的界面，而且省去了编写界面代码的过程。这里要再次说明，使用 Qt 设计师设计界面和全部自己用代码生成界面，效果是相同的。

（4）更改 main.cpp 文件。将 main.cpp 文件中的内容更改如下。

```
1   #include "ui_hellodialog.h"
2   int main(int argc, char *argv[])
3   {
4       QApplication a(argc, argv);
5       QDialog w;
6       Ui::HelloDialog ui;
7       ui.setupUi(&w);
8       w.show();
9       return a.exec();
10  }
```

第 1 行代码是头文件包含。因为在 ui_hellodialog.h 中已经有其他类的定义，所以这里只需要包含这个文件就可以了。对于头文件的包含，使用 "< >" 时，系统会到默认目录查找要包含的文件（编译器及环境变量、项目文件所定义的头文件，包括 Qt 安装的 include 目录，如 C:\Qt\6.5.0\mingw_64\include），这是标准方式；用双引号时，系统先到用户当前目录（即项目目录）中查找要包含的文件，找不到时再按标准方式查找。因为 ui_hellodialog.h 文件在自己的项目目录中，所以使用了双引号包含。第 6 行代码使用命名空间 Ui 中的 HelloDialog 类定义了一个 ui 对象。第 7 行使用了 setupUi()函数，并将对话框类对象作为参数，这样就可以将设计好的界面应用到对象 w 所表示的对话框上了。

（5）运行程序，可以看到与以前相同的对话框窗口了。

在 Qt Creator 中完成了整个过程以后，下面我们看一下怎样在命令行编译.ui 文件和程序。

（1）新建项目目录。在 C:\Qt 目录中新建文件夹 helloworld_2，然后将前面例 2-3 的项目目录 helloworld 中的 hellodialog.ui 和 main.cpp 两个文件复制过来。

（2）编译.ui 文件。打开命令提示符程序 Qt 6.5.0 (MinGW 11.2.0 64-bit)，然后输入"cd C:\Qt\helloworld_2"命令进入 helloworld_2 目录中。再使用 uic 编译工具，从.ui 文件生成头文件。具体命令是：

```
uic -o ui_hellodialog.h hellodialog.ui
```

就像前面看到的那样，.ui 文件生成的默认头文件的名称是"ui_"加.ui 文件的名称。这时在 helloworld_2 目录中已经生成了相应的头文件。

（3）编译运行程序。输入如下命令。

```
qmake  -project
```

这时在生成的 helloworld_2.pro 文件中添加代码"QT += widgets"，然后依次执行如下命令。

```
qmake
mingw32-make
cd release
helloworld_2.exe
```

这样就完成了整个编译运行过程。可以看到，.ui 文件是使用 uic 编译工具来编译的，这里的 Qt 程序通过调用相应的头文件来使用.ui 表单文件。

4. 方式四：使用自定义 C++窗口类

（项目源码路径为 src\02\2-4\helloworld）首先新建空项目并且建立自定义的一个 C++类，然后使用前面的.ui 文件。通过该示例，读者可以看到 Qt Creator 中的设计师界面类是如何生成的。

（1）新建空的 Qt 项目 Empty qmake Project，项目名称为 helloworld。完成后打开 helloworld.pro 文件，添加如下代码并保存该文件。

```
greaterThan(QT_MAJOR_VERSION, 4): QT += widgets
```

（2）添加文件。向项目中添加新文件，模板选择 C++ Class。类名 Class name 设置为 HelloDialog，基类 Base class 选择自定义<Custom>，然后在下面手动填写为 QDialog，其他保持默认，如图 2-22 所示。添加完成后再往项目中添加新的 main.cpp 文件。

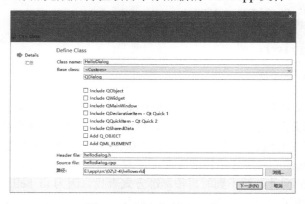

图 2-22　添加新的 C++类

（3）编写源码。在 main.cpp 中添加如下代码。

```
1  #include <QApplication>
2  #include "hellodialog.h"
3  int main(int argc, char *argv[])
4  {
5      QApplication a(argc, argv);
6      HelloDialog w;
7      w.show();
8      return a.exec();
9  }
```

其中，第 2 行包含了新建的 HelloDialog 类的头文件，第 6 行定义了一个该类的对象。

（4）添加.ui 文件。将前面例 2-3 创建的 hellodialog.ui 文件复制到当前项目目录下，然后在 Qt Creator 编辑模式的项目树形视图中的项目目录 helloworld 上右击，在弹出的快捷菜单中选择"添加现有文件"，如图 2-23 所示。接着在弹出的对话框中选择 helloworld.ui 文件，将其添加到项目中。当然，也可以不复制以前的，而是直接新建一个 helloworld.ui 文件。

图 2-23　向项目中添加现有文件

（5）更改 C++类文件。这次不在 main()函数中使用表单文件，而是在新建立的 C++类中使用。先将头文件 hellodialog.h 修改如下。

```
1  #ifndef HELLODIALOG_H
2  #define HELLODIALOG_H
3
4  #include <QDialog>
5
6  namespace Ui{
7  class HelloDialog;
8  }
9
10 class HelloDialog : public QDialog
11 {
12     Q_OBJECT
13
14 public:
15     explicit HelloDialog(QWidget *parent = nullptr);
16     ~HelloDialog();
17
18 private:
19     Ui::HelloDialog *ui;
20 };
21
22 #endif // HELLODIALOG_H
```

第 1、2、22 行是预处理指令，避免该头文件多重包含。第 6~8 行定义了命名空间 Ui，并在其中前置声明了 HelloDialog 类，这个类就是在 ui_hellodialog.h 文件中看到的那个类。因为它与新定义的类同名，所以使用了 Ui 命名空间。而前置声明是为了加快编译速度，也可以避免在一个头文件中随意包含其他头文件而产生错误。因为这里只使用了该类对象的指针（第 19 行），这并不需要该类的完整定义，所以可以使用前置声明。这样就不用在这里添加 ui_hellodialog.h 的头文件包含，而可以将其放到 hellodialog.cpp 文件中。第 10 行是新定义的 HelloDialog 类，继承自 QDialog 类。第 12 行使用了 Q_OBJECT 宏，扩展了普通 C++类的功能，比如信号和槽功能，注意必须在类定义最开始的私有部分添加这个宏。第 15 行是显式构造函数，参数用来指定父窗口，默认是没有父窗口。第 16 行是析构函数。

　程序中涉及的一些 C++ 知识本书中不会详细解释，如有疑问可以查阅相关资料。这里推荐《C++ Primer 中文版（第 5 版）》。比如这里提到的预处理指令、前置声明和显式构造函数等内容在该书都有相应的解释。

然后在 hellodialog.cpp 文件中添加代码：

```
1  #include "hellodialog.h"
2  #include "ui_hellodialog.h"
3  HelloDialog::HelloDialog(QWidget *parent) :
4      QDialog(parent)
5  {
6      ui = new Ui::HelloDialog;
7      ui->setupUi(this);
8  }
9  HelloDialog::~HelloDialog()
10 {
11     delete ui;
12 }
```

第 2 行包含了 ui 头文件，因为 hellodialog.h 文件中只是使用了前置声明，所以头文件在这里添加。第 6 行创建 Ui::HelloDialog 对象。第 7 行设置 setupUi() 函数的参数为 this，表示为现在这个类所代表的对话框创建界面。也可以将 ui 的创建代码放到构造函数首部，代码如下。

```
3  HelloDialog::HelloDialog(QWidget *parent) :
4      QDialog(parent),
5      ui(new Ui::HelloDialog)
6  {
7      ui->setupUi(this);
8  }
```

这样与前面的代码效果是相同的，而且是 Qt Creator 生成的默认格式，建议以后使用这种方式。至此，和例 2-1 中使用 Qt Creator 创建的 helloworld 项目中相同的文件和代码就完成了，此时我们可以再次运行程序查看效果。

需要说明的是，这里使用的方式是单继承，还有一种多继承的方式，就是将 HelloDialog 类同时继承自 QDialog 类和 Ui::HelloDialog 类，这样在写程序时就可以直接使用界面上的部件而不用添加 ui 指针的定义了。不过，现在 Qt Creator 默认生成的文件都使用单继承方式，所以这里只讲述了这种方式。另外，也可以使用 QUiLoader 来动态加载表单文件，不过这种方式并不常用，这里也就不再介绍。若想了解这些知识，可以在帮助文档中通过 Using a Designer UI File in Your Application 关键字查看。

5. 方式五：使用现成的 Qt 设计师界面类

（项目源码路径为 src\02\2-5\helloworld）再次新建空项目，名称仍为 helloworld。完成后在 .pro 项目文件中添加如下代码并保存该文件：

```
greaterThan(QT_MAJOR_VERSION, 4): QT += widgets
```

然后向该项目中添加新文件，模板选择 Qt 中的 "Qt 设计师界面类"。界面模板依然选择 Dialog without Buttons 项，类名为 HelloDialog。完成后在设计模式往窗口界面上添加一个 Label，更改显示文本为 "Hello World! 你好 Qt !"。最后再往项目中添加 main.cpp 文件，并更改其内容如下。

```
1  #include <QApplication>
2  #include "hellodialog.h"
3  int main(int argc, char *argv[])
4  {
```

```
5        QApplication a(argc, argv);
6        HelloDialog w;
7        w.show();
8        return a.exec();
9    }
```

现在可以运行程序。不过，还要说明一下，如果创建这个项目时，没有关闭上一个项目，在 Qt Creator 的项目树形视图中应该有两个项目，可以在这个项目的项目目录上右击，在弹出的快捷菜单中选择"运行"，则本次运行该项目。也可以选择第一项"设置为活动项目"，这样就可以直接单击"运行"按钮或者使用 Ctrl+R 快捷键来运行该程序了。

方式五就是将方式四进行了简化，因为 Qt 设计师界面类就是 C++类和.ui 文件的结合，它将这两个文件一起生成了，而不用再一个一个地添加。

至此，我们就把 Qt Creator 自动生成 Qt Widgets 项目进行了分解与综合，一步一步地讲解了整个项目的组成和构建过程，让读者了解了项目中每个文件的作用以及它们之间的联系。可以看到，同一个应用可以有很多编写代码的方式来实现，而 Qt Creator 背后为开发者做了很多事情。不过，读者最好也学会自己建立空项目，然后依次往里面添加各个文件，这种方式更灵活。因为通过 Qt Creator 向导创建的 Qt Widgets 项目默认会使用.ui 文件，所以本书后面的章节中，Qt Widgets 示例主要的界面都会使用 Qt 设计师来实现，如果想自己用代码来实现，则可以参考它的 ui 头文件，查看具体的代码实现。

2.2 第一个 Qt Quick 应用

如果将程序的用户界面称为前端，将程序中的数据存储和业务逻辑称为后端，那么传统 Qt Widgets 应用程序的前端和后端都是使用 C++来完成的。对于现代软件开发而言，这里有一个存在已久的冲突：前端的演化速度要远快于后端。当用户希望在项目中改变界面，或者重新开发界面时，这种冲突就会更明显。快速演化的项目必然要求快速的开发。Qt Quick 提供了一个特别适合于开发用户界面的声明式环境。在这里，可以像 HTML 代码一样声明界面，后端依然使用本地的 C++代码。这种设计使得程序的前端和后端分为两个相互独立的部分，能够分别演化。

Qt Quick 应用程序可以同时包含 QML 和 C++代码，可以将 Qt Quick 应用部署到桌面或者移动平台。在 Qt Creator 中，这种项目被称为 Qt Quick Application。本节将演示如何创建 Qt Quick 项目，并讲解 Qt 资源文件的一些内容，最后还会涉及基础的 QML 语法的相关内容。

2.2.1 创建 Qt Quick 应用

（项目源码路径为 src\02\2-6\helloworld）打开 Qt Creator，选择"文件→新建项目（New Project）"菜单项（快捷键 Ctrl+Shift+N），这时会弹出"New Project - Qt Creator"对话框，这里选择使用 Qt Quick Application 模板，如图 2-24 所示，这样可以创建一个标准的 Qt Quick 应用。

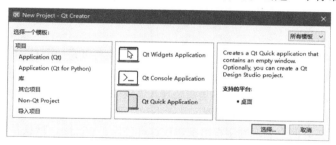

图 2-24　新建 Qt Quick Application 项目

在接下来的项目位置设置界面，填写项目的名称为 helloworld，然后指定创建路径。在选择构建系统（Build System）时，默认选择 CMake。在选择最低需要的 Qt 版本（Minimal required Qt version）时，根据自己需要使用的功能来进行选择，本书示例中默认选择最新的 Qt 6.5。在选择构建套件（Kit Selection）时，因为现在只有一个桌面版构建套件 Desktop Qt 6.5.0 MinGW 64-bit，所以保持默认即可。

创建完成后会自动在编辑模式打开项目，整个项目目录和 Main.qml 文件内容如图 2-25 所示。

从 Qt 6.5.0 版本开始，通过 Qt Quick Application 模板创建的项目，默认使用了 CMake，而没有提供 qmake 的选择。在编辑器左侧的项目树形视图中显示了项目的所

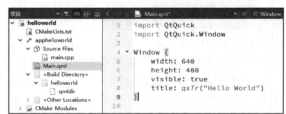

图 2-25　helloworld 项目目录和 Main.qml 文件内容

有相关文件，其中主要需要关注 CMakeLists.txt、main.cpp 和 Main.qml 这 3 个文件，CMakeLists.txt 是 CMake 的一些配置信息。读者可以先运行程序查看效果。

CMake 是一组可以进行构建、测试和打包应用程序的工具集，它可以在所有主要开发平台上使用，并且被多种 IDE 支持，可以很好地简化跨平台项目的构建过程。在 Qt 6 中，CMake 得到了很大的支持，读者可以通过附录 B 查看 CMake 和各种项目生成的 CMakeLists.txt 的介绍。

为了与早先的版本保持兼容，本书的示例主要使用 qmake，因为现在默认的模板没有提供 qmake 的选择，所以我们将通过创建空项目，然后手动添加文件的形式来创建 Qt Quick 应用。本例的项目源码路径为 src\02\2-7\helloworld。

（1）新建空项目。按下 Ctrl+Shift+N 快捷键新建项目，模板选择"其他项目"中的 Empty qmake Project。项目名称设置为 helloworld。完成后打开 helloworld.pro 文件，因为程序中要使用 Qt Quick 模块，所以需要添加如下代码并保存该文件。

```
QT += quick
```

（2）添加 main.qml 文件。按下 Ctrl+N 快捷键向项目中添加新文件，模板选择 Qt 分类中的 QML File（Qt Quick 2），名称设置为 main.qml。完成后修改其内容如下。

```
import QtQuick

Window {
    width: 640
    height: 480
    visible: true
    title: qsTr("Hello World")
Text {
    id: text1
    text: qsTr("Hello World! 你好 Qt!")
    anchors.centerIn: parent
    }
}
```

QML 源代码文件以.qml 作为扩展名，这里的 main.qml 文件就是一个 QML 源代码文件，这段代码就是 QML 语言编写的代码。前面的 import 语句用于导入相应的模块，因为下面使用的 Window 和 Text 类型包含在 Qt Quick 模块中，所以这里需要导入该模块。下面的 Window 对象用来为 Qt Quick 场景创建一个新的顶层窗口，这里简单设置了其大小和标题，qsTr()是为了方便以后使用国际化机制翻译程序文本，需要在界面上显示的字符串都建议这样使用。Window 默认是不显示的，需要将其 visible 属性设置为 true。Text 对象用来显示一个字符串，通过 anchors 属性将其锚定到窗口的中心位置。

（3）添加 main.cpp 文件。继续添加新文件，选择 C/C++ Source File 模板，名称设置为 main.cpp，完成后修改其内容如下。

```cpp
#include <QGuiApplication>
#include <QQmlApplicationEngine>

int main(int argc, char *argv[])
{
    QGuiApplication app(argc, argv);

    QQmlApplicationEngine engine;
    engine.load(QUrl::fromLocalFile("../helloworld/main.qml"));

    return app.exec();
}
```

在主函数中实现的主要功能就是加载 QML 文件。这里使用了 QQmlApplicationEngine 对象来加载 QML 文件，这个类提供了一种简易的方式，将一个 QML 文件加载到正在运行的程序中。这里的当前路径为编译生成的目录，所以需要通过 "../helloworld" 来指定源码目录。

单击 Qt Creator 左下角的▶图标或者使用 Ctrl+R 快捷键运行程序，可以看到，本例的程序界面与常见的 Qt Widgets 界面几乎没有区别。

2.2.2　使用 Qt 资源文件

Qt 中的资源系统（The Qt Resource System）是一个独立于平台的机制，可以将资源文件打包到应用程序可执行文件中，并且使用特定的路径来访问它们。如果在应用程序中经常使用一些文件（例如图标、翻译文件、图片等），而且不想使用系统特定的方式来打包和定位这些资源，那么就可以将它们放入资源文件中。下面通过例子来具体看一下资源文件的使用方式。

在前面例 2-7 源码目录中新建文件夹，命名为 images，向其中放入一张图片，比如 logo.png。

然后到 Qt Creator 编辑模式，在左侧的项目树形视图中的 helloworld 目录上右击，在弹出的快捷菜单中选择"添加新文件"。在弹出的"新建文件"对话框中，模板选择 Qt 分类下的 Qt Resource File，文件名设置为 resource.qrc。完成后会在编辑模式打开新建的 resource.qrc 文件，这时先单击"添加前缀"按钮，这里设置为"/"即可，然后单击"添加文件"按钮，将 logo.png 图片添加进来，如图 2-26 所示。完成后按 Ctrl+S 快捷键保存更改。

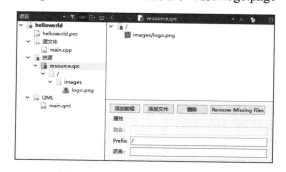

图 2-26　向项目中添加资源文件

下面通过添加代码来使用资源文件中的图片，在 main.qml 文件的 Window 对象声明最后添加如下代码。

```qml
Image {
    id: logo
    width: 100; height: 100
    source: "qrc:/images/logo.png"
    anchors.horizontalCenter: text1.horizontalCenter
    anchors.top: text.bottom
    anchors.topMargin: 10
}
```

这里的 Image 类型用来显示一张图片，通过 source 属性指定图片的路径，代码中的

qrc:/images/logo.png 就是资源文件中图片的路径，路径以"qrc:"开头，接着是添加的前缀"/"，然后是图片文件在源码目录中的相对路径。注意，添加到资源文件中的各种文件都需要与.qrc 文件在同一个目录中，不然添加时会提示"无效的文件路径"。

下面在项目树形视图中的 resource.qrc 文件上右击，在弹出的快捷菜单中选择"用...打开→普通文本编辑器"，这时可以看到，.qrc 文件其实是一个 XML 文件：

```xml
<RCC>
    <qresource prefix="/">
        <file>images/logo.png</file>
    </qresource>
</RCC>
```

也可以在这里添加或者删除一些资源或者前缀。在一个应用程序中，将不同类型的资源进行分类存放是一个好的习惯，可以添加一个.qrc 文件，然后通过不同的前缀将不同类型的资源分开，也可以添加多个.qrc 文件，每个文件中添加不同类型的资源。

现在打开 helloworld.pro 项目文件，可以看到，添加资源文件后会自动在这里添加代码：

```
RESOURCES +=  \
    resources.qrc
```

如果以后自己手动添加已有的资源文件，那么还需要手动在这里添加资源文件。另外需要说明的是，编译时会对加入的资源文件自动压缩，关于这些内容或者其他 Qt 资源系统的相关内容，可以在 Qt 帮助中通过 The Qt Resource System 关键字查看。

接下来，再来看一下添加新的 QML 文件的情况。像前面例 2-7 中添加 main.qml 文件一样，继续向项目中添加新的 QML 文件，文件名设置为 MyText.qml。在项目管理页面，"添加到项目"会默认选择为 resource.qrc，就是直接将新文件添加到资源文件中，如图 2-27 所示。

图 2-27　添加新文件时的项目管理页面

添加完成后，更改其内容如下。

```qml
import QtQuick

Text {
    text: qsTr("欢迎关注 yafeilinux 的微信公众号")
    color: "green"
}
```

接下来到 main.qml 文件中，在 Window 对象声明最后添加如下代码。

```qml
MyText {
    anchors.top: logo.bottom
    anchors.horizontalCenter: logo.horizontalCenter
}
```

这样会在 logo 图片下面显示一行文字来表明图片的作用。现在可以运行程序查看效果。

注意，实际编程中一般需要将所有.qml 文件都放到资源文件中。在项目树形视图中的 resource.qrc 文件上右击，在弹出的快捷菜单中选择"用...打开→资源编辑器"菜单项，然后通过"添加文件"按钮将 main.qml 文件添加进来，按 Ctrl+S 快捷键保存修改。然后打开 main.cpp 文件，将加载 QML 文件的代码修改为：

```
engine.load(QUrl("qrc:/main.qml"));
```

另外，前面新建的 MyText.qml 其实就是自定义了一个 MyText 类型，将其与 main.qml 放到一起，那么在 main.qml 文件中就可以直接使用 MyText 类型，而不再需要导入。

2.2.3　程序的发布

与 2.1.5 节讲到的 Qt Widgets 项目发布类似，要将 Qt Quick 程序发布出去，首先需要使用 Release 方式编译程序，然后将生成的.exe 可执行文件和需要的库文件放在一起打包进行发布。要确定发布时需要哪些动态库文件，可以直接双击.exe 文件，提示缺少哪个 DLL 文件，就到 Qt 安装目录的 bin 目录中将该 DLL 文件复制过来。

当然，也可以使用 windeployqt.exe 工具。首先对 helloworld 程序进行 Release 版本的编译，然后将生成的 helloworld.exe 复制到要发布的文件夹中，例如 D 盘根目录新建的 myapp 文件夹，接着打开"开始"菜单下 Qt 目录中的 Qt 6.5.0 (MinGW 11.2.0 64-bit)命令行工具，在其中输入下面的命令。

```
windeployqt  --qmldir  E:\app\src\02\2-7\helloworld  D:\myapp
```

对于使用了 QML 文件的程序，需要使用--qmldir 指定项目中 QML 文件的路径，最后是可执行文件所在的目录路径。按回车键执行命令后，首先会扫描指定的 QML 文件目录，检测使用的模块，然后将需要的文件复制到可执行文件所在目录，如图 2-28 所示。

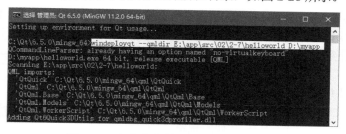

图 2-28　在命令行使用 windeployqt 工具

打开可执行文件所在目录（笔者这里是 D:\myapp），可以看到已经包含了所需要的文件，这时双击可执行文件，发现其已经可以运行了。如果对所发布文件的体积很在意，可以对这里的文件分别进行删除测试，如果不影响程序的执行，就可以将其删除。

2.2.4　创建 Qt Quick UI 项目

有些时候只想测试 QML 相关内容，希望可以快速显示界面效果，这时可以创建 Qt Quick UI 项目，该项目中只包含 QML 和 JavaScript 代码，没有添加任何 C++代码。对于 QML 文件，无须编译就可以直接在预览工具中显示界面效果。特别提醒，如无明确说明，本书后面的 QML 示例程序都是使用 Qt Quick UI 项目。当然，如果读者需要编译发布完整的程序，则需要使用前面讲到的 Qt Quick 项目。

（项目源码路径为 src\02\2-8\helloqml）按下 Ctrl+Shift+N 快捷键创建新项目，模板选择"其他项目"分类中的 Qt Quick UI Prototype。将项目名称设置为 helloqml，创建完成后整个项目结构和 helloqml.qml 文件内容如图 2-29 所示。

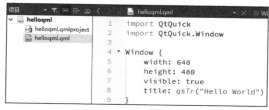

图 2-29　Qt Quick UI 项目文件目录结构

可以看到，这里 helloqml.qml 文件内容与前面讲到的 main.qml 文件内容一样，但整个项目简洁了许多，除了 helloqml.qml 文件，只包含一个 helloqml.qmlproject，该文件内容如下。

```
import QmlProject 1.1

Project {
    mainFile: "helloqml.qml"

    /* Include .qml, .js, and image files from current directory and subdirectories */
    QmlFiles {
        directory: "."
    }
    JavaScriptFiles {
        directory: "."
    }
    ImageFiles {
        directory: "."
    }
    /* List of plugin directories passed to QML runtime */
    // importPaths: [ "asset_imports" ]
}
```

这个 helloqml.qmlproject 是项目文件，其中包含了项目配置信息。可以看到，其主要指定了项目中所用的 QML、JavaScript 和图片等文件所在的目录（默认为当前目录），也就是说，只需要将所用的文件放到源码目录，在代码中就可以直接使用，不用再列出具体的路径。

按下 Ctrl+R 快捷键，程序会立即运行并显示界面。查看"编译输出"窗口和"应用程序输出"窗口，可以看到，项目并没有编译，而只是启动了 qml.exe 工具，如图 2-30 所示。

在程序运行时并没有编译的过程，这就是说，单独的 QML 文件并不需要进行编译，就能够直接进行预览。在 Qt 6 中，QML 文件的预览工具是 qml.exe，使用它可以在开发应用时直接

图 2-30　"应用程序输出"窗口

加载 QML 文件进行预览和测试，也可以在"工具→外部→Qt Quick"菜单项中运行该工具（菜单中可能还包含了 QML Scene，该工具现在已经被弃用，后面的 Qt 版本中会被移除）。

2.2.5　使用 Qt Quick 设计器

在创建 Qt Widgets 项目时，会默认使用表单文件，可以通过设计器以可视化方式设计界面。那么，编写 Qt Quick 项目时是否也可以使用设计器呢？其实，Qt Quick 项目也有相应的 Qt Quick Designer 设计器，只是它作为插件，在现在的版本中没有默认开启。另外，还可以使用第 1 章介绍过的强大的 Qt Design Studio 来创建 Qt Quick 项目。不过，本书的重点是介绍 QML 代码的编写，关于 Qt Design Studio 的内容本书没有过多涉及。

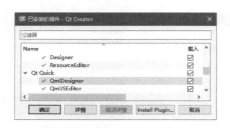

图 2-31　启用 Qt Quick Designer

如果读者想启用 Qt Quick Designer，可以通过"帮助→关于插件"菜单项打开"已安装的插件 - Qt Creator"对话框，然后在其中勾选 QmlDesigner 项，如图 2-31 所示，完成后重启 Qt Creator 即可。

这样，当编辑 QML 文档时，就可以切换到设计模式，以所见即所得的方式进行界面设计，如图 2-32 所示。不过需要说明，因为 QmlDesigner 插件默认没有启用，而本书也侧重于 QML 代码的讲解，所以后面章节中的 QML 例程还是以纯代码编写为主，让读者熟练通过自己编写代码来完成界面设计。对 Qt Quick Designer 感兴趣的读者可以自行学习使用。

图 2-32 QML 文档设计模式

2.2.6 QML 语法基础

从前面的例子中可以看到，QML 文档是高度可读的、声明式的文档，具有类似 JSON 的语法，支持使用 JavaScript 表达式，具有动态属性绑定等特性。Qt 6 中通过导入 Qt QML 模块来使用 QML 语言，它定义并实现了 QML 语言及其解释引擎的基础构件，提供了供开发人员进行扩展的接口，以及将 QML 代码与 JavaScript 和 C++集成在一起的接口。

下面将通过一些简单的代码片段来介绍 QML 语法中的一些基础概念，让读者对 QML 语言有一个大体的了解。本书侧重讲解实践应用，将 QML 的具体语法知识整理在了附录 A 中。建议读者在实际编程中逐步学习语法知识，遇到一些新的概念和术语可以参考附录 A 的相关内容。

QML 的代码一般是这样的：

```
import QtQuick

Rectangle {
    id: root
    width: 400
    height: 400
    color: "blue"

    Image {
        source: "pics/logo.png"
        anchors.centerIn: parent
    }
}
```

1. 导入语句（import）

代码中的 import 语句导入了 QtQuick 模块，它包含各种 QML 类型，这个模块会在第 3 章详细讲解。如果不使用这个 import 语句，下面的 Rectangle 和 Image 类型就无法使用。

2. 对象（object）和属性（property）

QML 文档就是一个 QML 对象树。在这段代码中，创建了两个对象，分别是 Rectangle 根对象及其子对象 Image。QML 对象通过对象声明（Object Declarations）来定义，对象声明由对象类型（type）的名称和一对大括号组成，括号中包含了对象的特性定义，比如这个对象的 id、属性值等，还可以使用嵌套对象声明的方式来声明子对象。

一个对象声明一般都会在开始指定一个 id，可以通过它在其他对象中识别并引用该对象，其值在一个组件的作用域中必须是唯一的。id 看起来像是一个属性，但 id 特性并不是一个属性。除了设置 id，这里的 Rectangle 对象还设置了 width、height 和 color 属性，并添加了一个 Image 子对象。

读者需要注意的是：Rectangle 是一个对象类型。在 QML 代码中，一旦使用了 Rectangle，代码中的 Rectangle 便称为对象，它是对象类型的一个实例。一般对象都会指定具体的属性值，例如矩形要设置宽、高、颜色等，所以这里 Rectangle 对象定义了 width、height 和 color 属性。

属性通过"属性：值"语法进行初始化，属性和它的值使用一个冒号隔开。比如在代码中，Image 对象有一个 source 属性，被指定了"pics/logo.png"值。属性可以分行写，此时，每行末尾的分号不是必须有的。例如：

```
Rectangle {
    id: rect
    width: 100
    height: 100
}
```

也可以将多个属性写在一行，例如：

```
Rectangle { id: rect; width: 100; height: 100 }
```

当多个"属性：值"写在一行时，它们之间必须使用分号分隔。

3. 布局

Image 的 anchors.centerIn 属性起到了布局的作用。它会使 Image 处于一个对象的中心位置，比如这里就是处于其 parent 父对象即 Rectangle 的中心。除了 anchors，QML 还提供了很多其他布局方式，相关内容参见第 4 章。

4. 注释

QML 的注释和 C++是相似的。

- 单行注释使用"//"开始，直到行末结束。
- 多行注释使用"/*"开始，以"*/"结尾。

例如：

```
Text {
    text: "Hello world!"        //要显示的文本
    /*
        设定文本的字体，
可以通过设置 font 属性来完成
    */
    font.family: "Helvetica"
    font.pointSize: 24
    //opacity: 0.5
}
```

5. 表达式和属性绑定

JavaScript 表达式可以用于设置属性的值，例如：

```
Item {
    width: 100 * 3
    height: 50 + 22
}
```

在这些表达式中可以包含其他对象或属性的引用，这样做便创建了一个绑定：当表达式的值改变时，以该表达式为值的属性会自动更新为新的值。例如：

```
Item {
    width: 300
    height: 300

    Rectangle {
        width: parent.width - 50
        height: 100
        color: "yellow"
    }
}
```

　　Rectangle 对象的 width 属性被设置为与它的父对象的 width 属性相关，只要父对象的 width 属性发生改变，Rectangle 的 width 就会自动更新。

6. QML 的编码约定

　　QML 的参考文档和示例程序中使用了相同的编码约定，为了风格的统一和代码的规范，笔者建议读者以后编写 QML 代码时也遵循这个约定。QML 对象一般使用下面的顺序进行构造：id、属性声明、信号声明、JavaScript 函数、对象属性、子对象。为了获取更好的可读性，笔者建议在不同部分之间添加一个空行。可以在 Qt 帮助中通过 QML Coding Conventions 关键字查看相关内容。

2.3　设置应用程序图标

　　若发布程序时想使.exe 文件有一个漂亮的图标，则可以在 Qt Creator 的帮助索引中查找 Setting the Application Icon 关键字，这里列出了在不同系统上设置应用程序图标的方法，在 Windows 系统上的步骤如下（项目源码路径为 src\02\2-9\helloworld）。

　　（1）创建.ico 文件。可以直接在网上进行生成，完成后将.ico 图标文件复制到项目目录的源码目录中，然后进行重命名，例如 myico.ico。

　　（2）修改项目文件。在 Qt Creator 的编辑模式中双击 helloworld.pro 文件，在最后面添加下面一行代码。

```
RC_ICONS = myico.ico
```

　　（3）运行程序。运行程序后，可以看到窗口左上角的图标已经更换了。然后查看一下项目目录，可以看到，helloworld.exe 可执行文件已经更换了新的图标。

2.4　小结

　　本章分别介绍了 Qt Widgets 项目和 Qt Quick 项目的创建、运行和发布的全过程。可以看到，虽然是不同类型的两种项目，但整体结构是相似的。其中的一些知识点，比如资源文件的使用、设置程序图标等，对于两种项目都是适用的。本章作为 Qt 编程的开始，读者学习时一定要多动手，通过不同的方式创建项目来熟悉 Qt Creator 开发环境，掌握创建 Qt 项目的基本流程和项目中不同文件的作用。

2.5　练习

1. 掌握创建 Qt Widgets 项目的流程。
2. 简述 Qt Widgets 项目中各个文件的内容和作用。
3. 学会通过不同方式创建 Qt Widgets 项目，掌握使用设计器创建界面与使用代码创建界面两种方式。
4. 熟悉 Qt Creator 编辑模式，学会向项目中添加各种类型的文件。
5. 学会通过帮助文档查找需要使用的类及其成员。
6. 了解 Qt Widgets 项目通过命令行进行编译运行的过程。
7. 掌握通过 Empty qmake Project 模板创建 Qt Quick 项目的方法。
8. 掌握 Qt 资源文件的使用方法。
9. 熟悉 QML 的基础语法。
10. 熟悉发布 Qt 项目的基本流程。

第 3 章　Qt Widgets 窗口部件和 Qt Quick 控件

在第 2 章，我们介绍了如何创建基本的 Qt Widgets 和 Qt Quick 项目，但只是实现了简单的用户界面。那么，怎样才能丰富程序的界面和功能呢？Qt 作为应用程序开发框架，为用户界面的开发和功能实现提供了丰富的部件和控件。对于 Qt Widgets 程序来说，窗口部件（Widgets）是图形用户界面（GUI）应用程序的基本构建块，而 QWidget 是所有窗口部件的基类；对于 Qt Quick 程序，Qt Quick Controls 模块提供了一组丰富的 UI 控件，基本覆盖了常见的用例，可用于构建完整的应用界面。本章将讲解常用的 Qt Widgets 窗口部件和 Qt Quick 控件，最后还会涉及 Qt 程序调试的内容。

3.1　Qt Widgets 窗口部件

第 2 章创建 Qt Widgets 新项目时曾看到，模板提供的默认基类包括 QMainWindow、QWidget 和 QDialog 这 3 种。其中 QMainWindow 是带有菜单栏和工具栏的主窗口类，QDialog 是各种对话框的基类，而它们都继承自 QWidget。不仅如此，其实所有的窗口部件都继承自 QWidget，如图 3-1 所示。本章将讲解 QWidget、QDialog 和一些其他常用部件类，QMainWindow 将在第 6 章讲解。可以在帮助中通过 QWidget 关键字查看本节相关内容。

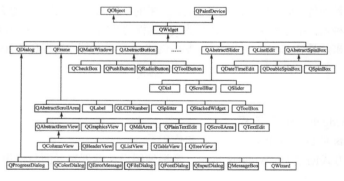

图 3-1　QWidget 类关系图

3.1.1　基础窗口部件 QWidget

QWidget 类是所有用户界面类的基类，被称为基础窗口部件。在图 3-1 中可以看到，QWidget 继承自 QObject 类和 QPaintDevice 类。其中，QObject 类是所有支持 Qt 对象模型（Qt Object Model）的对象的基类，QPaintDevice 类是所有可以绘制的对象的基类。下面通过示例来讲解几个基本概念。

1. 窗口与子部件

（项目源码路径为 src\03\3-1\mywidget）打开 Qt Creator，新建 Empty qmake Project 项目，

项目名称为 mywidget,完成后在 mywidget.pro 中添加"QT += widgets"。然后往项目中添加新的 C++源文件 main.cpp,并添加以下代码。

```cpp
#include <QtWidgets>

int main(int argc, char *argv[])
{
    QApplication a(argc, argv);

    // 新建 QWidget 类对象,默认 parent 参数是 nullptr,所以它是个窗口
    QWidget *widget = new QWidget();
    // 设置窗口标题
    widget->setWindowTitle(QObject::tr("我是 widget"));
    // 新建 QLabel 对象,默认 parent 参数是 nullptr,所以它是个窗口
    QLabel *label = new QLabel();
    label->setWindowTitle(QObject::tr("我是 label"));
    // 设置要显示的信息
    label->setText(QObject::tr("label:我是个窗口"));
    // 改变部件大小,以便能显示出完整的内容
    label->resize(180, 20);
    // label2 指定了父窗口为 widget,所以不是窗口
    QLabel *label2 = new QLabel(widget);
    label2->setText(QObject::tr("label2:我不是独立窗口,只是 widget 的子部件"));
    label2->resize(250, 20);
    // 在屏幕上显示出来
    label->show();
    widget->show();

    int ret = a.exec();
    delete label;
    delete widget;
    return ret;
}
```

这里包含了头文件#include <QtWidgets>,因为下面所有要用到的类,如 QApplication、QWidget 等都包含在 QtWidgets 模块中,为了简便,就只包含了 QtWidgets 的头文件。不过,一般的原则是要包含尽可能少的头文件,这里直接包含了整个模块,虽然可行但并不推荐。程序中定义了一个 QWidget 类对象的指针 widget 和两个 QLabel 对象指针 label 与 label2,其中 label 没有父窗口,而 label2 在 widget 中,widget 是其父窗口。

注意:这里使用 new 操作符为 label2 分配了空间,但是并没有使用 delete 进行释放,这是因为在 Qt 中销毁父对象的时候会自动销毁子对象,这里 label2 指定了 parent 为 widget,所以在执行 delete widget 代码时会自动销毁作为 widget 子对象的 label2。

运行程序,效果如图 3-2 所示。

窗口部件是 Qt 中建立用户界面的主要元素。像主窗口、对话框、标签,还有以后要介绍的按钮、文本输入框等都是窗口部件。这些部件可以接收用户输入,显示数据和状态信息,并且在屏幕上绘制自己。有些也可以作为一个容器来放置其他

图 3-2　两个窗口运行效果

部件。Qt 中把没有嵌入其他部件中的部件称为窗口,一般窗口都有边框和标题栏,就像程序中的 widget 和 label 一样。QMainWindow 和大量的 QDialog 子类是最一般的窗口类型。窗口是没有父部件的部件,所以又称为顶级部件(top-level widget)。与其相对的是非窗口部件,又称为子部件(child widget)。在 Qt 中大部分部件被用作子部件,嵌入在别的窗口中,如程序中的 label2。这部分内容可以在帮助中通过 Qt Widgets 和 Window and Dialog Widgets 关键字进行查看。

QWidget 提供了自我绘制和处理用户输入等基本功能，Qt 提供的所有界面元素不是 QWidget 的子类就是与 QWidget 的子类相关联。要设计自己的窗口部件，可以继承自 QWidget 或者是它的子类。

2. 窗口类型

前面讲到窗口一般都有边框和标题栏，其实这也不是必需的。QWidget 的构造函数有两个参数：QWidget *parent = nullptr 和 Qt::WindowFlags f = Qt::WindowFlags()。前面的 parent 就是指父窗口部件，默认值为 nullptr，表明没有父窗口；而后面的 f 参数是 Qt::WindowFlags 类型的，它是 Qt::WindowType 枚举类型值的或组合。Qt::WindowType 枚举类型用来为部件指定各种窗口系统属性，比如 f=0 表明窗口类型的值为 Qt::Widget，这是 QWidget 的默认类型，这种类型的部件如果有父窗口，那么它就是子部件，否则就是独立窗口。Qt::WindowType 包括了很多类型，下面演示其中的 Qt::Dialog 和 Qt::SplashScreen，更改程序中新建对象的那两行代码如下。

```
QWidget *widget = new QWidget(nullptr, Qt::Dialog);
QLabel *label = new QLabel(nullptr, Qt::SplashScreen);
```

这时运行程序可以看到，当更改窗口类型后窗口的样式发生了改变，一个是对话框类型，另一个是欢迎窗口类型。

窗口标志 Qt::WindowFlags 可以是多个窗口类型枚举值进行按位或操作，下面我们再次更改那两行代码：

```
QWidget *widget = new QWidget(nullptr,Qt::Dialog | Qt::FramelessWindowHint);
QLabel *label = new QLabel(nullptr,Qt::SplashScreen | Qt::WindowStaysOnTopHint);
```

Qt::FramelessWindowHint 用来产生一个没有边框的窗口，而 Qt::WindowStaysOnTopHint 用来使该窗口停留在所有其他窗口上面。这里要提示一点，现在两个窗口都没有了标题栏，那么怎么关闭程序呢？其实可以通过 Alt+3 快捷键打开"应用程序输出"窗口，然后单击那个红色的按钮来强行关闭程序。

这里只列举了两个简单的例子来演示 f 参数的使用，读者可以在帮助中通过 Qt::WindowFlags 关键字查看其他值的介绍。在 Qt 的示例程序中有一个 Window Flags 程序演示了所有窗口类型，可以直接在 Qt Creator 的欢迎模式中打开它。QWidget 还有一个 setWindowState() 函数用来设置窗口的状态，其参数由 Qt::WindowStates 指定，是 Qt::WindowState 枚举类型值的按位或组合。窗口状态 Qt::WindowState 包括最大化 Qt::WindowMaximized、最小化 Qt::WindowMinimized、全屏显示 Qt::WindowFullScreen 和活动窗口 Qt::WindowActive 等，默认值为正常状态 Qt::WindowNoState。

3.1.2　窗口几何布局

对于一个窗口，往往要设置它的大小和运行时出现的位置，这就涉及窗口的几何布局。在前面的例子中已经看到，widget 默认的大小就是它所包含的子部件 label2 的大小，而 widget 和 label 出现时在窗口上的位置也是不确定的。对于窗口的大小和位置，根据是否包含边框和标题栏两种情况，要用不同的函数来获取，如图 3-3 所示。可以在帮助中通过 Window and Dialog Widgets 关键字查看相关内容。

这里的函数分为两类，一类是包含框架的，一类是不包含框架的。

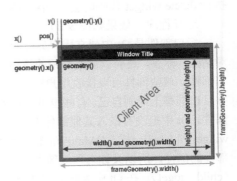

图 3-3　窗口几何布局

- 包含框架：x()、y()、frameGeometry()、pos()和 move()等函数。
- 不包含框架：geometry()、width()、height()、rect()和 size()等函数。

3.1.3 QFrame 类族

QFrame 类是带有边框的部件的基类。它的子类包括常用的标签部件 QLabel，以及 QLCDNumber、QSplitter、QStackedWidget、QToolBox 和 QAbstractScrollArea 等类。其中 QAbstractScrollArea 类是所有带有滚动区域的部件类的抽象基类。需要说明，Qt 中凡是带有 Abstract 字样的类都是抽象基类。抽象基类是不能直接使用的，但是可以继承该类实现自己的类，或者使用它提供的子类。QAbstractScrollArea 的子类中包含常用的文本编辑器 QTextEdit 类和各种项目视图类，这些类会在后面章节中接触到。

带边框部件最主要的特点就是可以有一个明显的边界框架。QFrame 类的一项主要功能就是用来实现不同的边框效果，这主要是由边框形状（Shape）和边框阴影（Shadow）组合来形成的。QFrame 类中定义的主要边框形状如表 3-1 所示，边框阴影如表 3-2 所示。这里要说明两个名词——lineWidth 和 midLineWidth，其中，lineWidth 是边框边界的线的宽度；而 midLineWidth 是在边框中额外插入的一条线的宽度，这条线的作用是为了形成 3D 效果，并且只在 Box、HLine 和 VLine 表现为凸起或者凹陷时有用。下面在示例中演示一下具体效果。

表 3-1　QFrame 类边框形状的取值

常　　量	描　　述
QFrame::NoFrame	QFrame 不进行绘制
QFrame::Box	QFrame 在它的内容四周绘制一个边框
QFrame::Panel	QFrame 绘制一个面板，使得内容表现为凸起或者凹陷
QFrame::StyledPanel	绘制一个矩形面板，它的效果依赖于当前的 GUI 样式，可以凸起或凹陷
QFrame::HLine	QFrame 绘制一条水平线，没有任何框架（可以作为分离器）
QFrame::VLine	QFrame 绘制一条垂直线，没有任何框架（可以作为分离器）
QFrame::WinPanel	绘制一个类似于 Windows 2000 中的矩形面板，可以凸起或者凹陷

表 3-2　QFrame 类边框阴影的取值

常　　量	描　　述
QFrame::Plain	边框和内容没有 3D 效果，与四周界面在同一水平面上
QFrame::Raised	边框和内容表现为凸起，具有 3D 效果
QFrame::Sunken	边框和内容表现为凹陷，具有 3D 效果

（项目源码路径为 src\03\3-2\myframe）新建 Qt Widgets 应用，项目名称为 myframe，选择 QWidget 为基类，类名 MyWidget。完成后打开 mywidget.ui 文件，在设计模式从部件列表里拖入一个 Frame 到界面上，然后在右下方的属性编辑器中更改其 frameShape 为 Box，frameShadow 为 Sunken，lineWidth 为 5，midLineWidth 为 10。在属性栏中设置部件的属性，和在源码中用代码实现是等效的，其实也可以直接在 mywidget.cpp 文件中的 MyWidget 构造函数里使用如下代码来代替。

```
ui->frame->setFrameShape(QFrame::Box);
ui->frame->setFrameShadow(QFrame::Sunken);
ui->frame->setLineWidth(5);
ui->frame->setMidLineWidth(10);
```

因为下面要讲的部件大多是 Qt 的标准部件，所以一般会在 Qt 设计器中直接设置其属性。对于能在属性栏中设置的属性，其类中就一定有相应的函数可以使用代码来实现，只要根据名字在类的参考文档中查找一下即可。

QFrame 的子类都继承了 QFrame 的边框设置功能。下面对比较常用的 QLabel 进行重点介绍，对于其他部件，读者可以自行学习使用。

标签 QLabel 部件用来显示文本或者图片。在设计器中向界面拖入一个 Label，并在属性编辑器中设置其宽度为 170，高度为 30。然后修改 font 属性对字体进行设置，当然也可以通过代码进行设置，例如，打开 mywidget.cpp 文件，在构造函数中添加如下代码。

```
QFont font;
font.setFamily("华文行楷");
font.setPointSize(10);
font.setBold(true);
font.setItalic(true);
ui->label->setFont(font);
```

QFont 类提供了对字体的设置，这里使用了 "华文行楷" 字体族、大小为 10、加粗、斜体，通过 QLabel 的 setFont() 函数可以使用新建的字体。

QLabel 属性编辑器中的 wordWrap 属性可以实现文本的自动换行。文本过长时，如果不想自动换行，而是在后面自动省略，那么可以使用 QFontMetrics 类，该类用来计算给定字体的字符或字符串的大小，其中包含了多个实用函数。要使用 QFontMetrics，则可以通过创建对象的方式，或通过 QWidget::fontMetrics() 来返回当前部件字体的 QFontMetrics 对象。下面继续在构造函数中添加代码：

```
QString string = tr("标题太长，需要进行省略！");
QString str = ui->label->fontMetrics().elidedText(string, Qt::ElideRight, 150);
ui->label->setText(str);
```

QFontMetrics 类的 elidedText() 函数用来进行文本省略，第一个参数用来指定要省略的文本；第二个参数是省略模式，就是 "..." 省略号出现的位置，包括 Qt::ElideLeft 出现在文本开头、Qt::ElideMiddle 出现在文本中间，以及这里使用的 Qt::ElideRight 出现在文本末尾；第三个参数是文本的长度，单位是像素，只要第一个参数指定的文本的长度超过了这个值，就会进行省略。可以运行程序，调整参数值，查看不同参数的效果。

QLabel 属性栏中的 scaledContents 属性可以用于缩放标签中的内容，比如在标签中放一张较大的图片，可以选中该属性来显示整个图片。下面我们看一下怎么在标签中使用图片。首先在 mywidget.cpp 文件中添加头文件#include <QPixmap>，然后在构造函数中添加一行代码：

```
ui->label->setPixmap(QPixmap("../logo.png"));
```

这样就可以在标签中显示 logo.png 图片了。这里显示图片时使用了相对路径，需要将 logo.png 图片放到项目目录的 src\03\3-2 目录中。当然，建议编程时将图片放到资源文件中。QLabel 还可以显示 GIF 动态图片，在 mywidget.cpp 中添加头文件#include <QMovie>，然后在 myWidget 的构造函数中继续添加代码：

```
QMovie *movie = new QMovie("../donghua.gif");
ui->label->setMovie(movie);                    // 在标签中添加动画
ui->label->resize(550, 150);
movie->start();                                // 开始播放
```

3.1.4　按钮部件

QAbstractButton 类是按钮部件的抽象基类，提供了按钮的通用功能。它的子类包括复选框

QCheckBox、标准按钮 QPushButton、单选按钮 QRadioButton 和工具按钮 QToolButton。

下面通过例子来看一下 QPushButton 的用法，其他部件用法相似，读者可以自行学习。

（项目源码路径为 src\03\3-3\mybutton）新建 Qt Widgets 应用，项目名称为 mybutton，基类选择 QWidget，类名设为 MyWidget。完成后在项目目录中新建 images 文件夹，并且放入几张图标图片，供下面编写程序时使用。

QPushButton 提供了一个标准按钮。在项目中打开 mywidget.ui 文件，拖入 3 个 Push Button 到界面上，然后在属性编辑器中将它们的 objectName 依次更改为 pushBtn1、pushBtn2 和 pushBtn3。下面选中 pushBtn1 的 checkable 属性，使得它可以拥有"选中"和"未选中"两种状态；再选中 pushBtn2 的 flat 属性，可以不显示该按钮的边框。

按钮最常见的应用就是通过单击或双击来实现一些功能，在 Qt 中，这种应用是通过信号和槽的机制来实现的。下面通过例子来看一下在设计模式进行信号和槽关联的一种方法，关于信号和槽的知识会在后面的章节中逐步涉及并深入讲解。首先在 pushBtn1 按钮上右击，在弹出的快捷菜单中选择"转到槽"，在弹出的"转到槽 - Qt Creator"对话框中选择 toggled(bool)信号，如图 3-4 所示。

图 3-4 "转到槽 - Qt Creator"
对话框

这时会自动切换到编辑模式并添加该信号对应的槽函数 on_pushBtn1_toggled(bool checked)，下面在其中添加如下代码。

```cpp
void MyWidget::on_pushBtn1_toggled(bool checked)    // 按钮是否处于被按下状态
{
    qDebug() << tr("按钮是否按下：") << checked;
}
```

当 pushBtn1 处于按下状态的时候，checked 为 true，否则为 false。使用 qDebug()可以在"应用程序输出"窗口输出其后的信息。这时可以运行程序，在"应用程序输出"窗口查看输出内容。

下面在 MyWidget 类的构造函数中添加代码，看一下如何使用代码进行设置。

```cpp
ui->pushBtn1->setText(tr("&nihao"));      // 这样便指定了 Alt+N 为加速键
ui->pushBtn2->setText(tr("帮助(&H)"));
ui->pushBtn2->setIcon(QIcon("../mybutton/images/help.png"));
ui->pushBtn3->setText(tr("z&oom"));
QMenu *menu = new QMenu(this);
menu->addAction(QIcon("../mybutton/images/zoom-in.png"), tr("放大"));
ui->pushBtn3->setMenu(menu);
```

注意添加#include <QMenu>头文件。在代码里为 3 个按钮改变了显示文本，在一个字母前加上"&"符号，那么就可以将这个按钮的加速键设置为 Alt 加上这个字母。如果要在文本中显示"&"符号，可以使用"&&"。也可以使用 setIcon()函数来给按钮添加图标，这里图片文件使用了相对路径，建议读者将图片放到资源文件中再使用。对于 pushBtn3，这里为其添加了下拉菜单。

3.1.5 QLineEdit

行编辑器 QLineEdit 部件是一个单行的文本编辑器，它允许用户输入和编辑单行的纯文本内容，而且提供了一系列有用的功能，包括撤销与恢复、剪切和拖放等操作。其中，剪切、复制等功能是行编辑自带的，不用自己编码实现。关于该部件，读者还可以查看 Qt 提供的示例程序 Line Edits。

（项目源码路径为 src\03\3-4\mylineedit）新建 Qt Widgets 应用，项目名称为 mylineedit，基类选择 QWidget，类名设为 MyWidget。在设计模式中往界面上分别拖入 4 个标签和 Line Edit，行编辑器设计界面如图 3-5 所示。然后将各个 Line Edit 从上到下依次更改其 objectName 为 lineEdit1、lineEdit2、lineEdit3 和 lineEdit4。

图 3-5　行编辑器界面设计

1. 显示模式

QLineEdit 有 4 种显示模式（echoMode），可以在 echoMode 属性中更改它们。这 4 种模式分别是：Normal，正常显示输入的信息；NoEcho，不显示任何输入，这样可以保证不泄露输入的字符位数；Password，显示为密码样式，就是以小黑点或星号之类的字符代替输入的字符；PasswordEchoOnEdit，在编辑时显示正常字符，其他情况下显示为密码样式。这里在属性编辑器中设置 lineEdit1 的 echoMode 为 Password。

2. 输入掩码

QLineEdit 提供了输入掩码（inputMask）来限制输入的内容。可以使用一些特殊的字符来设置输入的格式和内容，这些字符中有的起限制作用且必须要输入一个字符，有的只是起限制作用，但可以不输入字符而是以空格代替。先来看一下这些特殊字符的含义，如表 3-3 所示。

表 3-3　QLineEdit 掩码字符和元字符

掩码字符（必须输入）	掩码字符（可留空）	含　　义
A	a	只能输入 A~Z，a~z
N	n	只能输入 A~Z，a~z，0~9
X	x	可以输入任意字符
9	0	只能输入 0~9
D	d	只能输入 1~9
	#	只能输入加号（+），减号（-），0~9
H	h	只能输入十六进制字符，A~F，a~f，0~9
B	b	只能输入二进制字符，0 或 1
>		后面的字母字符自动转换为大写
<		后面的字母字符自动转换为小写
!		停止字母字符的大小写转换
;c		终止输入掩码并使用指定字符 c 来填充空白字符
\		将该表中的特殊字符正常显示用作分隔符

下面将 lineEdit2 的 inputMask 属性设置为 ">AA-90-bb-!aa\#H;*"，它表示的含义如下："＞"号表明后面输入的字母自动转为大写；"AA"表明开始必须输入两个字母，因为有前面的"＞"号的作用，所以输入的这两个字母会自动变为大写；"-"号为分隔符，直接显示，该位不可输入；"9"表示必须输入一个数字；"0"表示输入一个数字，或者留空；"bb"表示这两位可以留空，或者输入两个二进制字符，即 0 或 1；"!"表明停止大小写转换，就是在最开始的"＞"号不再起作用；"aa"表示可以留空，或者输入两个字母；"\#"表示将"#"号作为分隔符，因为"#"号在这里有特殊含义，所以前面要加上"\"号；"H"表明必须输入一个十六进制的字符；";*"表示用"*"号来填充空格。另外，也可以使用 setInputMask()函数在代码中设置输入掩码。

在 lineEdit2 上右击，然后转到它的 returnPressed()回车键按下信号的槽中，更改如下。

```
void MyWidget::on_lineEdit2_returnPressed()        // 回车键按下信号的槽
{
```

```
    ui->lineEdit3->setFocus();                      // 让 lineEdit3 获得焦点
    qDebug() << ui->lineEdit2->text();              // 输出 lineEdit2 的内容
    qDebug() << ui->lineEdit2->displayText();       // 输出 lineEdit2 显示的内容
}
```

这里先让下一个行编辑器获得焦点，然后输出 lineEdit2 的内容和显示出来的内容，它们有时是不一样的，编程时更多的是使用 text() 函数来获取它的内容。这时运行程序在 lineEdit2 中进行输入，完成后按下回车键，可以查看一下输出的内容。注意，如果没有输入完那些必须要输入的字符，按下回车键是不起作用的。

3. 输入验证

在 QLineEdit 中还可以使用验证器（validator）来对输入进行约束。在 mywidget.cpp 文件的构造函数中添加代码：

```
// 新建验证器，指定范围为 100~999
QValidator *validator = new QIntValidator(100, 999, this);
// 在行编辑器中使用验证器
ui->lineEdit3->setValidator(validator);
```

在代码中为 lineEdit3 添加了验证器，那么它现在只能输入数字 100～999。可以再进入 lineEdit3 的回车键按下信号的槽，输出 lineEdit3 的内容。然后运行程序会发现，其他的字符无法输入，而输入小于 100 的数字时，按下回车键也是没有效果的。QValidator 还提供了 QDoubleValidator，可以用它来设置浮点数。如果想设置更强大的字符约束，就要使用正则表达式了，这里举一个简单的例子：

```
QRegularExpression rx("-?\\d{1,3}");
QValidator *validator = new QRegularExpressionValidator(rx, this);
```

这样就可以实现在开始输入"-"号或者不输入，然后输入 1～3 个数字的限制。注意这里还要添加#include <QRegularExpressionValidator>头文件。

4. 自动补全

QLineEdit 也提供了强大的自动补全功能，这是利用 QCompleter 类实现的。在 MyWidget 类的构造函数中继续添加代码：

```
QStringList wordList;
wordList << "Qt" << "Qt Creator" << tr("你好");
QCompleter *completer = new QCompleter(wordList, this);  // 新建自动完成器
completer->setCaseSensitivity(Qt::CaseInsensitive);      // 设置大小写不敏感
ui->lineEdit4->setCompleter(completer);
```

注意添加#include <QCompleter>头文件，运行程序，在最后一个行编辑器中输入"Q"，就会自动出现"Qt"和"Qt Creator"两个选项。关于 QCompleter 的使用，还可以参考一下 Qt 的示例程序 Completer。

3.1.6 QAbstractSpinBox

QAbstractSpinBox 类是一个抽象基类，提供了一个数值设定框和一个行编辑器来显示设定值。它有 3 个子类 QDateTimeEdit、QSpinBox 和 QDoubleSpinBox，分别用来完成日期时间、整数和浮点数的设定。下面通过例子来看一下 QDateTimeEdit 部件的使用。

（项目源码路径为 src\03\3-5\myspinbox）新建 Qt Widgets 应用，项目名称为 myspinbox，基类为 QWidget，类名为 MyWidget。

QDateTimeEdit 类提供了一个可以编辑日期和时间的部件。进入设计模式，从部件列表窗口中分别拖入 Time Edit、Date Edit 和 Date/Time Edit 到界面上，然后在属性编辑器中，设置

timeEdit 的 displayFormat 为 "h:mm:ssA"，这样可以使用 12 小时制来进行显示。对于 dateEdit，选中它的 calendarPopup 属性，这样就可以使用弹出的日历部件来设置日期。然后在 MyWidget 类的构造函数中添加代码：

```
// 设置时间为现在的系统时间
ui->dateTimeEdit->setDateTime(QDateTime::currentDateTime());
// 设置时间的显示格式
ui->dateTimeEdit->setDisplayFormat(tr("yyyy年MM月dd日ddd HH时mm分ss秒"));
```

这里使用代码设置了 dateTimeEdit 中的日期和时间。简单说明一下：y 表示年；M 表示月；d 表示日；ddd 表示星期；H 表示小时，使用 24 小时制显示，而 h 也表示小时，如果最后有 AM 或者 PM 的，则是 12 小时制显示，否则使用 24 小时制；m 表示分；s 表示秒；还有一个 z 可以用来表示毫秒。更多的格式可以参考 QDateTime 类。现在可以运行程序查看效果。另外，可以使用该部件的 text() 函数获取设置的值，它返回 QString 类型的字符串；也可以使用 dateTime() 函数，它返回的是 QDateTime 类型数据。

3.1.7　QAbstractSlider

QAbstractSlider 类用于提供区间内的一个整数值，它有一个滑块，可以定位到一个整数区间的任意值。该类是一个抽象基类，它有 3 个子类 QScrollBar、QSlider 和 QDial。其中滚动条 QScrollBar 一般是用在 QScrollArea 类中实现滚动区域；QSlider 就是常见的音量控制或多媒体播放进度等滑块部件；QDial 是一个刻度表盘部件。这些部件的使用可以参考 Sliders 示例程序。

（项目源码路径为 src\03\3-6\myslider）新建 Qt Widgets 应用，项目名称为 myslider，基类选择 QWidget，类名为 MyWidget。完成后到设计模式，从部件栏中分别将 Dial、Horizontal Scroll Bar、Vertical Scroll Bar、Horizontal Slider 以及 Vertical Slider 等部件拖入界面。

下面通过属性编辑器来查看各个部件的属性。先来看两个 Scroll Bar 的属性：maximum 属性用来设置最大值，minimum 属性用来设置最小值；singleStep 属性是每步的步长，默认是 1，就是按下方向键后其数值增加或者减少 1；pageStep 是每页的步长，默认是 10，就是按下 PageUp 或者 PageDown 按键后，其数值增加或者减少 10；value 与 sliderPosition 是当前值；tracking 用于设置是否跟踪，默认为是，就是在拖动滑块时，每移动一个刻度，都会发射 valueChanged() 信号，如果选择否，则只有拖动滑块释放时才发射该信号；orientation 是设置部件的方向，有水平和垂直两种选择；invertedAppearance 属性是设置滑块所在的位置，比如默认滑块开始在最左端，选中这个属性后，滑块默认就会在最右端。invertedControls 是设置反向控制，比如默认向上方向键是增大，向下方向键是减小，如果选中这个属性，那么控制就会正好反过来。另外，为了使部件可以获得焦点，读者需要将 focusPolicy 设置为 StrongFocus。再来看两个 Slider，它

们有了自己的两个属性 tickPosition 和 tickInterval，前者用来设置显示刻度的位置，默认是不显示刻度；后者是设置刻度的间隔。而 Dial 有自己的属性 wrapping，用来设置是否首尾相连，默认开始与结束是分开的；属性 notchTarget 用来设置刻度之间的间隔；属性 notchesVisible 用来设置是否显示刻度。

再往界面上拖入一个 Spin Box，然后按下 F4 键或者单击 图标进入信号和槽编辑模式，将刻度表盘部件 dial 的 sliderMoved(int) 信号分别与其他各个部件的 setValue(int) 槽相连接，如图 3-6 所示。

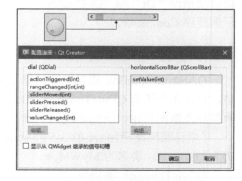

图 3-6　配置信号和槽连接

设置完成后运行程序，然后使用鼠标拖动刻度盘部件的滑块，可以看到其他所有的部件都跟着变化了。

3.2 对话框 QDialog

本节主要讲述对话框类，先讲述两种不同类型的对话框，然后介绍 Qt 提供的几个标准对话框。读者可以在帮助索引中通过 QDialog 和 Dialog Windows 关键字查看本节相关内容。

3.2.1 模态和非模态对话框

QDialog 类是所有对话框类的基类。对话框是一个经常用来完成短小任务或者和用户进行简单交互的顶层窗口。按照运行对话框时是否还可以和该程序的其他窗口进行交互，对话框常被分为两类：模态的（modal）和非模态的（modeless）。关于这两个概念，下面通过一个例子来进行讲解。

（项目源码路径为 src\03\3-7\mydialog1）新建 Qt Widgets 应用，项目名称为 mydialog1，基类选择 QWidget，类名为 MyWidget。完成后，打开 mywidget.cpp 文件，先添加#include <QDialog>头文件，然后在构造函数中添加代码：

```
QDialog dialog(this);
dialog.show();
```

这里在 MyWidget 类的构造函数中定义了一个 QDialog 类对象，还指定了 dialog 的父窗口为 MyWidget 类对象（就是那个 this 参数的作用），最后调用 show()函数让其显示。运行程序，会发现一个窗口一闪而过，然后就只显示 MyWidget 窗口了，为什么会这样呢？因为对于一个函数中定义的变量，等这个函数执行结束后，它就会自动释放。也就是说，这里的 dialog 对象只在这个构造函数中有用，等这个构造函数执行完了，dialog 也就消失了。为了不让 dialog 消失，读者可以将 QDialog 对象的创建代码更改如下。

```
QDialog *dialog = new QDialog(this);
dialog->show();
```

这里使用了 QDialog 对象的指针，并使用 new 运算符开辟了内存空间，这时再次运行程序就可以正常显示了。这里为 dialog 对象指明了父窗口，所以就没有必要使用 delete 来释放该对象了，因为父对象销毁时会自动将其销毁。

其实，不用指针也可以让对话框显示出来，可以将创建代码更改如下。

```
QDialog dialog(this);
dialog.exec();
```

这时运行程序，则会发现对话框弹出来了，但是 MyWidget 窗口并没有出来，当关闭对话框后，MyWidget 窗口才弹出来。这个对话框与前面那个对话框的效果不同，我们称它为模态对话框，而前面那种对话框称为非模态对话框。

模态对话框就是在没有关闭它之前，不能再与同一个应用程序的其他窗口进行交互，比如新建项目时弹出的对话框。而对于非模态对话框，既可以与它交互，也可以与同一程序中的其他窗口交互，如一些软件中的"查找与替换"对话框。就像前面看到的，要想使一个对话框成为模态对话框，则只需要调用它的 exec()函数；而要使其成为非模态对话框，可以使用 new 操作来创建，然后使用 show()函数进行显示。其实使用 show()函数也可以建立模态对话框，在其前面使用 setModal()函数即可。例如：

```
QDialog *dialog = new QDialog(this);
dialog->setModal(true);
dialog->show();
```

运行程序后可以看到，生成的对话框是模态的。但是，它与用 exec() 函数时的效果是不一样的，现在的 MyWidget 窗口也显示出来了。这是因为调用完 show() 函数后会立即将控制权交给调用者，程序可以继续往下执行。而调用 exec() 函数却不同，只有当对话框被关闭时才会返回。与 setModal() 函数相似的还有一个 setWindowModality() 函数，它有一个参数来设置模态对话框要阻塞的窗口类型，可以是 Qt::NonModal（不阻塞任何窗口，就是非模态）、Qt::WindowModal（阻塞它的父窗口和所有祖先窗口以及它们的子窗口）或 Qt::ApplicationModal（阻塞整个应用程序的所有窗口）三者之一。setModal() 函数默认设置的参数是 Qt::ApplicationModal。

3.2.2　标准对话框

Qt 提供了一些常用的对话框类型，它们全部继承自 QDialog 类，并增加了自己的特色功能。这些对话框包括颜色对话框 QColorDialog、错误信息对话框 QErrorMessage、文件对话框 QFileDialog、字体对话框 QFontDialog、输入对话框 QInputDialog、消息对话框 QMessageBox、进度对话框 QProgressDialog 和向导对话框 QWizard。下面将以 QColorDialog 和 QProgressDialog 为例进行讲解。

（项目源码路径为 src\03\3-8\mydialog2）新建 Qt Widgets 应用，项目名称为 mydialog2，基类选择 QWidget，类名改为 MyWidget。完成后双击 mywidget.ui 文件进入设计模式，在界面上添加两个按钮，分别修改显示文本为"颜色对话框"和"进度对话框"。

1. 颜色对话框

颜色对话框类 QColorDialog 提供了一个可以获取指定颜色的对话框部件。下面创建一个颜色对话框，先在 mywidget.cpp 文件中添加#include <QColorDialog>头文件，然后从设计模式进入"颜色对话框"按钮的 clicked()单击信号槽，更改如下。

```
void MyWidget::on_pushButton_clicked()
{
    QColor color = QColorDialog::getColor(Qt::red, this, tr("颜色对话框"));
    qDebug() << "color: " << color;
}
```

这里使用了 QColorDialog 的静态函数 getColor()来获取颜色，它的 3 个参数的作用分别是设置初始颜色、指定父窗口和设置对话框标题。这里的 Qt::red，是 Qt 预定义的颜色对象，可以直接单击该字符串，然后按下 F1 键查看其快捷帮助，或者在帮助索引中通过 Qt::GlobalColor 关键字，查看所有的预定义颜色列表。getColor()函数返回一个 QColor 类型数据。现在运行程序，然后按下"颜色对话框"按钮，如果不选择颜色，直接单击 OK 按钮，那么输出信息应该是 QColor(ARGB 1, 1, 0, 0)，这里的 4 个数值分别代表透明度（alpha）、红色（red）、绿色（green）和蓝色（blue）等分量。它们的数值都是 0.0～1.0。对于 alpha 来说，1.0 表示完全不透明，这是默认值，而 0.0 表示完全透明。对于三基色红、绿、蓝的数值，还可以使用 0～255 来表示，颜色对话框中就是使用这种方法。其中 0 表示颜色最浅，255 表示颜色最深。在 0～255 与 0.0～1.0 之间可以通过简单的数学运算来对应，其中 0 对应 0.0，255 对应 1.0。在颜色对话框中还可以添加上对 alpha 的设置，就是在 getColor()函数中再使用最后一个参数：

```
QColorDialog::getColor(Qt::red, this, tr("颜色对话框"),
                       QColorDialog::ShowAlphaChannel);
```

这里的 QColorDialog::ShowAlphaChannel 就是用来显示 alpha 设置。可以运行程序查看效果。

前面使用 QColorDialog 类的静态函数来直接显示颜色对话框，这样做的好处是不用创建对象。但是如果想要更灵活地设置，则可以先创建对象，然后进行各项设置，例如：

```
void MyWidget::on_pushButton_clicked()
{
```

```
QColorDialog dialog(Qt::red, this);                      // 创建对象
dialog.setOption(QColorDialog::ShowAlphaChannel);        // 显示 alpha 选项
dialog.exec();                                           // 以模态方式运行对话框
QColor color = dialog.currentColor();                    // 获取当前颜色
qDebug()<<"color:"<<color;                               // 输出颜色信息
}
```

这样的代码与前面的实现效果是等效的。

2. 进度对话框

进度对话框 QProgressDialog 对一个耗时较长操作的进度提供了反馈。先添加#include
<QProgressDialog>头文件，然后转到"进度对话框"按钮的单击信号槽，更改如下。

```
void MyWidget::on_pushButton_2_clicked()
{
    QProgressDialog dialog(tr("文件复制进度"), tr("取消"), 0, 50000, this);
    dialog.setWindowTitle(tr("进度对话框"));          // 设置窗口标题
    dialog.setWindowModality(Qt::WindowModal);       // 将对话框设置为模态
    dialog.show();
    for(int i=0; i<50000; i++) {                     // 演示复制进度
        dialog.setValue(i);                          // 设置进度条的当前值
        QCoreApplication::processEvents();           // 避免界面冻结
        if(dialog.wasCanceled()) break;              // 按下"取消"按钮则中断
    }
    dialog.setValue(50000);            // 这样才能显示100%，因为 for 循环中少加了一个数
    qDebug() << tr("复制结束！");
}
```

这里首先创建了一个 QProgressDialog 类对象 dialog，构造函数的参数分别用于设置对话框
的标签内容、按钮的显示文本、最小值、最大值和父窗口。然后将对话框设置为了模态并进行
显示。for()循环语句模拟了文件复制过程，setValue()函数使进度条向前推进。为了避免长时间
操作使用户界面冻结，用户必须不断地调用 QCoreApplication 类的静态函数 processEvents()，可
以将它放在 for()循环语句中。使用 QProgressDialog 的 wasCanceled()函数来判断用户是否按下
了"取消"按钮，如果是，则中断复制过程。这里使用了模态对话框，其实 QProgressDialog 还
可以实现非模态对话框，不过它需要定时器等的帮助。

3.3 Qt Quick 基础可视项目

前文介绍了在 Qt Widgets 编程中常用的窗口部件和对话框类，而在 Qt Quick 编程中相对应
的是 QtQuick 模块，其中提供的 Item 类型是所有其他可视化类型的基类型。QtQuick 模块还包
括一个 Controls 子模块，提供了一些现成的控件，类似于 Qt Widgets 中的窗口部件。本节将简
单介绍 Item 类型及其常用的子类型，下一节将详细讲解 Controls 模块。

QtQuick 模块作为一个编写 QML 应用程序的标准库，提供了用于创建用户界面的所有基本
类型，使用这些类型可以创建动态可视化组件、接收用户输入、创建数据模型和视图。QtQuick
模块既提供了 QML 语言接口，可以使用 QML 类型来创建用户界面，也提供了 C++语言接口，
可以使用 C++代码来扩展 QML 应用。

QtQuick 模块还包括 Local Storage、Particles、Controls、Layouts、Tests 等子模块来提供一
些特殊功能。要使用 QtQuick 模块，需要添加如下导入代码。

```
import QtQuick
```

并在.pro 项目文件中添加如下一行代码。

```
QT += quick
```

3.3.1 Item

这里要引入一个新的概念，就是"项目"，因为英文 items 翻译过来就是项目，而在 Qt Quick 中所有可视化类型都基于 Item，它们都被称为可视化项目（visual items）。在本书中，读者根据语境应该可以判断所提到的项目到底是可视化项目，还是应用程序本身。对于这个概念的翻译，在其他书籍中可能会有所不同，但是在本书中，统一使用"项目"。另外，第 2 章中已经介绍过"对象"的概念，在本章和后面章节中可能会同时使用对象和项目的概念，比如根对象 Item，有时也会称为根项目 Item，它们表达的是同一个意思，希望读者不要混淆。

虽然单独的 Item 对象没有可视化外观，但是它定义了可视化项目所有通用的特性，例如关于位置的 x 和 y 属性，关于大小的 width 和 height 属性，关于布局的 anchors 相关属性，以及关于按键处理的 Keys 附加属性等。下面先来介绍几点与 Item 相关的基本内容，其他更多的内容将会在后面的章节中讲到。可以在 Qt 帮助中通过 Item 关键字查看本节内容。

本节示例主要使用 Qt Quick UI Prototype 项目。如果读者创建了 Qt Quick Application 项目，在 QML 文件中直接使用 Item 作为根项目，可能发现程序无法显示界面。这是因为在 main.cpp 文件中使用的 QQmlApplicationEngine 不会自动创建根窗口，如果使用了 Qt Quick 中的可视化项目，需要将它们放置在 Window 中。如果想直接显示一个根对象为 Item 或者 Rectangle 的 QML 文件，那么可以使用 QQuickView 类型。为了便于初学者参考，本章例 3-9 的源码中添加了一个 myitem_application 项目，其中使用了 QQuickView 类型，有需要的读者可以下载源码查看。

1. 作为容器

Item 常用于对项目进行分组，在一个根项目下，使用 Item 项目组织其他的项目。例如下面的代码片段中，Item 里面包含了一个图片 Image 项目和一个矩形 Rectangle 项目。

```
Item {
    Image {
        x: 80
        width: 100; height: 100
        source: "tile.png"
    }
    Rectangle {
        x: 190
        width: 100; height: 100
    }
}
```

Qt Quick 坐标系统的左上角为(0, 0)点，x 坐标向右增长，y 坐标向下增长。这里 Image 项目和 Rectangle 项目作为 Item 的子项目，其位置指的是在父项目 Item 中的位置。

2. 默认属性

Item 有一个 children 属性和一个 resources 属性，前者包含了可见的子项目列表，后者包含了不可见的资源，如下面的代码片段所示。

```
Item {
    children: [
        Text {},
        Rectangle {}
    ]
    resources: [
        Timer {}
    ]
}
```

Item 还有一个 data 默认属性，允许在一个项目中将可见的子项目和不可见的资源进行自由混合。也就是说，如果向 data 列表中添加一个可视项目，那么该项目将作为一个子项目进行添加；如果添加任何其他的对象类型，则会作为资源进行添加。因为 data 是默认属性，所以可以省略 data 标签，这样前面的代码可以改写为：

```
Item {
    Text {}
    Rectangle {}
    Timer {}
}
```

简单来说，就是在实际编程中不需要考虑 children 和 resources 属性，直接向一个项目中添加任何的子项目或资源即可。

3. 不透明度

Item 有一个 opacity 属性，可以用来设置不透明度。该属性可选值为 0.0（完全透明）和 1.0（完全不透明）之间的任意数字，默认值为 1.0。opacity 是一个继承属性，也就是说，父项目的透明度也会应用到子项目上。大多数情况下，这会产生想要的结果。不过有些时候，可能会产生意外的结果。

（项目源码路径为 src\03\3-9\myitem）例如，两个相互重叠的不透明矩形，通过设置父项目的 opacity 属性，会使两个矩形都变成透明的：

```
Item {
    Rectangle {
        opacity: 0.5
        color: "red"
        width: 100; height: 100
        Rectangle {
            color: "blue"
            x: 50; y: 50; width: 100; height: 100
        }
    }
}
```

要想更改这种默认效果，只需要单独设置子项目的 opacity 属性值即可。另外，改变一个项目的不透明度不会影响该项目接收用户输入事件。

4. 可见与启用

Item 的 visible 属性用来设置项目是否可见，其默认值为 true。设置一个项目的 visible 属性会直接影响其子项目的可见性，除非单独设置子项目的 visible 属性。如果将该属性设置为 false，那么项目将不再接收鼠标事件，但是可以继续接收键盘事件。如果在设置 visible 属性之前，项目被设置了键盘焦点，那么焦点依然会保留。

Item 还有一个 enabled 属性，它可以设置项目是否接收鼠标和键盘事件，其值默认为 true。设置一个项目的 enabled 属性也会直接影响其子项目的 enabled 值，除非对其子项目的 enabled 属性进行单独设置。读者可以根据 opacity、visible、enabled 的特点，进行灵活使用。

5. 堆叠顺序

Item 拥有一个 z 属性，可以用来设置兄弟项目间的堆叠顺序。默认的 z 值为 0。拥有较大 z 值的项目会出现在 z 值较小的兄弟项目之上。例如，下面的代码中红色矩形会绘制在蓝色矩形上面（项目源码路径为 src\03\3-10\myitem）。

```
Item {
    Rectangle {
        z: 1
```

```
        color: "red"; width: 100; height: 100
    }
    Rectangle {
        color: "blue"
        x: 50; y: 50; width: 100; height: 100
    }
}
```

　　具有相同的 z 值，那么在代码中后面出现的项目会在前面出现的项目的上面。如果一个项目的 z 值较大，那么它会被绘制在上面。

　　如果具有相同的 z 值，那么子项目会绘制在其父项目上面。如果一个子项目拥有一个负的 z 值，那么它会被绘制在其父项目下面。

　　6. 定位子项目和坐标映射

　　Item 提供了 childAt(real x, real y)函数来返回在点(x, y)处的第一个可视子项目，如果没有这样的项目则返回 null。Item 的 mapFromItem(Item item, real x, real y)函数会将 item 坐标系统中点(x, y)映射到该项目的坐标系统上，该函数会返回一个包含映射后的 x 和 y 属性的对象，如果 item 被指定为 null 值，那么会从根 QML 视图的坐标系统上的点进行映射。对应的还有一个 mapToItem(Item item, real x, real y)函数，它与 mapFromItem()类似，只不过是从当前项目坐标系统的点(x, y)映射到 item 的坐标系统而已。读者可以使用这些函数测试效果。

3.3.2　Rectangle

　　Rectangle 项目继承自 Item，被用来使用纯色或者渐变填充一个矩形区域，并提供一个边框。Rectangle 项目可以使用 color 属性指定一个纯色来填充，或者使用 gradient 属性指定一个 Gradient 类型定义的渐变来填充。如果既设置了 color，又设置了 gradient，那么最终会使用 gradient。除此之外，还可以为 Rectangle 添加一个可选的边框，并通过 border.color 和 border.width 为其指定颜色和宽度。也可以使用 radius 属性来产生一个圆角矩形，为了改善其外观，用户可以设置 Item::antialiasing 属性，不过这是以损失渲染性能为代价的，所以建议不要为移动的矩形设置该属性，只为静态矩形设置。

　　下面的代码展示了一个浅灰色的圆角矩形（项目源码路径为 src\03\3-11\myrectangle）。

```
Rectangle {
    width: 100; height: 100
    color: "lightgrey"
    border.color: "black"; border.width: 5; radius: 20
}
```

3.3.3　Text

　　Text 项目可以显示纯文本或者富文本，类似于 Qt Widgets 中的 QLabel。Text 支持有限的 HTML 子集，具体支持的标签可以在帮助中通过 Supported HTML Subset 关键字查看。如果在文本中包含 HTML 的 img 标签加载远程的图片，文本会被重载。Text 是只读文本，如果要使用可编辑文本，可以使用后面讲到的 TextEdit 项目。另外，可以使用 3.4 节讲到的 Qt Quick Controls 模块中的 Label 控件来代替 Text。Label 继承自 Text，可以拥有一个可视化的 background 项目作为背景。

　　下面我们看一个例子（项目源码路径为 src\03\3-12\mytext）：

```
Column {
    Text {
        text: "Hello World!"
        font.family: "Helvetica"; font.pointSize: 50
        color: "red"
    }
```

```
    Text {
        text: "<b>Hello</b> <i>World!</i>"
        font.pointSize: 30
    }
}
```

Text 项目通过 text 属性设置要显示的文本，并且可以自动判定是否以富文本的形式进行显示。如果没有明确指定高度和宽度属性，Text 会尝试确定需要多大的空间并依此自动设置。如果没有使用 wrapMode 属性设置换行，那么所有的文本都会被放置在单行上。如果设置了宽度并且只想在单行中显示纯文本，那么可以使用 elide 属性，它可以为超出宽度的文本提供自动省略显示（即使用"…"来表示省略）。

Text 项目的 textFormat 属性决定了 text 属性的显示方式，支持的文本格式有 Text.AutoText（默认）、Text.PlainText、Text.StyledText、Text.RichText 和 Text.MarkdownText。当使用默认的 Text.AutoText 时，Text 项目可以自动判定是否以样式文本进行显示。这是通过检查文本中是否存在 HTML 标签来判定的，通常情况下可以正确判断，但是并不能保证绝对正确。Text.StyledText 是一种优化的格式，支持一些基本的文本样式标签，但是需要标签必须正确嵌套。

Text 项目的 horizontalAlignment 和 verticalAlignment 分别用来设置文本在 Text 项目区域中的水平对齐方式和垂直对齐方式。默认文本在左上方。对于水平对齐方式，其取值有 Text.AlignLeft、Text.AlignRight、Text.AlignHCenter 和 Text.AlignJustify；对于垂直对齐方式，其取值有 Text.AlignTop、Text.AlignBottom 和 Text.AlignVCenter。例如下面的代码所示（项目源码路径为 src\03\3-13\mytext）：

```
Rectangle {
    width: 200; height: 200; color: "lightgrey"

    Text {
        width: 200; height: 200
        horizontalAlignment: Text.AlignHCenter
        verticalAlignment: Text.AlignVCenter
        text: qsTr("中心")
        font.pointSize: 20
    }
}
```

对于没有设置 Text 大小的单行文本，Text 的大小就是包含文本的区域。这种情况下，所有的对齐都是等价的。如果想让文本处于父项目中间，可以使用 Item::anchors 属性来实现。

3.3.4　TextInput

TextInput 项目用来显示单行可编辑的纯文本。TextInput 与 Qt Widgets 中的 QLineEdit 相似，用于接收单行文本输入。在一个 TextInput 项目上可以使用输入限制，例如使用验证器 validator 或者输入掩码 inputMask。通过设置 echoMode，可以将 TextInput 应用于输入密码。另外，可以使用 3.4.4 节讲到的 TextField 控件来代替 TextInput。

1. 验证器和输入掩码

下面的代码演示了使用整数验证器 IntValidator，限制在 TextInput 中只能输入整数 11～31，这时按下回车键可以调试输出刚才输入的内容，而输入其他数字时无法按下回车键输出（项目源码路径为 src\03\3-14\mytextinput）。

```
Item {
    width: 100; height: 50
    TextInput{
        validator: IntValidator{ bottom: 11; top: 31; }
        focus: true
```

```
onEditingFinished: console.log(text)
    }
}
```

可用的验证器还有 DoubleValidator（非整数验证器）和 RegularExpressionValidator（正则表达式验证器）。在 TextInput 中也可以使用输入掩码 inputMask 来限制输入的内容，例如（项目源码路径为 src\03\3-15\mytextinput）：

```
Item {
    Rectangle {
        id: rect
        width: input.contentWidth<100 ? 100 : input.contentWidth + 10
        height: input.contentHeight + 5
        color: "lightgrey"; border.color: "grey"

        TextInput {
            id: input
            anchors.fill: parent; anchors.margins: 2
            font.pointSize: 15; focus: true

            inputMask: ">AA_9_a"
            onEditingFinished: text2.text = text
        }
    }

    Text { id: text2; anchors.top: rect.bottom}
}
```

当输入完成后按下回车键，这时会调用 onEditingFinished 信号处理器，在其中可以对输入的文本进行处理。只有当所有必须输入的字符都输入后，按下回车键才可以调用该信号处理器。关于掩码的使用，可以参考前面 QLineEdit 部分的内容。

2. 回显方式

TextInput 项目的 echoMode 属性指定了 TextInput 中文本的显示方式，与 QLineEdit 一样，也有 4 种显示模式。下面的代码先设置了 TextInput 获得焦点，这样输入字符会直接显示，等输入完成按下回车键以后使 TextInput 失去焦点，这样输入的字符会用密码掩码显示（项目源码路径为 src\03\3-16\mytextinput）。

```
Item {
    width: 100; height: 50
    TextInput{
        id: textInput
        echoMode: TextInput.PasswordEchoOnEdit
        focus: true
        onAccepted: { textInput.focus = false}
    }
}
```

3. 信号处理器

TextInput 提供了两个完成输入的信号处理器——onAccepted()和 onEditingFinished()，它们都会在回车键按下时被调用，区别是后者在 TextInput 失去焦点时也会被调用。在前面的示例中已经演示过它们的用法。TextInput 还提供了一个 onTextEdited()信号处理器，每当内容被编辑时都会调用该处理器，但是通过代码对 TextInput 内容进行更改时不会调用该处理器，例如（项目源码路径为 src\03\3-17\mytextinput）：

```
Rectangle {
    width: 200; height: 100
```

```
TextInput{
    id: textInput; focus: true
    onTextEdited: console.log(text)
}
MouseArea {
    anchors.fill: parent
    onClicked: textInput.text = "hello"
}
}
```

3.3.5 TextEdit

TextEdit 项目与 TextInput 类似,不同之处在于,TextEdit 用来显示多行的可编辑的格式化文本。TextEdit 与 Qt 中的 QTextEdit 很相似,它既可以显示纯文本,也可以显示富文本。实际编程中,也可以使用 3.4.4 节讲到的 TextArea 控件来代替 TextEdit。

3.4 Qt Quick 控件

Qt Quick 本身是为了移动触摸界面而生的,但 Qt 的跨平台性也决定了它需要支持多种系统。为了支持桌面平台开发,从 Qt 5.1 开始,增加了新的 Qt Quick Controls 模块来提供一些现成的控件。其后该模块又提供了对移动和嵌入式平台的支持。为了解决该模块在资源有限的嵌入式系统中出现的效率低下问题,从 Qt 5.7 开始,引入了全新的 Qt Quick Controls 2.0 模块,以前的模块则被称为 Qt Quick Controls 1,不再建议使用。到了 Qt 6,Qt Quick Controls 1 模块被完全移除。因为 Qt 6 中导入模块时可以省略版本号,所以默认使用的就是最新版本的 Qt Quick Controls 模块。

Qt Quick Controls 模块是 Qt Quick 模块的子模块,包含了一组丰富的 UI 控件,迎合了最常见的用例,并且提供了定制选项,可用于在 Qt Quick 中构建完整的应用界面。

使用 Qt Quick Controls 模块,需要添加如下导入语句。

```
import QtQuick.Controls
```

在.pro 项目文件中还需要添加如下一行代码。

```
QT += quickcontrols2
```

Qt Quick Controls 模块相关类型的继承关系如图 3-7 所示。读者可以在帮助中通过 Qt Quick Controls 关键字查看 Qt Quick 控件的相关内容。

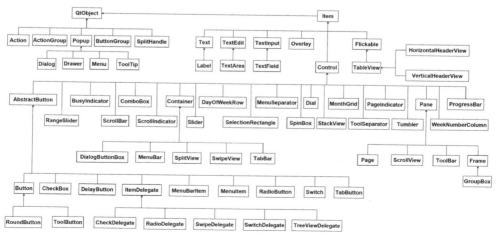

图 3-7 Qt Quick Controls 模块相关类型的继承关系

3.4.1　控件基类型 Control

　　Control 是用户界面控件的基类型，从图 3-7 可以看到，Qt Quick Controls 模块中的大部分控件都继承自 Control，而 Control 继承自 Item，一般不直接使用该类型，而是使用它的众多子控件类型。Control 从窗口系统接收输入事件并在屏幕上绘制自身，一个典型的 Control 控件布局如图 3-8 所示。控件的隐式大小 implicitWidth 和 implicitHeight 通常基于背景 background 和内容项 contentItem 的隐式大小以及四周的 insets 和 paddings 等属性的值，当没有明确指定控件的 width 和 height 属性时，会通过这些值来决定控件的大小。背景的 insets 相关属性可以在不影响控件的视觉外观的情况下扩展其可交互区域，这对于较小的控件非常有用。

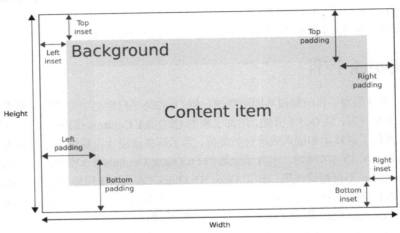

图 3-8　Control 控件布局示意图

　　下面先来看一个例子（项目源码路径为 src\03\3-18\mycontrol）。

```
import QtQuick
import QtQuick.Controls

Window {
    width: 300; height: 200
    visible: true

    Rectangle {
        x:100; y:100; width: 50; height: 40
        color:"red"

        Control {
            width: 40; height: 30
            topInset: -2; leftInset: -2; rightInset: -6; bottomInset: -6
            background: Rectangle {
                color: "green"
            }
            contentItem: Rectangle {
                color: "yellow"
            }
            topPadding: 5; leftPadding: 2
        }
    }
}
```

　　这里通过设置四周的 insets 属性，让整个控件的背景显示变大，读者可以注释掉相关属性设置代码对比查看效果。

在对 Qt Quick Controls 有了一个大概认识以后，下面我们将对该模块中的众多控件进行演示介绍，这些控件大体上被分为 10 类，分别是按钮类控件、容器类控件、委托类控件、指示器类控件、输入类控件、菜单类控件、导航类控件、弹出类控件、分隔类控件和日期类控件。其中容器类控件、菜单类控件、导航类控件、弹出类控件等会在第 6 章讲解，委托类控件会在第 10 章讲解。

读者可以在帮助中通过 Qt Quick Controls Guidelines 关键字查看相关内容，也可以通过 Qt Quick Controls Examples 关键字查看相应的示例程序。

3.4.2 按钮类控件

Qt Quick Controls 模块提供了一组按钮类控件，包括 AbstractButton 及其子孙类型 Button、CheckBox、DelayButton、RadioButton、RoundButton、Switch 和 ToolButton 等，每种类型的按钮都有自己的特定用例。

AbstractButton 为具有类似按钮行为的控件提供界面，它是一个抽象控件，提供了按钮通用的功能，但本身无法直接使用，AbstractButton 提供的属性如表 3-4 所示。

表 3-4 AbstractButton 类型的属性

属 性		类 型	描 述
action		Action	设置按钮的动作，Action 表示一个用户界面动作，包括文本、图标和快捷键等设置，一般结合菜单项、工具栏按钮等来使用
autoExclusive		bool	是否自动启用排他性。如果设置为 true，同一父项的可选中按钮同一时间只能选中一个。RadioButton 和 TabButton 中该属性默认为 true
autoRepeat		bool	是否在按下和按住时自动重复 pressed()、released() 和 clicked() 信号。默认为 false，如果设置为 true，则不会发射 pressAndHold() 信号
autoRepeatDelay		int	自动重复的初始延迟时间，默认为 300ms
autoRepeatInterval		int	自动重复的间隔时间，默认为 100ms
checkable		bool	是否可选中，默认为 false
checked		bool	是否选中
display		enumeration	设置图标和文本的显示，包括 AbstractButton.IconOnly 只显示图标、AbstractButton.TextOnly 只显示文本、AbstractButton.TextBesideIcon 文本显示在图标一旁、AbstractButton.TextUnderIcon 文本显示在图标下方
down		bool	是否在视觉上显示按下，除非明确设置，否则该属性与 pressed 的值相同
icon	icon.cache	bool	是否缓存图标，默认为 true
	icon.color	color	设置图标的颜色
	icon.height	int	设置图标的高度
	icon.name	string	设置使用图标的名称，这时图标将从平台主题进行加载。如果在主题中找到该图标，则使用该图标；如果未找到该图标，则会使用 icon.source 指定的图标。有关主题图标的更多信息，可以参考 QIcon 类的 fromTheme() 函数的帮助文档
	icon.source	url	设置图标图片的路径
	icon.width	int	设置图标的宽度

续表

属　　性	类　　型	描　　述
implicitIndicatorHeight	real	只读。保存指示器隐式高度
implicitIndicatorWidth	real	只读。保存指示器隐式宽度
indicator	Item	设置指示器项目
pressX	real	只读。保存上一次按下的 X 坐标。该值在触摸移动时更新，但在触摸释放后保持不变
pressY	real	只读。保存上一次按下的 Y 坐标。该值在触摸移动时更新，但在触摸释放后保持不变
pressed	bool	只读。保存按钮是否被物理按下，可以通过触摸或按键事件按下按钮
text	string	设置按钮的描述文本

另外，在 AbstractButton 中有一个 toggle()方法用来切换按钮的选中状态，以及 canceled()、clicked()、doubleClicked()、pressAndHold()、pressed()、released()和 toggled()等信号。按钮类控件继承了 AbstractButton 的这些 API。

（1）Button 类型实现了一个通用的按钮控件，一般用来执行一个动作或者回答一个问题，比如"确定""取消"等。Button 在 AbstractButton 的基础上添加了 flat 和 highlighted 两个属性，前者用于设置按钮是否为一个平面，默认为 false；后者设置按钮是否高亮显示，默认为 false。

（2）RoundButton 作为 Button 的子类型，在其基础上添加了一个 radius 属性，可以设置圆角，将按钮的 implicitWidth 和 implicitHeight 设置为同一值，并将 radius 设置为 width / 2，可以创建一个圆形按钮。下面我们看一个例子（项目源码路径为 src\03\3-19\mybutton）。

```
import QtQuick
import QtQuick.Controls
import QtQuick.Layouts

Window {
    width: 350; height: 200; visible: true

    RowLayout {
        anchors.fill: parent; spacing: 10
        Button { text: qsTr("普通按钮"); onClicked: close() }
        Button { text: qsTr("flat 按钮"); flat: true }
        Button { text: qsTr("高亮按钮"); highlighted: true }
        RoundButton { text: qsTr("圆角按钮"); radius: 5 }
        RoundButton { text: qsTr("圆形按钮"); implicitWidth: 60;
                implicitHeight: 60; radius: width / 2 }
    }
}
```

这里使用了 RowLayout 将几个按钮放置在一行，关于布局的相关内容会在第 4 章详细讲解。

（3）CheckBox 复选框用来创建一个选项按钮，可以在"选中"和"未选中"两种状态间切换。如果将 tristate 属性设置为 true，则复选框可以拥有第 3 种状态"部分选中"。可以通过 checkState 属性来获取复选框的这 3 种状态：Qt.Checked、Qt.Unchecked 和 Qt.PartiallyChecked。复选框通常用于从一组选项中选择一个或多个选项，对于更大的选项集，例如列表中的选项，可以参考使用 CheckDelegate。

（4）RadioButton 单选按钮通常用于从一组选项中选择一个选项。单选按钮的 autoExclusive 属性默认为 true，在属于同一父项的单选按钮中，任何时候只能选中一个按钮，选中另一个按钮会自动取消选中先前选中的按钮。

（5）ButtonGroup 可以包含一组互斥的按钮，该控件本身是不可见的，一般与 RadioButton
等控件一起使用。如果需要 ButtonGroup 中的按钮不再互斥，可以设置 exclusive 属性为 false。
使用 ButtonGroup 的最直接方式是为其 buttons 属性添加按钮列表，例如 buttons: column.children，
但是如果 column 的子对象不全是按钮，那么可以使用另一种方式，通过 ButtonGroup.group 附
加属性单独为每一个按钮指定按钮组，例如（项目源码路径为 src\03\3-20\mybuttongroup）：

```
ColumnLayout {
    ButtonGroup {
        id: childGroup
        exclusive: false; checkState: parentBox.checkState
    }
    CheckBox {
        id: parentBox;
        text: qsTr("Parent"); checkState: childGroup.checkState
    }
    CheckBox {
        checked: true; text: qsTr("Child 1")
        leftPadding: indicator.width; ButtonGroup.group: childGroup
    }
    CheckBox {
        text: qsTr("Child 2"); leftPadding: indicator.width
        ButtonGroup.group: childGroup
    }
}
```

这里有 3 个 CheckBox，后面两个添加到了一个 ButtonGroup 中。对于一个按钮组，只有所
有按钮都处于 Qt.Checked 状态，该按钮组才处于"选中"状态，所以这里将第一个 CheckBox
与 ButtonGroup 的 checkState 进行双向绑定，这样只有当后面两个 CheckBox 同时选中时，第一
个 CheckBox 才会被选中，而如果手动选中第一个 CheckBox，那么其他两个 CheckBox 也会同
时被选中，读者可以运行程序测试效果。

（6）DelayButton 是一个可被选中的按钮，在被选中并发出 activated()信号之前，有一个延
迟，用来防止意外按压。progress 属性可返回当前进度，介于 0.0 和 1.0 之间，延迟时间以毫秒
为单位，通过 delay 属性进行设置。进度由按钮上的进度指示器指示，可以通过 transition 属性
来自定义过渡动画。

（7）Switch 开关按钮可以在"打开"和"关闭"之间进行切换，该按钮通常用于在两种状
态之间进行选择，对于更大的选项集，例如列表中的选项，可以改用 SwitchDelegate。

下面我们看一下示例代码（项目源码路径为 src\03\3-21\myswitch）：

```
RowLayout {
    DelayButton {
        text: qsTr("延迟按钮"); delay: 5000
        onActivated: text = qsTr("已启动")
    }

    Switch {
        text: qsTr("Wi-Fi")
        onToggled: console.log(checked)
    }
}
```

3.4.3 指示器类控件

在 Qt Quick Controls 模块中提供了一系列类似指示器的控件，包括 BusyIndicator、

PageIndicator、ProgressBar、ScrollBar 和 ScrollIndicator 等，它们均直接继承自 Control。PageIndicator 一般与 StackLayout 这样包含多个页面的容器控件一起使用来指示当前的活动页面；而 ScrollBar 和 ScrollIndicator 一般用于 Flickable 及其子类型，用于显示滚动条和滚动位置。

　　BusyIndicator 用来显示一个忙碌指示器控件，可以指示正在加载内容或 UI 被阻止需等待资源等情况。该类型自身只有一个 running 属性，在需要等待的情况下将其设置为 true 即可。例如（项目源码路径为 src\03\3-22\myindicator）：

```
Pane {
    width: 400; height: 300
    Image {
        id: image; anchors.fill: parent
        source: "https://www.qter.org/temp/back.png"
    }
    BusyIndicator {
        id:busy
        anchors.horizontalCenter: parent.horizontalCenter
        anchors.verticalCenter: parent.verticalCenter
        running: image.status === Image.Loading
    }
}
```

　　ProgressBar 用来显示一个进度条指示器控件，可以指示操作的进度。进度值由 value 属性指定，需要定期进行更新来显示进度，其范围由 from 属性（默认值为 0.0）和 to 属性（默认值为 1.0）指定。可以通过 position 只读属性获取进度条的逻辑位置，通过 visualPosition 只读属性获取进度条的可视化位置，两者取值范围都是 0.0～1.0。当进度条镜像属性 mirrored 设置为 true 时，visuaPosition 等于 1.0 – position。indeterminate 属性为 true 时，可以让进度条处于不确定模式，这时进度条类似于 BusyIndicator，可以显示操作正在进行中，但不显示具体进度。例如：

```
ProgressBar {
    visible: image.status === Image.Loading
    value: image.progress
}
```

3.4.4　输入类控件

　　Qt Quick Controls 模块中为数字和文本输入提供了多种输入控件，包括 ComboBox、Dial、RangeSlider、Slider、TextArea、TextField、Tumbler 和 SpinBox 等。

1. ComboBox

　　ComboBox 继承自 Control，是一个组合按钮和弹出列表的组合框控件，提供了一种以占用最小屏幕空间的方式向用户呈现选项列表的方法。填充到 ComboBox 的数据模型通常是 JavaScript 数组、ListModel 或整数，但也支持其他类型的数据模型，例如：

```
ComboBox {
    model: ["First", "Second", "Third"]
}
```

　　将 editable 属性设置为 true 时，可以对 ComboBox 进行编辑。在下面的例子中，可以对组合框的内容进行编辑，当按下回车键以后，会将修改后的内容追加到组合框列表中（项目源码路径为 src\03\3-23\mycombobox）。

```
Item {
    width: 200; height: 300

    ComboBox {
```

```
            editable: true
            model: ListModel {
                id: model
                ListElement { text: "Banana" }
                ListElement { text: "Apple" }
                ListElement { text: "Coconut" }
            }
            onAccepted: {
                if (find(editText) === -1)
                    model.append({text: editText})
            }
        }
    }
```

当按下回车键以后，组合框会发射 accepted()信号，在对应的信号处理器中，通过 find()方法来查找组合框中是否已经有了相同的内容，如果没有，就在数据模型中追加。修改的文本可以通过 editText 属性获取。另外，还可以使用 validator 属性来指定验证器。

2. Dial

Dial 继承自 Control，实现类似于传统的音响上拨号旋钮样式的控件，可以用来指定范围内的值。通过 from 和 to 属性来指定开始和结束的值，value 属性设置当前值。另外，可以使用 stepSize 设置步长。将 wrap 设置为 true，可以到终点后直接跳到起始点。下面给出一个例子（项目源码路径为 src\03\3-24\mydial）：

```
Item {
    width: 100; height: 120

    Dial {
        id: dial
        from: 1; to: 10
        stepSize: 1; wrap: true
    }
    Label {
        anchors.top: dial.bottom
        text: dial.value
    }
}
```

3. RangeSlider 和 Slider

RangeSlider 继承自 Control，用于通过沿轨迹滑动两个控制柄来选择由两个值指定的范围。控件的范围由 from 和 to 两个属性来指定，两个控制柄则分别由 first 和 second 两个属性组来指定，两个属性组的子属性相同，主要包括设置控制柄部件的 handle 属性、设置值的 value 属性、获取位置的 position 属性（取值范围 0.0～1.0）等。两个控制柄移动时，会分别发射 first.moved()、second.moved()信号，可以在对应的处理器中进行相关操作。RangeSlider 默认是横向的，将 orientation 属性设置为 Qt.Vertical 可以改为纵向。

下面给出一个简单的例子（项目源码路径为 src\03\3-25\myrangeslider）：

```
RangeSlider {
    from: 1; to: 100
    first.value: 25; second.value: 75
    first.onMoved: console.log(first.value + "," + second.value)
    second.onMoved: console.log(first.value + "," + second.value)
}
```

Slider 也继承自 Control，用于通过沿轨迹滑动控制柄来选择值。该控件与 RangeSlider 很相似，不过只有一个控制柄，使用起来很简单，例如：

```
Slider {
    from: 1; to: 100; value: 25; stepSize: 10
    onMoved: console.log(value)
}
```

4. TextArea 和 TextField

TextArea 继承自 TextEdit，提供了一个多行文本编辑器，在 TextEdit 之上添加了占位符文本功能，并进行了一些装饰。TextArea 本身不可以滚动，可以将其放入 ScrollView 中来实现滚动条。通过 placeholderText 属性可以设置占位符文本，它是在用户输入之前显示在文本区域中的简短提示。下面给出一个简单例子（项目源码路径为 src\03\3-26\mytextarea）：

```
ScrollView {
    id: view
    anchors.fill: parent
    TextArea {
        placeholderText: qsTr("可以在这里输入内容")
        wrapMode: Text.WordWrap
    }
}
```

TextField 继承自 TextInput，提供了一个单行文本编辑器，在 TextInput 基础上添加了占位符文本功能，并添加了一些装饰，可以通过 background 属性来指定背景项目。该控件使用起来很简单，例如：

```
TextField {
    background: Rectangle {color: "red"}
    placeholderText: qsTr("Enter name")
    onAccepted: console.log(text)
}
```

5. Tumbler 和 SpinBox

Tumbler 继承自 Control，用于从可旋转的项目"转轮"中选择一个选项。该控件提供了现成的数据选项，不需要使用键盘输入，而当有大量项目时，它可以首尾相连，这些特性让该控件非常实用。Tumbler 的 API 与列表视图 ListView 和路径视图 PathView 很相似，可以通过 model 属性设置数据模型，通过 delegate 属性设置委托。使用 count 只读属性可以获取模型中项的数量，使用 currentItem 只读属性可以获取当前的项目，而 currentIndex 属性可以设置当前索引。要将视图定位到一个指定的索引，可以使用 positionViewAtIndex()方法。wrap 属性可以设置转轮到头后是否可以连接开始项，当项目数量 count 大于可见项目数量 visibleItemCount 时，该属性默认为 true。下面我们看一个例子（项目源码路径为 src\03\3-27\mytumbler）：

```
import QtQuick
import QtQuick.Controls

Window {
    visible: true
    width: frame.implicitWidth + 10
    height: frame.implicitHeight + 10

    function formatText(count, modelData) {
        var data = count === 12 ? modelData + 1 : modelData;
        return data.toString().length < 2 ? "0" + data : data;
    }

    Component {
        id: delegateComponent

        Label {
```

```
            text: formatText(Tumbler.tumbler.count, modelData)
            opacity: 1.0 - Math.abs(Tumbler.displacement)
                    / (Tumbler.tumbler.visibleItemCount / 2)
            horizontalAlignment: Text.AlignHCenter
            verticalAlignment: Text.AlignVCenter
        }
    }

    Frame {
        id: frame
        anchors.centerIn: parent; padding: 0

        Row {
            id: row

            Tumbler {
                id: hoursTumbler
                model: 12; delegate: delegateComponent
            }
            Tumbler {
                id: minutesTumbler
                model: 60; delegate: delegateComponent
            }
            Tumbler {
                id: amPmTumbler
                model: ["AM", "PM"]; delegate: delegateComponent
            }
        }
    }
}
```

这里创建了 3 个 Tumbler，使用了相同的委托，但是数据模型不同。委托使用的是一个 Label，主要设置了文本 text 和不透明度 opacity 属性，这里的 Tumbler.displacement 附加属性的取值范围为-visibleItemCount / 2 到 visibleItemCount / 2，就是视图可见的项目离视图中间的当前项目的距离，当前项目的该属性值为 0。这里使用了模型委托的概念，读者可以学习完模型和视图内容后再来理解这里的代码。

SpinBox 继承自 Control，允许用户通过单击向上或向下指示器按钮，或通过键盘向上或向下方向键来选择整数值。可以通过 editable 属性将 SpinBox 设置为可编辑。默认情况下，SpinBox 提供 0～99 范围内的离散值，步长为 1，可以通过 from 和 to 属性设置起始值和结束值，通过 value 属性设置当前值。尽管 SpinBox 默认只可以处理整数值，通过 validator、textFromValue 和 valueFromText 等属性也可以自定义让其接受任意输入值，例如（项目源码路径为 src\03\3-28\myspinbox）：

```
SpinBox {
    id: spinBox
    from: 0; to: items.length - 1
    value: 1 // "Medium"

    property var items: ["Small", "Medium", "Large"]

    validator: RegularExpressionValidator {
        regularExpression: new RegExp("(Small|Medium|Large)", "i")
    }

    textFromValue: function(value) {
        return items[value];
    }
```

```
valueFromText: function(text) {
    for (var i = 0; i < items.length; ++i) {
        if (items[i].toLowerCase().indexOf(text.toLowerCase()) === 0)
            return i
    }
    return spinBox.value
}
```

3.4.5　日期类控件

日期类控件包括 DayOfWeekRow、WeekNumberColumn 和 MonthGrid，它们都继承自 Control。DayOfWeekRow 会将星期几的名称显示为一行，日期的名称使用指定的 locale 区域设置进行排序和格式化。WeekNumberColumn 在一列中显示给定 year 年份、month 月份的周数。这两个控件都可以独自使用，但是一般会和 MonthGrid 一起使用，通过计算给定月份和年份实现在网格中显示日历月。

下面给出一个例子（项目源码路径为 src\03\3-29\mymonthgrid）：

```
import QtQuick
import QtQuick.Controls
import QtQuick.Layouts

Item {
    width: 400; height: 300

    GridLayout {
        columns: 2
        DayOfWeekRow {
            locale: grid.locale
            Layout.column: 1
            Layout.fillWidth: true
        }
        WeekNumberColumn {
            month: grid.month; year: grid.year
            locale: grid.locale
            Layout.fillHeight: true
        }
        MonthGrid {
            id: grid
            month: Calendar.December; year: 2022
            locale: Qt.locale("zh_CN")
            Layout.fillWidth: true
            Layout.fillHeight: true
            onClicked: (date) => console.log(date)
        }
    }
}
```

3.5　Qt Quick 系统对话框

从 Qt 6.2 开始，Qt 引入了 Qt Quick Dialogs 模块，可以从 QML 创建系统对话框并与之交互。Qt Quick Dialogs 模块也包含一个 Dialog 类型，但是与 Qt Quick Controls 模块中的 Dialog 不同，这里的 Dialog 类型继承自 QtObject，用来为系统原生对话框提供通用 QML API，它不能直接实例化，而是需要使用它的子类型 ColorDialog、FileDialog、FolderDialog、FontDialog 和 MessageDialog 等。要使用 Qt Quick Dialogs 模块，需要添加如下导入语句。

```
import QtQuick.Dialogs
```

3.5.1 颜色对话框 ColorDialog

ColorDialog 类型为系统颜色对话框提供了 QML API。要显示颜色对话框，可以先创建 ColorDialog 的实例，设置所需的属性，然后调用 open()方法。通过 selectedColor 属性可获取对话框选定的颜色，通过 options 属性可以启用一些选项，比如显示 Alpha 通道。下面我们看一个例子（项目源码路径为 src\03\3-30\mycolordialog）：

```
import QtQuick
import QtQuick.Controls
import QtQuick.Dialogs
import QtQuick.Layouts

Window {
    width: 800; height: 600; visible: true

    RowLayout {
        Button {
            text: qsTr("颜色对话框")
            onClicked: colorDialog.open()
        }
        Label { id: label; text: qsTr("颜色展示")}
    }

    ColorDialog {
        id: colorDialog
        selectedColor: label.color
        options: ColorDialog.ShowAlphaChannel
        onAccepted: label.color = selectedColor
    }
}
```

如果单击"确定"按钮，系统就会发射 accepted()信号，在对应的信号处理器中可以使用 selectedColor 来获取选择的颜色。

3.5.2 文件对话框 FileDialog

FileDialog 类型为系统文件对话框提供了 QML API。通过 selectedFile 和 selectedFiles 属性可以获取选择的文件；通过 nameFilters 属性可以设置类型过滤器，只显示指定类型的文件；通过 currentFolder 属性可以指定打开的默认目录；通过 acceptLabel 和 rejectLabel 属性可以设置两个按钮的显示文本；通过 fileMode 属性可以设置对话框模式，默认是 FileDialog.OpenFile 选择一个文件，另外还有 FileDialog.OpenFiles 选择多个文件，FileDialog.SaveFile 保存文件。下面给出一个例子（项目源码路径为 src\03\3-31\myfiledialog）：

```
import QtQuick
import QtQuick.Controls
import QtQuick.Dialogs
import QtCore

Window {
    width: 640; height: 480; visible: true

    Image {
        id: image; anchors.fill: parent
        fillMode: Image.PreserveAspectFit
    }
```

```
Button {
    text: qsTr("Choose Image...")
    onClicked: fileDialog.open()
}

FileDialog {
    id: fileDialog
    nameFilters: ["Image files (*.png *.jpg)"]
    currentFolder: StandardPaths.writableLocation
                (StandardPaths.PicturesLocation)
    acceptLabel: qsTr("选择图片")
    onAccepted: image.source = selectedFile
}
}
```

3.5.3　消息对话框 MessageDialog

　　MessageDialog 类型为系统消息对话框提供了 QML API。MessageDialog 用于通知用户或向用户提问，它包含一个 text 属性，作为主要文本用来提醒用户注意的情况；informativeText 属性，作为信息性文本以进一步解释警报或向用户提问；detailedText 属性，作为可选的详细文本在用户请求时提供更多数据；buttons 属性用来设置按钮，例如 MessageDialog.Ok、MessageDialog.Cancel 等。下面给出一个例子（项目源码路径为 src\03\3-32\mymessagedialog）：

```
import QtQuick
import QtQuick.Controls
import QtQuick.Dialogs

Window {
    width: 640; height: 480; visible: true

    Button {
        text: qsTr("消息对话框")
        onClicked: dlg.open()
    }

    MessageDialog {
        id: dlg
        title: qsTr("消息对话框")
        text: qsTr("这里是 text 的内容")
        informativeText: qsTr("这里是 informativeText 的内容")
        detailedText: qsTr("这里是 detailedText 的内容")
        buttons: MessageDialog.Ok | MessageDialog.Cancel
        onAccepted: console.log("ok")
    }
}
```

3.6　程序调试

　　编写程序时难免遇见非预期的结果，或者有时想要测试程序中某段代码的结果，这时进行程序调试就非常有必要了。Qt Creator 提供的调试模式可以对 Qt Widgets 和 Qt Quick 程序进行调试，其中的调试器可以查看应用程序在运行或崩溃时内部发生的情况，它可以通过如下方式来查找应用中的问题。

- 使用指定的参数启动应用程序。
- 在满足条件时停止应用程序。

- 检查应用程序停止时会发生什么。
- 修复错误后对应用程序进行更改，然后继续查找下一个错误。

除了使用调试模式，还可以通过函数将调试信息进行输出，这种方式更简单常用。下面将通过示例讲解程序调试方面的内容，可以在帮助中通过 Debugging 关键字查看相关内容。

3.6.1　调试模式

如果想了解 QWidget 中 x()、y()、geometry()和 frameGeometry()等函数的具体作用，那么可以通过编写一段代码进行调试来查看相关数据。我们在例 3-1 的基础上进行更改，将主函数内容更改如下（项目源码路径为 src\03\3-33\mywidget）。

```cpp
#include <QApplication>
#include <QWidget>

int main(int argc, char *argv[])
{
    QApplication a(argc, argv);

    QWidget widget;
    int x = widget.x();
    int y = widget.y();
    QRect geometry = widget.geometry();
    QRect frame = widget.frameGeometry();

    Q_UNUSED(x);
    Q_UNUSED(y);
    Q_UNUSED(geometry);
    Q_UNUSED(frame);

    return a.exec();
}
```

开始调试程序之前可以先看一下这些函数的介绍。首先将光标定位到函数上，然后按下 F1 键，打开函数的帮助文档。可以看到，x()、y()分别返回部件在其父部件中位置坐标的 x、y 值，它们的默认值为 0。而 geometry()和 frameGeometry()函数分别返回没有边框和包含边框的窗口框架矩形的值，其返回值是 QRect 类型的，就是一个矩形，它的形式是（位置坐标，大小信息），也就是（x，y，宽，高）。Q_UNUSED()可以告知编译器其包含的参数在函数体中未使用，从而避免出现警告。

下面在 "int x = widget.x();" 一行代码的标号前面单击来设置断点。所谓断点，就是程序运行到该行代码时会暂停下来，从而可以查看一些信息。要取消断点，只要在那个断点上再单击一下就可以了。设置好断点后，便可以按下 F5 键或者单击左下角的调试按钮 ▣ 开始调试。这时程序会先进行构建，再进入调试模式，这个过程可能需要一些时间。进入调试模式后的效果如图 3-9 所示。

下面我们对调试模式的几个按钮和窗口进行简单介绍。

① "继续" 按钮。程序在断点处停了下来，单击 "继续" 按钮后，程序便会像正常运行一样，执行后面的代码，直到遇到下一个断点，或者程序结束。

② "停止调试" 按钮。单击该按钮后结束调试。

③ "单步跳过" 按钮。直接执行本行代码，然后指向下一行代码。

④ "单步进入" 按钮。进入调用的函数内部。

⑤ "单步跳出" 按钮。当进入函数内部时，跳出该函数，一般与 "单步进入" 按钮配合使用。

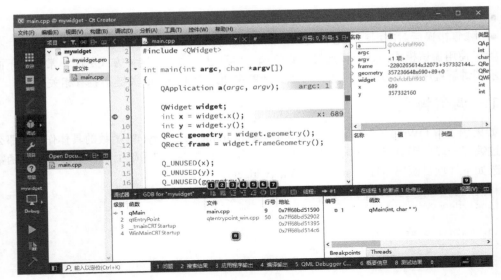

图 3-9　调试模式

⑥ 重新启动调试会话。

⑦ 显示源码对应的汇编指令，并可以单步调试。

⑧ 堆栈视图。这里显示了从程序开始到断点处，所有嵌套调用的函数所在的源文件名和行号。

⑨ 其他视图。这里可以选择多种视图，主要有局部变量（Locals）和表达式（Expressions）视图，用来显示局部变量和它们的类型及数值；断点（Breakpoints）视图用来显示所有的断点，以及添加或者删除断点；线程视图（Threads）用来显示所有的线程和现在所在的线程。

3.6.2　单步调试

一直单击"单步跳过"按钮，单步执行程序并查看右上角局部变量视图中相应变量值的变化情况。等执行到最后一行代码"return a.exec();"时，单击"停止调试"按钮结束调试。从变量监视器中可以看到 x、y、geometry 和 frame 这 4 个变量初始值都是一个随机未知数。等到调试完成后，x、y 的值均为 0，这是它们的默认值。而 geometry 和 frame 的值均为 640×480+0+0。现在对这些值还不是很清楚，不过，为什么 x、y 的值会是 0 呢？读者可能会想到，应该是窗口没有显示的原因，那么下面更改代码，让窗口先显示出来，再看这些值。在"QWidget widget;"一行代码后添加一行代码：

```
widget.show();
```

再次调试程序，这时会发现窗口只显示了一下，先不管它，继续在 Qt Creator 中单击"单步跳过"按钮。将程序运行到最后一行代码"return a.exec();"时，再次单击"单步跳过"按钮，程序窗口终于正常显示出来了。这是因为只有程序进入主事件循环后才能接收事件，而 show() 函数会触发显示事件，所以只有在完成 a.exe() 函数调用进入消息循环后才能正常显示。这次看到几个变量的值都有了变化，但是这时还是不清楚这些值的含义。

使用调试器进行调试要等待一段时间，而且步骤很多，对于初学者来说，如果按错了按钮，还很容易出错。下面将介绍一个更简单的调试方法。

3.6.3　在 Qt Widgets 程序中使用 qDebug() 函数

程序调试过程中常用的是 qDebug()、qInfo()、qCritical()、qWarning() 和 qFatal() 等函数，它

们由 Qt Core 模块提供，可以将调试信息直接输出到控制台，当然，Qt Creator 中是输出到下方的"应用程序输出"窗口。在 Qt Widgets 程序中，调试信息一般常用 qDebug()函数，下面更改前面的程序：

```
#include <QApplication>
#include <QWidget>
#include <QDebug>

int main(int argc, char *argv[])
{
    QApplication a(argc, argv);
    QWidget widget;
    widget.resize(400, 300);          // 设置窗口大小
    widget.move(200, 100);            // 设置窗口位置
    widget.show();
    int x = widget.x();
    qDebug("x: %d", x);               // 输出 x 的值
    int y = widget.y();
    qDebug("y: %d", y);
    QRect geometry = widget.geometry();
    QRect frame = widget.frameGeometry();
    qDebug() << "geometry: " << geometry << "frame: " << frame;
    return a.exec();
}
```

这里使用了两种输出方法。一种方法是直接将字符串当作参数传给 qDebug()函数，例如上面使用这种方法输出 x 和 y 的值。另一种方法是使用输出流的方式一次输出多个值，它们的类型可以不同，如程序中输出 geometry 和 frame 的值。实际编程中经常使用第二种方法。程序还添加了设置窗口大小和位置的代码。下面运行程序，在"应用程序输出"窗口可以看到输出信息，如图 3-10 所示。

图 3-10　程序输出信息

从输出信息中可以清楚地看到几个函数的含义。下面我们看一下其他几个函数的用法，在"return a.exec();"一行代码前添加如下代码。

```
qDebug() << "pos:" << widget.pos() << Qt::endl << "rect:" << widget.rect()
    << Qt::endl << "size:" << widget.size() << Qt::endl << "width:"
        << widget.width() << Qt::endl << "height:" << widget.height();
```

使用 qDebug()函数的第二种方法时还可以让输出自动换行，Qt::endl 是起换行作用的。根据程序的输出结果可以很明了地看到这些函数的作用。

3.6.4　在 Qt Quick 程序中使用 console.log()函数

Qt Quick 程序也可以使用调试模式，而且 QML 也提供了 console.log()、console.debug()、console.info()、console.warn()和 console.error()等调试输出函数，比较常用的是 console.log()。例如：

```
Rectangle {
    width: 200
    height: 200
    color: "blue"
```

```
MouseArea {
    anchors.fill:parent
    onClicked: console.log("矩形的颜色: ", parent.color)
}
}
```

3.7　小结

　　本章讲解了应用程序用户界面的构成元素，在 Qt Widgets 应用中主要是 Widgets 窗口部件，而在 Qt Quick 应用中主要是 Controls 控件。可以看到，在两种应用中的界面构成元素有很多相似之处，其实学习完经典的 Widgets 窗口部件，就可以很容易掌握 Qt Quick Controls 控件，建议读者对应来学习。本章只是讲了界面构成元素的一部分，在后面的章节中还会涉及更多的内容。

3.8　练习

1．掌握 Qt Widgets 编程中窗口部件的概念，学会区分独立窗口和子部件。
2．熟悉 QWidget 及其常用的一些子类。
3．了解在设计模式进行信号和槽的关联，可以为按钮部件的单击信号关联槽函数。
4．了解 QLineEdit 可用的一些掩码字符的含义。
5．简述模态和非模态对话框的概念和实现方法。
6．掌握 Qt Quick 模块中 Item 类型的常用属性。
7．列举 Item 类型的常用子类型。
8．了解 Qt Quick Controls 模块的来历。
9．熟悉控件基类型 Control 及其常用的一些子类型。
10．了解 Qt Quick Dialogs 模块中各类型的用法。
11．了解 Qt 中程序调试的方法。

第4章　布局管理

我们在第 3 章介绍了一些窗口部件，当时往界面上拖放部件时都是随意放置的，这对于学习部件的使用没有太大的影响。但是，对于一个完善的软件，布局管理是必不可少的。无论是想要界面中的部件整齐排列，还是想要界面能适应窗口的大小变化，都要进行布局管理。本章将会分别讲解 Qt Widgets 编程和 Qt Quick 编程中的布局管理知识，前者主要使用布局管理器，后者除了可以使用布局管理器，还可以使用基于锚的布局。

4.1　Qt Widgets 布局管理系统

Qt Widgets 布局管理系统提供了强大的机制来自动排列窗口中的所有部件，确保它们有效地使用空间。Qt Widgets 包含一组布局管理类，用于在应用程序的用户界面中对部件进行布局，比如 QLayout 的几个子类，这里将它们称作布局管理器。所有 QWidget 的子类的实例都可以使用布局管理器管理位于它们之中的子部件，使用 QWidget::setLayout() 函数可以在一个部件上应用布局管理器。一旦一个部件上设置了布局管理器，它会完成以下任务。

- 定位子部件。
- 感知窗口默认大小。
- 感知窗口最小大小。
- 窗口大小变化时进行处理。
- 当内容改变时自动更新，字体大小、文本或子部件的其他内容随之改变；隐藏或显示子部件；移除一个子部件。

下面我们将通过具体例子来讲解布局管理器的这些功能。本节主要讲述 QLayout 类的几个子类。读者也可以在 Qt 帮助中通过 Layout Management 关键字查看本节相关内容。

4.1.1　布局管理器简介

QLayout 类是布局管理器的基类，它是一个抽象基类，继承自 QObject 和 QLayoutItem 类，其中 QLayoutItem 类提供了一个供 QLayout 操作的抽象项目。QLayout 和 QLayoutItem 都是在设计自己的布局管理器时才使用的，一般只需要使用 QLayout 的几个子类即可，它们分别是 QBoxLayout（基本布局管理器）、QGridLayout（栅格布局管理器）、QFormLayout（窗体布局管理器）和 QStackedLayout（栈布局管理器）。下面先来看一个例子。

（项目源码路径为 src\04\4-1\mylayout）新建 Qt Widgets 应用，项目名称为 mylayout，基类选择 QWidget，类名设为 MyWidget。完成后打开 mywidget.ui 文件，在设计模式中向界面拖入一个字体选择框 Font Combo Box 和一个文本编辑器 Text Edit。然后单击主界面并按下 Ctrl+L 快捷键，或者单击设计器上部边栏中的 图标来对主界面进行垂直布局管理。也可以在主界面上右击，在弹出的快捷菜单中选择"布局→垂直布局"。这样便设置了顶层布局管理器（因为是对整个窗口设置的布局管理器，所以叫作顶层布局管理器），可以看到两个部件已经填满了整个界面。这时运行程序，然后拉伸窗口，两个部件会随着窗口的大小变化而变化，如图 4-1 所示。这就是布局管理器的作用。

图 4-1　垂直布局管理器运行效果

4.1.2　基本布局管理器

　　基本布局管理器 QBoxLayout 类可以使子部件在水平方向或者垂直方向排成一列，它将所有的空间分成一行盒子，然后将每个部件放入对应盒子中。它有两个子类：QHBoxLayout（水平布局管理器）和 QVBoxLayout（垂直布局管理器）。

　　下面在设计模式中查看布局管理器的属性。先单击主界面，查看属性编辑器，最后面的部分是其使用的布局管理器的属性，如表 4-1 所示。

表 4-1　布局管理器常用属性说明

属　　性	说　　明
layoutName	现在所使用的布局管理器的名称
layoutLeftMargin	设置布局管理器到界面左边界的距离
layoutTopMargin	设置布局管理器到界面上边界的距离
layoutRightMargin	设置布局管理器到界面右边界的距离
layoutBottomMargin	设置布局管理器到界面下边界的距离
layoutSpacing	布局管理器中各个子部件间的距离
layoutStretch	伸缩因子，设置部件的大小比例
layoutSizeConstraint	设置大小约束条件，例如 QLayout::SetFixedSize 表示窗口无法改变大小

　　下面打破已有的布局，使用代码实现水平布局。先在界面上右击，然后在弹出的快捷菜单中选择"布局→分拆布局"，或者单击设计器上方边栏中的"分拆布局"图标▤。下面在 mywidget.cpp 文件中添加头文件#include <QHBoxLayout>，并在 MyWidget 类的构造函数中添加如下代码。

```
QHBoxLayout *layout = new QHBoxLayout;          // 新建水平布局管理器
layout->addWidget(ui->fontComboBox);            // 向布局管理器中添加部件
layout->addWidget(ui->textEdit);
layout->setSpacing(50);                         // 设置部件间的间隔
layout->setContentsMargins(0, 0, 50, 100);      // 设置布局管理器到边界的距离
setLayout(layout);                              // 将这个布局设置为 MyWidget 类的布局
```

　　这里使用了 addWidget()函数向布局管理器的末尾添加部件，还有一个 insertWidget()函数可以实现向指定位置添加部件，它比前者更灵活。前面使用的垂直布局管理器也可以通过相似的代码来实现。

4.1.3　栅格布局管理器

　　栅格布局管理器 QGridLayout 类使部件在网格中进行布局，它将所有的空间分隔成一些行和列，行和列的交叉处就形成了单元格，然后将部件放入一个确定的单元格中。先往界面上拖放一个 Push Button，然后在 mywidget.cpp 中添加头文件#include <QGridLayout>，再注释掉前面添加的关于水平布局管理器的代码，最后添加如下代码。

```
QGridLayout *layout = new QGridLayout;
// 添加部件，从第 0 行 0 列开始，占据 1 行 2 列
layout->addWidget(ui->fontComboBox, 0, 0, 1, 2);
```

```
// 添加部件，从第 0 行 2 列开始，占据 1 行 1 列
layout->addWidget(ui->pushButton, 0, 2, 1, 1);
// 添加部件，从第 1 行 0 列开始，占据 1 行 3 列
layout->addWidget(ui->textEdit, 1, 0, 1, 3);
setLayout(layout);
```

这里主要是设置部件在栅格布局管理器中的位置，将 fontComboBox 部件设置为占据 1 行 2 列，而 pushButton 部件占据 1 行 1 列，这主要是为了将 fontComboBox 部件和 pushButton 部件的长度设置为 2:1。这样一来，textEdit 部件要想占满剩下的空间，跨度要为 3 列。这里需要说明，当部件加入一个布局管理器中，然后这个布局管理器放到一个窗口部件上时，这个布局管理器以及它包含的所有部件都会自动重新定义自己的父对象（parent）为这个窗口部件，所以在创建布局管理器和其中的部件时并不用指定父部件。

4.1.4 窗体布局管理器

窗体布局管理器 QFormLayout 类用来管理表单的输入部件以及与它们相关的标签。窗体布局管理器将它的子部件分为两列，左边是一些标签，右边是一些输入部件，比如行编辑器或者数字选择框等。其实，如果只是起到这样的布局作用，那么用 QGridLayout 就完全可以做到了，之所以添加 QFormLayout 类，是因为它有独特的功能。下面我们看一个例子。

（项目源码路径为 src\04\4-2\mylayout）先将前面在 MyWidget 类的构造函数中自己添加的代码全部删除，然后进入设计模式，这里使用另外一种方法来使用布局管理器。从部件列表窗口中找到 Form Layout，将其拖入界面，然后双击，或者右击并在弹出的快捷菜单中选择"添加窗体布局行"。在弹出的"添加表单布局行"对话框中填入标签文字"姓名(&N):"，这样下面便自动填写了"标签名称""字段类型""字段名称"等，并且设置了伙伴关系。这里使用了 QLineEdit 行编辑器，当然也可以选择其他部件。填写的标签文字中的"(&N)"必须使用英文半角的括号，表明快捷键是 Alt+N。设置伙伴关系表示当按下 Alt+N 时，光标会自动跳转到标签后面对应的行编辑器中。单击"确定"按钮，则会在布局管理器中添加一个标签和一个行编辑器。按照这种方法，再添加 3 行：性别(&S)，字段类型选择 QComoBox；年龄(&A)，字段类型选择 QSpinBox；邮箱(&M)，字段类型选择 QLineEdit。完成后运行程序，可以按下快捷键 Alt+N，这样光标就可以定位到"姓名"标签后的行编辑器中。

上面添加表单行是在设计器中完成的，其实也可以在代码中使用 addRow() 函数来完成。窗体布局管理器为设计表单窗口提供了多方面的支持。窗体布局管理器也可以像普通管理器一样使用，但是，如果不是为了设计这样的表单，一般会使用栅格布局管理器。

4.1.5 综合使用布局管理器

前面讲到了 3 种布局管理器，真正使用时一般将它们综合起来应用。现在继续设计前面的界面：按下 Ctrl 键的同时选中界面上的字体选择框 fontComboBox 和按钮 pushButton，然后按下 Ctrl+H 快捷键将它们放入一个水平布局管理器中（其实也可以从部件列表窗口中拖入一个 Horizontal Layout，然后将这两个部件放进去，效果是一样的）。再从部件列表窗口中拖入一个垂直分隔符 Vertical Spacer，用来在部件间产生间隔，将它放在窗体布局管理器与水平布局管理器之间。最后单击主界面并按下 Ctrl+L 快捷键，让整个界面处于一个垂直布局管理器中。这时可以在右上角的对象查看器中选择 MyWidget 对象，然后在属性编辑器的最后将 layoutStretch 设置为"4,1,1,10"。运行程序，可以看到分隔符是不显示的。

这里综合使用了窗体布局管理器、水平布局管理器和垂直布局管理器，其中垂直布局管理器是顶级布局管理器，因为它是主界面的布局管理器，其他两个布局管理器都包含在它里面。如果要使

用代码将一个子布局管理器放入一个父布局管理器之中，可以使用父布局管理器的 addLayout()函数。

4.1.6 设置部件大小

在介绍如何设置部件大小之前，我们先来阐释两个概念：大小提示（sizeHint）和最小大小提示（minimumSizeHint）。凡是继承自 QWidget 的类都有这两个属性，其中 sizeHint 属性保存了部件的建议大小，对于不同的部件，默认拥有不同的 sizeHint；而 minimumSizeHint 保存了一个建议的最小大小提示。可以在程序中使用 sizeHint()函数来获取 sizeHint 的值，使用 minimumSizeHint()函数获取 minimumSizeHint 的值。需要说明的是，如果使用 setMinimumSize()函数设置了部件的最小大小，那么最小大小提示将会被忽略。这两个属性在使用布局时起到了很重要的作用。

下面再来看一下大小策略（sizePolicy）属性，它也是 QWidget 类的属性。这个属性保存了部件的默认布局行为，在水平和垂直两个方向分别起作用，控制着部件在布局管理器中的大小变化行为。QSizePolicy 类大小策略的取值如表 4-2 所示。

表 4-2　QSizePolicy 类大小策略的取值

常　　量	描　　述
QSizePolicy::Fixed	只能使用 sizeHint()提供的值，无法伸缩
QSizePolicy::Minimum	sizeHint()提供的大小是最小的，部件可以被拉伸
QSizePolicy::Maximum	sizeHint()提供的大小是最大的，部件可以被压缩
QSizePolicy::Preferred	sizeHint()提供的大小是最佳的，部件可以被压缩或拉伸
QSizePolicy::Expanding	sizeHint()提供的是合适的大小，部件可以被压缩，不过它更倾向于被拉伸来获得更多的空间
QSizePolicy::MinimumExpanding	sizeHint()提供的大小是最小的，部件倾向于被拉伸来获取更多的空间
QSizePolicy::Ignored	sizeHint()的值被忽略，部件将尽可能被拉伸来获取更多的空间

4.1.7 可扩展窗口

一个窗口可能有很多选项是扩充的，只有在必要的时候才显示出来，这时可以使用一个按钮来隐藏或者显示多余的内容，就是所谓的可扩展窗口。可扩展窗口依赖于布局管理器的特性，那就是当子部件隐藏时，布局管理器自动缩小，当子部件重新显示时，布局管理器再次放大。下面我们看一个具体的例子。

依然在前面的程序中进行更改：首先在设计模式将 textEdit 的 maximumSize 的高度设置为100，将 pushButton 的显示文本更改为"显示可扩展窗口"，并在属性编辑器中选中其 checkable选项。然后转到它的 toggled(bool)信号的槽，更改如下。

```
void MyWidget::on_pushButton_toggled(bool checked)
{
    ui->textEdit->setVisible(checked);
    if(checked) {
        setFixedHeight(270);
        ui->pushButton->setText(tr("隐藏可扩展窗口"));
    } else {
        setFixedHeight(170);
        ui->pushButton->setText(tr("显示可扩展窗口"));
    }
}
```

这里使用按钮的按下与否两种状态来设置文本编辑器是否显示，并且相应地更改按钮的文本。为了让文本编辑器在一开始是隐藏的，还要在 MyWidget 类的构造函数中添加如下代码。

```
ui->textEdit->hide();
setFixedHeight(170);
```

这时运行程序，可扩展窗口显示时如图 4-2 所示。关于可扩展窗口，也可以参考 Qt 自带的示例程序 Extension Example。

图 4-2　可扩展窗口显示时效果

4.2　Qt Quick 布局管理

Qt Quick 提供了多种布局方式，比如对于静态的用户界面，可以直接通过项目的 x、y 属性来为其提供一个具体的坐标，也可以通过属性绑定来设置位置或者大小；还有前面多次使用的基于锚 anchors 的布局；另外，还提供了定位器，可以用来为多个项目进行常规的布局；如果需要同时管理项目的位置和大小，可以使用布局管理器，它们非常适合可调整大小的用户界面。不过，布局管理器和锚都会占用大量内存和实例化时间，建议优先使用 x、y、width 和 height 等属性绑定满足布局需求。

4.2.1　定位器

定位器是一个容器，可以管理其中子项目的布局，包括 Column、Row、Grid 和 Flow。如果它们的子项目不可见（visible 为 false）、宽度或者高度为 0，那么该子项目不会显示，也不会被布局。定位器可以自动布局其子项目，也就是说，其子项目不再需要显式设置 x、y 等属性或使用锚 anchors 进行布局。读者可以在 Qt 帮助中通过 Item Positioners 关键字查看本节的相关内容。

1.　Column

Column 项目可以将其子项目垂直排成一列。下面的例子使用 Column 定位了几个形状不同的 Rectangle（项目源码路径为 src\04\4-3\mycolumn）。Column 的 spacing 属性用来为这几个 Rectangle 添加间距，padding 属性用来设置 Column 子项目和边界之间的距离，也可以通过 topPadding、bottomPadding、leftPadding、rightPadding 分别进行设置。

```
Column {
    spacing: 2; padding: 5

    Rectangle { color: "white"; border.width: 1; width: 50; height: 50 }
    Rectangle { color: "green"; width: 20; height: 50 }
    Rectangle { color: "lightgrey"; width: 50; height: 20 }
}
```

2.　Row

Row 项目与 Column 用法相似，可以将其子项目水平排列成一行。

3.　Grid

Grid 项目可以将其子项目排列在一个网格中。Grid 会计算一个足够大的矩形网格来容纳所有的子项目。向网格中添加项目，会按照从左向右、从上向下的顺序进行排列。每一个项目都会被放置在网格左上角（0,0）的位置。一个 Grid 默认有 4 列，可以有无限多的行容纳所有的子项目。行数和列数也可以通过 rows 和 columns 属性指定。另外，Grid 也可以通过 spacing 属性设置子项目之间的间距，此时，水平方向和垂直方向会使用相同的间距，如果需要分别设置，可以使用 rowSpacing 和 columnSpacing 属性。下面示例的运行效果如图 4-3 所示（项目源码路径为 src\04\4-4\mygrid）。

图 4-3　Grid 运行效果

```
Grid {
    columns: 3; spacing: 2; padding: 5

    Rectangle { color: "white"; border.width: 1; width: 50; height: 50 }
    Rectangle { color: "green"; width: 20; height: 50 }
    Rectangle { color: "lightgrey"; width: 50; height: 20 }
    Rectangle { color: "cyan"; width: 50; height: 50 }
    Rectangle { color: "magenta"; width: 10; height: 10 }
}
```

在 Grid 中可以使用 horizontalItemAlignment 和 verticalItemAlignment 分别设置子项目在水平方向和垂直方向的对齐方式，其各自的可选值分别如下。

- 水平方向：Grid.AlignLeft、Grid.AlignRight 和 Grid.AlignHCenter。
- 垂直方向：Grid.AlignTop、Grid.AlignBottom 和 Grid.AlignVCenter。

4. Flow

Flow 项目可以从前向后，像流一样布局其子项目，如同单词放置在页面上一样，通过换行，使这些子项目排列成多行或列。Flow 排列项目的规则与 Grid 相似，它们的主要区别是，Flow 的子项目会在超出边界后自动换行，每行的子项目数不一定相同。Flow 有一个 flow 属性，包含两个值：Flow.LeftToRight（默认）和 Flow.TopToBottom。前者是按照从左向右的顺序排列子项目，直到超出 Flow 的宽度，然后换到下一行；后者则按照从上到下的顺序排列子项目，直到超出 Flow 的高度，然后换到下一列。下面的例子显示了一个包含多个 Text 子项目的 Flow，运行效果如图 4-4 所示（项目源码路径为 src\04\4-5\myflow）。

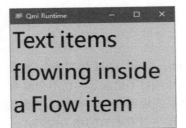

图 4-4　Flow 运行效果

```
Rectangle {
    color: "lightblue"; width: 300; height: 200

    Flow {
        anchors.fill: parent; anchors.margins: 4; spacing: 10

        Text { text: "Text"; font.pixelSize: 40 }
        Text { text: "items"; font.pixelSize: 40 }
        Text { text: "flowing"; font.pixelSize: 40 }
        Text { text: "inside"; font.pixelSize: 40 }
        Text { text: "a"; font.pixelSize: 40 }
        Text { text: "Flow"; font.pixelSize: 40 }
        Text { text: "item"; font.pixelSize: 40 }
    }
}
```

5. 使用过渡

定位器添加或删除一个子项目时，可以使用一个过渡（Transition），使这些操作具有动画效果。4 个定位器都有 add、move 和 populate 属性,它们需要分配一个 Transition 对象。add 过渡应用在定位器创建完毕后,向定位器中添加一个子项目,或者将子项目通过更换父对象的方式变为定位器的孩子时;move 过渡应用在删除定位器中的一个子项目,或者通过更换父对象的方式从定位器中移除对象时;populate 过渡应用在定位器第一次创建时,只会运行一次。此外,将项目的透明度更改为 0 时,会使用 move 过渡隐藏项目;当项目的透明度为非 0 时,会使用 add 过渡显示项目。定位器过渡只会影响项目的位置 (x, y)。下面的例子演示了在 Column 中启用 move 过渡(项目源码路径为 src\04\4-6\mytransition)。

```
Column {
    spacing: 2

    Rectangle { color: "red"; width: 50; height: 50 }
    Rectangle { id: greenRect; color: "green"; width: 20; height: 50 }
    Rectangle { color: "blue"; width: 50; height: 20 }

    move: Transition {
        NumberAnimation { properties: "x,y"; duration: 1000 }
    }

    focus: true
    Keys.onSpacePressed: greenRect.visible = !greenRect.visible
}
```

当按下空格键时,绿色矩形的 visible 值会被翻转。当它在显示与隐藏之间变换时,蓝色矩形会自动应用 move 过渡进行移动。

6. Positioner

在 Column、Row、Grid 和 Flow 中会附加一个 Positioner 类型的对象作为顶层子项目,它可以为定位器中的子项目提供索引等信息。在下面的例子中,Grid 通过 Repeater 创建了 16 个子矩形,每一个子矩形都使用 Positioner.index 显示它在 Grid 中的索引,而第一个矩形使用了不同颜色进行绘制(项目源码路径为 src\04\4-7\mypositioner)。

```
Grid {
    padding: 5

    Repeater {
        model: 16

        Rectangle {
            id: rect; width: 40; height: 40; border.width: 1
            color: Positioner.isFirstItem ? "yellow" : "lightsteelblue"

            Text { text: rect.Positioner.index; anchors.centerIn: parent }
        }
    }
}
```

7. Repeater

Repeater 类型用来创建大量相似的项目。一个 Repeater 包含一个模型 model 属性和一个委托 delegate 属性。委托用来将模型中的每一个条目进行可视化显示。一个 Repeater 通常会包含在一个定位器中,用于直观地对 Repeater 产生的众多委托项目进行布局。下面的例子演示了一个 Repeater 和一个 Grid 结合使用,来排列一组 Rectangle 项目(项目源码路径为 src\04\4-8\myrepeater)。

```
Rectangle {
    width: 400; height: 240; color: "black"
```

```
Grid {
    x: 5; y: 5; rows: 5; columns: 5; spacing: 10

    Repeater {
        model: 12

        Rectangle {
            width: 70; height: 70; color: "lightgreen"

            Text {
                text: index; font.pointSize: 30
                anchors.centerIn: parent
            }
        }
    }
}
```

这里使用了一个矩形作为委托，在其中通过 index 索引属性显示了每个子项目的编号。在 Repeater 中创建的项目数量可以通过 count 属性获得，该属性是只读的。

4.2.2　基于锚（anchors）的布局

除了前面讲解的定位器，Qt Quick 还提供了一种基于锚的概念来进行项目布局的方法。每一个项目都可以认为有一组无形的"锚线"：left、horizontalCenter、right、top、verticalCenter、baseline 和 bottom，如图 4-5 所示。图中没有显示 baseline，它是一条假想的线，文本坐落在这条线上，对于没有文本的项目，它与 top 相同。读者可以在 Qt 帮助中通过 Positioning with Anchors 关键字查看本节的相关内容。

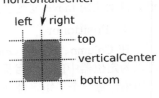

图 4-5　锚线示意图

1. 使用锚布局

7 条锚线分别对应了 Item 项目中的 anchors 属性组的相关属性。因为 Qt Quick 中所有可视项目都继承自 Item，所以所有可视项目都可以使用锚进行布局。Qt Quick 的锚定系统允许不同项目的锚线之间建立关系，如下例所示（项目源码路径为 src\04\4-9\myanchors）。

```
Item {
    width: 250; height: 300

    Rectangle{
        id: rect1; x:10; y:20
        width: 100; height: 100; color: "lightgrey"

        Text { text: "rect1"; anchors.centerIn: parent }
    }
    Rectangle{
        id: rect2
        width: 100; height: 100; color: "black"
        anchors.left: rect1.right

        Text { text: "rect2"; color: "white"; anchors.centerIn: parent }
    }
}
```

这里 rect2 的左边界锚定到了 rect1 的右边界。另外，可以指定多个锚，例如下面的代码片段所示。

```
Rectangle { id: rect1; ... }
Rectangle {
  id: rect2;
  anchors.left: rect1.right; anchors.top: rect1.bottom; ...
}
```

通过指定多个水平或者垂直的锚可以控制一个项目的大小，例如下面的代码片段中，rect2 锚定到了 rect1 的右边和 rect3 的左边，当 rect1 或 rect3 移动时，rect2 会进行必要的伸展或收缩。

```
Rectangle { id: rect1; x: 10; ... }
Rectangle { id: rect2; anchors.left: rect1.right;
            anchors.right: rect3.left; anchors.top: rect1.top }
Rectangle { id: rect3; x: 150; ... }
```

Qt Quick 还提供了一系列方便使用的锚。例如，使用 anchors.fill 等价于设置 left、right、top 和 bottom 锚定到目标项目的 left、right、top 和 bottom；使用 anchors.centerIn 等价于设置 verticalCenter 和 horizontalCenter 锚定到目标项目的 verticalCenter 和 horizontalCenter 等。

2. 锚边距和偏移

锚定系统允许为一个项目的锚指定边距（margin）和偏移（offset）。边距指定了项目锚到外边界的空间量，而偏移则允许使用中心锚线进行定位。一个项目可以通过 leftMargin、rightMargin、topMargin 和 bottomMargin 独立指定锚边距，如图 4-6 所示；也可以使用 anchor.margins 同时为 4 个边指定相同的边距。锚偏移可以使用 horizontalCenterOffset、verticalCenterOffset 和 baselineOffset 来指定。

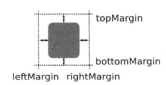

图 4-6 锚边距示意图

例如下面的代码片段中，在 rect2 的左边留有 5 像素的边距。

```
Rectangle { id: rect1; ... }
Rectangle {
    id: rect2;
    anchors.left: rect1.right; anchors.leftMargin: 5;
    anchors.top: rect1.top
    ...
}
```

4.2.3 布局管理器

Qt Quick 布局管理器是一组用于在用户界面中排列项目的类型。与前面讲到的定位器不同，布局管理器不仅进行布局，而且会改变项目的大小，所以更适用于需要改变用户界面大小的应用。因为布局管理器也是继承自 Item，所以它们可以嵌套。Qt Quick 布局管理器与 Qt Widgets 应用中的布局管理器很相似。

Qt Quick Layouts 模块在 Qt 5.1 中引入，使用时需要进行导入：

```
import QtQuick.Layouts
```

Qt Quick 布局管理器主要包括 RowLayout、ColumnLayout、GridLayout 和 StackLayout。可以在 Qt 帮助中通过 Qt Quick Layouts Overview 关键字查看本节的相关内容。

1. 主要特色

Qt Quick Layouts 拥有下面几个主要特色。

- 项目的对齐方式可以使用 Layout.alignment 属性指定，主要有 Qt::AlignLeft、Qt::AlignHCenter、Qt::AlignRight、Qt::AlignTop、Qt::AlignVCenter、Qt::AlignBottom、Qt::AlignBaseline。

- 可变大小的项目可以使用 Layout.fillWidth 和 Layout.fillHeight 属性设置大小，当将其值设置为 true 时，会根据约束条件改变宽度或高度。
- 大小约束可以通过 Layout.minimumWidth、Layout.preferredWidth 和 Layout.maximumWidth 属性（还有相对 height 的类似属性）指定。
- 间距可以通过 spacing、rowSpacing 和 columnSpacing 属性指定。

除了上面所述的这些特色，在 GridLayout 中还添加了如下特色。

- 网格中的坐标可以通过 Layout.row 和 Layout.column 指定。
- 自动网格坐标同时使用了 flow、rows、column 属性。
- 行和列的跨度可以分别通过 Layout.rowSpan 和 Layout.columnSpan 属性来指定。

2. 大小约束

要想使一个项目可以通过布局管理器调整大小，需要指定其最小宽高（minimumWidth 和 minimumHeight）、最佳宽高（preferredWidth 和 preferredHeight）和最大宽高（maximumWidth 和 maximumHeight），并将对应的 Layout.fillWidth 或 Layout.fillHeight 设置为 true。

下面的例子会在一个布局管理器中横向排列两个矩形，当拉伸程序窗口时，左边矩形可以从 50×150 变化到 300×150，右边矩形可以从 100×100 变化到∞×100（项目源码路径为 src\04\4-10\mylayouts）。

```qml
import QtQuick
import QtQuick.Layouts

Window {
    width: 400; height: 300; visible: true

    RowLayout {
        id: layout; anchors.fill: parent; spacing: 6

        Rectangle {
            color: 'lightgrey'
            Layout.fillWidth: true; Layout.minimumWidth: 50
            Layout.preferredWidth: 100; Layout.maximumWidth: 300
            Layout.minimumHeight: 150

            Text {
                anchors.centerIn: parent
                text: parent.width + 'x' + parent.height
            }
        }

        Rectangle {
            color: 'black'
            Layout.fillWidth: true; Layout.minimumWidth: 100
            Layout.preferredWidth: 200; Layout.preferredHeight: 100

            Text {
                anchors.centerIn: parent; color: "white"
                text: parent.width + 'x' + parent.height
            }
        }
    }
}
```

有效的最佳（preferred）属性的值，可能来自几个候选属性。要决定有效的最佳属性，会对这些候选属性以下面的顺序进行查询，并使用第一个有效的值。

- Layout.preferredWidth 或 Layout.preferredHeight。

- implicitWidth 或 implicitHeight。
- width 或 height。

一个项目可以仅指定 Layout.preferredWidth 而不指定 Layout.preferredHeight，此时，有效的最佳高度会从 implicitHeight 或最终的 height 中选取。

为了将布局管理器与窗口进行关联，我们可以为布局管理器添加锚 anchors.fill，确保布局管理器能够跟随窗口一起改变大小。

布局管理器的大小约束可以用来确保窗口大小不会超过约束条件，还可以将布局管理器的约束设置到窗口项目的 minimumWidth、minimumHeight、maximumWidth 和 maximumHeight 等属性。例如下面的代码片段所示。

```
Window {
    minimumWidth: layout.Layout.minimumWidth
    minimumHeight: layout.Layout.minimumHeight
    maximumWidth: 1000
    maximumHeight: layout.Layout.maximumHeight

    RowLayout { ... }
}
```

在实际编程中，通常希望窗口的初始化大小可以是布局管理器的隐含（implicit）大小，那么就可以这样来设置：

```
Window {
    width: layout.implicitWidth
    height: layout.implicitHeight

    RowLayout { ... }
}
```

3. StackLayout

StackLayout 栈布局管理器可以管理多个项目，但只能显示一个项目。可以通过 currentIndex 属性来设置当前显示的项目，索引号对应布局管理器中子项目的顺序，从 0 开始。另外，StackLayout 还包含 index 和 isCurrentItem 等附加属性。下面我们看一个例子（项目源码路径为 src\04\4-11\mylayouts）：

```
import QtQuick
import QtQuick.Layouts

Window {
    width: 640; height: 480; visible: true

    StackLayout {
        id: layout; anchors.fill: parent; currentIndex: 1

        Rectangle {
            color: 'teal'; implicitWidth: 200; implicitHeight: 200
        }
        Rectangle {
            color: 'plum'; implicitWidth: 300; implicitHeight: 200
        }
    }

    MouseArea {
        anchors.fill: parent
        onClicked: {
            if (layout.currentIndex === 1)
                layout.currentIndex = 0;
            else
```

```
                       layout.currentIndex = 1
            }
        }
    }
```

　　这里在 StackLayout 中添加了两个不同颜色的 Rectangle 项目，然后使用 MouseArea 类型使得整个界面都可以接收鼠标事件，当单击时就切换显示不同颜色的 Rectangle。

4.3　小结

　　本章通过实例讲解了进行 Qt 用户界面开发时布局管理的应用。通过学习可以看到，要想设计整齐的界面，尤其是想让部件跟随界面大小变化而变化，可以通过布局管理器来实现。另外，在 Qt Quick 中还提供了其他多种布局方式，读者需要根据实际情况灵活使用。

4.4　练习

1．简述布局管理器的作用。
2．学会在 Qt Widgets 编程中综合使用常用的几种布局管理器。
3．简述 Qt Quick 提供的布局方式。
4．掌握如何在 Qt Quick 编程中使用基于锚的布局。
5．学会在 Qt Quick 编程中综合使用多种布局方式。

第5章 信号和槽

信号和槽用于两个对象之间的通信。信号和槽机制是 Qt 的核心特征，也是 Qt 不同于其他开发框架的最突出特征。前面的章节中已经多次用到过信号和槽，本章将对相关知识进行系统讲解。Qt Quick 中信号和信号处理器与 Qt Widgets 中信号和槽的概念类似，只是用法稍有不同，读者可以相互参照学习。

5.1 初识 Qt Widgets 中的信号和槽

本节先讲述一个由多个窗口组成且各窗口之间可以切换的实例，在讲解实例的同时让读者初步认识信号和槽。本节还会涉及自定义对话框以及自定义信号和槽的内容。

5.1.1 认识信号和槽

Qt 中使用信号和槽机制来完成对象之间的协同操作。简单来说，信号和槽都是函数，比如想要单击窗口上的一个按钮后弹出一个对话框，那么可以将这个按钮的单击信号和自定义的槽关联起来，在这个槽中创建一个对话框并且显示它。这样，单击这个按钮时就会发射信号，进而执行槽来显示一个对话框。下面我们看一个例子。

（项目源码路径为 src\05\5-1\mydialog）新建 Qt Widgets 应用，项目名称为 mydialog，基类选择 QWidget，类名为 MyWidget。完成后双击 mywidget.ui 文件，在设计模式中往界面上添加一个 Label 和一个 Push Button，在属性编辑器中将 Push Button 的 objectName 改为 showChildButton，然后更改 Label 的显示文本为"我是主界面！"，更改按钮的显示文本为"显示子窗口"。下面回到编辑模式打开 mywidget.h 文件，在 MyWidget 类定义的最后添加槽的声明：

```
public slots:
    void showChildDialog();
```

这里自定义了一个槽，槽一般使用 slots 关键字进行修饰（Qt 4 中必须使用，Qt 5 以后使用新 connect 语法时可以不用，为了与一般函数进行区别，建议使用）。这里使用了 public slots，表明这个槽可以在类外被调用。现在到源文件中编写这个槽的实现代码，Qt Creator 设计了一个从声明快速添加定义的方法：单击 showChildDialog()槽，同时按下 Alt 和回车键，就会弹出如图 5-1 所示的"在 mywidget.cpp 添加定义"选项（也可以在函数上右击，选择"重构→在 mywidget.cpp 添加定义"菜单项），按下回车键，编辑器便会转到 mywidget.cpp

图 5-1　自动添加定义

文件中，并且自动创建 showChildDialog()槽的定义，只需要在其中添加代码即可。这种方法也适用于先在源文件中添加定义，然后自动在头文件中添加声明的情况。

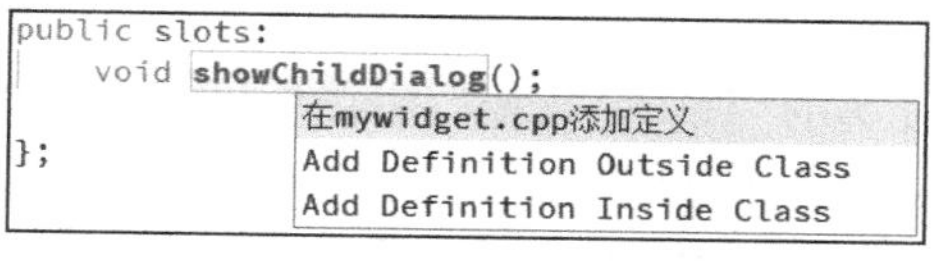

在 mywidget.cpp 文件中将 showChildDialog()槽的实现更改如下。

```
void MyWidget::showChildDialog()
{
    QDialog *dialog = new QDialog(this);
```

```
        dialog->show();
    }
```

这里新建了对话框并让其显示，注意添加#include <QDialog>头文件。然后在 MyWidget 类的构造函数添加信号和槽的关联：

```
connect(ui->showChildButton, &QPushButton::clicked,
        this, &MyWidget::showChildDialog);
```

这里使用了 connect()函数将按钮的单击信号 clicked()与新建的槽进行关联。clicked()信号在 QPushButton 类中进行了定义，而 connect()是 QObject 类中的函数，因为 MyWidget 类继承自 QObject，所以可以直接使用它。这个函数中的 4 个参数分别是发射信号的对象、发射的信号、接收信号的对象和要执行的槽。运行程序，然后单击主界面上的按钮，会弹出一个对话框。

其实，信号和槽的关联还有一种方法，称为自动关联，就是将关联函数整合到槽命名中，比如前面的槽可以重命名为 on_showChildButton_clicked()，就是由字符 on、发射信号的部件对象名和信号名组成。这样就可以去掉 connect()关联函数了，具体做法如下。

（项目源码路径为 src\05\5-2\mydialog）打开 mywidget.cpp 文件，在 MyWidget 类的构造函数中删除 connect()函数，然后更改 showChildDialog()槽的名字。Qt Creator 提供了一个快捷方式，可用来统一更改该函数，从而不再需要逐一更改函数名。先在 showChildDialog 上右击，在弹出的快捷菜单中选择"重构→重命名光标所在符号"，或者直接按下 Ctrl+Shift+R 快捷键，在出现的替换栏中输入 on_showChildButton_clicked，再单击 Replace 按钮就可以了。这时源文件和头文件中相应的函数名都进行了更改。现在运行程序，和前面的效果是一样的。

关于这两种关联方式，后一种方式很简便，用 Qt 设计器直接生成的槽就是使用这种方式。不过，对于不是在 Qt 设计器中往界面上添加的部件，就要在调用 setupUi()函数前定义该部件，而且要使用 setObjectName()函数指定部件的对象名，这样才可以使用自动关联。在编写程序时一般使用第一种方式。后面还会深入讲解相关内容。

5.1.2　自定义对话框

关于自定义对话框，其实在第 2 章讲解 helloworld 程序时就已经实现了。这里再自定义一个对话框，给它添加按钮，并在设计模式中设计信号和槽，然后实现与主界面的切换。步骤如下（项目源码路径为 src\05\5-3\mydialog）。

（1）添加自定义对话框类。依然在前面的项目中进行更改。首先向该项目中添加 Qt 设计器界面类。界面模板选择 Dialog without Buttons，类名改为 MyDialog。完成后在设计模式中向窗口上添加两个 Push Button，并且分别更改其显示文本为"进入主界面"和"退出程序"。

（2）设计信号和槽。这里使用设计器来实现"退出程序"按钮的信号和槽的关联。单击设计器上方的"编辑信号/槽"图标![图标]，或者按下快捷键 F4，则进入了部件的信号和槽的编辑模式。在"退出程序"按钮上按住鼠标左键，然后拖动到主窗口界面上，这时松开鼠标左键。在弹出的"配置连接 - Qt Creator"对话框中，选中"显示从 QWidget 继承的信号和槽"复选框，然后在左边的 QPushButton 栏中选择信号 clicked()，在右边的 QDialog 栏中选择对应的槽 close()，完成后单击"确定"按钮，如图 5-2 所示（这里还可以单击"编辑"按钮添加自定义的槽，

图 5-2　选择信号和槽

不过这还需要在 MyDialog 类中实现该槽）。这时"退出程序"按钮的单击信号就和对话框的关闭操作

槽进行了关联。要想取消这个关联，只需在信号和槽编辑模式中选择这个关联，当它变为红色时，按下 Delete 键，或者右击后选择"删除"菜单项。在设计器下方的信号和槽编辑器中，也能看到设置好的关联。当然，直接在信号和槽编辑器中建立关联也是可以的，它与用鼠标选择部件进行关联是等效的。设置好关联后，按下 F3 键，或者单击"编辑控件"图标█，则回到部件编辑模式。关于设计器中信号和槽的详细使用，可以在帮助中通过 Qt Designer's Signals and Slots Editing Mode 关键字查看。

现在设置"进入主界面"按钮的信号和槽的关联。在该按钮上右击，在弹出的快捷菜单中选择"转到槽"，然后在弹出的对话框中选择 clicked()信号，并单击"确定"按钮。这时便会进入编辑模式，并且定位到自动生成的 on_pushButton_clicked()槽中。在其中添加代码：

```
void MyDialog::on_pushButton_clicked()
{
    accept();
}
```

这个 accept()函数是 QDialog 类中的一个槽，对于一个使用 exec()函数实现的模态对话框，执行了这个槽，就会隐藏这个模态对话框，并返回 QDialog::Accepted 值，后面将使用这个值来判断是哪个按钮被按下了。与其对应的还有一个 reject()槽，它可以返回一个 QDialog::Rejected 值，前面的"退出程序"按钮也可以关联这个槽。

这里讲述了两种关联信号和槽的方法，第一种方法是直接在设计器中进行关联，这更适合在设计器中的部件间进行。第二种方法是在设计器中直接进入相关信号的槽，这与前面讲到的手写函数是一样的，它用的就是自动关联，这样也会在.h 文件中自动添加该槽的声明，我们只需更改其实现代码就可以了。在以后的章节中，如果在设计器中添加的部件要使用信号和槽，一般会使用第二种方法。

5.1.3 在主界面中使用自定义的对话框

下面将更改程序，实现通过登录对话框登录主界面，然后在主界面可以重新显示登录对话框的功能。首先更改 main.cpp 文件内容如下。

```
#include "mywidget.h"
#include <QApplication>
#include "mydialog.h"

int main(int argc, char *argv[])
{
    QApplication a(argc, argv);
    MyDialog dialog;                          // 新建 MyDialog 类对象
    if(dialog.exec()==QDialog::Accepted){// 判断 dialog 执行结果
        MyWidget w;
        w.show();                             // 如果是按下了"进入主界面"按钮，则显示主界面
        return a.exec();                      // 程序正常运行
    }
    else return 0;                            // 否则，退出程序
}
```

在主函数中建立了 MyDialog 对象，然后判断其 exec()函数的返回值，如果是按下了"进入主界面"按钮，返回值应该是 QDialog::Accepted，就显示主界面，并且正常执行程序；如果不是，则直接退出程序。

运行程序后可以发现，已经实现了从登录对话框到主界面，再从主界面显示一个对话框的应用了。下面来实现从主界面重新进入登录界面的功能。双击 mywidget.ui 文件，在设计模式中再向界面上添加两个 Push Button，分别更改它们的显示文本为"重新登录"和"退出"。然后使用信号和槽模式将"退出"按钮的 clicked()信号和 MyWidget 界面的 close()槽关联。完成后再转到"重新登录"按钮的 clicked()信号的槽，并更改如下。

```
void MyWidget::on_pushButton_clicked()
{
    // 先关闭主界面，只是隐藏了，没有真正退出。然后新建 MyDialog 对象
    close();
    MyDialog dlg;
    // 如果按下了 "进入主界面" 按钮，则再次显示主界面
    // 否则，因为现在已经没有显示的界面了，所以程序将退出
    if(dlg.exec() == QDialog::Accepted) show();
}
```

　　需要说明的是，close()槽不一定使程序退出，只有当剩下最后一个主界面（就是没有父窗口的界面）时调用 close()槽，程序才会退出；而其他情况下界面只是隐藏起来了，并没有被销毁。这里还需要包含 MyDialog 类的头文件#include "mydialog.h"，最后可以运行程序查看效果。

5.2　信号和槽详解

　　在 GUI 编程中，当改变了一个部件时，总希望其他部件也能了解到该变化。更一般地说，我们希望任何对象都可以和其他对象进行通信。例如，用户单击了 "关闭" 按钮，则希望可以执行窗口的 close()函数来关闭窗口。为了实现对象间的通信，一些工具包中使用了回调（callback）机制，而在 Qt 中使用了信号和槽来进行对象间的通信。当一个特殊的事情发生时，便可以发射一个信号，比如按钮被单击就发射 clicked()信号；而槽就是一个函数，它在信号发射后被调用来响应这个信号。在 Qt 的部件类中已经定义了一些信号和槽，但是更常用的做法是子类化部件，然后添加自定义的信号和槽来实现想要的功能。

 　　回调就是指向函数的指针，把这个指针传递给一个要被处理的函数，那么就可以在这个函数被处理时在适当的地方调用这个回调函数。回调机制主要有两个缺陷：第一，不是类型安全的（type-safe），不能保证在调用回调函数时使用正确的参数；第二，是强耦合的，处理函数必须知道调用哪个回调函数。而信号和槽机制是类型安全的，信号的参数类型必须与槽的参数类型相匹配；信号和槽是松耦合的，发射信号的类既不知道也不关心哪个槽接收了该信号，而槽也不知道是否有信号关联到了它。

　　前面用过的信号和槽的关联都是一个信号对应一个槽。其实，一个信号可以关联到多个槽上，多个信号也可以关联到同一个槽上，甚至一个信号还可以关联到另一个信号上，如图 5-3 所示。如果存在多个槽与某个信号相关联，那么，当这个信号被发射时，这些槽将会一个接一个地执行，执行顺序与关联顺序相同。可以在帮助中通过 Signals & Slots 关键字查看本节相关内容。

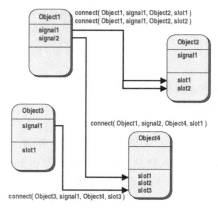

图 5-3　对象间信号和槽的关联图

5.2.1　信号和槽典型应用示例

　　下面通过一个简单的例子来进一步讲解信号和槽的相关知识。这个例子实现的效果是：在主界面中创建一个对话框，在这个对话框中可以输入数值，当单击"确定"按钮时，关闭对话框，然后将输入的数值通过信号发射出去，最后在主界面中接收该信号并且显示数值。程序的运行效果如图 5-4 所示。

图 5-4　信号和槽示例运行效果

　　（项目源码路径为 src\05\5-4\mysignalslot）新建 Qt Widgets 应用，项目名称为 mysignalslot，基类选择 QWidget，类名保持 Widget 不变。项目建立完成后，向项目中添加新文件，模板选择 Qt 分类中的"Qt 设计器界面类"，界面模板选择 Dialog without Buttons，类名设置为 MyDialog。完成后，在 mydialog.h 文件中添加代码来声明一个信号：

```
class MyDialog : public QDialog
{
    Q_OBJECT                        // 必须在开始处添加该宏
public:
    explicit MyDialog(QWidget *parent = nullptr);
    ~MyDialog();
private:
    Ui::MyDialog *ui;
signals:
    void dlgReturn(int);            // 自定义的信号
};
```

　　声明一个信号要使用 signals 关键字，在 signals 前面不能用 public、private 或 protected 等关键字，因为信号默认是 public 函数，可以从任何地方进行发射，但是建议只在声明该信号的类及其子类中发射该信号。信号只用声明，不需要也不能对它进行定义实现。还要注意，信号没有返回值，只能是 void 类型的。因为只有 QObject 类及其子类派生的类才能使用信号和槽机制，这里的 MyDialog 类继承自 QDialog 类，QDialog 类又继承自 QWidget 类，QWidget 类是 QObject 类的子类，所以这里可以使用信号和槽。另外，使用信号和槽还必须在类定义的最开始处添加 Q_OBJECT 宏。

　　双击 mydialog.ui 文件进入设计模式，在界面中添加一个 Spin Box 部件和一个 Push Button 部件，将 pushButton 的显示文本修改为"确定"。然后转到 pushButton 的单击信号 clicked()对应的槽，更改如下。

```
void MyDialog::on_pushButton_clicked()
{
    int value = ui->spinBox->value();       // 获取输入的数值
    emit dlgReturn(value);                   // 发射信号
    qDebug() << "signal is emitted";
}
```

　　单击"确定"按钮便可以获取 spinBox 部件中的数值，然后使用自定义的信号将其作为参数发射出去。发射一个信号要使用 emit 关键字，例如这里发射了 dlgReturn()信号。

　　然后到 widget.h 文件中添加自定义槽的声明：

```
private slots:
    void showValue(int value);
```

　　槽就是普通的 C++函数，可以像一般的函数那样使用。声明槽建议使用 slots 关键字，一个槽可以是 private、public 或者 protected 类型的，槽也可以被声明为虚函数，这与普通的成员函数是一样的。

下面打开 widget.ui 文件，向界面上拖入一个 Label 部件，更改其文本为"获取的值是："。然后进入 widget.cpp 文件中，添加头文件#include "mydialog.h"，再在构造函数中添加如下代码。

```
MyDialog *dlg = new MyDialog(this);
// 将对话框中的自定义信号与主界面中的自定义槽进行关联
connect(dlg, SIGNAL(dlgReturn(int)), this, SLOT(showValue(int)));
dlg->show();
```

这里创建了一个 **MyDialog** 实例 dlg，并且使用 Widget 作为父部件。然后将 **MyDialog** 类的 dlgReturn()信号与 Widget 类的 showValue()槽进行关联。注意，这里使用了 connect()函数的一种重载形式，后面会详细介绍。

下面添加自定义槽的实现，这里只是简单地将参数传递来的数值显示在了标签上。

```
void Widget::showValue(int value)              // 自定义槽
{
    ui->label->setText(tr("获取的值是: %1").arg(value));
    qDebug() << "setText: " << value;
}
```

现在运行程序查看效果。这个程序自定义了信号和槽，可以看到它们使用起来很简单，只需要进行关联，然后在适当的时候发射信号即可。

下面总结一下使用信号和槽应该注意的几点事项。

- 需要继承自 QObject 类或其子类。
- 在类定义的最开始处私有部分添加 **Q_OBJECT** 宏。
- 槽中参数的类型要和信号参数的类型相对应，且不能比信号的参数多。
- 信号只用声明，没有定义，且返回值为 void 类型。

5.2.2　信号和槽的关联

信号和槽的关联使用的是 QObject 类的 connect()函数，该函数的其中一个原型如下。

```
[static] QMetaObject::Connection QObject::connect(const QObject *sender,
                                      const char *signal,
                                      const QObject *receiver,
                                      const char *method,
                                      Qt::ConnectionType type = Qt::AutoConnection)
```

这是 Qt 5 之前默认使用的形式。第一个参数为发射信号的对象，例如前面例子中的 dlg；第二个参数是要发射的信号，比如 SIGNAL(dlgReturn(int))；第三个参数是接收信号的对象，在前面例子中是 this，表明是本部件，即 Widget（当这个参数为 this 时，也可以将这个参数省略，因为 connect()函数还有另一个重载形式，其参数默认为 this）；第四个参数是要执行的槽，比如 SLOT(showValue(int))，其实该参数也可以指定一个信号，实现信号与信号的关联。对于这种形式中的信号和槽，必须使用 SIGNAL()和 SLOT()宏，它们可以将其参数转化为 const char* 类型，另外，第四个参数指定的槽在声明时必须使用 slots 关键字。connect()函数的返回值为 QMetaObject:: Connection 类型，该返回值可以用于 QObject::disconnect(const QMetaObject::Connection &connection) 函数来断开该关联。需要注意，在调用该 connect()函数时，信号和槽的参数只能有类型，不能有变量名，例如写成 SLOT(showValue(int value))是不对的。对于信号和槽的参数问题，基本原则是信号中的参数类型要和槽中的参数类型相对应，而且信号中的参数可以多于槽中的参数，但是不能反过来，如果信号中有多余的参数，那么它们将被忽略。connect()函数的最后一个参数 type 表明了关联的方式，由 Qt::ConnectionType 枚举类型指定，其默认值是 Qt::AutoConnection，还有其他几个选择，具体功能如表 5-1 所示。在编程中一般使用默认值，例如前面的例子中，在 MyDialog 类中使用 emit 发射信号之后，就会立即执行槽，只有等槽执行完以后，才会执行 emit 语句后面的代码。这里可以将这个参数改为 Qt::QueuedConnection，这样在执行完 emit 语句后便会立即执行其后面的代码，而不管槽是否已经执行，可以通过"应用程序输出"窗口的信息查看效果。

表 5-1 信号和槽关联类型表

常 量	描 述
Qt::AutoConnection	自动关联，默认值。如果 receiver 存在于（lives in）发射信号的线程，使用 Qt::DirectConnection，否则使用 Qt::QueuedConnection。在信号被发射时决定使用哪种关联类型
Qt::DirectConnection	直接关联。发射完信号后立即调用槽，只有槽执行完成返回后，发射信号处后面的代码才可以执行
Qt::QueuedConnection	队列关联。当控制返回 receiver 所在线程的事件循环后再执行槽，无论槽执行与否，发射信号处后面的代码都会立即执行
Qt::BlockingQueuedConnection	阻塞队列关联。类似 Qt::QueuedConnection，不过，信号线程会一直阻塞，直到槽返回。当 receiver 存在于信号线程时不能使用该类型，不然程序会死锁
Qt::UniqueConnection	唯一关联。这是一个标志，可以结合其他几种连接类型，使用按位或操作。这时两个对象间的相同的信号和槽只能有唯一的关联。使用这个标志主要为了防止重复关联
Qt::SingleShotConnection	单射关联。这是一个标志，可以结合其他几种连接类型，使用按位或操作。当信号发射后连接会自动断开，槽只被调用一次（Qt 6.0 中加入）

connect()函数另一种常用的基于函数指针的重载形式如下。

```
[static] QMetaObject::Connection QObject::connect(const QObject *sender,
                                    PointerToMemberFunction signal,
                                    const QObject *receiver,
                                    PointerToMemberFunction method,
                                    Qt::ConnectionType type = Qt::AutoConnection)
```

这是 Qt 5 中加入的一种重载形式，与前者最大的不同就是，指定信号和槽两个参数时不用再使用 SIGNAL()和 SLOT()宏，并且槽函数不再必须使用 slots 关键字声明的函数，而可以使用任意能和信号关联的成员函数。要使一个成员函数可以和信号关联，那么这个函数的参数数目不能超过信号的参数数目，但是并不要求该函数拥有的参数类型与信号中对应的参数类型完全一致，只需要可以进行隐式转换即可。使用这种重载形式，前面程序中的关联可以使用如下代码代替。

```
connect(dlg, &MyDialog::dlgReturn, this, &Widget::showValue);
```

使用这种方式还有一个好处就是可以在编译时进行检查，信号或槽的拼写错误、槽函数参数数目多于信号的参数数目等错误在编译时就能够被发现。所以建议在编写代码时使用这种关联方式，本书中的示例程序一般也是使用这种关联方式。另外，这种方式还支持 C++11 中的 lambda 表达式，可以在关联时直接编写信号发射后要执行的代码，例如，前面示例程序中的关联可以写为：

```
connect(dlg, &MyDialog::dlgReturn, this, [=](int value){
    ui->label->setText(tr("获取的值是: %1").arg(value));
});
```

这样就不再需要声明定义槽函数了。不过，当信号或者槽有重载的时候，使用这种方式就会出现问题，例如 QWidget 类中包含 update()、update(int x, int y, int w, int h)、update(const QRect

&rect)和 update(const QRegion &rgn)等多种重载形式的 update()函数，直接使用&Widget::update
无法确定要使用哪个重载形式。这种情况下，可以使用 QOverload 类来确定要使用的重载形式，其格
式为 QOverload<要使用的重载形式的参数列表，只保留类型>::of(PointerToMemberFunction)，例如：

```
connect(timer, &QTimer::timeout, this, QOverload<>::of(&Widget::update));
```

如果函数还有 const 重载形式，那么还需要使用 QConstOverload 和 QNonConstOverload 类，
例如：

```
struct Foo {
    void overloadedFunction(int, const QString &);
    void overloadedFunction(int, const QString &) const;
};
... QConstOverload<int, const QString &>::of(&Foo::overloadedFunction)
... QNonConstOverload<int, const QString &>::of(&Foo::overloadedFunction)
```

读者如果想了解更多重载相关的使用方法，可以在帮助中通过 QOverload 关键字进行查看。

5.2.3 信号和槽的自动关联

信号和槽还有一种自动关联方式，在前面已经提到过了，这里再通过例子深入讲解一下。
前面程序在设计模式直接生成的"确定"按钮的单击信号的槽，使用的就是这种方式，即
on_pushButton_clicked()，它由字符串 on、部件的 objectName 和信号名称三部分组成，中间用
下画线隔开。以这种形式命名的槽可以直接和信号关联，而不用再使用 connect()函数。不过使
用这种方式还要进行其他设置，前面代码中之所以可以直接使用，是因为程序中默认进行了设
置。可以看一下第 2 章讲解的 ui_hellodialog.h 文件的内容，其中的 connectSlotsByName()函数就
是用来支持信号和槽自动关联的，它是使用对象名（objectName）来实现的。关于信号和槽的
自动关联可以在帮助索引中通过 Using a Designer UI File in Your C++ Application 关键字查看，
在文档最后面的 Automatic Connections 部分有详细介绍。下面我们看一个简单的例子。

（项目源码路径为 src\05\5-5\mysignalslot2）新建 Qt Widgets 应用，项目名称为 mysignalslot2，
基类选择 QWidget，类名保持 Widget 不变。完成后先在 widget.h 文件中进行函数声明：

```
private slots:
    void on_myButton_clicked();
```

这里声明了一个槽，它使用自动关联。然后在 widget.cpp 文件中添加头文件#include <QPushButton>，
再将构造函数的内容更改如下。

```
Widget::Widget(QWidget *parent) :
    QWidget(parent),
    ui(new Ui::Widget)
{
    QPushButton *button = new QPushButton(this); // 创建按钮
    button->setObjectName("myButton");           // 指定按钮的对象名
    button->setText(tr("关闭窗口"));
    ui->setupUi(this);                           // 要在定义了部件以后再调用这个函数
}
```

因为在 setupUi()函数中调用了 connectSlotsByName()函数，所以使用自动关联的部件的定
义都要放在 setupUi()函数调用之前，而且必须使用 setObjectName()指定它们的 objectName，只
有这样才能正常使用自动关联。下面添加槽的定义。

```
void Widget::on_myButton_clicked()               // 使用自动关联
{
    close();
}
```

这里进行了关闭部件的操作。对于槽的函数名,中间要使用前面指定的 objectName,这里是 myButton。现在运行程序,单击按钮,发现可以正常关闭窗口。

可以看到,如果要使用信号和槽的自动关联,就必须在 connectSlotsByName()函数之前进行部件的定义,而且要指定部件的 objectName。鉴于这些约束,虽然自动关联形式上很简单,但实际编写代码时却不常使用。此外,在定义一个部件时,应明确地使用 connect()函数来对其进行信号和槽的关联,这样当其他开发者看到这个部件定义时,就可以知道和它相关的信号和槽的关联了,而使用自动关联没有这么明了。

5.2.4 信号和槽断开关联

可以通过 disconnect()函数来断开信号和槽的关联,其原型如下。

```
[static] bool QObject::disconnect(const QObject *sender, const char *signal,
const QObject *receiver, const char *method)
```

该函数一般有下面几种用法。

(1)断开与一个对象所有信号的所有关联:

```
disconnect(myObject, nullptr, nullptr, nullptr);
```

等价于

```
myObject->disconnect();
```

(2)断开与一个指定信号的所有关联:

```
disconnect(myObject, SIGNAL(mySignal()), nullptr, nullptr);
```

等价于

```
myObject->disconnect(SIGNAL(mySignal()));
```

(3)断开与一个指定的 receiver 的所有关联:

```
disconnect(myObject, nullptr, myReceiver, nullptr);
```

等价于

```
myObject->disconnect(myReceiver);
```

(4)断开一个指定信号和槽的关联:

```
disconnect(myObject, SIGNAL(mySignal()),myReceiver, SLOT(mySlot()));
```

等价于

```
myObject->disconnect(SIGNAL(mySignal()),myReceiver, SLOT(mySlot()));
```

也等价于

```
disconnect (myConnection); // myConnection 是进行关联时 connect()的返回值
```

与 connect()函数一样,disconnect()函数也有基于函数指针的重载形式:

```
[static] bool QObject::disconnect(const QObject *sender,
                                  PointerToMemberFunction signal,
                                  const QObject *receiver,
                                  PointerToMemberFunction method)
```

其用法类似,只是其中信号、槽的参数需要使用函数指针&MyObject::mySignal、&MyReceiver::mySlot 等形式。这个函数并不能断开信号与一般函数或者 lambda 表达式之间的关联,如果有这方面需要,可以使用 connect()返回值进行断开。

5.2.5　信号和槽的高级应用

有时希望获得信号发送者的信息，Qt 提供了 QObject::sender()函数来返回发送该信号的对象的指针。但是如果有多个信号关联到了同一个槽上，而在该槽中需要对每一个信号进行不同的处理，使用这种方法就很麻烦了。对于这种情况，可以使用 QSignalMapper 类。QSignalMapper 被叫作信号映射器，可以对多个相同部件的相同信号进行映射，为其添加字符串或者数值参数，然后再发射出去，有这方面需求的读者可以自行学习该类。

通过前面的学习，读者可以看到信号和槽机制的特色和优越性。

- 信号和槽机制是类型安全的，相关联的信号和槽的参数必须匹配。
- 信号和槽是松耦合的，信号发送者不知道也不需要知道接受者的信息。
- 信号和槽可以使用任意类型的任意数量的参数。

5.3　Qt Quick 中的信号和信号处理器

在 Qt Quick 中也实现了与 Qt Widgets 中相似的信号和槽机制，只不过这里的槽被称为信号处理器（Signal Handler）。本节将通过实例讲述 Qt Quick 中的信号和信号处理器的概念和使用方法，其中还会涉及组件的概念。可以在帮助中通过 QML Object Attributes 关键字查看本节相关内容。

5.3.1　概述

应用程序的用户界面组件需要相互通信。例如，一个按钮需要知道用户是否进行了单击：当用户单击后，它可能会更改颜色来指示它状态的改变，或者执行一些逻辑代码实现一定的功能。信号是发生事件（例如属性更改、动画状态变化、图片下载完成等）的对象发射的通知，比如 MouseArea 类型有一个 clicked 信号，当用户在 MouseArea 部件上单击时，该信号就会发射。特定的信号发射后，可以通过相应的信号处理器获得通知。信号处理器的声明语法为：on<Signal>，其中<Signal>是信号的名字（首字母需要大写）。信号处理器必须在发射信号的对象的定义中进行声明，其中包含调用时要执行的 JavaScript 代码块。

前文提到，QtQuick 模块中的 MouseArea 类型有一个 clicked 信号。因为信号的名称为 clicked，所以对应的信号处理器的名称就是 onClicked。下面的例子中，每当单击 MouseArea，都会调用 onClicked 处理器，从而使 Rectangle 变换随机的颜色（项目源码路径为 src\05\5-6\mysignal）。

```
Rectangle {
    id: rect; width: 400; height: 300

    MouseArea {
        anchors.fill: parent
        onClicked: {
            rect.color = Qt.rgba(Math.random(), Math.random(), Math.random())
        }
    }
}
```

5.3.2　声明信号

信号可以在 C++中使用 Q_SIGNAL 宏声明，也可以在 QML 文档中直接声明。如果在 QML 对象声明时声明一个信号，可以使用如下语法。

```
signal <signalName>[([<parameterName>: <parameterType>[, ...]])]
```

同一作用域中不能有两个同名的信号或方法。但是，新的信号可以重用已有信号的名字，这意味着，原来的信号会被新的信号隐藏，变得不可访问。

下面的代码展示了如何在 QML 文档中声明信号。

```
Item {
   signal clicked
   signal hovered()
   signal actionPerformed(action: string, actionResult: var)
}
```

如果信号没有参数，小括号()可以省略，就像代码中 clicked 信号那样。如果有参数，参数类型必须声明，比如上面代码中 actionPerformed 信号的两个参数分别是 string 和 var 类型的。另外，还可以使用属性样式语法来指定信号参数：

```
signal actionCanceled(string action)
```

不过，推荐使用冒号样式的类型声明。

发射一个信号和调用一个方法的方式相同。当一个信号发射后，其对应的信号处理器就会被调用，在处理器中可以使用信号的参数名称来访问相应的参数。

5.3.3　信号处理器

信号处理器是一类特殊的方法特性。当对应的信号发射时，信号处理器会被 QML 引擎自动调用。在 QML 的对象定义中添加一个信号，会自动在对象定义中添加一个相应的信号处理器，只不过其中没有具体的实现代码。

在讲解示例之前，先来看一下组件的概念。组件是可重用的、封装好的 QML 类型，并提供了定义好的接口。组件一般使用一个.qml 文件来定义。QML 的一个核心功能就是可以通过 QML 文档以一种轻量级的方式来方便地定义 QML 对象类型。要创建一个对象类型，需要将一个 QML 文档放置到一个以<TypeName>.qml 命名的文本文件中。这里<TypeName>是类型的名称，必须以大写字母开头，不能包含除字母、数字和下画线以外的字符。这个文档会自动被引擎识别为一个 QML 类型的定义。

下面的例子中，SquareButton.qml 文件中定义了一个 SquareButton 类型，其中包含 activated 和 deactivated 两个信号（项目源码路径为 src\05\5-7\myapplication）。

```
// SquareButton.qml
import QtQuick

Rectangle {
   id: root

   signal activated(xPosition: real, yPosition: real)
   signal deactivated

   property int side: 100
   width: side; height: side; color: "red"

   MouseArea {
      anchors.fill: parent
      onReleased: root.deactivated()
      onPressed: (mouse)=> root.activated(mouse.x, mouse.y)
   }
}
```

这些信号可以被与 SquareButton.qml 同目录下的其他 QML 文件接收，例如：

```
// myapplication.qml
import QtQuick
```

```
Rectangle {
    width: 400; height: 300

    SquareButton {
        anchors.centerIn: parent
        onDeactivated: console.log("Deactivated!")
        onActivated: (xPosition, yPosition)
                => console.log("Activated at " + xPosition + "," + yPosition)
    }
}
```

在信号处理器中可以通过分配一个函数来访问信号中的参数，有两种方式，一种是使用示例中的这种箭头函数，另一种是可以使用匿名函数，例如：

```
onActivated: function (xPos, yPos) { console.log(xPos + "," + yPos) }
```

无论使用哪种形式的函数，其中形式参数的名称都不必与信号中的名称匹配。而且，可以只处理前面的参数，而省略其后的参数，例如：

```
onActivated: (xPos) => console.log("xPosition: " + xPos)
```

但是，如果只想处理后面的参数，而省略前面的参数，那么需要通过占位符来代替前面的参数，例如：

```
onActivated: (_, yPos) => console.log("yPosition: " + yPos)
```

需要说明，在以前的版本中并不需要使用此处提到的这两种函数，就可以直接在代码中通过信号的参数名称来调用参数，现在这样的方式依然可行，但是不再建议使用，在运行时还会出现警告。

5.3.4　使用 Connections 类型和 connect()函数

除了上面介绍的最基本的使用方法，有时候可能需要在发射信号的对象外部使用这个信号。为了达到这一目的，QtQuick 模块提供了 Connections 类型，用于连接外部对象的信号。Connections 对象可以接收指定目标（target）的任意信号。例如，在下面的代码中没有在发出 clicked 信号的 MouseArea 内响应这个信号，而是通过 Connections 对象，在 MouseArea 外部处理信号（项目源码路径为 src\05\5-8\myconnections）。

```
Rectangle {
    id: rect; width: 400; height: 300

    MouseArea {
        id: mouseArea
        anchors.fill: parent
    }

    Connections {
        target: mouseArea
        function onClicked() {
            rect.color = "red"
        }
    }
}
```

在上述代码中，Connections 的 target 属性是 mouseArea，因而这个 Connections 对象可以接收来自 mouseArea 的任意信号。这里只关心 clicked 信号，所以只添加了 onClicked 信号处理器。

通常情况下，使用信号处理器能够满足大多数应用。但是，如果要把一个信号与一个或多个方法或者信号关联起来，这种语法就无能为力了。为此，QML 的信号对象提供了 connect()

函数，支持将信号与一个方法或者另外的信号连接起来，这与 Qt Widgets 中是类似的。

下面的代码将 messageReceived 信号与 3 个方法连接（项目源码路径为 src\05\5-9\myconnections）。

```
Rectangle {
    id: relay

    signal messageReceived(string person, string notice)

    Component.onCompleted: {
        relay.messageReceived.connect(sendToPost)
        relay.messageReceived.connect(sendToTelegraph)
        relay.messageReceived.connect(sendToEmail)
        relay.messageReceived("Tom", "Happy Birthday")
    }

    function sendToPost(person, notice) {
        console.log("Sending to post: " + person + ", " + notice)
    }
    function sendToTelegraph(person, notice) {
        console.log("Sending to telegraph: " + person + ", " + notice)
    }
    function sendToEmail(person, notice) {
        console.log("Sending to email: " + person + ", " + notice)
    }
}
```

即便这种需求很少，但是也会存在。更常见的需求是：将信号与动态创建的对象关联起来，此时就不得不使用 connect() 函数进行连接。如果需要解除连接，可以调用信号对象的 disconnect() 函数。不仅如此，使用 connect() 函数还可以构成一个信号链。例如下面的例子（项目源码路径为 src\05\5-10\myconnections）：

```
Rectangle {
    id: forwarder; width: 400; height: 300

    signal send()
    onSend: console.log("Send clicked")

    MouseArea {
        id: mouseArea; anchors.fill: parent
        onClicked: console.log("MouseArea clicked")
    }

    Component.onCompleted: {
        mouseArea.clicked.connect(send)
    }
}
```

当 MouseArea 发出 clicked 信号时，自定义的 send 信号也会被自动发射。

5.4　Qt 核心机制简介

除了前面讲解的信号和槽机制，Qt 还包括对象模型、元对象系统、属性系统、对象树与拥有权等一些核心机制，它们是构成 Qt 的基础。本节将对其他几个概念进行简单介绍。

5.4.1　对象模型

标准 C++ 对象模型可以在运行时非常有效地支持对象范式（object paradigm），但是它的静态特性在一些问题上不够灵活。图形用户界面编程不仅需要运行时的高效性，还需要高度的灵活性。为此，Qt 在标准 C++对象模型的基础上添加了一些特性，形成了自己的对象模型。这些特性如下。

- 一个强大的无缝对象通信机制——信号和槽（signals and slots）。
- 可查询、可设计的对象属性系统（object properties）。
- 强大的事件和事件过滤器（events and event filters）。
- 基于上下文的国际化字符串翻译机制（string translation for internationalization）。
- 完善的定时器（timers）驱动，可以在一个事件驱动的 GUI 中处理多个任务。
- 分层结构的、可查询的对象树（object trees），它使用一种很自然的方式来组织对象拥有权（object ownership）。
- 守卫指针即 QPointer，它在引用对象被销毁时自动将其设置为 0。
- 动态的对象转换机制（dynamic cast）。
- 支持创建自定义类型（custom type）。

Qt 的这些特性大多是在遵循标准 C++规范内实现的，使用这些特性都必须要继承自 QObject 类。其中，对象通信机制和动态属性系统还需要元对象系统（Meta-Object System）的支持。可以在帮助中通过 Object Model 关键字查看更多相关内容。

5.4.2 元对象系统

Qt 中的元对象系统是对 C++的扩展，使其更适合真正的组件图形用户界面编程，提供了对象间通信的信号和槽机制、运行时类型信息和动态属性系统。元对象系统是基于以下 3 个条件的。

- 该类必须继承自 QObject 类。
- 必须在类定义的私有部分添加 Q_OBJECT 宏（在类定义时，如果没有指定 public 或者 private 关键字，则默认为 private）。
- 元对象编译器 Meta-Object Compiler（MOC）为 QObject 的子类实现元对象特性提供必要的代码。

其中 MOC 工具读取一个 C++源文件，如果它发现一个或者多个类定义中包含有 Q_OBJECT 宏，便会另外创建一个 C++源文件（就是在项目目录中的 debug 目录下看到的以 moc 开头的 C++源文件），其中包含了为每一个类生成的元对象代码。这些产生的源文件或者被包含进类的源文件中，或者和类的实现同时进行编译和链接。

元对象系统主要是为了实现信号和槽机制才被引入的，不过除了信号和槽机制，元对象系统还提供了其他一些特性，如下所示。

- QObject::metaObject()函数可以返回一个类的元对象 QMetaObject。
- QMetaObject::className()可以在运行时以字符串形式返回类名，而不需要 C++编辑器原生的运行时类型信息（RTTI）的支持。
- QObject::inherits()函数返回一个对象是否是 QObject 继承树上一个类的实例的信息。
- QObject::tr()进行字符串翻译来实现国际化。
- QObject::setProperty()和 QObject::property()通过名字来动态设置或者获取对象属性。
- QMetaObject::newInstance()构造类的一个新实例。

除了这些特性，还可以使用 qobject_cast()函数对 QObject 类进行动态类型转换，这个函数的功能类似于标准 C++中的 dynamic_cast()函数，但它不再需要 RTTI 的支持。这个函数尝试将它的参数转换为尖括号中的类型的指针，如果是正确的类型，则返回一个非零的指针，如果类型不兼容，则返回 nullptr。例如，假设 MyWidget 类继承自 QWidget，并且在定义中使用了 Q_OBJECT 宏，那么可以使用下面的代码进行类型转换。

```
QObject *obj = new MyWidget;
```

```
QWidget *widget = qobject_cast<QWidget *>(obj);
```

关于更多元对象系统的知识，可以在 Qt 帮助中通过 The Meta-Object System 关键字查看。

5.4.3　属性系统

Qt 提供了强大的基于元对象系统的属性系统，可以在运行 Qt 的平台上支持标准 C++编译器。要在一个类中声明属性，该类必须继承自 QObject 类，还要在声明前使用 Q_PROPERTY()宏：

```
Q_PROPERTY(type name
            (READ getFunction [WRITE setFunction] |
        MEMBER memberName [(READ getFunction | WRITE setFunction)])
            [RESET resetFunction]
            [NOTIFY notifySignal]
            [REVISION int | REVISION(int[, int])]
            [DESIGNABLE bool]
            [SCRIPTABLE bool]
            [STORED bool]
            [USER bool]
            [BINDABLE bindableProperty]
            [CONSTANT]
            [FINAL]
            [REQUIRED])
```

其中 type 表示属性的类型，可以是 QVariant 所支持的类型或者是用户自定义的类型。如果是枚举类型，还需要使用 Q_ENUMS()宏在元对象系统中进行注册，这样以后才可以使用 QObject::setProperty()函数来使用该属性。name 就是属性的名称。READ 后面是读取该属性的函数，这个函数是必须有的，而后面带有"[ ]"号的选项表示这些函数是可选的。一个属性类似于一个数据成员，不过它添加了一些可以通过元对象系统访问的附加功能。

- 一个读（READ）操作函数。如果 MEMBER 变量没有指定，那么该函数是必须有的，它用来读取属性的值。这个函数一般是 const 类型的，它的返回值类型必须是该属性的类型，或者是该属性类型的指针或者引用。例如，QWidget::focus 是一个只读属性，其 READ 函数是 QWidget::hasFocus()。
- 一个可选的写（WRITE）操作函数。它用来设置属性的值。这个函数必须只有一个参数，而且它的返回值必须为空 void。例如，QWidget::enabled 的 WRITE 函数是 QWidget::setEnabled()。
- 如果没有指定 READ 操作函数，那么必须指定一个 MEMBER 变量关联，这样会使给定的成员变量变为可读写的，而不用创建 READ 和 WRITE 操作函数。
- 一个可选的重置（RESET）函数。它用来将属性恢复到一个默认的值。这个函数不能有参数，而且返回值必须为空 void。例如，QWidget::cursor 的 RESET 函数是 QWidget::unsetCursor()。
- 一个可选的通知（NOTIFY）信号。如果使用该选项，那么需要指定类中一个已经存在的信号，每当该属性的值改变时都会发射该信号。如果使用 MEMBER 变量时指定 NOTIFY 信号，那么信号最多只能有一个参数，并且参数的类型必须与属性的类型相同。
- 一个可选的版本（REVISION）号或 REVISION()宏。如果包含了该版本号，它会定义属性及其通知信号只用于特定版本的 API（通常暴露给 QML）；如果不包含，则默认为 0。
- 可选的 DESIGNABLE 表明这个属性在 GUI 设计器（例如 Qt Designer）的属性编辑器中是否可见。大多数属性的该值为 true，即可见。
- 可选的 SCRIPTABLE 表明这个属性是否可以被脚本引擎（scripting engine）访问，默认值为 true。
- 可选的 STORED 表明该属性应该被认为是独立存在的还是依赖于其他值，也表明是否在对象的状态被存储时也必须存储这个属性的值，大部分属性的该值为 true。

- 可选的 USER 表明这个属性是否被设计为该类的面向用户或者用户可编辑的属性。一般，每一个类中只有一个 USER 属性，它的默认值为 false。例如，QAbstractButton::checked 是按钮的用户可编辑属性。
- 可选的 BINDABLE 表明这个属性支持绑定。该特性从 Qt 6.0 开始引入。关于属性绑定的更多内容可以在帮助中通过 Qt Bindable Properties 和 QObjectBindableProperty 关键字查看。
- 可选的 CONSTANT 表明这个属性的值是一个常量。对于给定的一个对象实例，每一次使用常量属性的 READ 方法都必须返回相同的值，但对于类的不同的实例，这个常量可以不同。一个常量属性不能有 WRITE 方法和 NOTIFY 信号。
- 可选的 FINAL 表明这个属性不能被派生类重写。
- 可选的 REQUIRED 表明该属性应该由用户来设置，这个对于暴露给 QML 的类非常有用。在 QML 中，类如果有 REQUIRED 属性，就必须全部进行设置，否则无法实例化。

其中的 READ、WRITE 和 RESET 函数可以被继承，也可以是虚的（virtual），在多继承时，它们必须继承自第一个父类。更多相关内容可以在帮助中通过 The Property System 关键字查看。

5.4.4　对象树与拥有权

Qt 中使用对象树（object tree）来组织和管理所有的 QObject 类及其子类的对象。当创建一个 QObject 对象时，如果使用了其他的对象作为其父对象（parent），那么这个对象就会被添加到父对象的 children() 列表中，这样当父对象被销毁时，这个对象也会被销毁。实践表明，这个机制非常适合于管理 GUI 对象。例如，一个 QShortcut（键盘快捷键）对象是相应窗口的一个子对象，当用户关闭这个窗口时，快捷键对象也会被销毁。

QWidget 作为 Qt Widgets 模块的基础类，扩展了对象间的父子关系。一个子对象一般也就是一个子部件，因为它们要显示在父部件的坐标系统之中。例如，当关闭一个消息对话框（message box）后要销毁它时，消息对话框中的按钮和标签也会被销毁，这也正是我们所希望的，因为按钮和标签是消息对话框的子部件。当然，也可以自己手动来销毁一个子对象，这时会将它们从其父对象中移除。可以在帮助中通过 Object Trees & Ownership 关键字查看更多相关内容。

5.5　小结

本章对 Qt 中信号和槽的概念进行了详细的讲解，并通过实例对 Qt Widgets 中的信号和槽以及 Qt Quick 中的信号和信号处理器的相关内容进行了介绍。本章内容是 Qt 编程的核心内容，建议读者根据自己的理解和需求对示例进行改写，通过实际编码来深入理解相关概念。对于对象模型、元对象系统等其他 Qt 核心概念，建议读者进行一些了解，这样可以更好地理解 Qt 编程中的一些知识。

5.6　练习

1. 简述 Qt 中的信号和槽机制。
2. 能够熟练地在 Qt Widgets 编程中使用信号和槽。
3. 简述信号和槽的特色以及注意事项。
4. 了解信号和槽的自动关联。
5. 掌握在 Qt Quick 编程中声明信号的方法以及对应信号处理器的使用方法。
6. 熟悉组件的概念，可以通过 QML 文档来自定义 QML 对象类型。
7. 了解如何使用 Connections 类型和 connect() 函数关联信号和信号处理器。
8. 了解对象模型、元对象系统、属性系统、对象树与拥有权等概念。

第6章　应用程序主窗口

日常见到的应用程序大部分都是基于主窗口的，主窗口包含了菜单栏、工具栏、状态栏和中心区域等。Qt Widgets 提供了以 QMainWindow 类为核心的主窗口框架；而 Qt Quick 编程中的 Qt Quick Controls 模块提供了以 ApplicationWindow 控件为核心的众多控件，用来创建完整的主窗口应用程序。

6.1 Qt Widgets 应用程序主窗口

主窗口为建立应用程序用户界面提供了一个框架，Qt Widgets 中的 QMainWindow 和其他一些相关的类共同完成主窗口的管理。QMainWindow 类拥有自己的布局，如图 6-1 所示，包含以下组件。

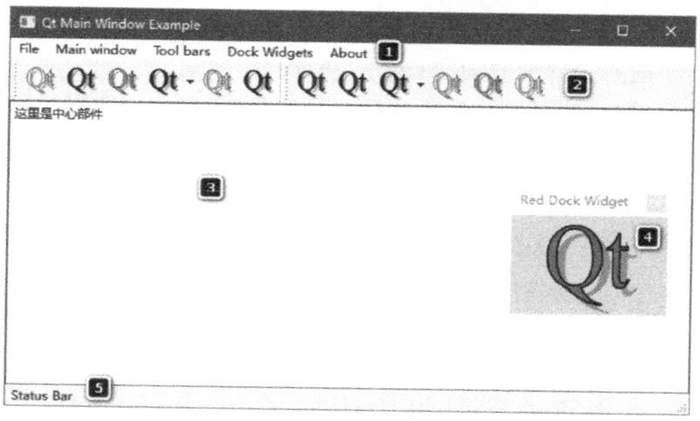

（1）菜单栏（QMenuBar）。菜单栏包含了一个下拉菜单的列表，这些菜单项由 QAction 动作类实现。菜单栏位于主窗口的顶部，一个主窗口只能有一个菜单栏。

（2）工具栏（QToolBar）。工具栏一般用于显示一些常用的菜单项目，也可以插入其他窗口部件，并且是可以移动的。一个主窗口可以拥有多个工具栏。

图 6-1　应用程序主窗口界面

（3）中心部件（Central Widget）。在主窗口的中心区域可以放入一个窗口部件作为中心部件，是应用程序的主要功能实现区域。一个主窗口只能拥有一个中心部件。

（4）Dock 部件（QDockWidget）。Dock 部件常被称为停靠窗口，因为可以停靠在中心部件的四周，用来放置一些部件来实现一些常用功能，就像个工具箱一样。一个主窗口可以拥有多个 Dock 部件。

（5）状态栏（QStatusBar）。状态栏用于显示程序的一些状态信息，在主窗口的最底部。一个主窗口只能拥有一个状态栏。

用户可以在帮助中通过 Application Main Window 关键字查看本节相关内容，其中列出了所有与创建主窗口应用程序相关的类，也可以查看 Main Window 示例程序。

6.1.1 菜单栏和工具栏

下面我们介绍在菜单栏和工具栏可以执行的操作。

1. 在设计模式添加菜单

下面通过一个例子进行讲解。（项目源码路径为 src\06\6-1\mymainwindow）新建 Qt Widgets 应用，项目名称设为 mymainwindow，类名默认为 MainWindow，基类默认为 QMainWindow 不做改动。创建好项目后，双击 mainwindow.ui 文件进入设计模式，这时在设计区域出现的便是

主窗口界面。下面来添加菜单，双击左上角的"在这里输入"，修改为"文件(&F)"，这里要使
用英文半角的括号，"&F"被称为加速键，表明程序运行时，可以按下 Alt+F
键来激活该菜单。修改完成后按下回车键，并在弹出的下拉菜单中将第一项
改为"新建文件(&N)"，并按下回车键（由于版本原因，如果这里无法直接
输入中文，则可以通过复制粘贴完成），效果如图 6-2 所示。这时可以看到，
下面的 Action 编辑器中已经有了"新建文件"动作，如图 6-3 所示。在主
窗口窗体上右击，从弹出的快捷菜单中选择"添加工具栏"。然后将 Action 编辑器中的 action_N

图 6-2　添加菜单

动作拖入菜单栏下面的工具栏中，如图 6-4 所示。也可以在帮助中通过 Creating Main Windows in
Qt Designer 关键字查看在设计器中创建主窗口的相关内容。

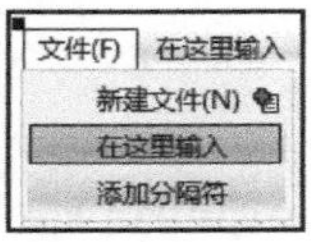

名称	使用	文本	快捷方式	可选的	工具提示
action_N	☑	新建文件(&N)		☐	新建文件(N)

Action编辑器　Signals and Slots Editor

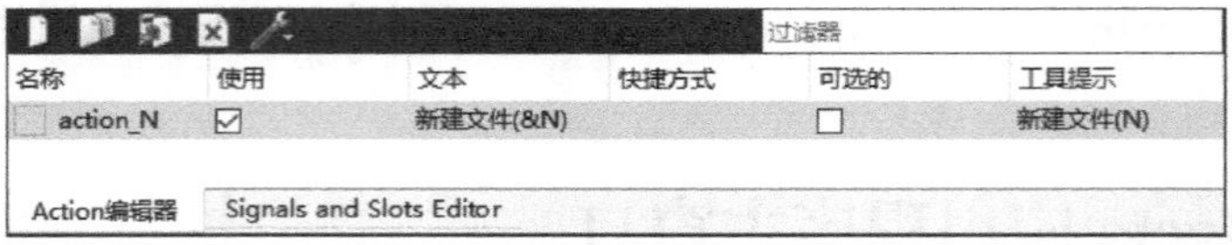

图 6-3　Action 编辑器

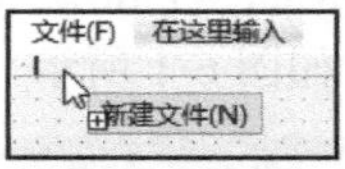

图 6-4　向工具栏中拖入动作

运行程序，按下 Alt+F 快捷键就可以打开"文件"菜单，按下
N 键就可以激活"新建文件"菜单。注意，必须是"文件"菜单在
激活状态时按下 N 键才有效，这也是加速键与快捷键的不同之处。
因为一般的菜单都有一个对应的图标，下面就来为菜单添加图标。

参照 2.2.2 节，向项目中添加 Qt 资源文件 myimages.qrc，并放入两张图标文件，比如 new.png
和 open.png。然后回到设计模式，在 Action 编辑器中双击"新建文件"动作，这时会弹出"编
辑动作"对话框。将对象名称改为 action_New，然后单击"图标"后面的"..."按钮，进入选
择资源界面并选择 new.png 图片。最后在快捷方式后面的输入栏上单击并按下 Ctrl+N 组合键。

2. 编写代码方式添加菜单

前面在设计器中添加了"文件"菜单，然后添加了"新建文件"菜单项，其实这些都可以使
用代码来实现，下面使用代码来添加一个菜单。先到设计模式，在右上角对象查看器中选择
QMenuBar 对象，在下方属性编辑器中将其 objectName 修改为 menuBar，同样的，将前面添加的
工具栏 QToolBar 对象的 objectName 修改为 mainToolBar。然后回到编辑模式，在 mainwindow.cpp
文件的 MainWindow 类构造函数中添加代码：

```
QMenu *editMenu = ui->menuBar->addMenu(tr("编辑(&E)"));// 添加"编辑"菜单
QAction *action_Open = editMenu->addAction(            // 添加"打开"菜单
                QIcon(":/images/open.png"), tr("打开文件(&O)"));
action_Open->setShortcut(QKeySequence("Ctrl+O"));      // 设置快捷键
ui->mainToolBar->addAction(action_Open);               // 在工具栏中添加动作
```

这里使用 ui->menuBar 来获取 QMainWindow 的菜单栏，使用 ui->mainToolBar 来获取
QMainWindow 的工具栏，然后分别使用相应的函数添加菜单和动作。就像前面提到过的，在菜
单中的各种菜单项都是一个 QAction 类对象。现在运行程序，就可以看到已经添加了新的菜单。

3. 菜单栏

QMenuBar 类提供了一个水平的菜单栏，在 QMainWindow 中可以直接获取默认的菜单栏，
向其中添加 QMenu 类型的菜单对象，然后向弹出菜单中添加 QAction 类型的动作对象作为菜单
项。在 QMenu 中还提供了间隔器，可以在设计器中像添加菜单那样直接添加间隔器，或者在代
码中使用 addSeparator()函数来添加，它是一条水平线，可以将菜单进行分组。应用程序中很多普
通的命令都是通过菜单来实现的，也可以将这些菜单命令放到工具栏中以方便使用。QAction 就

是这样一种命令动作，可以同时放在菜单和工具栏中。一个 QAction 动作包含了图标、菜单显示文本、快捷键、状态栏显示文本、"What's This？"显示文本和工具提示文本。这些都可以在构建 QAction 类对象时在构造函数中指定。另外还可以设置 QAction 的 checkable 属性，如果指定这个动作的 checkable 为 true，那么当选中这个菜单时，就会在它的前面显示"√"之类的表示选中状态的符号；如果该菜单有图标，那么就会用线框将图标围住，用来表示该动作被选中了。

下面再介绍一个动作组 QActionGroup 类。它可以包含一组动作 QAction，可以设置这组动作中是否只能有一个动作处于选中状态，这对于互斥型动作很有用。在前面程序的 MainWindow 类构造函数中继续添加如下代码。

```
QActionGroup *group = new QActionGroup(this);         // 建立动作组
QAction *action_L = group->addAction(tr("左对齐(&L)")); // 向动作组中添加动作
action_L->setCheckable(true);
QAction *action_R = group->addAction(tr("右对齐(&R)"));
action_R->setCheckable(true);
QAction *action_C = group->addAction(tr("居中(&C)"));
action_C->setCheckable(true);
action_L->setChecked(true);                           // 最后指定 action_L 为选中状态
editMenu->addSeparator();                             // 向菜单中添加间隔器
editMenu->addAction(action_L);                        // 向菜单中添加动作
editMenu->addAction(action_R);
editMenu->addAction(action_C);
```

注意：还要添加#include <QActionGroup>头文件。这里让"左对齐""右对齐"和"居中"3个动作处于一个动作组中，然后设置"左对齐"动作为默认选中状态。可以运行程序查看效果。

4. 工具栏

工具栏 QToolBar 类提供了一个包含一组控件的、可以移动的面板。前面已经看到可以将 QAction 对象添加到工具栏中，默认只是显示一个动作的图标，可以在 QToolBar 的属性编辑器中进行更改。在设计器中查看 QToolBar 的属性编辑器，其中 toolButtonStyle 属性就是设置图标和相应文本的显示及其相对位置的；movable 属性设置状态栏是否可以移动；allowedArea 属性设置允许停靠的位置；iconsize 属性设置图标的大小；floatable 属性设置是否可以悬浮。

工具栏中除了可以添加动作，还可以添加其他的窗口部件，下面我们看一个例子。在前面程序的 mainwindow.cpp 文件中添加头文件：

```
#include <QToolButton>
#include <QSpinBox>
```

然后在构造函数中继续添加如下代码。

```
QToolButton *toolBtn = new QToolButton(this);
toolBtn->setText(tr("颜色"));
QMenu *colorMenu = new QMenu(this);
colorMenu->addAction(tr("红色"));
colorMenu->addAction(tr("绿色"));
toolBtn->setMenu(colorMenu);
toolBtn->setPopupMode(QToolButton::MenuButtonPopup);
ui->mainToolBar->addWidget(toolBtn);                 // 向工具栏添加 QToolButton 按钮

QSpinBox *spinBox = new QSpinBox(this);
ui->mainToolBar->addWidget(spinBox);                 // 向工具栏添加 QSpinBox 部件
```

这里创建了一个 QToolButton 类对象，并为它添加了一个弹出菜单，设置了弹出方式是在按钮旁边有一个下拉箭头，可以按下这个箭头弹出菜单。最后将它添加到了工具栏中。下面又在工具栏中添加了一个 QSpinBox 部件。可以看到，往工具栏中添加部件可以使用 addWidget()函数。

6.1.2　中心部件

主窗口的中心区域可以放置一个中心部件，它一般是一个编辑器或者浏览器。这里支持单文档部件，也支持多文档部件。一般会在这里放置一个部件，然后使用布局管理器使其充满整个中心区域，并可以随着窗口的大小变化而变化。下面在前面的程序中添加中心部件。在设计模式中，往中心区域拖入一个 Text Edit，然后单击界面，按下 Ctrl+G 快捷键，使其处于一个栅格布局中。现在可以运行程序查看效果。

QTextEdit 是一个高级的 WYSIWYG（所见即所得）浏览器和编辑器，支持富文本的处理，为用户提供了强大的文本编辑功能。而与 QTextEdit 对应的是 QPlainTextEdit 类，它提供了一个纯文本编辑器，这个类与 QTextEdit 类的很多功能都很相似，只不过无法处理富文本。还有一个 QTextBrowser 类，它是一个富文本浏览器，可以看作 QTextEdit 的只读模式。

中心区域还可以使用多文档部件。Qt 中的 QMdiArea 部件就是用来提供一个可以显示 MDI（Multiple Document Interface）多文档界面的区域，从而有效地管理多个窗口。QMdiArea 中的子窗口由 QMdiSubWindow 类提供，这个类有自己的布局，包含一个标题栏和一个中心区域，可以向它的中心区域添加部件。

下面更改前面的程序，在设计模式将前面添加的 Text Edit 部件删除，然后拖入一个 MDI Area 部件。在 Action 编辑器中的"新建文件"动作上右击，在弹出的快捷菜单中选择"转到槽"，然后在弹出的对话框中选择 triggered()触发信号，单击"确定"按钮后便转到 mainwindow.cpp 文件中该信号的槽的定义处，更改如下。

```
void MainWindow::on_action_New_triggered()
{
    QTextEdit *edit = new QTextEdit(this);
    // 使用 QMdiArea 类的 addSubWindow()函数创建子窗口，以文本编辑器为中心部件
    QMdiSubWindow *child = ui->mdiArea->addSubWindow(edit);
    child->setWindowTitle(tr("多文档编辑器子窗口"));
    child->show();
}
```

这里需要先添加#include <QTextEdit>和#include <QMdiSubWindow>头文件。在"新建文件"菜单动作的触发信号关联的槽 on_action_New_triggered()中创建了多文档区域的子窗口。这时运行程序，然后单击工具栏上的"新建文件"动作图标，每单击一次，就会生成一个子窗口。

6.1.3　Dock 部件

QDockWidget 类提供了这样一个部件，可以停靠在 QMainWindow 中，也可以悬浮起来作为桌面顶级窗口，被称为 Dock 部件或者停靠窗口。Dock 部件一般用于存放一些其他小部件来实现特殊功能，就像一个工具箱。在主窗口中可以停靠在中心部件的四周，也可以悬浮起来被拖动到任意的地方，还可以被关闭或隐藏起来。一个 Dock 部件包含一个标题栏和一个内容区域，可以向 Dock 部件中放入任何部件。

在设计模式中向中心区域拖入一个 Dock Widget 部件，然后向 Dock 中随意拖入几个部件，比如这里拖入一个 Push Button 和一个 Font Combo Box。在属性编辑器中，将 dockWidget 的 windowTitle 修改为"工具箱"，另外还可以设置它的 features 属性，包含是否可以关闭、移动和悬浮等；还有 allowedArea 属性，用来设置可以停靠的区域。

下面在"文件"菜单中添加"显示 Dock"菜单项，然后在 Action 编辑器中转到"显示 Dock"动作的触发信号 triggered()的槽函数，更改如下。

```
void MainWindow::on_action_Dock_triggered()
{
    ui->dockWidget->show();
}
```

当运行程序时关闭了 Dock 部件后，按下该菜单项，就可以重新显示 Dock 了。现在可以运行程序查看效果。

6.1.4　状态栏

QStatusBar 类提供了一个水平条部件，用来显示状态信息。QMainWindow 中默认提供了一个状态栏。状态信息可以被分为 3 类：临时信息，如一般的提示信息；正常信息，如显示页数和行号；永久信息，如显示版本号或者日期。可以使用 showMessage() 函数显示一个临时信息，它会出现在状态栏的最左边。一般用 addWidget() 函数添加一个 QLabel 到状态栏上用于显示正常信息，它会出现在状态栏的最左边，可能会被临时信息掩盖。如果要显示永久信息，要使用 addPermanentWidget() 函数来添加一个如 QLabel 一样的可以显示信息的部件，它会生成在状态栏的最右端，不会被临时信息掩盖。

在状态栏的最右端，还有一个 QSizeGrip 部件，用来调整窗口的大小，可以使用 setSizeGripEnabled() 函数来禁用它，例如：

```
ui->statusBar->setSizeGripEnabled(false);
```

目前的设计器还不支持直接向状态栏中拖放部件，所以需要使用代码来生成。先在设计模式右上角的对象查看器中选中 QStatusBar 对象，在下面更改其 objectName 属性为 statusBar。然后转到编辑模式，在 mainwindow.cpp 文件中的构造函数里继续添加代码：

```
// 显示临时信息，显示 2000 毫秒即 2 秒
ui->statusBar->showMessage(tr("欢迎使用多文档编辑器"), 2000);
// 创建标签，设置标签样式并显示信息，然后将其以永久部件的形式添加到状态栏
QLabel *permanent = new QLabel(this);
permanent->setFrameStyle(QFrame::Box | QFrame::Sunken);
permanent->setText("               ");
ui->statusBar->addPermanentWidget(permanent);
```

注意这里需要添加 #include <QLabel> 头文件。此时运行程序可以发现，"欢迎使用多文档编辑器"字符串在显示一会儿后就自动消失了，而 URL 地址一直显示在状态栏最右端。

至此，主窗口的几个主要组成部分就介绍完了。可以看到，一个 QMainWindow 类中默认提供了一个菜单栏、一个中心区域和一个状态栏，而工具栏、Dock 部件是需要自己添加的。在设计模式中相关部件上右击可以选择删除该部件，当然这些操作也可以使用代码实现。

6.1.5　自定义菜单

前文提到，可以在工具栏中添加任意的部件，那么在菜单中是否也可以使用其他部件？当然可以，Qt 中的 QWidgetAction 类就提供了这样的功能。为了实现自定义菜单，我们需要新建一个类，它继承自 QWidgetAction 类，并且在其中重新实现 createWidget() 函数。下面的例子实现了这样一个菜单项：包含一个标签和一个行编辑器，可以在行编辑器中输入字符串，然后按下回车键，就可以自动将字符串输入中心部件文本编辑器中。

（项目源码路径为 src\06\6-2\myaction）新建 Qt Widgets 应用，项目名称为 myaction，类名默认为 MainWindow，基类默认为 QMainWindow 不做改动。建好项目后往项目中添加新文件，模板选择 C++ Class，类名设置为 MyAction，基类设置为 QWidgetAction。后我们在 myaction.h 文件中添加代码，完成后 myaction.h 文件内容如下。

```
#ifndef MYACTION_H
#define MYACTION_H

#include <QWidgetAction>
class QLineEdit;           // 前置声明
class MyAction : public QWidgetAction
{
    Q_OBJECT
public:
    explicit MyAction(QObject *parent = nullptr);
protected:
    // 声明函数，该函数是 QWidgetAction 类中的虚函数
    QWidget* createWidget(QWidget *parent) override;
signals:
    // 新建信号，用于在按下回车键时，将行编辑器中的内容发射出去
    void getText(const QString &string);
private slots:
    // 新建槽，用它来与行编辑器的按下回车键信号关联
    void sendText();
private:
    // 添加行编辑器对象的指针
    QLineEdit *lineEdit;
};

#endif // MYACTION_H
```

下面我们再到 myaction.cpp 添加代码。先添加头文件：

```
#include <QLineEdit>
#include <QSplitter>
#include <QLabel>
```

然后修改 MyAction 类的构造函数：

```
MyAction::MyAction(QObject *parent) :
    QWidgetAction(parent)
{
    lineEdit = new QLineEdit;
    // 将行编辑器的按下回车键信号与发送文本槽关联
    connect(lineEdit, &QLineEdit::returnPressed, this, &MyAction::sendText);
}
```

随后添加 createWidget() 函数的定义：

```
QWidget * MyAction::createWidget(QWidget *parent)
{
    // 这里使用 inherits() 函数判断父部件是否是菜单或者工具栏
    // 如果是，则创建该父部件的子部件，并且返回子部件
    // 如果不是，则直接返回 nullptr
    if(parent->inherits("QMenu") || parent->inherits("QToolBar")){
        QSplitter *splitter = new QSplitter(parent);
        QLabel *label = new QLabel;
        label->setText(tr("插入文本："));
        splitter->addWidget(label);
        splitter->addWidget(lineEdit);
        return splitter;
    }
    return nullptr;
}
```

当使用该类的对象并将其添加到一个部件上时，就会自动调用 createWidget() 函数。这里先判断要添加到的部件是否是一个菜单或者工具栏，如果不是，则直接返回 nullptr，不作处理；如果是，

就以该部件为父窗口创建一个拆分器,并在其中添加一个标签和行编辑器,最后将这个拆分器返回。

接下来,添加 sendText()函数的定义:

```
void MyAction::sendText()
{
    emit getText(lineEdit->text());       // 发射信号, 将行编辑器中的内容发射出去
    lineEdit->clear();
}
```

如果在行编辑器中输入文本并按下回车键,就会激发 returnPressed()信号,这时就会调用 sendText()槽,在这里发射了自定义的 getText()信号,并将行编辑器中的内容清空。

下面双击 mainwindow.ui 文件,进入设计模式,向中心区域拖入一个 Text Edit 部件,并使用 Ctrl+G 快捷键使其处于一个栅格布局中。然后打开 mainwindow.h 文件,向其中添加一个私有槽的声明:

```
private slots:
    void setText(const QString &string);       // 向编辑器中添加文本
```

下面进入 mainwindow.cpp 文件中,对 setText()函数进行定义:

```
void MainWindow::setText(const QString &string) // 插入文本
{
    ui->textEdit->setText(string);             // 将获取的文本添加到编辑器中
}
```

然后在 mainwindow.cpp 中添加头文件#include "myaction.h",并在 MainWindow 类的构造函数中添加如下代码。

```
// 添加菜单并且加入自定义的 action
MyAction *action = new MyAction;
QMenu *editMenu = ui->menubar->addMenu(tr("编辑(&E)"));
editMenu->addAction(action);
// 将 action 的 getText()信号和这里的 setText()槽进行关联
connect(action, &MyAction::getText, this, &MainWindow::setText);
```

现在运行程序,在“编辑”菜单中单击自定义的菜单动作,然后输入字符并按下回车键,可以看到输入的字符自动添加到了文本编辑器中。另外,也可以将这个 action 添加到工具栏中。

这个例子中,我们设计了自己的信号和槽,整个过程是这样的:在行编辑器中输入文本,然后按下回车键,行编辑器就会发射 returnPressed()信号,而这时就调用了 sendText()槽,在 sendText()槽中又发射了 getText()信号,信号中包含了行编辑器中的文本,接着又会调用 setText()槽,在 setText()槽中将 getText()信号发来的文本输入文本编辑器中。这样就完成了按下回车键将行编辑器中的文本输入中心部件的文本编辑器中的操作。其实,如果所有部件都是在一个类中,就可以直接关联行编辑器的returnPressed()信号到对应的槽中,然后进行操作。但是,这里是在 MyAction 和 MainWindow 两个类之间进行数据传输,所以使用了自定义信号和槽。可以看到,如果能很好地掌握信号和槽的应用,那么实现几个类之间的数据调用是很简单的。

6.2　Qt Quick 应用程序主窗口

Qt Quick Controls 模块最开始就是为了简化 Qt Quick 桌面程序开发而诞生的,提供了很多桌面应用程序主窗口相关的控件,其中核心类型是 ApplicationWindow,该类型继承自 Window 类型。本节将通过实例对 Window、ApplicationWindow 以及菜单类、容器类、弹出类等众多相关类型进行介绍。

6.2.1　窗口 Window

前面章节的例子曾多次用到 Window 类型，新创建的 Qt Quick Application 项目默认使用 Window 作为根对象，例如：

```
import QtQuick

Window {
    // ...
}
```

Window 对象可以为 Qt Quick 场景创建一个新的顶级窗口，一般的 Qt Quick 项目都可以将 Window 作为根对象。除了通过 width 和 height 属性来设置 Window 的大小，还可以通过 x、y 属性来设置窗口在屏幕上的坐标位置，使用 title 属性设置窗口标题，使用 color 属性设置窗口背景色，使用 opacity 属性设置窗口透明效果。窗口默认是不显示的，需要设置 visible 属性为 true 来显示窗口。

Window 类型还提供了多个方法来进行常用操作，例如显示窗口 show()、全屏显示 showFullScreen()、最大化显示 showMaximized()、最小化显示 showMinimized()、正常显示 showNormal()、隐藏窗口 hide()、关闭窗口 close() 等。当关闭窗口时，会发射 closing(CloseEvent close) 信号，可以在 onClosing 信号处理器中设置 close.accepted = false 来强制窗口保持显示，从而在关闭窗口前完成一些操作。

Window 窗口也可以嵌套使用，或者声明在一个 Item 对象中，这时在大多数平台上内部的 Window 会显示在外部界面的中心。还可以通过 flags 属性来指定窗口的类型，比如 Qt.Dialog 或 Qt.Popup，可以通过 Qt::WindowType 关键字查看全部类型。使用 modality 属性可以指定窗口是否为模态，默认为 Qt.NonModal 非模态，另外还有 Qt.WindowModal 和 Qt.ApplicationModal 两种模态形式，前者会阻塞其父窗口，后者会阻塞整个应用，使它们无法接收输入事件。

下面我们看一个简单的例子（项目源码路径为 src\06\6-3\mywindow）。

```
import QtQuick
import QtQuick.Controls

Window {
    id: root
    property bool changed: true

    width: 640; height: 480; x: 100; y:100
    visible: true; color: "lightblue"; opacity: 0.7
    title: qsTr("My Window")

    onClosing: (close) => {
            if (changed) {
                close.accepted = false; dialog.show()
            }
        }

    Window {
        id: dialog
        width: 300; height: 200
        flags : Qt.Dialog; modality : Qt.WindowModal

        Label {
            text: qsTr("确定要退出吗？")
            x: 120; y: 50
        }
```

```
        Row {
            spacing: 10; x:120; y:80

            Button {
                text: qsTr("确定")
                onClicked: {
                    root.changed = false
                    dialog.close()
                    root.close()
                }
            }
            Button {
                text: qsTr("取消")
                onClicked: {
                    dialog.close()
                }
            }
        }
    }
}
```

这里使用 Window 嵌套实现了一个关闭前提示对话框的应用。可以看到 Window 作为顶级窗口，可以轻松地修改背景色、设置透明等效果。

6.2.2　应用程序主窗口 ApplicationWindow

为了方便实现主窗口程序，我们可以使用 Window 的子类型 ApplicationWindow，该类型在 Window 的基础上增加了菜单栏 menuBar、头部 header、脚部 footer 这 3 个属性，可以指定自定义的项目，整个界面布局如图 6-5 所示。一般的 Qt Quick Controls 项目都会使用 ApplicationWindow 作为根对象，其典型用法如下面代码片段所示。

```
ApplicationWindow {
    visible: true

    menuBar: MenuBar {
        // ...
    }
    header: ToolBar {
        // ...
    }
    footer: TabBar {
        // ...
    }
    StackView {
        anchors.fill: parent
    }
}
```

在 QML 中，可以在子对象的任意位置引用根对象的 ID，这种方式一般情况下都很好用，但是对于可重用的独立 QML 组件来说，这种方式却不再好用。为了解决这个问题，ApplicationWindow 提供了一组附加属性，可以从无法直接访问窗口的位置访问窗口及其组成部分，而不需要指定窗口的 ID。这些附加属性包括 ApplicationWindow.window、ApplicationWindow.menuBar、ApplicationWindow.header、ApplicationWindow.footer、ApplicationWindow.contentItem、ApplicationWindow.activeFocusControl 等。

下面我们看一个示例，这个示例的最终效果如图 6-6 所示。

为了帮助读者了解代码的编写顺序，我们会分步添加代码。首先，创建菜单栏（项目源码路径为 src\06\6-4\myapplicationwindow）：

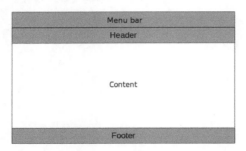

图 6-5　ApplicationWindow 界面布局　　　　图 6-6　示例运行效果

```qml
import QtQuick
import QtQuick.Controls
import QtQuick.Layouts

ApplicationWindow {
    title: "My Application"
    width: 600; height: 450
    visible: true

    menuBar: MenuBar {
        id: menuBar

        Menu {
            id: fileMenu
            title: qsTr("文件")

            MenuItem {
                text: qsTr("关闭")
                icon.source: "close.png"
                onTriggered: close()
            }
            MenuSeparator {}
            MenuItem {
                text: qsTr("关于")
                icon.source: "about.png"
                onTriggered: popup.open()
            }
        }
    }
}
```

　　上面在菜单栏里添加了一个"文件"菜单，并在"文件"菜单中添加了一个"关闭"菜单项。菜单栏由 MenuBar 类型指定，该类型还提供了 addMenu()、removeMenu()等方法来动态添加或移除菜单。菜单由 Menu 类型指定，除了添加到菜单栏，还可以单独使用作为上下文菜单，只需调用 open()方法打开即可。可以通过 title 属性指定菜单标题，使用 addItem()、removeItem()等方法添加、删除菜单项。要动态生成菜单项，比如"最近访问的文件"，可以借助 Instantiator 类型，具体使用方法可以到 Menu 类型的帮助文档查看。如果要创建子菜单，直接嵌套使用 Menu 类型即可。菜单项由 MenuItem 类型指定，通过 text 属性指定名称，可以使用 icon.source 属性来设置图标。如果需要菜单项可被选中，可以通过设置其 checkable 属性为 true 来实现，然后通过 checked 属性或者 toggle()方法来切换选中状态。菜单项之间的分隔符可以通过 MenuSeparator 类型实现。接着要做的是实现头部工具栏：

```
header: ToolBar {
    RowLayout {
        anchors.fill: parent
        ToolButton {
            text: qsTr("<")
            visible: footerbar.currentIndex === 0
            enabled: stack.depth > 1
            onClicked: stack.pop()
        }
        ToolButton {
            text: qsTr(">")
            visible: footerbar.currentIndex === 0
            enabled: stack.depth < 3
            onClicked: stack.push(mainView)
        }
        PageIndicator {
            id: indicator
            visible: footerbar.currentIndex === 0
            count: stack.depth
            currentIndex: stack.depth
        }
        Label {
            text: "工具栏"
            elide: Label.ElideRight
            horizontalAlignment: Qt.AlignHCenter
            verticalAlignment: Qt.AlignVCenter
            Layout.fillWidth: true
        }
        ToolButton {
            text: qsTr("...")
            onClicked: popup.open()
        }
    }
}
```

可以通过 ToolBar 类型来实现一个工具栏，ToolBar 一般放到 ApplicationWindow 的头部或者脚部，其中的控件可以使用一个 RowLayout 来进行布局。工具栏上面的按钮一般使用 ToolButton 来创建，ToolButton 继承自 Button 控件，提供了一个更加适合工具栏的外观，这里通过工具按钮来操作后面要添加的栈视图 StackView。另外，可以使用 ToolSeparator 在工具栏进行项目分隔。页面指示器 PageIndicator 可以通过几个小点来显示容器中页面的个数，这里与后面要添加的栈视图进行了绑定。最后的 "..." 工具按钮会打开一个弹出窗口，下面来添加相关代码。

```
Popup {
    id: popup
    parent: Overlay.overlay
    x: Math.round((parent.width - width) / 2)
    y: Math.round((parent.height - height) / 2)
    width: 250; height: 150
    modal: true; focus: true

    Label {
        id: label
        text: "这是个 Popup"
        font.pixelSize: 16; font.italic: true
        x: Math.round((parent.width - width) / 2)
        y: Math.round((parent.height - height) / 2)
    }
```

```
    Button {
        text: "Ok"
        onClicked: popup.close()
        anchors.top: label.bottom; anchors.topMargin: 10
        anchors.horizontalCenter: label.horizontalCenter
    }
}
```

Popup 是弹出类用户界面控件的基类型，可以应用在 Window 和 ApplicationWindow 中。这里的 Overlay 类型为弹出窗口提供了一个层，可以确保弹出窗口显示在其他内容的上方，而且当弹出窗口为模态时，还可以提供背景变暗效果。程序中一般使用 Overlay.overlay 附加属性，可以将弹出窗口显示在窗口的中心。最后来添加底部控件：

```
footer: TabBar {
    id: footerbar
    width: parent.width

    TabButton { text: qsTr("图片") }
    TabButton { text: qsTr("音乐") }
    TabButton { text: qsTr("视频") }
}

StackLayout {
    id: view
    currentIndex: footerbar.currentIndex
    anchors.fill: parent

    StackView { id: stack; initialItem: mainView }
    Rectangle { id: secondPage; color: "lightyellow" }
    Rectangle { id: thirdPage; color: "lightblue" }
}

Component {
    id: mainView
    Item {
        Rectangle {
            anchors.fill: parent
            Image { anchors.fill: parent; source: stack.depth + ".png" }
            Text { text: qsTr("页面") + stack.depth }
        }
    }
}
```

TabBar 类型提供了一个基于选项卡的导航模型，可以与提供 currentIndex 属性的任何布局或容器控件（如 StackLayout 或 SwipeView）一起使用。选项卡由 TabButton 控件实现。这里提供了 3 个选项卡，所以在下面的 StackLayout 中有一个 StackView 和两个 Rectangle 分别与其对应，这就是 StackLayout 中 currentIndex: footerbar.currentIndex 的作用。StackView 栈视图类型用于一组内部链接的页面，支持 3 种主要导航操作：push()、pop()和 replace()，这些操作对应经典的栈操作，其中 push()将一个项目添加到栈的顶部，pop()从栈中移除顶部项目，replace()就像 pop()后面跟着 push()，用新项目替换最顶部的项目。栈视图中最上面的项对应于当前在屏幕上可见的项，可以使用 initialItem 属性指定初始化显示的项目，depth 属性可以返回栈视图中项目的数量。这里使用组件 Component 来提供栈视图的页面，通过前面添加的工具按钮 ToolButton 来完成 push()和 pop()操作。

至此，整个应用已经初步完成，读者可以每完成一步便运行一次程序，还可以在这个基础上进一步完善程序，体会不同控件的不同用法和多个控件的联合使用方法。

6.2.3　菜单类控件

Qt Quick Controls 模块提供了一些菜单相关的控件，可用于创建一个完整的菜单，包括菜单栏 MenuBar、菜单栏项目 MenuBarItem、菜单 Menu 和菜单项目 MenuItem。在前面的示例中，我们用过 MenuBar、Menu 和 MenuItem 等控件。值得注意的是，MenuBarItem 用作 MenuBar 的默认委托类型，在使用 MenuBar 时，不必手动声明 MenuBarItem 实例，将 Menu 声明为 MenuBar 的子对象时，会自动创建相应的项目。

Menu 菜单控件继承自 Popup，主要用来实现上下文菜单（如右击鼠标后显示的菜单）和弹出菜单（如单击按钮后显示的菜单）。当用作上下文菜单时，建议调用 popup() 打开菜单，除非明确指定了位置，否则菜单将位于鼠标光标处。示例如下（项目源码路径为 src\06\6-5\mymenu）。

```
Window {
    width: 400; height: 300; visible: true

    MouseArea {
        anchors.fill: parent
        acceptedButtons: Qt.LeftButton | Qt.RightButton
        onClicked: (mouse) => {
            if (mouse.button === Qt.RightButton)
                contextMenu.popup()
        }
        Menu {
            id: contextMenu
            MenuItem { text: qsTr("Cut") }
            MenuItem { text: qsTr("Copy") }
            MenuItem { text: qsTr("Paste") }
        }
    }
}
```

当用作弹出菜单时，一般相对于使用者来指定位置，然后调用 open() 打开菜单，示例如下（项目源码路径为 src\06\6-6\mymenu）。

```
Button {
    id: fileButton
    text: "File"; x: 200; y: 200
    onClicked: menu.open()

    Menu {
        id: menu
        y: fileButton.height

        MenuItem { text: qsTr("New...") }
        MenuItem { text: qsTr("Open...") }
        MenuItem { text: qsTr("Save") }
    }
}
```

6.2.4　容器类控件

容器类控件主要包括 ApplicationWindow、Container、Frame、GroupBox、HorizontalHeaderView、VerticalHeaderView、Page、Pane、ScrollView、SplitView、StackView、SwipeView、TabBar 和 ToolBar 等。其中 ApplicationWindow、ToolBar、StackView 和 TabBar 在前面示例中已经介绍过了，HorizontalHeaderView 和 VerticalHeaderView 主要为 TableView 提供水平和垂直表头，会在第 10 章讲解 TableView 时介绍，下面主要讲解其他几个控件。

1. Pane、Frame 和 GroupBox

Pane 直接继承自 Control，是其他几个面板容器的基类型，提供了与应用程序样式和主题相匹配的背景色，但没有提供自己的布局，需要通过创建 RowLayout 或 ColumnLayout 等来手动布局。如果 Pane 中仅有一个项目，它会调整大小以适应其所包含项目的隐式大小，当包含两个以上项目时，需要通过 contentWidth 和 contentHeight 来指定大小。

Frame 继承自 Pane，区别是 Frame 提供了一个边框。而 GroupBox 继承自 Frame，它在 Frame 的基础上又添加了一个标题。可以通过 title 属性来设置 GroupBox 的标题，也可以通过 label 属性来设置显示标题的项目，比如使用 CheckBox 来创建 GroupBox 的标题项目，这样可以实现打开或关闭 GroupBox 复选框时，启用或禁用所有子项（项目源码路径为 src\06\6-7\mygroupbox）：

```
GroupBox {
    contentWidth: 150; contentHeight: 80

    label: CheckBox {
        id: checkBox
        checked: true; text: qsTr("Synchronize")
    }
    ColumnLayout {
        anchors.fill: parent; anchors.topMargin: 10
        enabled: checkBox.checked
        CheckBox { text: qsTr("E-mail") }
        CheckBox { text: qsTr("Calendar") }
        CheckBox { text: qsTr("Contacts") }
    }
}
```

2. Page

Page 继承自 Pane，在其基础上添加了 header 和 footer 属性，可以指定项目作为头部和脚部，所以 Page 一般用在 ApplicationWindow 中间显示多个不同的页面。另外，Page 还有一个 title 属性，可以设置页面标题，但是 Page 无法直接显示该标题，需要手动设置项目来进行显示。下面通过例子来看一下其具体使用方法（项目源码路径为 src\06\6-8\mypage）。

```
import QtQuick
import QtQuick.Controls
import QtQuick.Layouts

ApplicationWindow {
    visible: true; width: 400; height: 400

    header: Label {
        text: view.currentItem.title
        horizontalAlignment: Text.AlignHCenter
    }

    SwipeView {
        id: view; anchors.fill: parent

        Page {
            title: qsTr("页面 1")
            header: ToolBar{
                RowLayout {
                    anchors.fill: parent
                    ToolButton { text: qsTr("按钮 1") }
                    ToolButton { text: qsTr("按钮 2") }
                }
            }
```

```
            footer: ToolBar{
                Label {
                    text: qsTr("工具栏")
                    anchors.horizontalCenter: parent.horizontalCenter
                }
            }
        }
    }
    Page {
        title: qsTr("页面 2")
        header: TabBar {
            TabButton { text: qsTr("选项 1") }
            TabButton { text: qsTr("选项 2") }
        }
    }
}
PageIndicator {
    currentIndex: view.currentIndex
    count: view.count
    anchors.bottom: view.bottom; anchors.bottomMargin: 30
    anchors.horizontalCenter: view.horizontalCenter
}
}
```

可以看到，Page 的标题是手动设置使用 Label 显示的。在 ApplicationWindow 中使用 Page 可以方便实现多个不同页面布局，每个页面都可以设置自己的头部和脚部。另外，在移动设备上，一般多个页面常会使用 PageIndicator 以小点的形式在下方显示页面个数和当前活动页面，该类型在前面例子中已经使用过，只需要指定页面数量 count 属性和当前页面 currentIndex 属性即可。

3. Container、SwipeView 和 TabBar

Container 是允许动态插入和移除项的容器类控件的基本类型。一般可以将项目作为 Container 的子对象直接进行声明，但是也可以通过 addItem()、insertItem()、moveItem() 和 removeItem() 等方法来动态管理项目，可以通过 itemAt() 或者 contentChildren 属性来访问容器中的项目。大多数容器都有一个"当前项目"的概念，当前项可以通过 currentIndex 属性指定，可以通过 currentItem 只读属性来访问。在实际编程时，通常会使用多个容器类控件，并将它们的 currentIndex 属性相互绑定以保持同步切换。注意，如果在 JavaScript 中指定 currentIndex 的值，将删除相应的绑定，为了保留绑定，用户需要使用 incrementCurrentIndex()、decrementCurrentIndex() 和 setCurrentIndex() 等方法更改当前索引。

SwipeView 作为 Container 的子类型，提供了基于滑动的导航模型。如前面示例 6-8 中应用的那样，SwipeView 由一组页面进行填充，一次只能看到一页，可以通过横向滑动在页面之间导航。由于 SwipeView 本身是非可视的，因此一般会与 PageIndicator 结合使用，以向用户提供存在多个页面的视觉提示。通常不建议在 SwipeView 中添加过多的页面，如果页面数量越来越多或者单个页面相对复杂，那么可能需要通过卸载用户无法直接访问的页面来释放资源。我们可以通过 SwipeView.isCurrentItem、SwipeView.isNextItem 和 SwipeView.isPreviousItem 等属性来判断 SwipeView 中子项目的位置。可以通过设置 orientation 属性为 Qt.Vertical 将 SwipeView 修改为竖向滑动。

TabBar 作为 Container 的子类型，提供了一个基于选项卡的导航模型。TabBar 一般与 SwipeView 或者 StackLayout 等提供了 currentIndex 属性的类型同时使用，这个在前面的示例中已经多次见过。注意，如果选项按钮的总宽度超过选项卡栏的可用宽度，它将自动变为可轻弹的以显示隐藏按钮。

4. ScrollView

ScrollView 也继承自 Pane，并在其基础上提供了垂直滚动条和水平滚动条，从而可以展示更多内容。最简单的使用方法就是在 ScrollView 中显示比其尺寸更大的内容，例如（项目源码路径为 src\06\6-9\myscrollview）：

```
ScrollView {
    width: 200; height: 200
    Label { text: "ABC"; font.pixelSize: 224 }
}
```

另一种常用的情况是通过 ScrollView 来修饰 Flickable 及其子类型（如 ListView），例如：

```
ScrollView {
    width: 200; height: 200

    ListView {
        model: 20
        delegate: ItemDelegate {
            text: "Item " + index
            required property int index
        }
    }
}
```

Flickable 用来提供一个可以拖拽和弹动的界面，但是其本身没有提供滚动条，可以借助 ScrollView 来提供滚动条。

如果只想显示一个方向的滚动条，例如只显示垂直滚动条，那么可以将 contentWidth 属性设置为 availableWidth。另外，读者也可以直接通过 ScrollBar.horizontal 和 ScrollBar.vertical 两个附加属性来获取对应的滚动条对象，然后设置其显示策略，例如：

```
ScrollBar.horizontal.policy: ScrollBar.AlwaysOff
ScrollBar.vertical.policy: ScrollBar.AlwaysOn
```

这样不再显示水平滚动条，而一直显示垂直滚动条。ScrollView 中使用的滚动条对应的是 ScrollBar 类型。其实也可以直接为 Flickable 添加 ScrollBar，从而直接为其添加滚动条，而不再需要嵌套在 ScrollView 中。与 ScrollBar 类似的，还有一个 ScrollIndicator 类型，是用来指示当前滚动位置的非交互式指示器。该类型一般用在 Flickable 及其子类型中显示滚动位置，与滚动条不同的是，指示器不能交互，而且只有在拖动界面时才显示。

5. SplitView

SplitView 是 Container 的子类型，用来水平或垂直布局项目，每个项目之间有一个可拖动的拆分器。SplitView 主要用来分隔不同的区域，包含了多个附加属性来设置宽度和高度，例如 SplitView.minimumWidth 最小宽度、SplitView.minimumHeight 最小高度、SplitView.preferredWidth 最佳宽度、SplitView.preferredHeight 最佳高度、SplitView.maximumWidth 最大宽度、SplitView.maximumHeight 最大高度等。SplitView 默认是水平布局，可以通过将 orientation 属性设置为 Qt.Vertical 来进行垂直布局。当水平布局时，只需要设置宽度相关属性即可，因为会根据视图的高度调整大小。另外，可以通过 handle 属性来设置自定义的分隔条。

下面我们看一个例子（项目源码路径为 src\06\6-10\mysplitview）。

```
Window {
    width: 640; height: 480; visible: true

    SplitView {
        id: splitView
        anchors.fill: parent; orientation: Qt.Horizontal

        Rectangle {
            implicitWidth: 200
            SplitView.maximumWidth: 400; color: "lightblue"
            Label { text: "View 1"; anchors.centerIn: parent }
        }
```

```
Rectangle {
    id: centerItem
    SplitView.minimumWidth: 50; SplitView.fillWidth: true
    color: "lightgray"
    Label { text: "View 2"; anchors.centerIn: parent }
}
Rectangle {
    implicitWidth: 200; color: "lightgreen"
    Label { text: "View 3"; anchors.centerIn: parent }
    }
  }
}
```

这里中间的 Rectangle 还设置了 SplitView.fillWidth 为 true，这样当其他项目都设置好以后，该项目会获得所有剩余空间。对应的，垂直布局还有一个 SplitView.fillHeight 附加属性。

SplitView 的主要目的是允许用户轻松配置各种 UI 元素的大小，在实际应用中，用户的首选尺寸应在会话中记住，可以通过使用 saveState() 和 restoreState() 来保存和还原 SplitView.preferredWidth 或 SplitView.preferredHeight 属性的值，例如：

```
Component.onCompleted: splitView.restoreState(settings.splitView)
Component.onDestruction: settings.splitView = splitView.saveState()

Settings {
   id: settings
   property var splitView
}
```

现在运行程序，然后调节拆分器，关闭程序后再次运行程序，可以发现依然使用的是上一次的调节位置。注意，使用 Settings 类型需要添加 import QtCore 导入语句。

6.2.5　弹出类控件

弹出类控件主要包括 Popup 及其子类型 Dialog、Drawer、Menu 和 ToolTip 等。Popup 继承自 QtObject，是弹出窗口类用户界面控件的基本类型，一般与 Window 或 ApplicationWindow 一起使用。为了确保 Popup 显示在场景中其他项目的上方，笔者建议使用 ApplicationWindow。Popup 不提供自己的布局，可以通过创建 RowLayout 或 ColumnLayout 来手动进行布局。声明为 Popup 的子对象将自动将其父对象设置为 Popup 的 contentItem，动态创建的对象需要显式地将 contentItem 设置为其父对象。Popup 在一个窗口中的布局如图 6-7 所示，可以通过 bottomInset、leftMargin 等相应的属性进行布局设置。

与其他项目类似，Popup 的 x 和 y 坐标是相对于其父项的，例如，打开作为按钮子项的弹出窗口将导致弹出窗口相对于按钮进行定位。通常情况下，会使用附加的 Overlay.Overlay 属性将弹出窗口显示在界面中心，而不用考虑打开弹出窗口的按钮的位置。Overlay 是覆盖整个窗口的一个普通项目，为弹出窗口提供了一个层，确保弹出窗口显示在其他内容之上，并且当弹出窗口为模态（modal 属性为 true）或将 dim 属性设置为 true，弹出窗口可见时，背景会变暗。

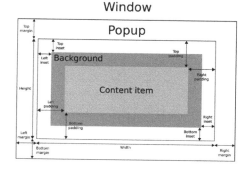

图 6-7　Popup 在窗口中的布局

Popup 的 closePolicy 属性用来设置弹出窗口的关闭策略，默认是 Popup.CloseOnEscape | Popup.CloseOnPressOutside，就是在按下 Esc 键或者单击弹出窗口之外的界面时会关闭弹出窗

口。也可以设置为其他方式，比如 Popup.CloseOnPressOutsideParent，需要在弹出窗口父项目之外单击才可以关闭。Popup 包含 open()打开、close()关闭、forceActiveFocus()强制激活焦点 3 个方法，以及 opened()打开、closed()关闭、aboutToShow()即将显示、aboutToHide()即将隐藏 4 个信号，可以在相应的信号处理器中进行一些操作。

1. Dialog

Dialog 对话框是一个弹出窗口，主要用于短期任务或与用户的简短通信。与 ApplicationWindow 和 Page 类似，Dialog 分为 3 个部分：header、contentItem 和 footer。对话框的 title 属性用来设置标题，默认作为对话框的 header。对话框的标准按钮通过 DialogButtonBox 进行管理，默认作为对话框的 footer，通过 Dialog 的 standardButtons 属性可以设置标准按钮，该属性将转发至 DialogButtonBox 的相应属性。另外，DialogButtonBox 的 accepted()和 rejected()信号将连接到 Dialog 中的相应信号。也就是说，可以明确创建一个 DialogButtonBox 控件来实现对话框的按钮并进行操作，也可以通过 Dialog 自身的 standardButtons 属性和 accepted()、rejected()等信号来创建按钮并进行操作。

2. ToolTip

ToolTip 工具提示是告知用户控件功能的一小段文本，它通常位于父控件的上方或下方。提示文本可以是任何富文本格式的字符串。常用的使用方式是通过 ToolTip.visible 和 ToolTip.text 来设置工具提示的可见性和显示文本。通过 ToolTip.delay 可以设置延迟显示时间，单位为毫秒，默认值为 0；通过 ToolTip.timeout 可以设置显示时间，单位为毫秒，默认值为-1，不会自动隐藏。这几个属性可以附加到任何项目上。

下面我们看一个例子（项目源码路径为 src\06\6-11\mypopup）。

```
ApplicationWindow {
    width: 600; height: 400
    visible: true

    Button {
        text: qsTr("Button")
        onClicked: dialog.open()
        ToolTip.visible: down
        ToolTip.text: qsTr("打开对话框")
        ToolTip.timeout: 1000
        ToolTip.delay: 500

        Dialog {
            id: dialog
            title: qsTr("Dialog"); width: 300; height: 200
            parent: Overlay.overlay
            x: Math.round((parent.width - width) / 2)
            y: Math.round((parent.height - height) / 2)
            standardButtons: Dialog.Ok | Dialog.Cancel
            modal: true
            Label {
                text: qsTr("关闭对话框?")
                anchors.centerIn: parent
            }
            onAccepted: ApplicationWindow.window.close()
            onRejected: console.log("Cancel clicked")
        }
    }
}
```

对于 ToolTip.visible 属性，可以设置为 true，直接进行显示，也可以像这里一样，设置为

Button 的 down、pressed、hovered 等属性，只有在进行相应操作时才会显示。关于对话框的标准按钮 standardButtons，可以选择 10 余种不同的按钮，每一种按钮都有一个不同的角色 buttonRole。比如这里的 OK 按钮，对应的是 DialogButtonBox.AcceptRole，而具有该角色的按钮当被单击后会发射 accepted()信号，可以在 onAccepted 信号处理器中进行相应的操作，比如这里关闭了整个窗口。其他标准按钮的详细内容可以参考 DialogButtonBox 的帮助文档。

3. Drawer

Drawer 继承自 Popup，是一个类似抽屉的侧面板控件。Drawer 以及前面已经介绍过的 StackView、SwipeView、TabBar 和 TabButton 等又被称为导航类控件。

Drawer 可以放置在内容项的 4 个边缘中的任何一个，默认靠着窗口的左边缘（Qt.LeftEdge），通过从左边缘"拖拽"来打开 Drawer，可以通过 edge 属性设置为其他边缘，例如 Qt.TopEdge、Qt.RightEdge 和 Qt.BottomEdge 等。dragMargin 属性用来设置与屏幕边缘的距离，拖动操作将在该距离内打开 Drawer，当设置为 0 或负数时将无法通过拖动打开 Drawer。

下面给出一个例子（项目源码路径为 src\06\6-12\mydrawer）。

```
ApplicationWindow {
    id: window
    width: 300; height: 400; visible: true

    header: ToolBar {
        ToolButton {
            text: qsTr("⋮"); onClicked: drawer.open()
        }
    }

    Drawer {
        id: drawer
        y: header.height; width: window.width * 0.6
        height: window.height - header.height

        Label {
            text: "Content goes here!"
            anchors.centerIn: parent
        }
    }
}
```

另外，position 属性保存 Drawer 打开过程中相对于其最终目的地的位置，当完全关闭时，位置为 0.0，当完全打开时，位置为 1.0。通过 position，可以在打开 Drawer 时将内容区域进行移动，从而尽量不被 Drawer 遮挡，例如：

```
Label {
    id: content
    text: "Content"; font.pixelSize: 25; anchors.fill: parent
    verticalAlignment: Label.AlignVCenter
    horizontalAlignment: Label.AlignHCenter

    transform: Translate {
        x: drawer.position * content.width * 0.33
    }
}
```

6.3 小结

本章对 Qt 中的应用程序主窗口相关内容进行了详细介绍，学习完本章，基本上已经可以编写出一个规范的应用程序界面。读者可以按照自己的需求，或者仿照平时使用的应用程序，尝试创建一个应用程序主窗口项目，然后逐步丰富相关的功能。通过编写代码，熟悉各个组成部分的使用及相互之间的联系。可以根据要实现的功能来选择使用 Qt Widgets 界面或者 Qt Quick Controls 界面。

6.4　练习

1. 熟悉 QMainWindow 及其组成部分。
2. 学会在设计模式以及使用代码两种方式来创建菜单栏和工具栏。
3. 了解状态栏 QStatusBar 支持的 3 类状态信息。
4. 学会子类化 QWidgetAction 类来自定义菜单，并简述其中信号和槽的实现思路。
5. 简述 ApplicationWindow 界面布局。
6. 掌握 Menu 等菜单相关控件的使用。
7. 简述常用的容器类控件，掌握 StackView 的使用方法。
8. 了解 Popup 控件，掌握 Dialog 和 Drawer 的使用方法。

第7章 事件系统

在本章中，我们会介绍 Qt 中的事件系统。在 Qt 中，事件作为一个对象，常见的有键盘事件、鼠标事件和定时器事件等。本章将会详细讲解 Qt Widgets 和 Qt Quick 编程中常见的事件，还会涉及事件过滤器和随机数等知识。

7.1 Qt Widgets 中的事件

事件是对各种应用程序需要知道的由应用程序内部或者外部产生的事情或者动作的通称。Qt 中使用一个对象来表示一个事件，继承自 QEvent 类，相关类继承关系如图 7-1 所示。注意，事件与信号并不相同，比如单击一下界面上的按钮，那么就会产生鼠标事件 QMouseEvent（不是按钮产生的），而因为按钮被按下了，所以它会发射 clicked()单击信号（是按钮产生的）。这里一般只关心按钮的单击信号，而不用考虑鼠标事件，但是如果要设计一个按钮，或者通过鼠标拖拽按钮移动，就要关心鼠标事件了。可以看到，事件与信号是两个不同层面的东西，发出者不同，作用也不同。在 Qt 中，任何 QObject 子类实例都可以接收和处理事件。

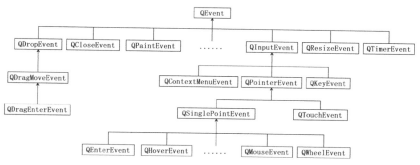

图 7-1　QEvent 类关系图

关于本节的相关内容，可以在 Qt 帮助中通过 The Event System 关键字查看。

7.1.1 事件的处理

Qt 的主事件循环从事件队列中获取本地窗口系统事件，将它们转换为 QEvent 对象，并将转换后的事件发送到 QObject 对象。一个事件由一个特定的 QEvent 子类来表示，但是有时一个事件又包含多个事件类型，比如鼠标事件又可以分为鼠标按下、双击和移动等多种操作。这些事件类型都由 QEvent 类的枚举类型 QEvent::Type 来表示，其中包含了 100 多种事件类型，可以在 QEvent 类的帮助文档中进行查看。虽然 QEvent 的子类可以表示一个事件，但是却不能用来处理事件，那么应该怎样来处理一个事件呢？在 QCoreApplication 类的 notify()函数的帮助文档处给出了 5 种处理事件的方法。

（1）重新实现部件的 paintEvent()、mousePressEvent()等事件处理函数。这是最常用的一种方法，不过它只能用来处理特定部件的特定事件。

（2）重新实现 notify()函数。这个函数功能强大，提供了完全的控制，可以在事件过滤器得到事件之前就获得它们。但是，它一次只能处理一个事件。

（3）向 QApplication 对象上安装事件过滤器。因为一个程序只有一个 QApplication 对象，所以这样实现的功能与使用 notify() 函数是相同的，优点是可以同时处理多个事件。

（4）重新实现 event() 函数。QObject 类的 event() 函数可以在事件到达默认的事件处理函数之前获得该事件。

（5）在对象上安装事件过滤器。使用事件过滤器可以在一个界面类中同时处理不同子部件的不同事件。

在实际编程中，最常用的是方法一，其次是方法五。因为方法二需要继承自 QApplication 类；而方法三要使用一个全局的事件过滤器，这将减缓事件的传递。所以，虽然这两种方法功能很强大，但是却很少被用到。

7.1.2　事件的传递

第 2 章讲解 helloworld 程序代码时就曾提到过，每个程序 main() 函数的最后都会调用 QApplication 类的 exec() 函数，它会使 Qt 应用程序进入事件循环，这样就可以使应用程序在运行时接收发生的各种事件。一旦有事件发生，Qt 便会构建一个相应的 QEvent 子类的对象来表示它，然后将它传递给相应的 QObject 对象或其子对象。下面通过例子来看一下 Qt 中的事件传递过程。

（项目源码路径为 src\07\7-1\myevent）新建 Qt Widgets 应用，项目名称为 myevent，基类选择 QWidget，类名保持 Widget 不变。建立完成后向项目中添加新文件，模板选择 C++ Class，类名为 MyLineEdit，基类手动填写为 QLineEdit。完成后将 mylineedit.h 文件内容修改如下。

```
#ifndef MYLINEEDIT_H
#define MYLINEEDIT_H

#include <QLineEdit>

class MyLineEdit : public QLineEdit
{
    Q_OBJECT
public:
    explicit MyLineEdit(QWidget *parent = nullptr);
protected:
    void keyPressEvent(QKeyEvent *event) override;
};

#endif // MYLINEEDIT_H
```

这里主要是添加了 keyPressEvent() 函数的声明，建议使用 override 关键字。下面我们转到 mylineedit.cpp 文件中，添加头文件：

```
#include <QKeyEvent>
#include <QDebug>
```

修改构造函数如下。

```
MyLineEdit::MyLineEdit(QWidget *parent) :
    QLineEdit(parent)
{
}
```

然后添加事件处理函数的定义：

```
void MyLineEdit::keyPressEvent(QKeyEvent *event)     // 键盘按下事件
{
    qDebug() << tr("MyLineEdit 键盘按下事件");
}
```

下面我们进入 widget.h 文件，添加类前置声明：

```
class MyLineEdit;
```

然后添加函数声明：

```
protected:
    void keyPressEvent(QKeyEvent *event) override;
```

再添加一个 private 对象指针：

```
MyLineEdit *lineEdit;
```

然后进入 widget.cpp 文件中，添加头文件：

```
#include "mylineedit.h"
#include <QKeyEvent>
#include <QDebug>
```

在 Widget 类的构造函数中添加代码：

```
lineEdit = new MyLineEdit(this);
lineEdit->move(100,100);
```

下面添加事件处理函数的定义：

```
void Widget::keyPressEvent(QKeyEvent *event)
{
    Q_UNUSED(event);
    qDebug() << tr("Widget 键盘按下事件");
}
```

这里自定义了一个 MyLineEdit 类，它继承自 QLineEdit 类，然后在 Widget 界面中添加了一个 MyLineEdit 部件。要注意，这里既实现了 MyLineEdit 类的键盘按下事件处理函数，也实现了 Widget 类的键盘按下事件处理函数。另外，因为 event 参数没有使用，这样直接编译程序会出现警告提示（不影响程序的编译运行）。如果在编译程序时不想出现警告信息，可以像这里一样使用 Q_UNUSED() 包含 event 参数。

现在运行程序，这时光标焦点在行编辑器中，随便在键盘上按一个按键，比如按下 A 键，则 Qt Creator 的应用程序输出栏中只会出现 "MyLineEdit 键盘按下事件"，说明这时只执行了 MyLineEdit 类中的 keyPressEvent() 函数。

下面到 mylineedit.cpp 文件中的 keyPressEvent() 函数最后添加如下一行代码，让它忽略掉这个事件。

```
event->ignore();
```

再运行程序，按下 A 键，那么在以前输出的基础上又输出了 "Widget 键盘按下事件"，说明这时也执行了 Widget 类中的 keyPressEvent() 函数。但是现在出现了一个问题，就是行编辑器中无法输入任何字符，为了让它可以正常工作，用户还需要在 mylineedit.cpp 文件的 keyPressEvent() 函数中添加一行代码，现在整个函数定义如下。

```
void MyLineEdit::keyPressEvent(QKeyEvent *event) // 键盘按下事件
{
    qDebug() << tr("MyLineEdit 键盘按下事件");
    QLineEdit::keyPressEvent(event);              // 执行 QLineEdit 类的默认事件处理
    event->ignore();                              // 忽略该事件
}
```

这里调用了 MyLineEdit 父类 QLineEdit 的 keyPressEvent() 函数来实现行编辑器的默认操作。这里一定要注意代码的顺序，ignore() 函数要在最后调用。

从这个例子中可以看到，事件是先传递给指定窗口部件的，这里确切地说是先传递给获得焦点的窗口部件。但是如果该部件忽略掉该事件，那么这个事件就会传递给这个部件的父部件。重新实现事件处理函数时，一般要调用父类的相应事件处理函数来实现默认操作。下面将这个例子再进行改进，看一下使用事件过滤器等其他方法获取事件的顺序。

（项目源码路径为 src\07\7-2\myevent）在 mylineedit.h 文件中添加 public 函数声明：

```
bool event(QEvent *event) override;
```

然后在 **mylineedit.cpp** 文件中对该函数进行定义：

```
bool MyLineEdit::event(QEvent *event)   // 事件
{
    if(event->type() == QEvent::KeyPress)
        qDebug() << tr("MyLineEdit 的 event()函数");
    return QLineEdit::event(event);      // 执行 QLineEdit 类 event()函数的默认操作
}
```

MyLineEdit 的 event()函数中使用了 QEvent 的 type()函数来获取事件的类型，如果是键盘按下事件 QEvent::KeyPress，则输出信息。因为 event()函数具有 bool 型的返回值，所以该函数的最后要使用 return 语句，这里一般是返回父类的 event()函数的操作结果。下面进入 widget.h 文件中进行 public 函数的声明：

```
bool eventFilter(QObject *obj, QEvent *event) override;
```

然后到 **widget.cpp** 文件中，在构造函数的最后添上一行代码：

```
lineEdit->installEventFilter(this);     // 在 Widget 上为 lineEdit 安装事件过滤器
```

添加事件过滤器函数的定义：

```
bool Widget::eventFilter(QObject *obj, QEvent *event) // 事件过滤器
{
    if(obj == lineEdit){                // 如果是 lineEdit 部件上的事件
        if(event->type() == QEvent::KeyPress)
            qDebug() << tr("Widget 的事件过滤器");
    }
    return QWidget::eventFilter(obj, event);
}
```

在事件过滤器中，先判断该事件的对象是不是 lineEdit，如果是，再判断事件类型。最后返回了 QWidget 类默认的事件过滤器的执行结果。现在可以运行一下程序，然后按下键盘上的任意键，比如这里按下 A 键，查看应用程序输出栏。可以看到，事件的传递顺序是这样的：先是事件过滤器，然后是焦点部件的 event()函数，最后是焦点部件的事件处理函数，如果焦点部件忽略了该事件，那么会执行父部件的事件处理函数，如图 7-2 所示。需要注意，event()函数和事件处理函数是在焦点部件内进行重新定义的，而事件过滤器却是在焦点部件的父部件中进行定义的。

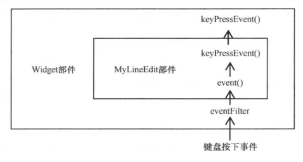

图 7-2　事件传递顺序示意图

7.1.3　鼠标事件和滚轮事件

QMouseEvent 类用来表示一个鼠标事件，在窗口部件中按下鼠标或者移动鼠标指针时，都会产生鼠标事件。利用 QMouseEvent 类可以获知鼠标是哪个键按下了、鼠标指针的当前位置等信息。一般是通过重定义部件的鼠标事件处理函数来进行一些自定义的操作。QWheelEvent 类用来表示鼠标滚轮事件，在这个类中主要是获取滚轮移动的方向和距离。下面我们看一个实际的例子，实现的效果是：可以在界面上按住鼠标左键来拖动窗口，双击鼠标左键来使其全屏，按住鼠标右键则使指针变为一个自定义的图片，而使用滚轮可以放大或者缩小编辑器中的内容。

（项目源码路径为 src\07\7-3\mymouseevent）新建 Qt Widgets 应用，项目名称为 mymouseevent，基类选择 QWidget，类名保持 Widget 不变。在设计模式中向界面上拖入一个 Text Edit。在 widget.h 文件中进行 protected 函数声明：

```
protected:
    void mousePressEvent(QMouseEvent *event) override;
    void mouseReleaseEvent(QMouseEvent *event) override;
    void mouseDoubleClickEvent(QMouseEvent *event) override;
    void mouseMoveEvent(QMouseEvent *event) override;
    void wheelEvent(QWheelEvent *event) override;
```

再添加一个私有位置变量：

```
QPointF offset;                          // 用来储存鼠标指针位置与窗口位置的差值
```

然后到 widget.cpp 文件中，添加头文件#include <QMouseEvent>，并在构造函数中添加代码：

```
QCursor cursor;                          // 创建光标对象
cursor.setShape(Qt::OpenHandCursor);     // 设置光标形状
setCursor(cursor);                       // 使用光标
```

这几行代码可以使鼠标指针进入窗口后改为小手掌形状，Qt 提供了常用的鼠标指针的形状，可以在帮助中通过 Qt::CursorShape 关键字查看。下面添加几个事件处理函数的定义。

```
void Widget::mousePressEvent(QMouseEvent *event) // 鼠标按下事件
{
    if(event->button() == Qt::LeftButton){        // 如果是鼠标左键按下
        QCursor cursor;
        cursor.setShape(Qt::ClosedHandCursor);
        QApplication::setOverrideCursor(cursor);   // 使鼠标指针暂时改变形状
        offset = event->globalPosition() - pos();  // 获取指针位置和窗口位置的差值
    }
    else if(event->button() == Qt::RightButton){   // 如果是鼠标右键按下
        QCursor cursor(QPixmap("../mymouseevent/logo.png"));
        QApplication::setOverrideCursor(cursor);   // 使用自定义的图片作为鼠标指针
    }
}
```

在鼠标按下事件处理函数中，先判断是哪个按键按下，如果是鼠标左键按下，那么就更改指针的形状，并且存储当前指针位置与窗口位置的差值。这里使用了 globalPosition()函数来获取鼠标指针的位置，这个位置是指针在桌面上的位置，因为窗口的位置就是指它在桌面上的位置。另外，还可以使用 QMouseEvent 类的 position()函数获取鼠标指针在窗口中的位置。如果是鼠标右键按下，那么就将指针显示为自定义的图片。

```
void Widget::mouseMoveEvent(QMouseEvent *event) // 鼠标移动事件
{
    if(event->buttons() & Qt::LeftButton){         // 这里必须使用 buttons()
        QPointF temp;
```

```
        temp = event->globalPosition() - offset;
// 用鼠标指针当前的位置减去差值, 就得到了窗口应该移动的位置
        move(temp.x(), temp.y());
    }
}
```

在鼠标移动事件处理函数中, 先判断是不是鼠标左键按下, 如果是, 那么就使用前面获取的差值来重新设置窗口的位置。因为在鼠标移动时, 会检测所有按下的键, 而这时使用 QMouseEvent 的 button() 函数无法获取哪个按键被按下, 只能使用 buttons() 函数, 所以这里使用 buttons() 和 Qt::LeftButton 进行按位与的方法来判断是不是鼠标左键按下。

```
void Widget::mouseReleaseEvent(QMouseEvent *event)  // 鼠标释放事件
{
    Q_UNUSED(event);
    QApplication::restoreOverrideCursor();          // 恢复鼠标指针形状
}
```

在鼠标释放函数中进行了恢复鼠标形状的操作, 这里使用的 restoreOverrideCursor() 函数要和前面的 setOverrideCursor() 函数配合使用。

```
void Widget::mouseDoubleClickEvent(QMouseEvent *event)  // 鼠标双击事件
{
    if(event->button() == Qt::LeftButton){              // 如果是鼠标左键按下
        if(windowState() != Qt::WindowFullScreen)       // 如果现在不是全屏
            setWindowState(Qt::WindowFullScreen);       // 将窗口设置为全屏
        else setWindowState(Qt::WindowNoState);         // 否则恢复以前的大小
    }
}
```

在鼠标双击事件处理函数中, 使用 setWidowState() 函数来使窗口处于全屏状态或者恢复以前的大小。

```
void Widget::wheelEvent(QWheelEvent *event)             // 滚轮事件
{
    if(event->angleDelta().y() > 0){                    // 当滚轮远离使用者时
        ui->textEdit->zoomIn();                         // 进行放大
    }else{                                              // 当滚轮向使用者方向旋转时
        ui->textEdit->zoomOut();                        // 进行缩小
    }
}
```

在滚轮事件处理函数中, 使用 QWheelEvent 类的 angleDelta().y() 函数获取了垂直滚轮移动的距离, 每当滚轮旋转一下, 默认是 15°, 这时 delta() 函数就会返回 15×8 即整数 120。当滚轮向远离使用者的方向旋转时, 返回正值; 当向靠近使用者的方向旋转时, 返回负值。这样便可以利用这个函数的返回值来判断滚轮的移动方向, 从而进行编辑器中内容的放大或者缩小操作。如果鼠标还有水平滚轮, 可以使用 angleDelta().x() 来获取移动距离。

这时运行程序, 进行双击、按下鼠标右键等操作, 看一下具体的效果。程序中使用了图片, 所以还要往源码目录中添加一张图片。另外, 默认是当按下鼠标按键时移动鼠标, 鼠标移动事件才会产生, 如果想不按鼠标按键, 也可以获取鼠标移动事件, 那么就要在构造函数中添加下面一行代码:

```
setMouseTracking(true);
```

这样便会开启窗口部件的鼠标跟踪功能。

7.1.4　键盘事件

QKeyEvent 类用来描述一个键盘事件。当键盘按键被按下或者被释放时, 键盘事件便会被发

送给拥有键盘输入焦点的部件。QKeyEvent 的 key()函数可以获取具体的按键，对于 Qt 中给定的所有按键，可以在帮助中通过 Qt::Key 关键字查看。注意，回车键是 Qt::Key_Return；键盘上的一些修饰键，比如 Ctrl 和 Shift 等，需要使用 QKeyEvent 的 modifiers()函数来获取，可以在帮助中使用 Qt::KeyboardModifier 关键字来查看所有的修饰键。下面通过例子来看一下它们具体的应用。

（源码路径为 src\07\7-4\mykeyevent）新建 Qt Widgets 应用，项目名称为 mykeyevent，基类选择 QWidget，类名保持 Widget 不变。完成后在 widget.h 文件中添加函数声明：

```
protected:
    void keyPressEvent(QKeyEvent *event) override;
    void keyReleaseEvent(QKeyEvent *event) override;
```

再到 widget.cpp 文件中，添加头文件#include <QKeyEvent>，然后添加两个函数的定义：

```
void Widget::keyPressEvent(QKeyEvent *event)          // 键盘按下事件
{
    if(event->modifiers() == Qt::ControlModifier){    // 是否按下 Ctrl 键
        if(event->key() == Qt::Key_M)                 // 是否按下 M 键
            setWindowState(Qt::WindowMaximized);      // 窗口最大化
    }
    else QWidget::keyPressEvent(event);
}
void Widget::keyReleaseEvent(QKeyEvent *)             // 按键释放事件
{
    // 其他操作
}
```

在这里使用了 Ctrl+M 键来使窗口最大化，在键盘按下事件处理函数中，先检测 Ctrl 键是否按下，如果是，那么再检测 M 键是否按下。可以运行程序测试一下效果。

7.1.5 定时器事件与随机数

QTimerEvent 类用来描述一个定时器事件。对于一个 QObject 的子类，只需要使用 int QObject::startTimer(int interval, Qt::TimerType timerType = Qt::CoarseTimer)函数就可以开启一个定时器，函数的第一个参数 interval 用来设置触发定时器事件的间隔，单位是毫秒，第二个参数用来设置精度。该函数返回一个整型编号来代表这个定时器，可以使用 QObject::killTimer(int id)来关闭指定的定时器。当定时器溢出时，可以在 timerEvent()函数中进行需要的操作。

其实编程中更多的是使用 QTimer 类来实现一个定时器，它提供了更高层次的编程接口，比如可以使用信号和槽，还可以设置只运行一次的定时器。在以后的章节中，如果使用定时器，那么一般都是使用 QTimer 类。关于定时器的介绍，可以在帮助中通过 Timers 关键字查看。

关于随机数，Qt 中是使用 QRandomGenerator 类实现的，它可以从一个高质量的随机数生成器来生成随机的数值。使用时，可以在创建 QRandomGenerator 对象时直接给定一个数值作为种子来生成一组相同的随机数，给定不同的种子，那么生成的随机数序列也是不同的，也可以使用 seed()来设置种子。另外，可以使用 bounded()函数来设置生成随机数的范围，它有多种重载形式，例如 bounded(256)可以生成 [0, 256)（包含 0 但不包含 256）之间的一个随机整数；bounded(5.0)可以生成[0,5)之间的双精度浮点数；bounded(-10, 10)生成随机数的范围是[-10, 10)。在实际编程中，经常使用 QRandomGenerator::global()来获取一个 QRandomGenerator 的全局实例，它是线程安全的，并且使用了 QRandomGenerator::system()进行播种，可以保证生成序列的随机性。下面在具体的程序中来讲解这些知识点。

（项目源码路径为 src\07\7-5\mytimerevent）新建 Qt Widgets 应用，将项目名称更改为 mytimerevent，基类选择 QWidget，类名保持 Widget 不变。完成后首先在 widget.h 文件中添加函数声明：

```
protected:
    void timerEvent(QTimerEvent *event) override;
```

再添加私有成员变量：

```
int id1, id2, id3;
```

在 widget.cpp 文件中添加头文件#include <QDebug>，然后在构造函数中添加代码：

```
id1 = startTimer(1000);                    // 开启一个 1s 定时器，返回其 ID
id2 = startTimer(1500);
id3 = startTimer(2200);
```

因为 startTimer()函数的参数是以毫秒为单位的，这里使用 1000，所以是 1s，程序中获取了各个定时器的编号。下面添加定时器事件处理函数的定义。

```
void Widget::timerEvent(QTimerEvent *event)
{
    if (event->timerId() == id1) {          // 判断是哪个定时器
        qDebug() << "timer1";
    }
    else if (event->timerId() == id2) {
        qDebug() << "timer2";
    }
    else {
        qDebug() << "timer3";
    }
}
```

这里使用 QTimerEvent 的 timerId()函数来获取定时器的编号，然后判断是哪一个定时器并分别进行不同的操作。现在可以运行程序，查看"应用程序输出"窗口中的信息。

下面使用 QTimer 类实现一个简单的电子表。（项目源码路径为 src\07\7-6\mytimerevent）继续在前面的程序中添加内容。先在设计模式中往界面上添加一个 LCD Number 部件，再到 widget.h文件中添加私有槽声明：

```
private slots:
    void timerUpdate();
```

在 widget.cpp 文件中添加头文件：

```
#include <QTimer>
#include <QTime>
```

然后在构造函数中继续添加代码：

```
QTimer *timer = new QTimer(this);              // 创建一个新的定时器
connect(timer, &QTimer::timeout, this, &Widget::timerUpdate);
timer->start(1000);                            // 设置溢出时间为 1s，并启动定时器
```

下面添加定时器溢出信号槽函数的定义。

```
void Widget::timerUpdate()                      // 定时器溢出处理
{
    QTime time = QTime::currentTime();          // 获取当前时间
    QString text = time.toString("hh:mm");      // 转换为字符串
    if((time.second() % 2) == 0) text[2]=' ';   // 每隔一秒就将": "显示为空格
    ui->lcdNumber->display(text);
}
```

这里在构造函数中开启了一个 1s 的定时器，当它溢出时就会发射 timeout()信号，这时就会执行定时器溢出处理函数。在槽函数里获取了当前的时间，并且将它转换为可以显示的字符串，

然后使用 QTime 类的 second()函数获取秒的值，再将它与 2 进行取余操作，如果为 0，就让时与分之间的"："变为空格，这样便实现了每隔一秒闪烁一下的效果。现在运行程序查看效果。如果想停止一个定时器，可以调用它的 stop()函数。

下面再来看一下随机数的使用。首先在 widget.cpp 文件中添加头文件：

```
#include <QRandomGenerator>
#include <QPalette>
```

然后在 timerUpdate()函数里面添加如下代码：

```
int rand1 = QRandomGenerator::global()->bounded(256);// 产生[0,256）内的随机数
int rand2 = QRandomGenerator::global()->bounded(256);
int rand3 = QRandomGenerator::global()->bounded(256);
qDebug() << "rand: " << rand1 << rand2 << rand3;
QColor color(rand1, rand2, rand3);
//获取部件的调色板，通过调色板设置显示数字的颜色
QPalette palette = ui->lcdNumber->palette();
palette.setColor(QPalette::WindowText, color);
ui->lcdNumber->setPalette(palette);
```

上述代码获取了 3 个[0, 256)内的随机数，并用它们生成了一个随机颜色，然后使用调色板QPalette 设置了电子表显示数字的颜色。这时运行程序，可以看到 LCD Number 部件上的数字每隔 1s 便会更换一个颜色。

在 QTimer 类中还有一个 singleShot()函数来开启一个只运行一次的定时器，下面使用这个函数，让程序运行 20s 后自动关闭。在 widget.cpp 文件中的构造函数里添加一行代码：

```
QTimer::singleShot(20000, this, &Widget::close);
```

这里将时间设置为 20s，当溢出时便调用窗口部件的 close()函数来关闭窗口。可以运行一下程序，等待 20s，程序会自动退出。

7.1.6　拖放操作

对于一个实用的应用程序，不仅希望能从"文件"菜单中打开一个文件，更希望可以通过拖动，直接将桌面上的文件拖入程序界面来打开，就像可以将源文件拖入 Qt Creator 中打开一样。Qt 提供了强大的拖放机制，可以在帮助中通过 Drag and Drop 关键字来了解 Qt 的拖放机制。拖放操作分为拖动(Drag)和放下(Drop)两种操作，当数据被拖动时会存储为 MIME (Multipurpose Internet Mail Extensions)类型，在 Qt 中使用 QMimeData 类来表示 MIME 类型的数据，并使用 QDrag 类来完成数据的转移，而整个拖放操作都是在几个鼠标事件和拖放事件中完成的。

1. 使用拖放打开文件

下面先来看一个很简单的例子，就是将桌面上的.txt 文本文件拖入程序打开。（项目源码路径为 src\07\7-7\mydragdrop）新建 Qt Widgets 应用，项目名称改为 mydragdrop，类名和基类保持 MainWindow 和 QMainWindow 不变。建立完项目后，往界面上拖入一个 Text Edit 部件。然后在 mainwindow.h 文件中添加函数声明：

```
protected:
    void dragEnterEvent(QDragEnterEvent *event) override; // 拖动进入事件
    void dropEvent(QDropEvent *event) override;           // 放下事件
```

接着到 mainwindow.cpp 文件中添加头文件：

```
#include <QDragEnterEvent>
#include <QUrl>
#include <QFile>
```

```
#include <QTextStream>
#include <QMimeData>
```

最后对两个事件处理函数进行定义：

```
void MainWindow::dragEnterEvent(QDragEnterEvent *event) // 拖动进入事件
{
   if(event->mimeData()->hasUrls())                     // 数据中是否包含 URL
      event->acceptProposedAction();                    // 如果是则接收动作
   else event->ignore();                                // 否则忽略该事件
}

void MainWindow::dropEvent(QDropEvent *event)           // 放下事件
{
   const QMimeData *mimeData = event->mimeData();       // 获取 MIME 数据
   if(mimeData->hasUrls()){                             // 如果数据中包含 URL
      QList<QUrl> urlList = mimeData->urls();           // 获取 URL 列表
      // 将其中第一个 URL 表示为本地文件路径
      QString fileName = urlList.at(0).toLocalFile();
      if(!fileName.isEmpty()){                          // 如果文件路径不为空
         QFile file(fileName);       // 建立 QFile 对象并且以只读方式打开该文件
         if(!file.open(QIODevice::ReadOnly)) return;
         QTextStream in(&file);                         // 建立文本流对象
         ui->textEdit->setText(in.readAll());           // 将文件中所有内容读入编辑器
      }
   }
}
```

当鼠标拖拽一个数据进入主窗口时，就会触发 dragEnterEvent()事件处理函数，获取其中的 MIME 数据，然后查看它是否包含 URL 路径，因为拖入文本文件实际上就是拖入了它的路径，这就是 event->mimeData()->hasUrls()实现的功能。如果有这样的数据，就接收它，否则忽略该事件。QMimeData 类提供了几个用来处理常见 MIME 数据的函数，如表 7-1 所示。如果松开鼠标左键，将数据放入主窗口，就会触发 dropEvent()事件处理函数。这里获取了 MIME 数据中的 URL 列表，因为拖入的只有一个文件，所以获取了列表中的第一个条目，并使用 toLocalFile() 函数将它转换为本地文件路径。随后使用 QFile 和 QTextStream 将文件中的数据读入编辑器中。最后，进入 mainwindow.cpp 文件，在构造函数中添加一行代码：

```
setAcceptDrops(true);
```

这样主窗口就可以接收放下事件了。这时先运行程序，然后从桌面上将一个文本文件拖入程序主窗口界面（不是里面的 Text Edit 部件中），就可以看到在文本编辑器中显示了文本文件的内容。

表 7-1　常用 MIME 类型数据处理函数

测试函数	获取函数	设置函数	MIME 类型
hasText()	text()	setText()	text/plain
hasHtml()	html()	setHtml()	text/html
hasUrls()	urls()	setUrls()	text/url-list
hasImage()	imageData()	setImageData()	image/*
hasColor()	colorData()	setColorData()	application/x-color

2. 自定义拖放操作

下面我们再来看一个在窗口中拖动图片的例子，实现的功能是：在窗口中有一张图片，可以随意拖动它。这里需要用到自定义的 MIME 类型。

（项目源码路径为 src\07\7-8\imagedragdrop）新建 Qt Widgets 应用，项目名称改为 imagedragdrop，

类名和基类保持 MainWindow 和 QMainWindow 不变。完成后，在 mainwindow.h 文件中对几个事件处理函数进行声明：

```
protected:
    void mousePressEvent(QMouseEvent *event) override;      // 鼠标按下事件
    void dragEnterEvent(QDragEnterEvent *event) override;   // 拖动进入事件
    void dragMoveEvent(QDragMoveEvent *event) override;     // 拖动事件
    void dropEvent(QDropEvent *event) override;             // 放下事件
```

然后到 mainwindow.cpp 文件中添加头文件：

```
#include <QLabel>
#include <QMouseEvent>
#include <QDragEnterEvent>
#include <QDragMoveEvent>
#include <QDropEvent>
#include <QPainter>
#include <QMimeData>
#include <QDrag>
```

在构造函数中添加如下代码。

```
setAcceptDrops(true);                        // 设置窗口部件可以接收拖入
QLabel *label = new QLabel(this);            // 创建标签
QPixmap pix("../imagedragdrop/logo.png");
label->setPixmap(pix);                       // 添加图片
label->resize(pix.size());                   // 设置标签大小为图片的大小
label->move(100,100);
label->setAttribute(Qt::WA_DeleteOnClose);   // 当窗口关闭时销毁图片
```

这里必须先设置部件使其可以接受拖放操作，窗口部件默认是不可以接受拖放操作的。然后创建了一个标签，并且为其添加了一张图片，这里将图片放入了项目源码目录下。下面添加那几个事件处理函数的定义。

```
void MainWindow::mousePressEvent(QMouseEvent *event)        //鼠标按下事件
{
    // 第1步：获取图片
    // 将鼠标指针所在位置的部件强制转换为 QLabel 类型
    QLabel *child = static_cast<QLabel*>(childAt(event->position().toPoint()));
    if(!child->inherits("QLabel")) return;  // 如果部件不是 QLabel，则直接返回
    QPixmap pixmap = child->pixmap();        // 获取 QLabel 中的图片

    // 第2步：自定义 MIME 类型
    QByteArray itemData;                                     // 创建字节数组
    QDataStream dataStream(&itemData, QIODevice::WriteOnly); // 创建数据流
    // 将图片信息、位置信息输入字节数组中
    dataStream << pixmap << QPoint(event->pos() - child->pos());

    // 第3步：将数据放入 QMimeData 中
    QMimeData *mimeData = new QMimeData;  // 创建 QMimeData 用来存放要移动的数据
    // 将字节数组放入 QMimeData 中，这里的 MIME 类型是我们自己定义的
    mimeData->setData("myimage/png", itemData);

    // 第4步：将 QMimeData 数据放入 QDrag 中
    QDrag *drag = new QDrag(this);          // 创建 QDrag，它用来移动数据
    drag->setMimeData(mimeData);
    drag->setPixmap(pixmap);//在移动过程中显示图片，若不设置，则默认显示一个小矩形
    drag->setHotSpot(event->pos() - child->pos()); // 拖动时鼠标指针的位置不变

    // 第5步：给原图片添加阴影
```

```
QPixmap tempPixmap = pixmap;            // 使原图片添加阴影
QPainter painter;                       // 创建 QPainter，用来绘制 QPixmap
painter.begin(&tempPixmap);
// 在图片的外接矩形中添加一层透明的淡黑色形成阴影效果
painter.fillRect(pixmap.rect(), QColor(127, 127, 127, 127));
painter.end();
child->setPixmap(tempPixmap);           // 在移动图片过程中，让原图片添加一层黑色阴影

// 第 6 步：执行拖放操作
if (drag->exec(Qt::CopyAction | Qt::MoveAction, Qt::CopyAction)
        == Qt::MoveAction)              // 设置拖放可以是移动和复制操作，默认是复制操作
    child->close();                     // 如果是移动操作，那么拖放完成后关闭原标签
else {
    child->show();                      // 如果是复制操作，那么拖放完成后显示标签
    child->setPixmap(pixmap);           // 显示原图片，不再使用阴影
}
}
```

鼠标按下时会触发鼠标按下事件，进而执行其处理函数，在这里进行了一系列操作，就像程序中注释所描述的那样，大体上可以分为 6 步。

（1）先获取鼠标指针所在处的部件的指针，将它强制转换为 QLabel 类型的指针，然后使用 inherits()函数判断它是不是 QLabel 类型，如果不是则直接返回，不再进行下面的操作。

（2）因为不仅要在拖动的数据中包含图片数据，还要包含它的位置信息，所以需要使用自定义的 MIME 类型。这里使用了 QByteArray 字节数组来存放图片数据和位置数据。然后使用 QDataStream 类将数据写入数组中。其中位置信息是当前鼠标指针的坐标减去图片左上角的坐标而得到的差值。

（3）创建 QMimeData 类对象指针，使用了自定义的 MIME 类型"myimage/png"，将字节数组放入 QMimeData 中。

（4）为了移动数据，用户必须创建 QDrag 类对象，然后为其添加 QMimeData 数据。这里为了在移动过程中一直显示图片，需要使用 setPixmap()函数为其设置图片。然后使用 setHotSpot() 函数指定了鼠标在图片上单击的位置，这里是相对于图片左上角的位置，如果不设定这个，那么在拖动图片过程中，指针会位于图片的左上角。

（5）在移动图片过程中，希望原来的图片有所改变来表明它正在被操作，所以为其添加了一层阴影。

（6）执行拖动操作，这需要使用 QDrag 类的 exec()函数，它不会影响主事件循环，所以这时界面不会被冻结。这个函数可以设定所支持的放下动作和默认的放下动作，比如这里设置了支持复制动作 Qt::CopyAction 和移动动作 Qt::MoveAction，并设置默认的动作是复制。这就是说拖动图片，可以是移动它，也可以是进行复制，而默认的是复制操作，比如使用 acceptProposedAction() 函数时就是使用默认的操作。当图片被放下后，exec()函数就会返回操作类型，这个返回值由下面要讲到的 dropEvent()函数中的设置决定。这里判断到底进行了什么操作，如果是移动操作，那么就删除原来的图片，如果是复制操作，就恢复原来的图片。

```
void MainWindow::dragEnterEvent(QDragEnterEvent *event) // 拖动进入事件
{
    // 如果有自定义的 MIME 类型数据，则进行移动操作
    if (event->mimeData()->hasFormat("myimage/png")) {
        event->setDropAction(Qt::MoveAction);
        event->accept();
    } else {
        event->ignore();
    }
```

```
}
void MainWindow::dragMoveEvent(QDragMoveEvent *event)    // 拖动事件
{
    if (event->mimeData()->hasFormat("myimage/png")) {
        event->setDropAction(Qt::MoveAction);
        event->accept();
    } else {
        event->ignore();
    }
}
```

在这两个事件处理函数中，先判断拖动的数据中是否有自定义的 MIME 类型的数据，如果有，则执行移动动作 Qt::MoveAction。

```
void MainWindow::dropEvent(QDropEvent *event) // 放下事件
{
    if (event->mimeData()->hasFormat("myimage/png")) {
        QByteArray itemData = event->mimeData()->data("myimage/png");
        QDataStream dataStream(&itemData, QIODevice::ReadOnly);
        QPixmap pixmap;
        QPoint offset;
        // 使用数据流将字节数组中的数据读入 QPixmap 和 QPoint 变量中
        dataStream >> pixmap >> offset;
        // 新建标签，为其添加图片，并根据图片大小设置标签的大小
        QLabel *newLabel = new QLabel(this);
        newLabel->setPixmap(pixmap);
        newLabel->resize(pixmap.size());
        // 让图片移动到放下的位置，不然图片会默认显示在(0,0)点，即窗口左上角
        newLabel->move(event->position().toPoint() - offset);
        newLabel->show();
        newLabel->setAttribute(Qt::WA_DeleteOnClose);
        event->setDropAction(Qt::MoveAction);
        event->accept();
    } else {
        event->ignore();
    }
}
```

在放下事件中，使用字节数组获取了拖放的数据，然后将其中的图片数据和位置数据读取到两个变量中，并使用它们来设置新建的标签。现在可以运行程序并拖动图片查看效果。

这个例子中是对图片进行移动，如果想对图片进行复制，只需要将 dragEnterEvent()、dragMoveEvent()和 dropEvent()等函数中的 event->setDropAction()的参数改为 Qt::CopyAction 即可。对于拖放操作的其他应用，比如根据移动的距离来判断是否开始一个拖放操作，还有剪贴板 QClipboard 类，都可以在帮助中通过 Drag and Drop 关键字查看。

7.2　Qt Quick 事件处理

前面讲解了事件的一些概念和在 Qt Widgets 编程中的应用。在 Qt Quick 编程中，也需要对鼠标、键盘等事件进行处理。因为 Qt Quick 程序更多的是实现触摸式用户界面，所以对鼠标（在触屏设备上可能是手指）的处理更常见。可以在帮助中通过 Important Concepts In Qt Quick - User Input 关键字查看本节相关内容。

7.2.1　MouseArea

在 QML 编码中，如果想要一个项目可以交互，一般会在该项目上放置一个 MouseArea 对

象。MouseArea 是一个不可见的项目，通常用来和一个可见的项目配合使用，为可视项目提供鼠标事件处理。鼠标事件处理的逻辑完全包含在这个 MouseArea 项目中。

MouseArea 的 enabled 属性可以用来设置是否启用鼠标处理，默认为 true。如果设置为 false，MouseArea 对鼠标事件将会变为透明，也就是不再处理任何鼠标事件。只读的 pressed 属性表明用户是否在 MouseArea 上按住了鼠标按钮，这个属性经常用于属性绑定，可以在鼠标按下时执行一些操作。只读的 containsMouse 属性表明当前鼠标光标是否在 MouseArea 上，默认只有鼠标的一个按钮处于按下状态时才可以被检测到。鼠标位置和按钮单击等信息是通过信号提供的，可以使用事件处理器来获取这些信息。常用的有 onClicked()、onDoubleClicked()、onPressed()、onReleased() 和 onPressAndHold() 等，使用 onWheel() 则可以处理滚轮事件。

默认情况下，MouseArea 项目只报告鼠标单击，而不报告鼠标光标的位置改变，这可以通过设置 hoverEnabled 属性为 true 来进行更改。这样设置之后，onPositionChanged()、onEntered() 和 onExited() 等处理函数才可以使用，而且这时 containsMouse 属性也可以在没有鼠标按钮按下的情况下检查光标。

下面我们看一个简单的例子，效果是在一个绿色的正方形上单击使其变为红色（项目源码路径为 src\07\7-9\mymousearea）。

```
Rectangle {
    width: 100; height: 100; color: "green"

    MouseArea {
        anchors.fill: parent
        onClicked: { parent.color = 'red' }
    }
}
```

这里使用了 anchors.fill: parent 来使 MouseArea 充满整个 Rectangle 区域，这个在实际编程中经常用到。因为只有在 MouseArea 上单击才能进行处理，现在 MouseArea 覆盖了整个 Rectangle，所以在 Rectangle 的任何位置单击都有效果。

如果 MouseArea 与其他 MouseArea 项目重叠，那么可以设置 propagateComposedEvents 属性为 true 来传播 clicked、doubleClicked 和 pressAndHold 等事件。但是只有在 MouseArea 没有接受这些事件时，它们才可以继续向下传播。也就是说，如果事件已经在一个 MouseArea 中进行处理，则需要在其事件处理器中设置 MouseEvent.accepted 为 false，这样该事件才能继续传播。例如在下面的例子中，蓝色矩形绘制在黄色矩形之上，而蓝色矩形的 MouseArea 设置了 propagateComposedEvents 为 true，并且 clicked 和 doubleClicked 事件的 MouseEvent.accepted 设置为了 false，所以蓝色矩形所有的单击和双击事件都会传播到黄色矩形（项目源码路径为 src\07\7-10\mymousearea）。

```
Rectangle {
    color: "yellow"; width: 100; height: 100

    MouseArea {
        anchors.fill: parent
        onClicked: console.log("clicked yellow")
        onDoubleClicked: console.log("double clicked yellow")
    }

    Rectangle {
        color: "blue"; width: 50; height: 50

        MouseArea {
            anchors.fill: parent
            propagateComposedEvents: true
```

```
        onClicked: (mouse)=> {
            console.log("clicked blue")
            mouse.accepted = false
        }
        onDoubleClicked: (mouse)=> {
            console.log("double clicked blue")
            mouse.accepted = false
        }
    }
  }
}
```

7.2.2 鼠标事件 MouseEvent 和滚轮事件 WheelEvent

Qt Quick 的可视项目结合 MouseArea 类型可以获取鼠标相关事件，并通过信号和处理器与鼠标进行交互。大多数 MouseArea 的信号都包含了一个 mouse 参数，它是 MouseEvent 类型的，例如前面使用的 mouse.accepted。

在 MouseEvent 对象中，可以设置 accepted 属性为 true 来防止鼠标事件传播到下层的项目；通过 x 和 y 属性获取鼠标的位置；通过 button 或 buttons 属性可以获取按下的按键；通过 modifiers 属性可以获取按下的键盘修饰符等。这里的 button 可取的值有 Qt.LeftButton（左键）、Qt.RightButton（右键）和 Qt.MiddleButton（中键）；而 modifiers 的值由多个按键进行位组合而成，在使用时需要将 modifiers 与这些特殊的按键进行按位与来判断按键，常用的按键如下。

- Qt.NoModifier：没有修饰键被按下；
- Qt.ShiftModifier：Shift 键被按下；
- Qt.ControlModifier：Ctrl 键被按下；
- Qt.AltModifier：Alt 键被按下；
- Qt.MetaModifier：Meta 键被按下；
- Qt.KeypadModifier：一个小键盘按键被按下。

在下面的例子中，右击鼠标矩形变为蓝色，单击变为红色，当按下 Shift 键的同时双击鼠标，矩形变为绿色（项目源码路径为 src\07\7-11\mymouseevent）。

```
Rectangle {
    width: 100; height: 100; color: "green"

    MouseArea {
        anchors.fill: parent
        acceptedButtons: Qt.LeftButton | Qt.RightButton
        onClicked: (mouse)=> {
            if (mouse.button === Qt.RightButton)
                parent.color = 'blue';
            else
                parent.color = 'red';
        }
        onDoubleClicked: (mouse)=> {
            if ((mouse.button === Qt.LeftButton)
                && (mouse.modifiers & Qt.ShiftModifier))
                parent.color = "green"
        }
    }
}
```

除了使用 MouseEvent 获取鼠标按键事件，还可以使用 WheelEvent 获取鼠标滚轮事件。MouseArea 的 onWheel 处理器有一个 wheel 参数，就是 WheelEvent 类型的。

WheelEvent 最重要的一个属性是 angleDelta，可以用来获取滚轮滚动的距离，它的 x 和 y

坐标分别保存了水平和垂直方向的增量。滚轮向上或向右滚动返回正值，向下或向左滚动返回负值。对于大多数鼠标，每当滚轮旋转一下，默认是 15°，此时 angleDelta 的值就是 15×8，即整数 120。在下面的例子中，当按下 Ctrl 键的同时，滚轮向上滚动便放大字号，向下滚动便缩小字号（项目源码路径为 src\07\7-12\mywheelevent）。

```
Rectangle {
    width: 360; height: 360
    Text { id:myText; anchors.centerIn: parent; text: "Qt" }
    MouseArea {
        anchors.fill: parent
        onWheel: (wheel)=> {
            if (wheel.modifiers & Qt.ControlModifier) {
                if (wheel.angleDelta.y > 0)
                    myText.font.pointSize += 1
                else
                    myText.font.pointSize -= 1
            }
        }
    }
}
```

7.2.3　拖放事件 DragEvent

要想实现简单的拖动，可以使用 MouseArea 中的 drag 属性组，如表 7-2 所示。

表 7-2　MouseArea 中的 drag 属性组

属　　性	作　　用	值
drag.target	指定要拖动的项目 ID	对象
drag.active	指定目标项目当前是否可以被拖动	true 或 false
drag.axis	指定可以拖动的方向	Drag.XAxis：水平方向； Drag.YAxis：垂直方向； Drag.XAndYAxis：水平和垂直方向
drag.minimumX	水平方向最小拖动距离	real 类型的值
drag.maximumX	水平方向最大拖动距离	real 类型的值
drag.minimumY	垂直方向最小拖动距离	real 类型的值
drag.maximumY	垂直方向最大拖动距离	real 类型的值
drag.filterChildren	使子 MouseArea 也启用拖动	true 或 false
drag.smoothed	是否平滑拖动	true 或 false
drag.threshold	启用拖动的阈值，超过该值才被认为是一次拖动；合理设置阈值可以有效避免用户因抖动等原因造成的拖动误判	real 类型的值（以像素为单位）

下面我们看一个例子，实现的效果是：红色矩形只能在父对象的水平方向上移动，在移动的同时改变透明度（项目源码路径为 src\07\7-13\mydrag）。

```
Rectangle {
    id: container; width: 600; height: 200

    Rectangle {
        id: rect; width: 50; height: 50
        color: "red"; opacity: (600.0 - rect.x) / 600

        MouseArea {
```

```
                    anchors.fill: parent
                    drag.target: rect; drag.axis: Drag.XAxis
                    drag.minimumX: 0
                    drag.maximumX: container.width - rect.width
                }
            }
        }
```

要实现更复杂的拖放操作，比如想获取拖动项目的相关信息，那么就要使用 DragEvent 拖放事件了。在 DragEvent 中可以通过 x 和 y 属性获取拖动的位置；使用 keys 属性获取可以识别数据类型或源的键列表；通过 hasColor、hasHtml、hasText 和 hasUrls 属性来确定具体的拖动类型；具体的类型数据可以使用 colorData、html、text 和 urls 属性获得；formats 属性可以获取拖动数据中包含的 MIME 类型格式的列表；可以使用 drag.source 来获取拖动事件的源。

其实，在实际编程中启动拖动并不是直接操作 DragEvent，而是使用 Drag 附加属性和 DropArea。任何项目都可以使用 Drag 来实现拖放。当一个项目的 Drag 附加属性的 active 属性设置为 true 时，该项目的任何位置变化都会产生一个拖动事件，并发送给与项目新位置相交的 DropArea。其他实现了拖放事件处理器的项目也可以接收这些事件。Drag 附加属性的内容如表 7-3 所示。

表 7-3　Drag 附加属性、信号和方法

属性、信号和方法	说　明	值
drag.active	拖放事件序列当前是否处于活动状态	true 或 false
dragType	拖放类型	Drag.None：不会自动开始拖放； Drag.Automatic：自动开始拖放； Drag.Internal（默认）：自动开始向后兼容的拖放
hotSpot	拖拽的位置，相对于项目左上角	QPointF 类型数据，默认值是(0,0)
keys	可以被 DropArea 用来过滤拖放事件	字符串列表
mimeData	在 startDrag 使用的 MIME 数据映射	字符串列表
proposedAction	拖放源建议的动作，作为 Drag.drop() 的返回值	Qt.CopyAction：向目标复制数据； Qt.MoveAction：从源向目标移动数据； Qt.LinkAction：从源向目标创建一个链接； Qt.IgnoreAction：忽略该动作
source	拖放事件的发起对象（源）	对象
supportedActions	拖放源支持的 Drag.drop() 的返回值	同 proposedAction
target	最后接收进入事件的对象（目标）	对象
onDragFinished (DropAction action)	由 startDrag 方法或者使用 dragType 自动开始的，拖放结束时被调用	
onDragStarted()	由 startDrag 方法或者使用 dragType 自动开始的，拖放开始时被调用	
void cancel()	结束一个拖放序列	
enumeration drop()	通过向目标项目发送一个 drop 事件来结束一个拖放序列	返回值与 proposedAction 取值相同
void start(flags supportedActions)	开始发送拖放事件，旧样式	参数取值与 proposedAction 取值相同
void startDrag(flags supportedActions)	开始发送拖放事件，新样式，推荐使用	参数取值与 proposedAction 取值相同

DropArea 是一个不可见的项目。当其他项目拖动到其上时，它可以接收相关的事件。可以

通过 drag.x 和 drag.y 获取最后一个拖放事件的坐标；使用 drag.source 获取拖放的源对象；通过 keys 获取拖放的键列表。当 DropArea 范围内有拖放进入时，会调用 onEntered(DragEvent drag) 处理器；当有 drop 事件发生时，会调用 onDropped(DragEvent drop)处理器；当拖放离开时，会调用 onExited()处理器；当拖放位置改变时，会调用 onPositionChanged(DragEvent drag)处理器。

为了更好地理解拖放操作，我们看一个例子。首先创建几个可以自定义颜色的小矩形，它们使用 MyRect.qml 文件定义的组件创建。然后创建一个大矩形，可以通过将小矩形拖动到大矩形来为其染色（项目源码路径为 src\07\7-14\mydrag）。

```
// MyRect.qml
import QtQuick

Rectangle {
    id: rect; width: 20; height: 20

    Drag.active: dragArea.drag.active
    Drag.hotSpot.x: 10; Drag.hotSpot.y: 10
    Drag.source: rect
    MouseArea {
        id: dragArea
        anchors.fill: parent
        drag.target: parent
    }
}
```

下面通过 MyRect 来创建多个不同颜色的小矩形，可以将小矩形拖入大矩形从而为其染色。

```
// mydrag.qml
import QtQuick

Item {
    width: 400; height: 150

    DropArea {
        x: 175; y: 75; width: 50; height: 50
        Rectangle {
            id: area; anchors.fill: parent
            border.color: "black"
        }
        onEntered: {
            area.color = drag.source.color
        }
    }

    MyRect{color: "blue"; x:110 }
    MyRect{color: "red"; x:140 }
    MyRect{color: "yellow"; x:170 }
    MyRect{color: "black"; x:200 }
    MyRect{color: "steelblue"; x:230 }
    MyRect{color: "green"; x:260 }
}
```

7.2.4 键盘事件 KeyEvent

当一个键盘按键按下或者释放时，会产生一个键盘事件，并将其传递给具有焦点的 Qt Quick 项目（将一个项目的 focus 属性设置为 true，这个项目便会获得焦点）。为了方便创建可重用的组件和解决一些实现流畅用户界面的特有问题，Qt Quick 在 Qt 传统的键盘焦点模型上添加了基于作用域的扩展。可以在 Qt 帮助中通过 Keyboard Focus in Qt Quick 关键字查看本节内容。

1. 按键处理概述

当用户按下或者释放一个按键，会按以下步骤进行处理。

（1）Qt 获取键盘动作并产生一个键盘事件。

（2）如果 Window 是活动窗口，那么键盘事件会传递给它。

（3）场景将键盘事件交付给具有活动焦点的项目。如果没有项目具有活动焦点，键盘事件会被忽略。

（4）如果具有活动焦点的项目接受了该键盘事件，那么传播将停止。否则，该事件会传递到其父项目，直到事件被接受，或者到达根项目。

（5）如果到达了根项目，该键盘事件会被忽略，而继续进行常规的 Qt 按键处理。

所有基于 Item 的可见项目都可以通过 Keys 附加属性来进行按键处理。Keys 附加属性提供了基本的处理器，如 onPressed 和 onReleased，也提供了对特殊按键的处理器，如 onSpacePressed。下面的代码中为 Item 指定了键盘焦点，并且在不同的按键处理器中处理了相应的按键（项目源码路径为 src\07\7-15\mykeyevent）。

```
Item {
    focus: true
    Keys.onPressed: (event)=> {
        if (event.key === Qt.Key_Left) {
            console.log("move left");
            event.accepted = true;
        }
    }
    Keys.onReturnPressed: console.log("Pressed return");
}
```

这里的 event.accepted 设置为 true，可以防止事件继续传播。可以参考 Keys 附加属性的帮助文档来查看其提供的所有处理器，在这些处理器中大多含有一个 KeyEvent 参数，它提供了关于该键盘事件的信息。例如这里的 event.key 获取了按下的按键，另外还有 accepted 属性判断是否接受按键、isAutoRepeat 属性判断是不是自动重复按键、modifiers 属性获取修饰符等。

2. 导航键

Qt Quick 还有一个 KeyNavigation 附加属性，可以用来实现使用方向键或者 Tab 键进行项目的导航。它的属性有 backtab（Shift+Tab）、down、left、priority、right、tab 和 up 等。例如，下面的代码实现了使用方向键在 2×2 的项目网格中进行导航（项目源码路径为 src\07\7-16\mykeynavigation）。

```
Grid {
    width: 100; height: 100; columns: 2

    Rectangle {
        id: topLeft; width: 50; height: 50
        color: focus ? "red" : "lightgray"
        focus: true
        KeyNavigation.right: topRight
        KeyNavigation.down: bottomLeft
    }

    Rectangle {
        id: topRight; width: 50; height: 50
        color: focus ? "red" : "lightgray"
        KeyNavigation.left: topLeft
        KeyNavigation.down: bottomRight
    }
```

```
Rectangle {
    id: bottomLeft; width: 50; height: 50
    color: focus ? "red" : "lightgray"
    KeyNavigation.right: bottomRight
    KeyNavigation.up: topLeft
}

Rectangle {
    id: bottomRight; width: 50; height: 50
    color: focus ? "red" : "lightgray"
    KeyNavigation.left: bottomLeft
    KeyNavigation.up: topRight
}
}
```

左上角的项目因为将 focus 设置为了 true，所以初始化时它获得了焦点。当按下方向键，焦点会移动到相应的项目。KeyNavigation 默认会在它绑定的项目之后获得键盘事件。如果该项目接受了这个键盘事件，那么 KeyNavigation 就不能再接收到该事件了。这个可以通过设置 priority 属性来进行更改。它有两个值：KeyNavigation.AfterItem（默认）、KeyNavigation.BeforeItem。当设置为第二个值时，KeyNavigation 会在项目处理键盘事件之前处理该事件。不过，如果 KeyNavigation 处理了该事件，这个事件就会被接受而不再传播到相应的项目了。如果要导航到的项目不可用或者不可见，那么会尝试跳过该项目并导航到下一个项目。也就是说，允许在一个导航处理器中添加一个项目链，如果多个项目都不可用或者都不可见，它们同样会被跳过。

3. 查询活动焦点项目

一个项目是否具有活动焦点，可以通过 Item::activeFocus 属性进行查询。例如，下面代码片段用于判断 Text 类型的文本是否获取了焦点。

```
Text {
    text: activeFocus ? "focus!" : "no focus"
}
```

7.2.5　定时器 Timer 和随机数

定时器用来使一个动作在指定的时间间隔触发一次或者多次，在 QML 中使用 Timer 类型来表示一个定时器。下面的代码中使用了一个定时器来显示当前的日期和时间，并每隔 1000ms 更新一次文本的显示。这里使用 JavaScript 的 Date 对象来获取当前的时间（项目源码路径为 src\07\7-17\mytimer）。

```
Item {
    Timer {
        interval: 1000; running: true; repeat: true
        onTriggered: time.text = Date().toString()
    }
    Text { id: time }
}
```

这里的 interval 属性用来设置时间间隔，单位是毫秒，默认值是 1000ms；repeat 属性用来设置是否重复触发，如果为 false，则只触发一次并自动将 running 属性设置为 false；当 running 属性设置为 true 时，将开启定时器，否则停止定时器，其默认值为 false；当定时器触发时，会执行 onTriggered()信号处理器，在这里可以定义需要进行的操作。Timer 还提供了一系列函数，如 restart()、start()、stop()等。

注意，如果定时器正在运行的过程中改变其属性值，那么经过的时间将被重置。例如，一个间隔为 1000ms 的定时器在经过了 500ms 以后，它的 repeat 属性被改变，那么经过的时间将会被重置为 0，再过 1000ms 以后才会触发定时器。关于定时器的使用，也可以参考一下 Qt 自带的 Clocks 示例程序。

在 QML 代码中可以通过 Math.random()产生[0.0, 1.0)之间的随机数，如果想产生[x,y)之间的随机数，可以使用 Math.random()*(y−x)+x，例如产生[1,3)之间的随机数，就是 Math.random()*2+1。将前面例子中定时器的定义代码更改如下。

```
Timer {
   interval: 1000; running: true; repeat: true
   onTriggered: {
      time.text = Date().toString()
      time.color = Qt.rgba(Math.random(), Math.random(), Math.random(), 1)
   }
}
```

这里每次更新时间都使用了随机的文本颜色，可以运行程序查看效果。

7.3 小结

我们在本章主要介绍了 Qt 中事件的应用，读者要掌握常用事件的处理方法，包括重新实现事件处理函数和使用事件过滤器；还涉及了定时器和随机数的知识，这些内容在实现一些特殊效果以及动画、游戏中会经常用到。在 Qt Widgets 和 Qt Quick 编程中，事件的处理原理是相似的，读者可以相互参照学习。

7.4 练习

1. 简述 Qt Widgets 中事件的概念和处理事件的几种方法。
2. 简述 Qt Widgets 中事件的传递顺序。
3. 掌握 Qt Widgets 中鼠标事件、键盘事件和定时器的应用。
4. 了解 Qt Widgets 中拖放操作的实现过程。
5. 掌握 Qt Quick 中 MouseArea 类型的应用。
6. 掌握 Qt Quick 中鼠标事件、拖放事件、键盘事件和定时器的应用。
7. 了解 Qt 编程中随机数的使用方法。

第8章　界面外观和国际化

一个完善的应用程序不仅应该有实用的功能，还要有一个漂亮的外观，这样才能使应用程序更加友善、更加吸引用户。作为一个跨平台的 UI 开发框架，Qt 提供了强大而灵活的界面外观设计机制。这一章将学习在 Qt 中设计应用程序外观的相关知识，会对 Qt Widgets 中的 QStyle、Qt 样式表（Qt Style Sheets）和 Qt Quick 中的控件样式进行重点讲解，最后还会涉及国际化的知识。

8.1　Qt Widgets 外观样式

QStyle 类是一个抽象基类，封装了一个 GUI 的外观样式，Qt 的内建（built-in）部件使用它来执行几乎所有的绘制工作，以确保这些部件看起来可以像各个平台上的本地部件一样。Qt 包含一组 QStyle 的子类，可以模拟 Qt 支持的不同平台的样式，默认情况下，这些样式被内置于 Qt GUI 模块中。另外，也可以通过插件来提供样式。

QStyleFactory 类可以创建 QStyle 对象：首先通过 keys() 函数获取可用的样式，然后使用 create() 函数创建一个 QStyle 对象。一般 Windows 样式和 Fusion 样式是默认可用的，而有些样式只在特定的平台上才有效，例如 WindowsXP 样式、WindowsVista 样式、GTK 样式和 Macintosh 样式等。

在使用 Qt Creator 设计模式设计界面时，可以使用 Qt 提供的各种样式进行预览，当然也可以使用特定的样式来运行程序。下面我们看一个具体的例子。

（项目源码路径为 src\08\8-1\mystyle）新建 Qt Widgets 应用，项目名称为 mystyle，类名为 MainWindow，基类 QMainWindow 保持不变。建立完项目后，双击 mainwindow.ui 文件进入设计模式，向界面上拖入 Push Button、Check Box、Spin Box、Horizontal Scroll Bar、LCD Number 和 Progress Bar 等部件。然后选择"工具→Form Editor→Preview in"菜单项，这里列出了现在可用的几种样式，选择"Fusion 样式"，预览效果如图 8-1 所示。也可以使用其他几种样式进行预览。

如果想使用不同的样式来运行程序，那么只需要调用 QApplication 的 setStyle() 函数指定要使用的样式即可。现在打开 main.cpp 文件，添加头文件#include <QStyleFactory>，然后在 main() 函数的"QApplication a(argc, argv);"一行代码后添加如下一行代码。

图 8-1　Fusion 样式预览效果

```
a.setStyle(QStyleFactory::create("fusion"));
```

这时运行程序，便会使用 Fusion 样式。如果不想在程序中指定样式，而是想在运行程序时再指定，那么就可以在使用命令行运行程序时通过添加参数来指定，比如要使用 Fusion 样式，则可以使用"-style fusion"参数。如果不想整个应用程序都使用相同的样式，那么可以调用部件的 setStyle() 函数来指定该部件的样式。进入 mainwindow.cpp 文件，先添加头文件#include <QStyleFactory>，然后在构造函数中添加如下一行代码。

```
ui->progressBar->setStyle(QStyleFactory::create("windows"));
```

这时再次运行程序，其中的进度条部件就会使用 Windows 的样式了。除了 Qt 提供的这些样式，你也可以自定义样式，一般的做法是子类化 Qt 的样式类，或者子类化 QCommonStyle 类。这些内容这里不再详述，有兴趣的读者可以查看 Styles Example 示例程序。关于 Qt 样式更多的内容，可以在帮助中通过 Styles and Style Aware Widgets 关键字查看。

8.2　Qt 样式表

Qt 样式表是一个可以自定义部件外观的十分强大的机制，Qt 样式表的概念、术语和语法都受到了 HTML 的层叠样式表（Cascading Style Sheets，CSS）的启发，不过与 CSS 不同的是，Qt 样式表应用于部件的世界。可以在帮助中通过 Qt Style Sheets 关键字查看本节相关内容。

样式表可以使用 QApplication::setStyleSheet()函数将其设置到整个应用程序上，也可以使用 QWidget::setStyleSheet()函数将其设置到一个指定的部件（还有它的子部件）上。如果在不同的级别都设置了样式表，那么 Qt 会使用所有有效的样式表，这被称为样式表的层叠。下面我们看一个简单的例子。

8.2.1　使用代码设置样式表

（项目源码路径为 src\08\8-2\mystylesheets）新建 Qt Widgets 应用，项目名称为 mystylesheets，类名为 MainWindow，基类为 QMainWindow 保持不变。建立好项目后进入设计模式，向界面上拖入一个 Push Button 和一个 Horizontal Slider 部件，然后在 mainwindow.cpp 文件的构造函数里添加如下代码。

```
ui->pushButton->setStyleSheet("background:yellow");
ui->horizontalSlider->setStyleSheet("background:blue");
```

这样便设置了两个部件的背景色，可以运行程序查看效果。不过像这样调用指定部件的 setStyleSheet()函数，只会对这个部件应用该样式表，如果想对所有相同部件都使用相同的样式表，那么可以在它们的父部件上设置样式表。因为这里两个部件都在 MainWindow 上，所以可以为 MainWindow 设置样式表。先注释掉上面的两行代码，然后添加如下代码。

```
setStyleSheet("QPushButton{background:yellow}QSlider{background:blue}");
```

这样，以后向主窗口上添加的所有 QPushButton 部件和 QSlider 部件的背景色都会改为这里指定的颜色。除了使用代码来设置样式表，也可以在设计模式中为添加到界面上的部件设置样式表，这样更加直观。

8.2.2　在设计模式中设置样式表

先注释掉上面添加的代码，然后进入设计模式。在界面上右击，在弹出的快捷菜单中选择"改变样式表"，这时会出现"编辑样式表"对话框，在其中输入如下代码。

```
QPushButton{
}
```

注意光标留在第一个大括号后。然后单击"添加颜色"选项后面的下拉箭头，在弹出的列表中选择 background-color 一项，如图 8-2 所示。这时会弹出"选择颜色"对话框，可以随便选择一个颜色，然后单击"确定"按钮，则自动添加如下代码。

```
QPushButton{
background-color: rgb(85, 170, 127);
}
```

图 8-2　在设计模式编辑样式表

根据选择颜色的不同，rgb()中参数的数值也会不同。可以看到，这里设置样式表不仅很便捷，而且很直观，不仅可以设置颜色，还可以使用图片，使用渐变颜色或者更改字体。相似的，可以再设置 QSlider 的背景色。在设计模式，有时无法正常显示设置好的样式表效果，不过运行程序后会正常显示。这里是在 MainWindow 界面上设置了样式表，当然，也可以按照这种方法在指定的部件上添加样式表。

8.2.3　Qt 样式表语法

Qt 样式表的术语和语法规则与 HTML CSS 基本相同，下面从样式规则、选择器类型、子控件等几个方面来进行讲解。读者可以在帮助中通过 The Style Sheet Syntax 关键字查看本节的相关内容。

1. 样式规则

样式表包含了一系列的样式规则，每个样式规则由选择器（selector）和声明（declaration）组成。选择器指定了受该规则影响的部件；声明指定了这个部件上要设置的属性。例如：

```
QPushButton{color:red}
```

在这个样式规则中，QPushButton 是选择器，{color:red}是声明，其中 color 是属性，red 是值。这个规则指定了 QPushButton 和它的子类应该使用红色作为前景色。Qt 样式表中一般不区分大小写，例如 color、Color、COLOR 和 COlOR 表示相同的属性。只有类名、对象名和 Qt 属性名是区分大小写的。一些选择器可以指定相同的声明，各选择器使用逗号隔开，例如：

```
QPushButton,QLineEdit,QComboBox{color:red}
```

样式规则的声明部分是一些"属性：值"对组成的列表，它们包含在大括号中，使用分号隔开。例如：

```
QPushButton{color:red;background-color:white}
```

可以在 Qt Style Sheets Reference 关键字对应的文档中查看 Qt 样式表所支持的所有部件及其属性。

2. 选择器类型

Qt 样式表支持在 CSS2 中定义的所有选择器。表 8-1 列出了常用的选择器类型。

表 8-1　常用的选择器类型

选择器	示　　例	说　　明
通用选择器	*	匹配所有部件
类型选择器	QPushButton	匹配所有 QPushButton 实例和它的所有子类
属性选择器	QPushButton[flat="false"]	匹配 QPushButton 的 flat 属性为 false 的实例

选择器	示　例	说　明
类选择器	.QPushButton	匹配所有 QPushButton 实例，但不包含它的子类
ID 选择器	QPushButton#okButton	匹配所有 QPushButton 中以 okButton 为对象名的实例
后代选择器	QDialog QPushButton	匹配所有 QPushButton 实例，它们必须是 QDialog 的子孙部件
孩子选择器	QDialog>QPushButton	匹配所有 QPushButton 实例，它们必须是 QDialog 的直接子部件

3. 子控件（Sub-Controls）

对一些复杂的部件修改样式，可能需要访问它们的子控件，例如 QComboBox 的下拉按钮，还有 QSpinBox 的向上和向下箭头等。选择器可以包含子控件来对部件的特定子控件应用规则，例如：

```
QComboBox::drop-down{image:url(dropdown.png)}
```

这样的规则可以改变所有的 QComboBox 部件的下拉按钮的样式。在 Qt Style Sheets Reference 关键字对应的帮助文档的 List of Sub-Controls 一项中列出了所有可用的子控件。

4. 伪状态（Pseudo-States）

选择器可以包含伪状态来限制规则只能应用在部件的指定状态上。伪状态出现在选择器之后，用冒号隔开，例如：

```
QPushButton:hover{color:white}
```

这个规则表明当鼠标悬停在一个 QPushButton 部件上时才被应用。伪状态可以使用感叹号来表示否定，例如要当鼠标没有悬停在一个 QRadioButton 上时才应用规则，那么这个规则可以写为：

```
QRadioButton:!hover{color:red}
```

伪状态还可以多个连用，达到逻辑与效果，例如当鼠标悬停在一个被选中的 QCheckBox 部件上时才应用规则，那么这个规则可以写为：

```
QCheckBox:hover:checked{color:white}
```

如果有需要，也可以使用逗号来表示逻辑或操作，例如：

```
QCheckBox:hover,QCheckBox:checked{color:white}
```

当然，伪状态也可以和子控件联合使用：

```
QComboBox::drop-down:hover { image: url(dropdown_bright.png) }
```

在 Qt Style Sheets Reference 关键字对应的帮助文档的 List of Pseudo-States 一项中列出了 Qt 支持的所有伪状态。

5. 冲突解决

当几个样式规则对相同的属性指定了不同的值时就会产生冲突。例如：

```
QPushButton#okButton { color: gray }
QPushButton { color: red }
```

这样，okButton 的 color 属性便产生了冲突。解决这个冲突的原则是：特殊的选择器优先。因为 QPushButton#okButton 一般代表一个单一的对象，而不是一个类所有的实例，所以它比 QPushButton 更特殊，那么这时便会使用第一个规则，okButton 的文本颜色为灰色。

相似的，有伪状态比没有伪状态优先。如果两个选择符的特殊性相同，则后面出现的比前面的优先。Qt 样式表使用 CSS2 规范来确定规则的特殊性。

6. 层叠

样式表可以被设置在 QApplication 上、父部件上或者子部件上。部件有效的样式表是通过部件祖先的样式表和 QApplication 上的样式表合并得到的。当发生冲突时，部件自己的样式表优先于任何继承的样式表，同样，父部件的样式表优先于祖先的样式表。

7. 继承

当使用 Qt 样式表时，部件并不会自动从父部件继承字体和颜色设置。例如，一个 QPushButton 包含在一个 QGroupBox 中，这里对 QGroupBox 设置样式表：

```
qApp->setStyleSheet("QGroupBox { color: red; } ");
```

但没有对 QPushButton 设置样式表。这时，QPushButton 会使用系统颜色，而不会继承 QGroupBox 的颜色。如果想要 QGroupBox 的颜色设置到其子部件上，可以这样设置样式表：

```
qApp->setStyleSheet("QGroupBox, QGroupBox * { color: red; }");
```

8. 设置 QObject 属性

从 Qt 4.3 开始，任何可设计的 Q_PROPERTY 都可以使用"qproperty-属性名称"语法来设置样式表。例如：

```
MyLabel { qproperty-pixmap: url(pixmap.png); }
MyGroupBox { qproperty-titleColor: rgb(100, 200, 100); }
QPushButton { qproperty-iconSize: 20px 20px; }
```

8.2.4　自定义部件外观

1. 盒子模型（The Box Model）

当使用样式表时，每一个部件都看作拥有 4 个同心矩形的盒子，如图 8-3 所示。这 4 个矩形分别是内容（content）、填衬（padding）、边框（border）和边距（margin）。边距、边框宽度和填衬等属性的默认值都是 0，这样 4 个矩形恰好重合。

可以使用 background-image 属性来为部件指定一个背景。默认 background-image 只在边框以内的区域进行绘制，这个可以使用 background-clip 属性来进行更改。还可以使用 background-repeat 和 background-origin 来控制背景图片的重复方式以及原点。

一个 background-image 无法随着部件的大小来自动缩放，如果想要背景随着部件的大小变化，那就必须使用

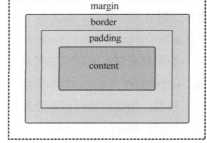

图 8-3　盒子模型示意图

border-image。如果同时指定了 background-image 和 border-image，那么 border-image 会绘制在 background-image 之上。

此外，image 属性可以用来在 border-image 之上绘制一个图片。如果使用 image 指定的图片的大小与部件的大小不匹配，那么它不会平铺或者拉伸。图片的对齐方式可以使用 image-position 属性来设置。

2. 自定义部件外观示例

下面我们看一个综合使用样式表的例子，继续在前面示例 8-2 的基础上进行更改。（项目源码路径为 src\08\8-3\mystylesheets）首先向项目目录中添加 3 张图片，再向项目中添加一个 Qt 资源文件，名称为 myresource。建立完成后，先添加前缀/images，然后将项目目录

中的 3 张图片添加进来，最后按下 Ctrl+S 快捷键进行保存。完成后进入设计模式，再次打开主
界面的"编辑样式表"对话框，先清空以前的代码，再添加如下代码。

```
/****************主界面背景*****************/
QMainWindow{
}
```

这里可以将光标放到第一个大括号后，然后在"添加资源"的下拉列表中选择 background-
image，在弹出的"选择资源"对话框中选择一张背景图片，这样便可以自动添加使用图片的代
码。随后更改 QPushButton 和 QSlider 的样式代码，最终的代码为：

```
/****************主界面背景*****************/
QMainWindow{
/*背景图片*/
background-image: url(:/images/bg.png);
}
/****************按钮部件*****************/
QPushButton{
/*背景色*/
background-color: rgba(100, 225, 100, 30);
/*边框样式*/
border-style: outset;
/*边框宽度为4像素*/
border-width: 4px;
/*边框圆角半径*/
border-radius: 10px;
/*边框颜色*/
border-color: rgba(255, 225, 255, 30);
/*字体*/
font: bold 14px;
/*字体颜色*/
color:rgba(0, 0, 0, 100);
/*填衬*/
padding: 6px;
}
/*鼠标悬停在按钮上时*/
QPushButton:hover{
background-color:rgba(100,255,100, 100);
border-color: rgba(255, 225, 255, 200);
color:rgba(0, 0, 0, 200);
}

/*按钮被按下时*/
QPushButton:pressed {
background-color:rgba(100,255,100, 200);
border-color: rgba(255, 225, 255, 30);
border-style: inset;
color:rgba(0, 0, 0, 100);
}
/****************滑块部件*****************/
/*水平滑块的手柄*/
QSlider::handle:horizontal {
image: url(:/images/sliderHandle.png);
}
/*水平滑块手柄以前的部分*/
QSlider::sub-page:horizontal {
/*边框图片*/
border-image: url(:/images/slider.png);
}
```

下面回到设计模式，将界面上的 pushButton 部件的大小更改为宽 120、高 40，将 horizontalSlider 部件的大小更改为宽 280、高 6。现在运行程序，拖动滑块手柄，然后按下按钮，查看效果。

3. 使用 .qss 文件

Qt 样式表可以存放在一个以 .qss 为后缀的文件中，这样就可以在程序中通过调用不同的文件来实现不同的界面外观。

（项目源码路径为 src\08\8-4\mystylesheets）下面先在前面的程序中添加新文件，模板选择概要分类中的 Empty File，名称为 my.qss。建立完成后，将前面在主界面的"编辑样式表"对话框中的内容全部剪切到这个文件中（注意：要将"编辑样式表"对话框中的内容清空）。然后按下 Ctrl+S 快捷键保存该文件。

在 myresource.qrc 文件上右击，在弹出的快捷菜单中选择"用...打开→资源编辑器"菜单项，打开资源文件。然后添加一个 /qss 前缀（添加这个前缀只是为了将文件区分开），再选择项目目录下新添加的 my.qss 文件。最后按下 Ctrl+S 快捷键保存修改。

下面先打开 mainwindow.h 文件，添加类前置声明：

```
class QFile;
```

然后添加一个私有对象指针：

```
QFile *qssFile;
```

转到 mainwindow.cpp 文件中，添加头文件 #include <QFile>，然后在构造函数中添加代码：

```
qssFile = new QFile(":/qss/my.qss", this);
// 只读方式打开该文件
qssFile->open(QFile::ReadOnly);
// 读取文件全部内容
QString styleSheet = QString(qssFile->readAll());
// 为 QApplication 设置样式表
qApp->setStyleSheet(styleSheet);
qssFile->close();
```

现在可以运行程序查看效果。可以在帮助中通过 Qt Style Sheets 关键字来查看样式表更多相关内容。在 Qt Style Sheets Examples 关键字对应的文档中列举了很多常用部件的一些样式表应用范例，也可以作为参考。

8.3 Qt Quick 控件样式

前面讲解了在 Qt Widgets 程序中可以使用 Fusion 等样式，在 Qt Quick Controls 中也为控件提供了多种样式，如下所示。

- Basic Style：这是一种简单而轻便的样式，为 Qt Quick Controls 提供了最好的性能。它使用最少数量的 Qt Quick 原语构建，并将动画和过渡的数量保持在最小。该样式还用作其他样式的补充方案，就是说如果其他样式未实现某个控件，则选择该控件的 Basic Style 来实现。
- Fusion Style：该样式是面向桌面的，是一种与平台无关的样式。它实现了与 Qt Widgets 的 Fusion 样式相同的设计语言。注意，该样式并不是原生桌面样式，而是可以在任何平台上运行。
- Imagine Style：该样式基于图片资源，附带了一组默认的图片。通过预定义的命名约定提供一个包含图片的目录，可以轻松更改使用的图片。
- Material Style：该样式基于 Google Material Design Guidelines，但它并不是原生 Android

样式，而是一种 100%跨平台的 Qt Quick Controls 样式。

- Universal Style：这是一种基于 Microsoft Universal Design Guidelines 的设备无关的样式，是为了能在手机、平板电脑和个人电脑等所有设备上都具有良好效果而设计的。它并不是原生 Windows 10 样式，而是 100%跨平台的 Qt Quick Controls 样式。

除了这里列举的几种样式，还有一些特定系统的样式，例如 macOS 系统上的 macOS Style、iOS 系统上的 iOS Style、Windows 系统上的 Windows Style 等。如果没有指定特定的样式，那么在不同系统会使用不同的默认样式，例如 Android 是 Material Style、Linux 是 Fusion Style、macOS 是 macOS Style、Windows 是 Windows Style，其他操作系统会默认使用 Basic Style。可以在帮助中通过 Styling Qt Quick Controls 关键字查看本节相关内容。

8.3.1　使用控件样式

在 Qt Quick 程序中选择样式有两种情况，一种是在编译时选择，另一种是在运行时选择。在编译时选择样式，只需要使用 import 导入要使用的样式即可，例如：

```
import QtQuick.Controls.Material

ApplicationWindow {
    // ...
}
```

使用这种方式的好处是不再需要导入 QtQuick.Controls 模块，所以部署程序时也不需要包含该模块。另外，如果应用程序是静态构建的，则必须使用这种方式导入。

在运行时选择样式，在程序中必须导入 QtQuick.Controls 模块，然后可以通过如下几种方式来选择样式。

- 使用 QQuickStyle::setStyle()。
- 使用-style 命令行参数。
- 使用 QT_QUICK_CONTROLS_STYLE 环境变量。
- 使用 qtquickcontrols2.conf 配置文件。

这些方式的优先级从高到低，也就是说，使用 QQuickStyle 设置样式总是优先于使用命令行参数。在运行时选择样式的好处是，单个应用程序二进制文件可以支持多种样式。

下面通过例子来看一下 QQuickStyle 和 qtquickcontrols2.conf 这两种比较常用的方式的用法。

（项目源码路径为 src\08\8-5\mystyle）首先新建项目。选择"文件→New Project"菜单项，模板选择其他项目分类中的 Empty qmake Project，填写项目名称为 mystyle。项目创建完成后，打开 mystyle.pro 文件，添加如下代码并保存该文件。

```
QT += quick quickcontrols2
```

然后添加 main.qml 文件。按下 Ctrl+N 快捷键向项目中添加新文件，模板选择 Qt 分类中的 QML File（Qt Quick 2），名称设置为 main.qml。完成后将其内容修改为：

```
import QtQuick
import QtQuick.Layouts
import QtQuick.Controls

Window {
    width: 640; height: 480
    visible: true

    ColumnLayout {
        spacing: 20
```

```
        CheckBox { text: qsTr("First") }
        Button {text: qsTr("Button") }
        BusyIndicator { running: image.status === Image.Loading }
        ProgressBar { value: 0.5 }
        Dial { value: 0.5 }
    }
}
```

这里先创建了几个控件用于展示样式效果。最后添加 main.cpp 文件。继续添加新文件，选择 C/C++ Source File 模板，名称设置为 main.cpp，完成后修改其内容如下。

```cpp
#include <QGuiApplication>
#include <QQmlApplicationEngine>
#include <QQuickStyle>

int main(int argc, char *argv[])
{
    QGuiApplication app(argc, argv);
    QQuickStyle::setStyle("Fusion"); // 设置样式

    QQmlApplicationEngine engine;
    engine.load(QUrl::fromLocalFile("../mystyle/main.qml"));

    return app.exec();
}
```

注意，必须在加载导入了 Qt Quick Controls 模块的 QML 文件之前配置样式，也就是说 setStyle() 必须在 QQmlApplicationEngine::load() 之前进行调用，当注册 QML 类型后，将无法再更改样式。现在运行程序，可以发现已经使用了 Fusion 样式。

Qt Quick Controls 支持一个特殊的配置文件 qtquickcontrols2.conf，它内置在应用程序的资源中。配置文件可以指定首选样式和某些特定于样式的属性。首先按下 Ctrl+N 快捷键新建文件，模板选择概要分类中的 Empty File，文件名称设置为 qtquickcontrols2.conf，完成后在其中添加如下代码。

```
[Controls]
Style=Material

[Material]
Theme=Light
Accent=Teal
Primary=BlueGrey
```

这里指定首选样式为 Material 样式，该样式的主题为浅色，强调色和基色分别为青色和蓝灰色。qtquickcontrols2.conf 文件必须添加到资源文件中，且前缀为 "/" 才能自动启用，所以下面需要添加资源文件。

再次按下 Ctrl+N 快捷键，新建文件，模板选择 Qt 分类中的 Qt Resource File，文件名设置为 file.qrc。添加完成后，在资源文件编辑界面先添加前缀 "/"，然后单击 "添加文件" 按钮，将 qtquickcontrols2.conf 文件添加进来，完成后按下 Ctrl+S 快捷键保存更改。下面到 main.cpp 中将前面添加的 setStyle("Fusion")那行代码删除或者注释掉，然后按下 Ctrl+R 快捷键运行程序，可以发现已经使用 Material 样式了。

8.3.2　自定义控件

虽然 Qt Quick Controls 提供了多个样式可供使用，但是用户有时还是想实现自定义的外观。如果只是自定义一个特定的控件对象，那么可以直接在其定义处使用代码设置外观，例如（项目源码路径为 src\08\8-6\mystyle）：

```
import QtQuick
import QtQuick.Controls

Button {
    id: control
    text: qsTr("Button")

    contentItem: Text {
        text: control.text
        font: control.font
        opacity: enabled ? 1.0 : 0.3
        color: control.down ? "#17a81a" : "#21be2b"
        horizontalAlignment: Text.AlignHCenter
        verticalAlignment: Text.AlignVCenter
        elide: Text.ElideRight
    }
    background: Rectangle {
        implicitWidth: 100
        implicitHeight: 40
        opacity: enabled ? 1 : 0.3
        border.color: control.down ? "#17a81a" : "#21be2b"
        border.width: 1
        radius: 2
    }
}
```

Button 控件由 contentItem 和 background 两个视觉项目组成，所以可以直接自定义这两个项目，从而产生想要的效果。另外，如果想在某个现成样式的基础上进行修改也是可以的，例如：

```
import QtQuick
import QtQuick.Controls.Basic as Basic

Basic.SpinBox {
    background: Rectangle { color: "lightblue" }
}
```

Customizing Qt Quick Controls 关键字对应的帮助文档列举了大部分控件进行自定义的示例，读者可以作为参考。另外，该文档还包含了创建自定义样式的方法，有兴趣的读者也可以进行尝试。

8.4 国际化

国际化的英文表述为 Internationalization，通常简写为 I18N（首尾字母加中间的字符数），一个应用程序的国际化就是使该应用程序可以让其他国家的用户使用的过程。Qt 支持现在使用的大多数语言，例如，所有东亚语言（汉语、日语和朝鲜语）、所有西方语言（使用拉丁字母）、阿拉伯语、西里尔语言（俄语和乌克兰语等）、希腊语、希伯来语、泰语和老挝语、所有在 Unicode 6.2 中不需要特殊处理的脚本等。在 Qt 中，所有的输入部件和文本绘制方式对 Qt 所支持的所有语言都提供了内置的支持。Qt 内置的字体引擎可以在同一时间正确而且精细地绘制不同的文本，这些文本可以包含来自众多不同书写系统的字符。如果想了解更多的相关知识，可以在帮助中通过 Internationalization with Qt 关键字查看。

Qt 对应用程序进行本地语言翻译提供了很好的支持，可以使用 Qt Linguist 工具完成应用程序的翻译工作，这个工具在第 1 章就已经介绍过了，这里将进一步详细讲解。

8.4.1　使用 Qt Linguist 翻译应用程序过程详解

在编写 Qt Widgets 代码时，对需要在界面上显示的字符串一般会调用 tr()函数，然后通过下面 3 步完成应用程序的翻译工作。

（1）运行 lupdate 工具，从 C++源代码中提取要翻译的文本，这时会生成一个.ts 文件，这个文件是 XML 格式的。

（2）在 Qt Linguist 中打开.ts 文件，并完成翻译工作。

（3）运行 lrelease 工具，从.ts 文件中获得.qm 文件，它是一个二进制文件。这里的.ts 文件是供翻译人员使用的，而在程序运行时只需要使用.qm 文件，这两个文件都是与平台无关的。

下面先通过一个简单的例子介绍 Qt 中翻译应用程序的整个过程，再介绍其中需要注意的方面，可以在帮助中通过 Qt Linguist Manual: Release Manager 关键字查看相关内容。

（项目源码路径为 src\08\8-7\myI18N）第一步，编写源码。新建 Qt Widgets 应用，项目名称为myI18N，类名为 MainWindow，基类 QMainWindow 保持不变。建立完项目后，单击 mainwindow.ui 文件进入设计模式，先添加一个 "&File" 菜单，再为其添加一个 "&New" 子菜单并设置快捷键为 Ctrl+N，然后往界面上拖入一个 Push Button。最后按下 Ctrl+S 快捷键保存该文件。下面再使用代码添加几个标签，打开 mainwindow.cpp 文件，添加头文件#include <QLabel>，然后在构造函数中添加代码：

```
QLabel *label = new QLabel(this);
label->setText(tr("hello Qt!"));
label->move(100, 50);
QLabel *label2 = new QLabel(this);
label2->setText(tr("password", "mainwindow"));
label2->move(100, 80);
QLabel *label3 = new QLabel(this);
int id = 123;
QString name = "yafei";
label3->setText(tr("ID is %1,Name is %2").arg(id).arg(name));
label3->resize(150, 12);
label3->move(100, 120);
```

完成后按下 Ctrl+S 快捷键保存该文件。这里向界面上添加了 3 个标签，因为这 3 个标签中的内容都是用户可见的，所以需要调用 tr()函数。在 label2 中调用 tr()函数时，还使用了第二个参数，其实 tr()函数一共有 3 个参数，它的原型如下。

```
QString QObject::tr ( const char * sourceText, const char * disambiguation =
nullptr, int n = -1 ) [static]
```

第一个参数 sourceText 就是要显示的字符串，tr()函数会返回 sourceText 的译文。第二个参数 disambiguation 是消除歧义字符串，比如这里的 password，如果一个程序中需要输入多个不同的密码，那么在没有上下文的情况下，就很难确定这个 password 到底指哪个密码。这个参数一般使用类名或者部件名，比如这里使用了 mainwindow，就说明这个 password 是在 mainwindow 上的。第三个参数 n 表明是否使用了复数，因为英文单词中复数一般要在单词末尾加 "s"，比如 "1 message"，复数时为 "2 messages"。遇到这种情况，就可以使用这个参数，它可以根据数值来判断是否需要添加 "s"，例如：

```
int n = messages.count();
showMessage(tr("%n message(s) saved", "", n));
```

关于 tr()函数 3 个参数更多的用法介绍，可以在帮助中通过 Writing Source Code for Translation 关键字查看。

第二步，在项目文件中指定生成的.ts 文件。每一种翻译语言对应一个.ts 文件，打开 myI18N.pro
文件，在最后面添加如下一行代码。

```
TRANSLATIONS = myI18N_zh_CN.ts
```

这表明后面生成的.ts 文件的文件名为 myI18N_zh_CN.ts。这里.ts 的名称可以随意编写，不
过一般是以区域代码来结尾，这样可以更好地区分，如这里使用了 zh_CN 来表示简体中文。最
后按下 Ctrl+S 快捷键保存该文件（这个很重要，不然无法进行下面的操作）。

第三步，使用 lupdate 工具生成.ts 文件。当要进行翻译工作时，先要使用 lupdate 工具来提取源代
码中的翻译文本，生成.ts 文件。单击"工具→外部→Qt 语言家→Update Translations(lupdate)"菜单项
（在操作之前确保已经保存了所有文件），从概要信息输出栏中可以看到，更新了"myI18N_zh_CN.ts"
文件，发现了 8 个源文本，其中有 8 条新的和 0 条已经存在的。在项目目录中使用写字板打开这个.ts
文件，可以看到它是 XML 格式的，其中记录了字符串的位置和是否已经被翻译等信息。

第四步，使用 Qt Linguist 完成翻译。这一步一般是翻译人员来做的，就是在 Qt Linguist 中
打开.ts 文件，然后对字符串逐个进行翻译。可以使用不同方式启动 Qt Linguist。

方式一：在系统的"开始"菜单（或者 Qt 安装目录，例如笔者这里是 C:\Qt\6.5.0\mingw_64\bin）
启动 linguist.exe，然后单击界面左上角的"打
开"图标（快捷键 Ctrl+O），在弹出的文件对
话框中进入项目目录，打开 myI18N_zh_CN.ts
文件。

方式二：直接在 Qt Creator 编辑模式的项
目树形视图中 myI18N_zh_CN.ts 文件上右击，
在弹出的快捷菜单中选择"用...打开→Qt 语
言家"。

Qt 语言家整个界面如图 8-4 所示，主要
由以下几部分组成。

（1）菜单栏和工具栏。菜单栏中列有 Qt
Linguist 的所有功能选项，而工具栏中列有常
用的一些功能，后面 11 个图标的功能如下。

图 8-4　Qt Linguist 界面

- ⇦在字符串列表中移动到上一个条目。
- ⇨在字符串列表中移动到下一个条目。
- ⮜在字符串列表中移动到上一个没有完成翻译的条目。
- ⮞在字符串列表中移动到下一个没有完成翻译的条目。
- ✔标记当前条目为完成翻译状态。
- ✔标记当前条目为完成翻译状态，然后移动到下一个没有完成翻译的条目。
- 🔑打开或关闭加速键（accelerator）验证（validation）：打开加速键验证可以验证加速键
  是否被翻译，例如字符串中包含"&"符号，但是翻译中没有包含"&"符号，则验证
  失败。
- A.打开或关闭空格围绕验证：如果源字符串的开头或者结尾没有空格，当打开空格围
  绕验证后，翻译中在开头或者结尾包含空格就会给出警告，反之亦然。
- 📖打开或关闭短语结束标点符号验证：打开短语结束标点符号验证可以验证翻译中是否
  使用了和字符串中相同的标点来结尾。
- %打开或关闭短语书（phrase book）验证：打开短语书验证可以验证翻译是否和短语书

中的翻译相同。在翻译相似的程序时，若希望将常用的翻译记录下来，以便以后使用，就可以使用短语书。可以通过"短语→新建短语书"菜单项来创建一个新的短语书，然后翻译字符串时使用 Ctrl+T 快捷键将这个字符串及其翻译放入短语书中。

- 打开或关闭占位符（place marker）验证：打开占位符验证可以验证翻译中是否使用了和字符串中相同的占位符，例如%1、%2 等。

（2）"上下文"（Context）窗口。这里是一个上下文列表，罗列了要翻译的字符串所在位置的上下文。其中的"上下文"列使用字母表顺序罗列了上下文的名字，它一般是 QObject 子类的名字；而"项目"列显示的是字符串数目，例如 0/8 表明有 8 个要翻译的字符串，已经翻译了 0 个。在每个上下文的最左端用图标表明了翻译的状态，它们的含义如下。

- （绿色）上下文中的所有字符串都已经被翻译，而且所有的翻译都通过了验证测试（validation test）。
- （黄色）上下文中的所有字符串或者都已经被翻译，或者都已经标记为已翻译，但是至少有一个翻译验证测试失败。
- （黄色）在上下文中至少有一个字符串没有被翻译或者没有被标记为已翻译。
- （灰色）在该上下文中没有再出现要翻译的字符串，这通常意味着这个上下文已经不在应用程序中了。

（3）"字符串"（String）窗口。这里罗列了在当前上下文中找到的所有要翻译的字符串。在这里选择一个字符串，可以使这个字符串在翻译区域进行翻译。在字符串左边使用图标表明了字符串的状态，它们的含义如下。

- （绿色）源字符串已经翻译（可能为空），或者用户已经接受翻译，而且翻译通过了所有验证测试。
- （黄色）用户已经接受了翻译，但是翻译没有通过所有的验证测试。
- （黄色）字符串已经拥有一个通过了所有验证测试的非空翻译，但是用户还没有接受该翻译。
- （棕色）字符串还没有翻译。
- （红色）字符串拥有一个翻译，但是这个翻译没有通过所有的验证测试。
- （灰色）字符串已经过时，它已经不在该上下文中。

（4）"源文和窗体"（Sources and Forms）窗口。如果包含要翻译字符串的源文件在 Qt Linguist 中可用，那么这个窗口会显示当前字符串在源文件中的上下文。

（5）翻译区域（The Translation Area）。在"字符串"窗口中选择的字符串会出现在翻译区域最顶端的"源文"下面；如果使用 tr()函数时设置了第二个参数消除歧义注释，那么这里还会在"开发人员注释"下出现该注释；而在"翻译为"中可以输入翻译文本，如果文本中包含空格，会使用"."显示；最后面的"译文注释"中可以填写翻译注释文本。

（6）"短语和猜测"（Phrases and Guesses）窗口。如果"字符串"窗口中的当前字符串出现在了已经加载的短语书中，那么当前字符串和它在短语书中的翻译会被罗列在这个窗口。在这里可以双击翻译文本，这样翻译文本就会复制到翻译区域。

（7）"警告"（Warnings）窗口。如果输入的当前字符串的翻译没有通过开启的验证测试，那么在这里会显示失败信息。

下面我们来翻译程序。在翻译区域可以看到现在已经是要翻译成简体中文（中国），这是因为.ts 文件名中包含了中文的区域代码。如果这里没有正确显示要翻译成的语言，那么可以使用"编辑→翻译文件设置"菜单项来更改。下面首先对 MainWindow 进行翻译，这里在"翻译为简体中文（中国）"处翻译为"应用程序主窗口"，然后按下 Ctrl+Return（即回车键）完成翻译并开始翻译第二个字符串。按照这种方法完成所有字符串的翻译工作，如表 8-2 所示，对其中的一些翻译问题放到下一节再讲。

表 8-2 程序的翻译文本

原 文 本	翻 译 文 本
MainWindow	应用程序主窗口
PushButton	按钮
&File	文件（&F）
&New	新建（&N）
Ctrl+N	Ctrl+N
hello Qt!	你好 Qt!
password	密码
ID is %1,Name is %2	账号是%1，名字是%2

翻译完成后，按下 Ctrl+S 快捷键，保存更改。这里对 Qt Linguist 只是进行了简单的介绍，详细内容可以在帮助中通过 Qt Linguist Manual 关键字查看。

第五步，使用 lrelease 生成.qm 文件。可以在 Qt Linguist 中使用"文件→发布"或"文件→发布为"这两个菜单项来生成当前已打开的.ts 文件对应的.qm 文件，默认会生成在.ts 文件所在目录下。也可以通过 Qt Creator 的"工具→外部→Qt 语言家→Release Translations(lrelease)"菜单项来完成。

第六步，使用.qm 文件。下面在项目中添加代码使用.qm 文件来更改界面的语言。进入 main.cpp 文件，添加头文件#include <QTranslator>，然后在"QApplication a(argc, argv);"代码下添加如下代码。

```
QTranslator translator;
if(translator.load("../myI18N/myI18N_zh_CN.qm"))
    a.installTranslator(&translator);
```

这里先加载了.qm 文件（使用了相对路径），然后为 QApplication 对象安装了翻译。注意，这几行代码一定要放到创建部件的代码之前，比如这里放到了"MainWindow w;"一行代码之前，这样才能对该部件进行翻译。另外，有时可能因为部件的大小问题使得翻译后的文本无法完全显示，较好的解决方法就是使用布局管理器。现在可以运行程序查看效果。

8.4.2 使用 Qt Creator 自动生成翻译文件

前面讲述了使用 Qt Linguist 进行应用程序翻译的完整过程，对于初学者而言，可能感觉过程有些复杂。不过这只是为了让读者了解完整的翻译过程，其实，现在使用 Qt Creator 创建应用程序并完成翻译是非常简单的，很多步骤可以省略，如果有专业的翻译人员，那么对编程人员而言，只需要注意代码的一些事项即可。下面我们通过一个简单例子来演示一下。

首先要做的是新建 Qt Widgets 应用（项目源码路径为 src\08\8-8\myLinguist），其项目名称为 myLinguist，类名为 MainWindow，基类保持 QMainWindow 不变。在 Translation File 翻译文件页面选择语言为 Chinese(China)，这时翻译文件 Translation file 会自动生成为 myLinguist_zh_CN。项目创建完成后，可以发现项目中多了一个 myLinguist_zh_CN.ts 文件，而在项目文件 myLinguist.pro 中多了如下代码：

```
TRANSLATIONS += \
    myLinguist_zh_CN.ts
CONFIG += lrelease
CONFIG += embed_translations
```

这里添加的配置信息可以在编译时自动使用 lrelease 生成.qm 文件，并将.qm 文件通过 Qt 资源系统内嵌到程序中。另外，在 main.cpp 文件的 main()函数中多了如下代码：

```
QTranslator translator;
const QStringList uiLanguages = QLocale::system().uiLanguages();
for (const QString &locale : uiLanguages) {
    const QString baseName = "myLinguist_" + QLocale(locale).name();
    if (translator.load(":/i18n/" + baseName)) {
        a.installTranslator(&translator);
        break;
    }
}
```

如果在一个程序中提供了多种语言选择，那么最好的方法就是在程序启动时判断本地的语言环境，然后加载对应的.qm 文件。可以使用 QLocale::system().name()来获取本地的语言环境，它会返回 QString 类型的“语言_国家”格式的字符串，其中的语言用两个小写字母表示，符合 ISO 639 编码；国家使用两个大写字母表示，符合 ISO 3166 国家编码。例如中国简体中文的表示为“zh_CN”。可以使用这个返回值来调用不同的文件，使应用程序自动使用相应的语言。这里就是使用了这种方法自动加载.qm 文件，而需要的.qm 文件存放在默认的资源文件中。

下面双击 mainwindow.ui 文件进入设计模式，向界面上拖入一个 Push Button 部件，然后按下 Ctrl＋S 快捷键进行保存（翻译前一定要先保存）。接着单击“工具→外部→Qt 语言家→Update Translations(lupdate)”菜单项来更新.ts 翻译文件。下面启动 linguist.exe，在其中打开 myLinguist_zh_CN.ts 完成翻译并进行保存。最后，直接在 Qt Creator 中运行程序即可，会发现界面已经完成了翻译。后面程序中一旦有新的内容需要进行翻译，直接在菜单中使用 lupdate 进行更新，然后打开 Qt Linguist 完成翻译即可，Qt Creator 已经为我们做好了其他所有工作。

8.4.3　程序翻译中的相关问题

1. 对所有用户可见的文本使用 QString

QString 内部使用了 Unicode 编码，世界上所有的语言都可以使用熟悉的文本处理操作对其进行处理。而且，因为所有的 Qt 函数都使用 QString 作为参数来向用户呈现文本内容，所以没有 char *到 QString 的转换开销。

2. 对所有字符串文本使用 tr( )函数

无论什么时候使用要呈现给用户的文本，都要使用 tr()函数进行处理。例如：

```
LoginWidget::LoginWidget()
{
    QLabel *label = new QLabel(tr("Password:"));
    ...
}
```

如果引用的文本没有在 QObject 子类的成员函数中，那么可以使用一个合适的类的 tr()函数，或者直接使用 QCoreApplication::translate()函数。例如：

```
void some_global_function(LoginWidget *logwid)
{
    QLabel *label = new QLabel(
            LoginWidget::tr("Password:"), logwid);
}
void same_global_function(LoginWidget *logwid)
{
```

```
        QLabel *label = new QLabel(
            QCoreApplication::translate("LoginWidget", "Password:"), logwid);
    }
```

如果要在不同的函数中使用待翻译的文本，那么可以使用 QT_TR_NOOP()宏和 QT_TRANSLATE_NOOP()宏，它们仅仅对该文本进行标记来方便 lupdate 工具进行提取。使用 QT_TR_NOOP()的例子如下。

```
QString FriendlyConversation::greeting(int type)
{
    static const char *greeting_strings[] = {
        QT_TR_NOOP("Hello"),
        QT_TR_NOOP("Goodbye")
    };
    return tr(greeting_strings[type]);
}
```

使用 QT_TRANSLATE_NOOP()的例子如下。

```
static const char *greeting_strings[] = {
    QT_TRANSLATE_NOOP("FriendlyConversation", "Hello"),
    QT_TRANSLATE_NOOP("FriendlyConversation", "Goodbye")
};
QString FriendlyConversation::greeting(int type)
{
    return tr(greeting_strings[type]);
}
QString global_greeting(int type)
{
    return QCoreApplication::translate("FriendlyConversation",
                                greeting_strings[type]);
}
```

3. 对加速键的值使用 QKeySequence()函数

类似于 Ctrl+Q 或者 Alt+F 等加速键的值也需要被翻译。如果使用了硬编码的 Qt::CTRL + Qt::Key_Q 等作为退出操作的快捷键，那么翻译将无法覆盖它。正确的习惯用法如下：

```
exitAct = new QAction(tr("E&xit"), this);
exitAct->setShortcuts(QKeySequence::Quit);
```

4. 对动态文本使用 QString::arg()函数

对于字符串中使用 arg()函数添加的变量，其中的%1、%2 等参数的顺序在翻译时可以改变，它们对应的值不会改变。

5. 翻译非 Qt 类

如果要使一个类中的字符串支持国际化，那么该类或者继承自 QObject 类，或者使用 Q_OBJECT 宏。而对于非 Qt 类，如果要支持翻译，需要在类定义的开始使用 Q_DECLARE_TR_FUNCTIONS() 宏，这样就可以在该类中使用 tr()函数了。例如：

```
class MyClass
{
    Q_DECLARE_TR_FUNCTIONS(MyClass)
public:
    MyClass();
    ...
};
```

6. 为翻译添加注释

开发人员可以通过为每个可翻译字符串添加注释来帮助翻译人员完成翻译，建议的方式是使用//: 或者/*: ... */等格式为 tr()函数添加注释，例如：

```
//: This name refers to a host name.
hostNameLabel->setText(tr("Name:"));
/*: This text refers to a C++ code example. */
QString example = tr("Example");
```

在国际化中还有本地化、在应用程序运行时动态进行语言更改等内容，这里就不再涉及。感兴趣的读者可以在帮助中通过 Writing Source Code for Translation 关键字查看。

8.5 Qt Quick 的国际化

与 Qt Widgets 类似，Qt Quick 同样支持国际化。其国际化的操作步骤与 C++中是一样的。下面先来看一个简单的例子，然后针对 Qt Quick 编程中涉及的一些问题进行讲解。

8.5.1 简单示例

（项目源码路径为 src\08\8-9\myLinguist2）按下 Ctrl+Shift+N 快捷键新建项目，模板选择其他项目分类中的 Empty qmake Project，填写项目名称为 myLinguist2。项目创建完成后，打开 mystyle.pro 文件，添加如下代码并保存该文件。

```
QT += quick quickcontrols2
TRANSLATIONS = myLinguist2_zh_CN.ts
lupdate_only{
    SOURCES += \*.qml
}
```

然后添加新的 main.qml 文件，修改其内容如下。

```
import QtQuick
import QtQuick.Layouts
import QtQuick.Controls

Window {
    width: 640; height: 480; visible: true

    ColumnLayout {
        spacing: 20
        Label { text: qsTr("value is: %1").arg(dial.value) }
        Button {text: qsTr("Button") }
        Dial { id: dial; value: 0.5 }
    }
}
```

接着添加 main.cpp 文件，修改其内容如下。

```
#include <QGuiApplication>
#include <QQmlApplicationEngine>
#include <QTranslator>

int main(int argc, char *argv[])
{
    QGuiApplication a(argc, argv);

    QTranslator translator;
    QLocale locale;

    if( locale.language() == QLocale::Chinese)
    {
        if (translator.load("../myLinguist2/myLinguist2_zh_CN.qm")) {
```

```
            a.installTranslator(&translator);
        }
    }

    QQmlApplicationEngine engine;
    engine.load(QUrl::fromLocalFile("../myLinguist2/main.qml"));

    return a.exec();
}
```

下面选择"工具→外部→Qt 语言家→Update Translations(lupdate)"菜单项（在操作之前确保已经保存了所有文件），从"概要信息"输出栏中可以看到，已经更新了 myLinguist2_zh_CN.ts 文件。

下面启动 linguist.exe，在其中打开 myLinguist2_zh_CN.ts 完成翻译并进行保存，最后单击"文件→发布"菜单项生成对应的.qm 文件。下面回到 Qt Creator 中运行程序，会发现界面已经完成了翻译。

8.5.2 需要注意的问题

1. 对所有需要在界面上显示的字符串使用 qsTr()

QML 中可以使用 qsTr()、qsTranslate()、qsTrId()、QT_TR_NOOP()、QT_TRANSLATE_NOOP() 和 QT_TRID_NOOP() 等函数将字符串标记为可翻译的。标记字符串最普通的方式是使用 qsTr() 函数，例如：

```
Text {
    id: txt1;
    text: qsTr("Back");
}
```

这样会在翻译文件中将"Back"标记为关键项。运行时，翻译系统会查找关键字"Back"，然后获取与当前系统语言环境对应的翻译值，结果会返回给 text 属性，用户界面将会根据当前语言环境显示"Back"合适的翻译。

2. 为翻译添加上下文

用户界面上的字符串一般较短，所以需要给翻译人员一些提示来帮助其了解该字符串的上下文。在源代码中要被翻译的字符串之前，可以利用描述性文本来添加一些上下文信息。这些额外的描述性文本会包含到.ts 翻译文件中。在下面的代码片段中，"//:"一行中的文本是给翻译的主要注释信息，"//~"一行中的文本是可选的额外信息。文本中的第一个单词作为.ts 文件中 XML 元素的附加标识符，所以要确保该单词不是句子的一部分。例如，在.ts 文件中会将注释"Context Not related to that"转换为"<extra-Context>Not related to that"。

```
Text {
    id: txt1;
    // This user interface string is only used here
    //: The back of the object, not the front
    //~ Context Not related to back-stepping
    text: qsTr("Back");
}
```

3. 为相同的文本消除歧义

翻译系统会整合用户界面文本字符串为一些独立的项目，通过整合可以避免多次翻译相同的文本。然而，有时候相同文本却包含不同的意思。例如，在英语中，"back"既意味着向后退一步，也意味着一个对象与前相反的那一面。所以要在翻译时告诉翻译系统这里应该使用哪种翻译。

通过 qsTr() 函数的第二个参数添加一些文本，可以消除相同文本的歧义。例如：

```
Text {
    id: txt1;
    text: qsTr("Back", "not front");
}
```

4. 使用%x 来为字符串插入参数

不同的语言会将单词以不同的顺序排放，所以通过串联一些单词和数据来构建句子不是理想的方式。通过使用%符号向句子中插入参数可以解决这一问题。例如，下面的代码片段中在句子里面包含了%1 和%2 两个数字参数，会使用.arg()函数来插入这些参数。

```
Text {
    text: qsTr("File %1 of %2").arg(counter).arg(total)
}
```

这里%1 指定了第一个参数，%2 指定了第二个参数，所以文本显示为"File 2 of 3"这样的格式。这里的用法与 C++中 arg()函数的用法是相同的。

5. 本地化数字使用%Lx

如果指定一个参数时包含了%L 修饰符，该数字便是根据当前区域设置的本地化数字。例如：

```
Text {
    text: qsTr("%L1").arg(total)
}
```

这里，%L1 表示根据当前所选语言环境（地理区域）的数字格式约定来格式化第一个参数。如果 total 是数字"4321.56"（四千三百二十一点五六），在英语区域设置中，输出是"4,321.56"；而在德语区域设置中，输出是"4.321,56"。

6. 日期、时间和货币国际化

QML 中并没有特殊的字符串修饰符来格式化日期和时间，需要自己查询当前的语言环境（地理区域），并使用 Date 的方法来格式化字符串。Qt.locale()会返回一个 Locale 对象，其中包含了关于语言环境的所有信息，特别是 Locale.name 属性包含了当前语言环境的语言和国家信息，可以通过解析这些值来为当前语言环境设置合适的译文。

在下面的代码片段中使用 Date()获得了当前的日期，并为当前语言环境转换成相应的字符串，然后使用%1 参数将日期字符串插入译文中。

```
Text {
    text: qsTr("Date %1").arg(Date().toLocaleString(Qt.locale()))
}
```

要确保货币数字的本地化，可以使用 Number 类型，这个类型与 Date 类型拥有相似的函数，可以用来将数字转换成本地货币字符串。

7. 使用 QT_TR_NOOP()来翻译数据中的文本字符串

如果用户改变了系统语言，但是没有重启，根据系统不同，在数组、列表模型或其他数据结构中的字符串可能不会自动刷新。当文本在用户界面显示时，如果要强制刷新它们，需要使用 QT_TR_NOOP()宏来声明字符串。当要填充用于显示的对象时，需要显式地为每一个文本设置翻译。例如：

```
ListModel {
    id: myListModel;
    ListElement {
        //: Capital city of Finland
        name: QT_TR_NOOP("Helsinki");
    }
}
```

```
...

Text {
    text: qsTr(myListModel.get(0).name); // 获取第一个元素的 name 属性的翻译文本
}
```

8. 使用语言环境来扩展本地化功能

如果要在不同的地理区域使用不同的图形和声音，可以使用 Qt.locale()获取当前的语言环境，然后为该语言环境选择合适的图形和声音。下面的代码片段中展示了怎样选择合适的图标来代表当前语言环境的语言。

```
Component.onCompleted: {
    switch (Qt.locale().name.substring(0,2)) {
        case "en":    // 显示英文图标
            languageIcon = "../images/language-icon_en.png";
            break;
        case "fi":    // 显示芬兰语图标
            languageIcon = "../images/language-icon_fi.png";
            break;
        default:      // 显示默认图标
            languageIcon = "../images/language-icon_default.png";
    }
}
```

9. 本地化应用程序

QML 程序和 C++程序使用了相同的底层本地化系统（lupdate、lrelease 和.ts 文件），可以在相同的程序中同时包含 C++和 QML 用户界面字符串。系统会创建一个组合的翻译文件，QML 和 C++都可以访问其中的字符串。

国际化时，lupdate 工具会从程序中提取用户界面字符串，该工具会读取程序的.pro 项目文件来确定哪些源文件包含需要翻译的文本，这意味着源文件必须列在.pro 文件的 SOURCES 或 HEADERS 项中，否则，该文件就不会被发现。但是，SOURCES 变量只适用于 C++源文件，如果将 QML 或者 JavaScript 源文件罗列在这里，编译器会将它们作为 C++文件来处理。作为一种变通的方法，可以使用 lupdate_only{...}条件语句，这样 lupdate 工具可以发现.qml 文件，但是 C++编译器会忽略它们。例如，下面的.pro 代码片段中指定了两个.qml 文件。

```
lupdate_only{
SOURCES = main.qml \
        MainPage.qml
}
```

还可以使用通配符来匹配.qml 源文件，不过搜索不是递归的，所以需要指定每一个目录，例如：

```
lupdate_only{
SOURCES = *.qml \
        *.js \
        content/*.qml \
        content/*.js
}
```

8.6 小结

本章主要讲解了应用程序用户界面美化相关的内容，重点是 Qt 样式表（Qt Style Sheets）

的使用，对于 Qt Quick 控件样式以及后面国际化的内容，了解使用方法即可。本章是 Qt 6 编程基础内容的最后一章，现在读者应该可以编写一个比较完整的 Qt 应用了。后面的章节将讲解一些专业领域的知识，让读者可以进一步丰富应用的功能。

8.7　练习

1．掌握在 Qt Widgets 中设置外观样式的方法。
2．了解 Qt 样式表语法，学会使用 Qt 样式表来自定义部件外观。
3．简述设置 Qt Quick 控件样式的方式。
4．简述 Qt Widgets 应用程序国际化的步骤。
5．简述 Qt Quick 应用程序国际化的步骤。

第9章 图形动画基础

前面讲到可以通过样式风格来美化应用，本章将具体讲解如何在应用中使用颜色、渐变和图片等，让应用更加具有吸引力。除此之外，还会讲解动画和状态机的相关内容，从而可以让部件动起来，开发出更具动态感的应用。本章的内容较多，但都是有趣的知识，希望读者可以多动手实际编写代码，在实践中理解相关内容。

9.1 Qt Widgets 中的图形动画基础

在 Qt Widgets 中，除了使用样式表来更改部件外观，更加直接的方式是重写重绘事件（Paint Event），从而自定义部件的显示。本节将讲述 Qt Widgets 中 2D 绘图的基础内容，还会涉及颜色、渐变、图像、动态图片等相关内容。

9.1.1 2D 绘图

Qt Widgets 提供了强大的 2D 绘图系统，可以使用相同的 API 在屏幕和绘图设备上进行绘制，主要基于 QPainter、QPaintDevice 和 QPaintEngine 这 3 个类。QPainter 用来执行绘图操作。QPaintDevice 提供绘图设备，是一个二维空间的抽象，可以使用 QPainter 在其上进行绘制。QPaintDevice 是所有可以进行绘制的对象的基类，它的子类主要有 QWidget、QPixmap、QPicture、QImage、QPagedPaintDevice 和 QOpenGLPaintDevice 等。QPaintEngine 提供了一些接口，用于 QPainter 和 QPaintDevice 内部，使得 QPainter 可以在不同的设备上进行绘制，除了创建自定义的绘图设备类型，一般编程中不需要使用该类。

本节将讲解与 Qt 2D 绘图相关的一些知识，包括基本图形的绘制和填充、画笔设置等。可以在帮助中通过 Paint System 关键字查看相关内容。

1. 基本图形的绘制和填充

绘图系统中由 QPainter 完成具体的绘制操作，该类提供了大量高度优化的函数来完成 GUI 编程所需要的大部分绘制工作。QPainter 可以绘制一切图形，从最简单的一条直线到其他任何复杂的图形，还可以绘制文本和图片。QPainter 可以在继承自 QPaintDevice 类的任何对象上进行绘制操作。

QPainter 一般在一个部件的重绘事件的处理函数 paintEvent()中进行绘制，首先要创建 QPainter 对象，然后进行图形的绘制，最后销毁 QPainter 对象。

2. 绘制图形

QPainter 提供了一些便捷函数来绘制常用的图形，还可以设置线条和边框的画笔以及设置进行填充的画刷。

（项目源码路径为 src\09\9-1\mydrawing）新建 Qt Widgets 应用，项目名称为 mydrawing，基类选择 QWidget，类名为 Widget。建立完成后，在 widget.h 文件中声明重绘事件处理函数，建议使用 override 关键字：

第 9 章　图形动画基础egment>

```
protected:
    void paintEvent(QPaintEvent *event) override;
```

然后到 widget.cpp 文件中添加头文件#include <QPainter>。在 widget.cpp 文件中对 paintEvent()函数进行如下定义。

```
void Widget::paintEvent(QPaintEvent *)
{
    QPainter painter(this);
    painter.drawLine(QPoint(0, 0), QPoint(100, 100));
}
```

这里先创建一个 QPainter 对象，使用了 QPainter::QPainter (QPaintDevice * device)构造函数，并指定了 this 为绘图设备，即表明在 Widget 部件上进行绘制。使用这个构造函数创建的对象会立即开始在设备上进行绘制，自动调用 begin()函数，然后在 QPainter 的析构函数中调用 end()函数结束绘制。如果在构建 QPainter 对象时不想指定绘制设备，那么可以使用不带参数的构造函数，然后使用 QPainter::begin (QPaintDevice * device)在开始绘制时指定绘制设备，等绘制完成后再调用 end()函数结束绘制。前面的代码等价于：

```
QPainter painter;
painter.begin(this);
painter.drawLine(QPoint(0, 0), QPoint(100, 100));
painter.end();
```

这两种方式都可以完成绘制，无论使用哪种方式，都要指定绘图设备，否则无法进行绘制。上面的代码使用 drawLine()函数绘制了一条线段，这里使用了该函数的一种重载形式 QPainter::drawLine (const QPoint & p1, const QPoint & p2)，其中 p1 和 p2 分别是线段的起点和终点。这里的 QPoint(0, 0)就是窗口的原点，默认是窗口的左上角（不包含标题栏）。现在可以运行程序查看效果。

除了绘制简单的线条，QPainter 还提供了一些绘制其他常用图形的函数，例如绘制圆弧的函数 drawArc()、绘制扇形的函数 drawPie()、绘制点的函数 drawPoint()、绘制文本的函数 drawText()等，可以在 QPainter 的帮助文档中查看。

3. 画笔（QPen）

QPen 类为 QPainter 提供了画笔来绘制线条和形状的轮廓，例如：

```
QPen pen(Qt::green, 5, Qt::DotLine, Qt::RoundCap, Qt::RoundJoin);
painter.setPen(pen);                              // 使用画笔
QRectF rectangle(70.0, 40.0, 80.0, 60.0);
int startAngle = 30 * 16;
int spanAngle = 120 * 16;
painter.drawArc(rectangle, startAngle, spanAngle); // 绘制圆弧
```

这里使用的构造函数为 QPen::QPen (const QBrush & brush, qreal width, Qt::PenStyle style = Qt::SolidLine, Qt::PenCapStyle cap = Qt::SquareCap, Qt::PenJoinStyle join = Qt::BevelJoin)，几个参数依次为画笔使用的画刷、线宽、画笔风格、画笔端点风格和画笔连接风格，也可以分别使用 setBrush()、setWidth()、setStyle()、setCapStyle()和 setJoinStyle()等函数进行设置。其中画刷可以为画笔提供颜色；线宽的默认值为 0（宽度为 1 像素）；画笔风格有实线、点线等，还有一个 Qt::NoPen 值，表示不进行线条或边框的绘制。还可以使用 setDashPattern()函数来自定义一个画笔风格。创建完画笔后，使用 setPen()为 painter 设置画笔，然后使用画笔绘制了一个圆弧。

9.1.2　重绘事件

前面讲到的所有绘制操作都是在重绘事件处理函数 paintEvent()中完成的，它是 QWidget

166

类中定义的函数。一个重绘事件用来重绘一个部件的全部或者部分区域，下面几个原因中的任意一个都会导致发生重绘事件。

- repaint()函数或者 update()函数被调用。
- 被隐藏的部件被重新显示。
- 其他一些原因。

大部分部件可以简单地重绘它们的全部界面，但是一些绘制比较慢的部件则需要进行优化，可以只绘制需要的区域（可以使用 QPaintEvent::region()来获取该区域），这种速度上的优化不会影响结果。Qt 也会通过合并多个重绘事件为一个事件来加快绘制，当 update()函数被调用多次，或者窗口系统发送了多个重绘事件时，Qt 就会合并这些事件为一个事件，而这个事件拥有最大的需要重绘的区域。调用 update()函数不会立即进行重绘，要等到 Qt 返回主事件循环后才会进行，所以多次调用 update()函数一般只会引起一次 paintEvent()函数调用。而调用 repaint()函数会立即调用 paintEvent()函数来重绘部件，只有在必须立即进行重绘操作的情况下（比如在动画中），才使用 repaint()函数。update()函数允许 Qt 优化速度和减少闪烁，但是 repaint()函数不支持这样的优化，所以建议一般情况下尽可能使用 update()函数。还要说明一下，在程序开始运行时，就会自动发送重绘事件而调用 paintEvent()函数。注意，不要在 paintEvent()函数中调用 update()或者 repaint()函数。

当重绘事件发生时，要更新的区域一般会被擦除，然后在部件的背景上进行绘制。部件的背景一般可以使用 setBackgroundRole()来指定，然后使用 setAutoFillBackground(true)来启用指定的颜色。例如界面显示比较深的颜色，可以在部件的构造函数中添加如下代码。

```
setBackgroundRole(QPalette::Dark);
setAutoFillBackground(true);
```

9.1.3 颜色和画刷

在 Qt Widgets 中使用的颜色一般由 QColor 类来表示，它支持 RGB、HSV 和 CMYK 等颜色模型。QColor 还支持基于 alpha 的轮廓和填充（实现透明效果），而且 QColor 类与平台和设备无关（颜色使用 QColormap 类向硬件进行映射）。另外，在 Qt 中还提供了 20 种预定义的颜色，比如以前经常使用的 Qt::red 等，可以在帮助中通过 Qt::GlobalColor 关键字查看。

QBrush 类提供了画刷来对图形进行填充，使用颜色和风格（例如填充模式）来定义一个画刷。填充模式使用 Qt::BrushStyle 枚举类型来定义，包含基本模式填充、渐变填充和纹理填充。（项目源码路径为 src\09\9-2\mydrawing）在 paintEvent()函数中继续添加如下代码。

```
// 重新设置画笔
pen.setWidth(1);
pen.setStyle(Qt::SolidLine);
painter.setPen(pen);
painter.drawRect(160, 20, 50, 40);
// 创建画刷
QBrush brush(QColor(0, 0, 255), Qt::Dense4Pattern);
painter.setBrush(brush);
painter.drawEllipse(220, 20, 50, 50);
// 设置纹理
brush.setTexture(QPixmap("../mydrawing/yafeilinux.png"));
// 重新使用画刷
painter.setBrush(brush);
static const QPointF points[4] = {
QPointF(270.0, 80.0),
QPointF(290.0, 10.0),
QPointF(350.0, 30.0),
```

```
QPointF(390.0, 70.0)
};
// 使用四个点绘制多边形
painter.drawPolygon(points, 4);
```

前面程序中先绘制了一个矩形，这里没有指定画刷，那么将不会对矩形的内部进行填充；然后使用 Qt::Dense4Pattern 风格定义了一个画刷并绘制了一个椭圆；最后使用 setTexture()函数为画刷指定了纹理图片，这样会自动把画刷的风格改为 Qt::TexturePattern，并绘制了一个多边形。程序中设置颜色时使用了 QColor::QColor (int r, int g, int b, int a = 255)，其中参数 r、g、b 为三基色，分别是红（red）、绿（green）和蓝（blue）。它们的取值都是 0～255，例如 QColor(255, 0, 0)表示红色，QColor(255, 255, 0)表示黄色，QColor(255, 255, 255)表示白色，QColor(0, 0, 0)表示黑色；而 a 表示 alpha 通道，用来设置透明度，取值也是 0～255，0 表示完全透明，255 表示完全不透明。更多颜色的知识，可以参考 QColor 类的帮助文档。

QPainter 还提供了 fillRect()函数来填充一个矩形区域，以及 eraseRect()函数来擦除一个矩形区域的内容。继续添加如下代码。

```
painter.fillRect(QRect(10, 100, 150, 20), QBrush(Qt::darkYellow));
painter.eraseRect(QRect(50, 0, 50, 120));
```

可以运行程序查看效果。关于绘制和填充，可以在帮助中通过 Drawing and Filling 关键字查看，在 Qt 中提供了一个 Basic Drawing 示例程序来演示画笔和画刷的使用方法，可以作为参考。

9.1.4　渐变填充

前面提到了在画刷中可以使用渐变填充。QGradient 类就是用来和 QBrush 一起指定渐变填充的。Qt 现在支持 3 种类型的渐变填充。

1. 线性渐变

线性渐变 QLinearGradient::QLinearGradient (const QPointF & start, const QPointF & finalStop)需要指定开始点 start 和结束点 finalStop，然后将开始点和结束点之间的区域等分，开始点的位置为 0.0，结束点的位置为 1.0，它们之间的位置按照距离比例进行设定，再使用 QGradient::setColorAt (qreal position, const QColor & color)函数在指定的位置 position 插入指定的颜色 color，当然，这里的 position 的值要在 0 和 1 之间。

这里还可以使用 setSpread()函数来设置填充的扩散方式，即指明在指定区域以外的区域怎样进行填充。扩散方式由 QGradient::Spread 枚举类型定义，它一共有 3 个值，QGradient::PadSpread 使用最接近的颜色进行填充，这是默认值，如果不使用 setSpread()指定扩散方式，那么就会默认使用这种方式；QGradient::ReflectSpread 在渐变区域以外的区域反射渐变；QGradient::RepeatSpread 在渐变区域以外的区域重复渐变。在线性渐变中，这 3 种扩散方式的效果如图 9-1 所示。渐变填充可以直接在 setBrush()中使用，这时画刷风格会自动设置为相对应的渐变填充。

（项目源码路径为 src\09\9-3\mydrawing）下面我们看一个例子，在前面程序的 paintEvent() 函数中继续添加如下代码。

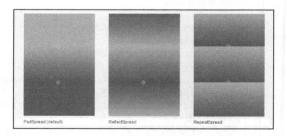

图 9-1　线性渐变的 3 种扩散效果

```
// 线性渐变
QLinearGradient linearGradient(QPointF(40, 190), QPointF(70, 190));
// 插入颜色
```

```
linearGradient.setColorAt(0, Qt::yellow);
linearGradient.setColorAt(0.5, Qt::red);
linearGradient.setColorAt(1, Qt::green);
// 指定渐变区域以外的区域的扩散方式
linearGradient.setSpread(QGradient::RepeatSpread);
// 使用渐变作为画刷
painter.setBrush(linearGradient);
painter.drawRect(10, 170, 90, 40);

// 画笔使用线性渐变来绘制直线和文字
painter.setPen(QPen(linearGradient,2));
painter.drawLine(0, 280, 100, 280);
painter.drawText(150, 280, tr("helloQt!"));
```

可以看到，如果为画笔设置了渐变颜色，那么可以绘制出渐变颜色的线条和轮廓，还可以绘制出渐变颜色的文字。Qt 提供了一个 Gradients 示例程序，可以设置任意的渐变填充效果。

2. 辐射渐变

辐射渐变 QRadialGradient::QRadialGradient (const QPointF & center, qreal radius, const QPointF & focalPoint)需要指定圆心 center 和半径 radius，这样就确定了一个圆，再指定一个焦点 focalPoint。焦点的位置为 0，圆环的位置为 1，然后在焦点和圆环间插入颜色。辐射渐变也可以使用 setSpread()函数设置渐变区域以外的区域的扩散方式。

3. 锥形渐变

锥形渐变 QConicalGradient::QConicalGradient (const QPointF & center, qreal angle)需要指定中心点 center 和一个角度 angle（其值在 0 和 360 之间），然后沿逆时针从给定的角度开始环绕中心点插入颜色。这里给定的角度沿逆时针方向开始的位置为 0，旋转一圈后为 1。setSpread()函数对于锥形渐变没有效果。

9.1.5 坐标系统和抗锯齿渲染

Qt Widgets 的坐标系统是由 QPainter 类控制的。一个绘图设备的默认坐标系统中，原点（0, 0）在其左上角，x 坐标向右增长，y 坐标向下增长。在基于像素的设备上，默认的单位是一个像素，而在打印机上默认的单位是一个点（1/72in，1in=2.54cm）。

QPainter 的逻辑坐标与绘图设备的物理坐标之间的映射由 QPainter 的变换矩阵、视口和窗口进行处理。逻辑坐标和物理坐标默认是一致的。QPainter 也支持坐标变换（例如旋转和缩放）。可以在帮助中通过 Coordinate System 关键字查看更多相关内容。

抗锯齿（anti-aliased）又被称为反锯齿或者反走样，就是对图像的边缘进行平滑处理，使其看起来更加柔和流畅。QPainter 进行绘制时，可以使用 QPainter::RenderHint 渲染提示来指定是否要使用抗锯齿功能，渲染提示的常用取值如表 9-1 所示。

表 9-1　渲染提示的常用取值

常　　量	描　　述
QPainter::Antialiasing	指示绘图引擎在可能的情况下应该进行边缘的抗锯齿处理
QPainter::TextAntialiasing	指示绘图引擎在可能的情况下应该绘制抗锯齿的文字
QPainter::SmoothPixmapTransform	指示绘图引擎应该使用一个平滑 pixmap 转换算法（例如双线性插值），而不是最邻近插值算法

9.1.6 坐标变换

通常默认 QPainter 在相关设备的坐标系统上进行操作，但是它也完全支持仿射（affine）坐标变换（关于仿射变换的具体概念，可以查看其他资料）。绘图时可以使用 QPainter::scale() 函数缩放坐标系统，使用 QPainter::rotate() 函数旋转坐标系统，使用 QPainter::translate() 函数平移坐标系统，还可以使用 QPainter::shear() 函数围绕原点来扭曲坐标系统。

坐标系统的 2D 变换由 QTransform 类实现。可以使用前面提到的那些便捷函数进行坐标系统变换，当然也可以通过 QTransform 类实现，而且 QTransform 类对象可以存储多个变换操作，当要多次使用同样的变换时，建议使用 QTransform 类对象。坐标系统的变换是通过变换矩阵实现的，可以在平面上变换一个点到另一个点。进行所有变换操作的变换矩阵都可以使用 QPainter::worldTransform() 函数获得，如果要设置一个变换矩阵，可以使用 QPainter::setWorldTransform() 函数，这两个函数也可以分别使用 QPainter::transform() 和 QPainter::setTransform() 函数来代替。

在进行变换操作时，可能需要多次改变坐标系统，然后恢复，这样编码会很乱，而且很容易出现操作错误。这时可以使用 QPainter::save() 函数来保存 QPainter 的变换矩阵，它会把变换矩阵保存到一个内部栈中，然后在需要恢复变换矩阵时，使用 QPainter::restore() 函数将其弹出。

下面我们看一个将定时器和 2D 绘图相结合实现简单动画的应用。

（项目源码路径为 src\09\9-4\mydrawing）继续在前面的程序中进行更改。首先在 widget.h 文件中添加前置声明：

```
class QTimer;
```

然后添加两个私有变量：

```
QTimer *timer;
int angle;
```

再进入 widget.cpp 文件中，添加头文件#include <QTimer>，并在构造函数中添加代码：

```
QTimer *timer = new QTimer(this);
connect(timer, &QTimer::timeout, this, QOverload<>::of(&Widget::update));
timer->start(1000);
angle = 0;
```

这里创建了一个定时器，并将定时器的溢出信号关联到了 Widget 部件的 update() 槽上，然后开启了一个 1s 的定时器。这样每过 1s 都会执行一次 paintEvent() 函数。下面将 paintEvent() 函数更改为：

```
void Widget::paintEvent(QPaintEvent *event)
{
    angle += 10;
    if(angle == 360)
        angle = 0;
    int side = qMin(width(), height());
    QPainter painter(this);
    painter.setRenderHint(QPainter::Antialiasing);
    QTransform transform;
    transform.translate(width()/2, height()/2);
    transform.scale(side/300.0, side/300.0);
    transform.rotate(angle);
    painter.setWorldTransform(transform);
    painter.drawEllipse(-120, -120, 240, 240);
    painter.drawLine(0, 0, 100, 0);
}
```

因为这里连续进行了多个坐标转换，所以使用了 QTransform 类对象。当连续进行多个坐标转换时，使用这个类更高效。这里根据部件的大小使用 scale() 函数进行了缩放，这样当窗口改变大小时，绘制的内容也会跟着变换大小。然后在 rotate() 函数中使用了变量 angle 作为参数，每次执行 paintEvent() 函数，angle 都增加 10°，这样就会旋转一个不同的角度，当其值为 360

时，将它重置为 0。运行程序可以看到一个每隔 1s 走动一下的表针动画，如果拖动改变窗口的大小，发现指针会快速转动，这是因为改变窗口大小会触发执行 paintEvent()。

关于坐标系统的应用，Qt 提供了 Analog Clock Example 和 Transformations Example 两个示例程序，还有一个 Affine Transformations 演示程序，可供读者参考。

9.1.7 绘制图像

Qt 提供了 4 个类（QImage、QPicture、QPixmap 和 QBitmap）来处理图像数据，它们都是常用的绘图设备，其中 QBitmap 继承自 QPixmap，其像素深度为 1。

QImage 类提供了一个与硬件无关的图像表示方法，可以直接访问像素数据，也可以作为绘图设备。因为 QImage 是 QPaintDevice 的子类，所以 QPainter 可以直接在 QImage 对象上进行绘制。当在 QImage 上使用 QPainter 时，绘制操作会在当前 GUI 线程以外的其他线程中执行。QImage 支持众多图像格式，包括单色、8 位、32 位和 alpha 混合图像格式。QImage 提供了获取图像各种信息的相关函数，还提供了一些转换图像的函数。QImage 使用了隐式数据共享，所以能进行值传递。另外，QImage 对象可以使用数据流，还提供了强大的操作像素的功能。

QPicture 是一个可以记录和重演 QPainter 命令的绘图设备。QPicture 可以使用一个平台无关的格式（.pic 格式）将绘图命令序列化到 I/O 设备中，所有可以绘制在 QWidget 部件或者 QPixmap 上的内容，都可以保存在 QPicture 中。QPicture 与分辨率无关，在不同设备上的显示效果都是一样的。

QPixmap 可以作为一个绘图设备将图像显示在屏幕上。QPixmap 中的像素在内部由底层的窗口系统进行管理。因为 QPixmap 是 QPaintDevice 的子类，所以 QPainter 也可以直接在它上面进行绘制。要想访问像素，只能使用 QPainter 的相应函数，或者将 QPixmap 转换为 QImage。而与 QImage 不同，QPixmap 中的 fill() 函数可以使用指定的颜色初始化整个像素图像。

可以使用 toImage() 和 fromImage() 函数在 QImage 和 QPixmap 之间进行转换。通常情况下，QImage 类用来加载一个图像文件，可以按照需要随意操控图像数据，然后将 QImage 对象转换为 QPixmap 类型，再显示到屏幕上。当然，如果不需要对图像进行操作，那么也可以直接使用 QPixmap 来加载图像文件。另外，与 QImage 不同的是，QPixmap 依赖于具体的硬件。QPixmap 类也是使用隐式数据共享，可以作为值进行传递。

QPixmap 可以很容易地通过 QLabel 或 QAbstractButton 的子类（比如 QPushButton）显示在屏幕上，QLabel 拥有一个 pixmap 属性，而 QAbstractButton 拥有一个 icon 属性。QPixmap 还可以使用 copy() 函数复制图像上的一个区域；也可以使用 mask() 函数实现遮罩效果。下面我们看一个例子。

（项目源码路径为 src\09\9-5\mydrawing）删除前面程序中 paintEvent() 函数里的内容，然后将其更改如下。

```
void Widget::paintEvent(QPaintEvent *)
{
    QPainter painter(this);
    QPixmap pix;
    pix.load("../mydrawing/yafeilinux.png");
    painter.drawPixmap(0, 0, pix.width(), pix.height(), pix);
    painter.setBrush(QColor(0, 255, 255, 100));
    painter.drawRect(0, 0, pix.width(), pix.height());
    painter.drawPixmap(200, 0, pix.width(), pix.height(), pix);
    painter.setBrush(QColor(0, 0, 255, 100));
    painter.drawRect(200, 0, pix.width(), pix.height());
}
```

这里先使用 QPixmap 将同一图片并排绘制了两次,然后分别在其上面绘制了一个使用不同的透明颜色填充的矩形,这样就可以使图像显示出不同的颜色。

下面我们来实现截取屏幕的功能。在 widget.cpp 文件中再添加如下头文件。

```
#include <QLabel>
#include <QWindow>
#include <QScreen>
```

然后在构造函数中添加如下代码。

```
QWindow window;
QPixmap grab = window.screen()->grabWindow();
grab.save("../mydrawing/screen.png");
QLabel *label = new QLabel(this);
label->resize(400, 200);
QPixmap pix = grab.scaled(label->size(), Qt::KeepAspectRatio,
                          Qt::SmoothTransformation);
label->setPixmap(pix);
label->move(0, 100);
```

使用 QScreen::grabWindow (WId window = 0, int x = 0, int y = 0, int width = -1, int height = -1)函数可以截取屏幕的内容到一个 QPixmap 中,这里要指定窗口系统标识符(the window system identifier,WId),以及要截取屏幕内容所在的矩形,默认截取整个屏幕的内容。除了截取屏幕,还可以使用 QWidget::grab()来截取窗口部件上的内容。这里将截取到的图像显示在一个标签中,为了显示整张图像,笔者将其进行了缩放,使用了函数 QPixmap::scaled (const QSize & size, Qt::AspectRatioMode aspectRatioMode = Qt::IgnoreAspectRatio, Qt::TransformationMode transformMode = Qt::FastTransformation),这个函数需要指定缩放后图片的大小 size,还要指定宽高比模式 Qt::AspectRatioMode 和转换模式 Qt::TransformationMode。这里的宽高比模式一共有 3 种取值,如表 9-2 所示,效果如图 9-2 所示。而转换模式默认是快速转换 Qt::FastTransformation,还有一种就是程序中使用的平滑转换 Qt::SmoothTransformation。关于截屏功能,请参考 Screenshot Example 示例程序。

表 9-2　图像宽高比模式取值

常　　量	描　　述
Qt::IgnoreAspectRatio	可以自由缩放,不保持宽高比
Qt::KeepAspectRatio	在给定矩形中尽量放大,保持宽高比
Qt::KeepAspectRatioByExpanding	在给定的矩形外尽量缩小,保持宽高比

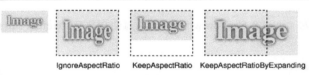

　　　IgnoreAspectRatio　　　KeepAspectRatio　　KeepAspectRatioByExpanding

图 9-2　图像不同宽高比模式示意图

9.1.8　动态图片

QMovie 使用 QImageReader 来播放没有声音的动画,例如 GIF 格式的动图,其支持的格式可以使用 QMovie::supportedFormats()静态函数获取。要播放一个动画,只需要先创建一个 QMovie 对象,并为其指定要播放的动画文件,然后将 QMovie 对象传递给 QLabel::setMovie() 函数,最后调用 start()函数来播放动画,例如(项目源码路径为 src\09\9-6\mymovie):

```
QLabel *label = new QLabel(this);
label->resize(400, 400);
QMovie *movie = new QMovie("../mydrawing/fireworks.gif");
label->setMovie(movie);
movie->start();
```

还可以使用 setPaused() 来暂停或恢复播放；使用 stop() 停止动画的播放。QMovie 有 QMovie::NotRunning、QMovie::Paused 和 QMovie::Running 共 3 个状态，每当状态改变时都会发射 stateChanged() 信号，可以关联这个信号来改变播放、暂停等按钮的状态。

可以使用 frameCount() 函数来获取当前动画总的帧数；使用 currentFrameNumber() 函数返回当前帧的序列号，动画第一个帧的序列号为 0；如果动画播放到了一个新的帧，QMovie 会发射 updated() 信号，这时可以使用 currentImage() 或者 currentPixmap() 函数来获取当前帧的一个副本。还可以使用 setCacheMode() 函数来设置 QMovie 的缓存模式，这里有两个选项：QMovie::CacheNone 和 QMovie::CacheAll，前者是默认选项，不缓冲任何帧；后者是缓存所有的帧。如果指定了 QMovie::CacheAll 选项，那么就可以使用 jumpToFrame() 来跳转到指定的帧了。另外，还可以使用 setSpeed() 来设置动画的播放速度，该速度是以原始速度的百分比来衡量的，默认的速度为 100%。读者可以参考 Qt 提供的 Movie Example 示例程序。

9.2 Qt Widgets 中的图形动画框架

Qt 提供了图形视图框架（graphics view framework）、动画框架（the animation framework）和状态机框架（the state machine framework）来实现更加高级的图形和动画应用。使用这些框架可以快速设计出动态 GUI 应用程序和各种动画、游戏程序。

9.2.1 图形视图框架的结构

利用 2D 绘图可以绘制出各种图形，并且进行简单的控制。但是，如果要绘制成千上万个相同或者不同的图形，并且对它们进行控制，例如拖动这些图形、检测它们的位置以及判断它们是否相互碰撞等，使用以前的方法就很难完成了。这时可以使用 Qt 提供的图形视图框架来进行设计。

图形视图框架提供了一个基于图形项的模型视图编程方法，主要由场景、视图和图形项这三部分组成，它们分别由 QGraphicsScene、QGraphicsView 和 QGraphicsItem 这 3 个类来表示。可以通过多个视图查看一个场景，场景中包含各种几何形状的图形项。

图形视图框架可以管理数量庞大的自定义 2D 图形项，并且可以与它们进行交互。使用视图部件可以使这些图形项可视化，视图还支持缩放和旋转。框架中包含了一个事件传播构架，提供了和场景中的图形项进行精确的双精度交互的能力，图形项可以处理键盘事件，鼠标的按下、移动、释放和双击事件，还可以跟踪鼠标的移动。图形视图框架使用一个 BSP（binary space partitioning）树来快速发现图形项，也正是因为如此，它可以实时显示一个巨大的场景，甚至包含上百万个图形项。可以在帮助中通过 Graphics View Framework 关键字查看更多相关内容。

1. 场景

QGraphicsScene 提供了图形视图框架中的场景，场景拥有以下功能。

- 提供用于管理大量图形项的高速接口。
- 传播事件到每一个图形项。
- 管理图形项的状态，例如选择和处理焦点。
- 提供无变换的渲染功能，主要用于打印。

场景是图形项 **QGraphicsItem** 对象的容器。可以调用 **QGraphicsScene::addItem()**函数将图形项添加到场景中，然后调用任意一个图形项发现函数来检索添加的图形项。**QGraphicsScene::items()**和它的其他几个重载函数可以返回符合条件的所有图形项，这些图形项不是与指定的点、矩形、多边形或者矢量路径相交，就是包含在它们之中。**QGraphicsScene::itemAt()**函数返回指定点的最上层的图形项。所有的图形项发现函数返回的图形项都是使用递减顺序（例如第一个返回的图形项在最上层，最后返回的图形项在最下层）。如果要从场景中删除一个图形项，可以使用 **QGraphicsScene::RemoveItem()**函数。下面先来看一个简单的例子。

（项目源码路径为 src\09\9-7\myscene）新建空的 Qt 项目 Empty qmake Project，项目名称为 **myscene**，完成后向其中添加一个新的 C++源文件，名称为 **main.cpp**。添加完成后，首先在 **myscene.pro** 文件中添加一行代码：

```
QT += widgets
```

然后在 **main.cpp** 文件中添加如下代码。

```
#include <QApplication>
#include <QGraphicsScene>
#include <QGraphicsRectItem>

int main(int argc,char* argv[ ])
{
    QApplication app(argc,argv);
    // 新建场景
    QGraphicsScene scene;
    // 创建矩形图形项
    QGraphicsRectItem *item = new QGraphicsRectItem(0, 0, 100, 100);
    // 将图形项添加到场景中
    scene.addItem(item);
    // 输出(50, 50)点处的图形项
    qDebug() << scene.itemAt(50, 50, QTransform());
    return app.exec();
}
```

这里先创建了一个场景，然后创建了一个矩形图形项，并且将该图形项添加到了场景中。接着使用 itemAt()函数返回指定坐标处最顶层的图形项，这里返回的就是刚才添加的矩形图形项。现在可以运行程序，不过因为还没有设置视图，所以不会出现任何图形界面。这时可以在"应用程序输出"窗口中看到输出的项目信息。要关闭运行的程序，可以单击"应用程序输出"窗口上的红色按钮，然后强行关闭应用程序。

QGraphicsScene 的事件传播构架可以将场景事件传递给图形项，也可以管理图形项之间事件的传播。例如，如果场景在一个特定的点接收到了一个鼠标按下事件，那么场景就会将这个事件传递给该点的图形项。

QGraphicsScene 也用来管理图形项的状态，如图形项的选择和焦点等。可以通过向 **QGraphicsScene::setSelectionArea()**函数传递一个任意的形状来选择场景中指定的图形项。如果要获取当前选取的所有图形项的列表，可以使用 **QGraphicsScene::selectedItems()**函数。另外，可以调用 **QGraphicsScene::setFocusItem()**或者 **QGraphicsScene::setFocus()**函数来为一个图形项设置焦点，调用 **QGraphicsScene::focusItem()**函数获取当前获得焦点的图形项。

QGraphicsScene 也可以使用 **QGraphicsScene::render()**函数将场景中的一部分渲染到一个绘图设备上。

2. 视图

QGraphicsView 提供了视图部件，它用来使场景中的内容可视化。可以连接多个视图到同一个场景来为相同的数据集提供多个视口。视图部件是一个可滚动的区域,它提供了一个滚动条来浏览大的场景。可以使用 setDragMode()以 QGraphicsView::ScrollHandDrag 为参数来使鼠标指针变为手掌形状,从而可以拖动场景。如果设置 setDragMode()的参数为 QGraphicsView::RubberBandDrag,那么可以在视图上使用鼠标拖出橡皮筋框来选择图形项。默认的 QGraphicsView 提供了一个 QWidget 作为视口部件,如果要使用 OpenGL 进行渲染,可以调用 QGraphicsView::setViewport()设置 QOpenGLWidget 作为视口。QGraphicsView 会获取视口部件的拥有权。下面我们看一个例子。

在前面的程序中先添加头文件#include <QGraphicsView>,然后在主函数中 "return app.exec();"一行代码前继续添加如下代码。

```
// 为场景创建视图
QGraphicsView view(&scene);
// 设置场景的前景色
view.setForegroundBrush(QColor(255, 255, 0, 100));
// 设置场景的背景图片
view.setBackgroundBrush(QPixmap("../myscene/bg.png"));
view.resize(400, 300);
view.show();
```

这里新建了视图部件,并指定了要可视化的场景。然后为该视图设置了场景前景色和背景图片。最后设置了视图的大小,并调用 show()函数来显示视图。现在场景中的内容可以在图形界面中显示出来了,运行程序,可以看到矩形图形项和背景图片都是在视图中间部分进行绘制的,这个问题会在后面坐标系统部分详细讲解。

一个场景分为 3 层:图形项层(ItemLayer)、前景层(ForegroundLayer)和背景层(BackgroundLayer)。场景的绘制总是从背景层开始,然后是图形项层,最后是前景层。前景层和背景层都可以使用 QBrush 进行填充,比如使用渐变和贴图等。这里将前景色设置为半透明的黄色,当然也可以设置为其他的填充。注意,使用好前景色可以实现很多特殊的效果,比如使用半透明的黑色便可以实现夜幕降临的效果。代码中使用了 QGraphicsView 类中的函数设置场景的背景和前景,其实也可以使用 QGraphicsScene 中的同名函数来实现,不过它们的效果并不完全一样。如果使用 QGraphicsScene 对象设置场景的背景或者前景,那么对所有关联了该场景的视图都有效,而 QGraphicsView 对象设置的场景的背景或者前景,只对它本身对应的视图有效。可以在代码后面再添加如下代码。

```
QGraphicsView view2(&scene);
view2.resize(400, 300);
view2.show();
```

这时运行程序,会出现两个视图,但是第二个视图中的背景是白色的。将前面使用 view 对象设置背景和前景的代码更改为:

```
scene.setForegroundBrush(QColor(255, 255, 0, 100));
scene.setBackgroundBrush(QPixmap("../myscene/bg.png"));
```

这时再运行程序,可以发现两个视图的背景和前景都一样了。当然,使用视图对象来设置场景背景的好处是可以在多个视图中使用不同的背景和前景来实现特定的效果。

视图从键盘或者鼠标接收输入事件,然后会在发送这些事件到可视化的场景之前将它们转换为场景事件(将坐标转换为合适的场景坐标)。另外,使用视图的变换矩阵函数 QGraphicsView::transform(),可以通过视图来变换场景的坐标系统,这样便可以实现例如缩放和旋转等高级的导航功能。

3. 图形项

QGraphicsItem 是场景中图形项的基类。图形视图框架为典型的形状提供了标准的图形项,例如矩形 QGraphicsRectItem、椭圆 QGraphicsEllipseItem 和文本项 QGraphicsTextItem。不过，只有当编写自定义的图形项时，才能发挥 QGraphicsItem 的强大功能。QGraphicsItem 主要支持如下功能。

- 鼠标按下、移动、释放、双击、悬停、滚轮和右键菜单事件。
- 键盘输入焦点和键盘事件。
- 拖放事件。
- 分组，使用 QGraphicsItemGroup 通过 parent-child 关系来实现。
- 碰撞检测。

除此之外，图形项还可以存储自定义的数据，可以使用 setData()进行数据存储，然后使用 data()获取其中的数据。下面通过一个例子来讲解如何自定义图形项。

（项目源码路径为 src\09\9-8\myscene）在前面的程序中添加新文件，模板选择 C++类，类名为 MyItem，基类设置为 QGraphicsItem。添加完成后，将 myitem.h 文件修改如下。

```cpp
#ifndef MYITEM_H
#define MYITEM_H

#include <QGraphicsItem>
class MyItem : public QGraphicsItem
{
public:
    MyItem();
    QRectF boundingRect() const override;
    void paint(QPainter *painter, const QStyleOptionGraphicsItem *option,
            QWidget *widget) override;
};

#endif // MYITEM_H
```

再到 myitem.cpp 文件中添加头文件#include <QPainter>，然后定义添加的两个函数。

```cpp
QRectF MyItem::boundingRect() const
{
    qreal penWidth = 1;
    return QRectF(0 - penWidth / 2, 0 - penWidth / 2,
            20 + penWidth, 20 + penWidth);
}

void MyItem::paint(QPainter *painter, const QStyleOptionGraphicsItem *,
QWidget *)
{
    painter->setBrush(Qt::red);
    painter->drawRect(0, 0, 20, 20);
}
```

要实现自定义的图形项，首先要创建一个 QGraphicsItem 的子类，然后重新实现它的两个纯虚公共函数：boundingRect()和 paint()，前者用来返回要绘制图形项的矩形区域，后者用来执行实际的绘图操作。其中，boundingRect()函数将图形项的外部边界定义为一个矩形，所有的绘图操作都必须限制在图形项的边界矩形之中。而且，QGraphicsView 要使用这个矩形来剔除那些不可见的图形项，还要使用它来确定当绘制交叉项目时哪些区域需要进行重新构建。另外，QGraphicsItem 的碰撞检测机制也需要使用这个边界矩形。如果图形绘制了一个轮廓，那么在边界矩形中包含一半画笔的宽度是很重要的，尽管抗锯齿绘图并不需要这些补偿。绘图函数 paint()的原型如下。

```cpp
    void QGraphicsItem::paint ( QPainter * painter, const QStyleOptionGraphicsItem *
option, QWidget * widget = nullptr )
```

这个函数一般会被 QGraphicsView 调用，用来在本地坐标中绘制图形项中的内容。其中 painter 参数用来进行一般的绘图操作；option 参数为图形项提供了一个风格选项；widget 参数是可选的，如果提供了该参数，那么它会指向要在其上进行绘图的部件，否则默认为 0（nullptr），表明使用缓冲绘图。painter 的画笔的宽度默认为 0，它的画笔被初始化为绘图设备调色板的 QPalette::Text 画刷，而 painter 的画刷被初始化为 QPalette::Window。

一定要保证所有的绘图都在 boundingRect() 的边界之中，特别是当 QPainter 使用了指定的 QPen 来渲染图形的边界轮廓时，绘制的图形的边界线一半会在外面，一半会在里面（例如，使用了宽度为两个单位的画笔，就必须在 boundingRect() 里绘制一个单位的边界线）。这也是在 boundingRect() 中要包含半个画笔宽度的原因。QGraphicsItem 不支持使用宽度非零的装饰笔。

下面来使用自定义的图形项。在 main.cpp 文件中，先添加头文件 #include "myitem.h"，然后将如下图形项的创建代码

```
QGraphicsRectItem *item = new QGraphicsRectItem(0, 0, 100, 100);
```

更改为

```
MyItem *item = new MyItem;
```

这时运行程序，可以看到，自定义的红色小正方形出现在了视图的正中间，背景图片的位置也有所变化，这些问题都会在后面的坐标系统中讲到。如果只想添加简单的图形项，那么可以直接使用图形视图框架提供的标准图形项，它们的效果如图 9-3 所示。

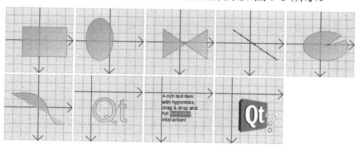

图 9-3　图形视图框架提供的标准图形项

9.2.2　图形视图框架的坐标系统

图形视图框架是基于笛卡儿坐标系统的，一个图形项在场景中的位置和几何形状由 x 坐标和 y 坐标来表示。当使用一个没有变换的视图来观察场景时，场景中的一个单元代表屏幕上的一个像素。在图形视图框架中有 3 个有效的坐标系统：图形项坐标、场景坐标和视图坐标。为了方便应用，图形视图框架提供了一些便捷函数来完成 3 个坐标系统之间的映射。当进行绘图时，场景坐标对应 QPainter 的逻辑坐标，视图坐标对应设备坐标。

1.　图形项坐标

图形项使用自己的本地坐标系统，坐标通常是以它们的中心为原点（0, 0），而这也是所有变换的中心。当要创建一个自定义图形项时，只需要考虑图形项的坐标系统，QGraphicsScene 和 QGraphicsView 会完成其他所有的转换，而且一个图形项的边界矩形和图形形状都是在图形项坐标系统中的。

图形项的位置是指图形项的原点在其父图形项或者场景中的位置。如果一个图形项在另一个图形项之中，那么它被称为子图形项，而包含它的图形项称为它的父图形项。所有没有父图形项的图形项都会在场景的坐标系统中，它们被称为顶层图形项。可以使用 setPos() 函数来指定

图形项的位置，如果没有指定，图形项默认出现在父图形项或者场景的原点处。

子图形项的位置和坐标是相对于父图形项的，父图形项的坐标变换会隐含地变换子图形项。相对于场景，子图形项会跟随父图形项的变换，但是，相对于父图形项，子图形项的坐标不会受到父图形项的变换的影响。

所有的图形项都会使用确定的顺序来进行绘制，这个顺序也决定了单击场景时哪个图形项会先获得鼠标输入。一个子图形项会堆叠在父图形项的上面，而兄弟图形项会以插入顺序进行堆叠（也就是添加到场景或者父图形项中的顺序）。默认父图形项会最先进行绘制，然后按照顺序对其上的子图形项进行绘制。所有的图形项都包含一个 Z 值来设置它们的层叠顺序，一个图形项的 Z 值默认为 0，可以使用 QGraphicsItem::setZValue() 来改变一个图形项的 Z 值，从而使它堆叠到其兄弟图形项的上面（使用较大的 Z 值时）或者下面（使用较小的 Z 值时）。

2. 场景坐标

场景坐标是所有图形项的基础坐标系统。场景坐标系统描述了每一个顶层图形项的位置，也用于处理所有从视图传到场景上的事件。场景坐标的原点在场景的中心，x 和 y 坐标分别向右和向下增大。每一个在场景中的图形项除了拥有一个图形项的本地坐标和边界矩形，还都拥有一个场景坐标 QGraphicsItem::scenePos() 和一个场景中的边界矩形 QGraphicsItem::sceneBoundingRect()。场景坐标用来描述图形项在场景坐标系统中的位置，而场景中的边界矩形用于判断场景中的哪些区域进行了更改。

3. 视图坐标

视图的坐标就是部件的坐标。视图坐标的每一个单位对应一个像素，原点（0，0）总在 QGraphicsView 的视口的左上角，而右下角是（宽，高）。所有的鼠标事件和拖放事件最初都是使用视图坐标接收的。

4. 坐标映射

当处理场景中的图形项时，将坐标或者一个任意的形状从场景映射到图形项，或者从一个图形项映射到另一个图形项，或者从视图映射到场景，这些坐标变换都是很常用的。例如，在 QGraphicsView 的视口上单击，便可调用 QGraphicsView::mapToScene() 以及 QGraphicsScene:: itemAt() 来获取光标下的图形项；如果要获取一个图形项在视口中的位置，那么可以先在图形项上调用 QGraphicsItem::mapToScene()，然后在视图上调用 QGraphicsView::mapFromScene()；如果要获取在视图的一个椭圆形中包含的图形项，可以先传递一个 QPainterPath 对象作为参数给 mapToScene() 函数，然后传递映射后的路径给 QGraphicsScene::items() 函数。不仅可以在视图、场景和图形项之间使用坐标映射，还可以在子图形项和父图形项或者图形项和图形项之间进行坐标映射。

5. 场景背景图片显示问题

最后再来看一下为什么场景背景图片会随着图形项的不同而改变位置。其实场景背景图片位置的变化也就是场景位置的变化，默认地，如果场景中没有添加任何图形项，那么场景的中心（默认的是原点）会和视图的中心重合。如果添加了图形项，那么视图就会以图形项的中心为中心来显示场景。因为图形项的大小或者位置变化了，所以视口的位置也就变化了，这样看起来好像是背景图片的位置发生了变化。其实，场景还有一个很重要的属性就是场景矩形，它是场景的边界矩形。场景矩形定义了场景的范围，它主要用于 QGraphicsView 来判断视图默认的滚动区域，当视图小于场景矩形时，就会自动生成水平和垂直的滚动条来显示更大的区域。另外，场景矩形也用于 QGraphicsScene 来管理图形项索引。可以使用 QGraphicsScene::setSceneRect() 来设置场景矩形，如果没有设置，那么 sceneRect() 会返回一个包含了自从场景创建以来添加的所有图形项的最大边界矩形（这个矩形会随着图形项的添加或者移动而不断增长，但是永远不会缩小），所以操作一个较大的场景时，应该设置一个场景矩形。

设置了场景矩形，就可以指定视图显示的场景区域了。比如将场景的原点显示在视图的左上角，那么可以在创建场景的代码下面添加如下一行代码。

```
scene.setSceneRect(0, 0, 400, 300);
```

9.2.3 动画、碰撞检测和图形部件

1. 动画

图形视图框架支持几种级别的动画。现在主要的方法是通过后面要讲的动画框架来实现动画效果。另外的方法是创建一个继承自 QObject 和 QGraphicsItem 的自定义图形项，然后创建它自己的定时器来实现动画，这里不再讲解。还有一种方法是使用 QGraphicsScene::advance()来推进场景，下面我们看一下它的应用。

（项目源码路径为 src\09\9-9\myscene）在前面程序的基础上进行修改。首先在 myitem.h 文件中的 public 部分添加函数声明：

```
void advance(int phase) override;
```

在 myitem.cpp 文件中，先添加头文件#include <QRandomGenerator>，然后进行该函数的定义：

```
void MyItem::advance(int phase)
{
    // 在第一个阶段不进行处理
    if (!phase)
        return;
    // 图形项向不同方向随机移动
    int value = QRandomGenerator::global()->bounded(100);

    if (value < 25) {
        setRotation(45);
        moveBy(5, 5);
    } else if (value < 50) {
        setRotation(-45);
        moveBy(-5, -5);
    } else if (value < 75) {
        setRotation(30);
        moveBy(-5, 5);
    } else {
        setRotation(-30);
        moveBy(5, -5);
    }
}
```

调用场景的 advance()函数就会自动调用场景中所有图形项的 advance()函数，而且图形项的 advance()函数会被分为两个阶段调用两次。第一次 phase 为 0，告知所有的图形项场景将要改变；第二次 phase 为 1，在这时才进行具体的操作，这里是让图形项在不同的方向上移动一个数值。下面到 main.cpp 文件中，先添加头文件#include <QTimer>，然后在主函数的最后 return 语句前添加如下代码。

```
QTimer timer;
QObject::connect(&timer, &QTimer::timeout, &scene, &QGraphicsScene::advance);
timer.start(300);
```

这里创建了一个定时器，当定时器溢出时会调用场景的 advance()函数。为了更好地测试效果，这里将前面创建 MyItem 实例的代码进行更改：

```
for (int i = 0; i < 10; ++i) {
   MyItem *item = new MyItem;
   item->setPos(i * 50 - 90, -50);
   scene.addItem(item);
}
```

现在可以运行程序查看效果。

2. 碰撞检测

图形视图框架提供了图形项之间的碰撞检测，碰撞检测可以使用两种方法来实现。

- 重新实现 QGraphicsItem::shape() 函数来返回图形项准确的形状，然后使用默认的 collidesWithItem() 函数通过两个图形项形状之间的交集来判断是否发生碰撞。如果图形项的形状很复杂，那么进行这个操作是非常耗时的。如果没有重新实现 shape() 函数，那么默认会调用 boundingRect() 函数返回一个简单的矩形。
- 重新实现 collidesWithItem() 函数来提供一个自定义的图形项碰撞算法。

可以使用 QGraphicsItem 类中的 collidesWithItem() 函数来判断是否与指定的图形项进行了碰撞；使用 collidesWithPath() 来判断是否与指定的路径碰撞；使用 collidingItems() 来获取与该图形项碰撞的所有图形项的列表；也可以调用 QGraphicsScene 类的 collidingItems()。这几个函数都有一个 Qt::ItemSelectionMode 参数来指定怎样进行图形项的选取，该参数一共有 4 个值，如表 9-3 所示，其中 Qt::IntersectsItemShape 是默认值。

表 9-3 图形项选取模式

常　量	描　　述
Qt::ContainsItemShape	选取只有形状完全包含在选择区域之中的图形项
Qt::IntersectsItemShape	选取形状完全包含在选择区域之中或者与区域的边界相交的图形项
Qt::ContainsItemBoundingRect	选取只有边界矩形完全包含在选择区域之中的图形项
Qt::IntersectsItemBoundingRect	选取边界矩形完全包含在选择区域之中或者与区域的边界相交的图形项

（项目源码路径为 src\09\9-10\myscene）下面继续在前面的程序中添加代码。首先在 **myitem.h** 文件的 public 部分进行函数声明：

```
QPainterPath shape() const override;
```

然后到 myitem.cpp 文件中定义该函数：

```
QPainterPath MyItem::shape() const
{
   QPainterPath path;
   path.addRect(-10, -10, 20, 20);
   return path;
}
```

这里只是简单地返回了图形项对应的矩形。再将 paint() 函数更改如下。

```
void MyItem::paint(QPainter *painter, const QStyleOptionGraphicsItem *,
QWidget *)
{
   if(hasFocus() || !collidingItems().isEmpty()) {
      painter->setPen(QPen(QColor(255, 255, 255, 200)));
   } else {
      painter->setPen(QPen(QColor(100, 100, 100, 100)));
   }
   painter->setBrush(Qt::red);
   painter->drawRect(0, 0, 20, 20);
}
```

这样就可以在本例的图形项与其他图形项碰撞时使其轮廓线变为白色了。关于 advance() 函数和碰撞检测的使用，还可以参考 Colliding Mice Example 示例程序。

3. 图形部件

Qt 4.4 引入了图形部件 QGraphicsWidget 类，该类与 QWidget 相似，但它不是继承自 QPaintDevice，而是 QGraphicsItem。通过该类可以实现一个拥有事件、信号和槽、大小提示和策略的完整的部件，还可以使用 QGraphicsAnchorLayout、QGraphicsLinearLayout 和 QGraphicsGridLayout 来实现部件的布局。

QGraphicsWidget 继承自 QGraphicsObject 和 QGraphicsLayoutItem，而 QGraphicsObject 继承自 QObject 和 QGraphicsItem，所以 QGraphicsWidget 既拥有以前窗口部件的一些特性，也拥有图形项的一些特性。图形视图框架提供了对任意的窗口部件嵌入场景的无缝支持，这是通过 QGraphicsWidget 的子类 QGraphicsProxyWidget 实现的。可以使用 QGraphicsScene 类的 addWidget()函数将任何一个窗口部件嵌入场景中，也可以通过创建 QGraphicsProxyWidget 类的实例来实现。下面我们看一个例子。

（项目源码路径为 src\09\9-11\mywidgetitem）新建 Empty qmake Project，名称为 mywidgetitem，完成后先在项目文件中添加 QT += widgets 一行代码并保存该文件，然后添加新文件 main.cpp，并在其中添加如下代码。

```
#include <QApplication>
#include <QGraphicsScene>
... ... // 省略了部分头文件，请读者自行添加
int main(int argc, char* argv[ ])
{
    QApplication app(argc, argv);
    QGraphicsScene scene;
    // 创建部件，并关联它们的信号和槽
    QTextEdit *edit = new QTextEdit;
    QPushButton *button = new QPushButton("clear");
QObject::connect(button, &QPushButton::clicked, edit, &QTextEdit::clear);
    // 将部件添加到场景中
    QGraphicsProxyWidget *textEdit = scene.addWidget(edit);
    QGraphicsProxyWidget *pushButton = scene.addWidget(button);
    // 将部件添加到布局管理器中
    QGraphicsLinearLayout *layout = new QGraphicsLinearLayout;
    layout->addItem(textEdit);
    layout->addItem(pushButton);
    // 创建图形部件，设置其为一个顶层窗口，然后在其上应用布局
    QGraphicsWidget *form = new QGraphicsWidget;
    form->setWindowFlags(Qt::Window);
    form->setWindowTitle("Widget Item");
    form->setLayout(layout);
    // 将图形部件进行扭曲，然后添加到场景中
    form->setTransform(QTransform().shear(2, -0.5), true);
    scene.addItem(form);
    QGraphicsView view(&scene);
    view.show();
    return app.exec();
}
```

现在运行程序，可以看到嵌入窗口部件结合了以前的窗口部件的功能和现在的图形项的功能，可以实现一些特殊的效果。在 Qt 中提供了一个 Embedded Dialogs 演示程序，可以作为参考。

9.2.4 动画框架

动画框架旨在提供一种简单的方法来创建平滑的、具有动画效果的 GUI 界面。该框架是通

过控制 Qt 的属性来实现动画的，它可以应用在窗口部件和其他 QObject 对象上，也可以应用在图形视图框架中。动画框架在 Qt 4.6 中被引入。可以在帮助中通过 The Animation Framework 关键字查看更多相关内容。

　　动画框架中基类 QAbstractAnimation 和它的两个子类 QVariantAnimation、QAnimationGroup 构成了动画框架的基础。这里的 QAbstractAnimation 是所有动画类的祖先，它定义了一些所有动画类共享的功能函数，比如动画的开始、停止和暂停等函数，它也可以接收时间变化的通知，通过继承这个类，可以创建自定义的动画类。

　　动画框架提供了 QPropertyAnimation 类，继承自 QVariantAnimation，用来执行 Qt 属性的动画。这个类使用缓和曲线（easing curve）来对属性进行插值。如果要对一个值使用动画，就可以创建继承自 QObject 的类，然后在类中将该值定义为一个属性。属性动画为现有的窗口部件以及其他 QObject 子类提供了非常灵活的动画控制。Qt 现在支持的可以进行插值的 QVariant 类型有 Int、Uint、Double、Float、QLine、QLineF、QPoint、QPointF、QSize、QSizeF、QRect、QRectF 和 QColor 等。如果要实现复杂的动画，可以通过动画组 QAnimationGroup 类实现，它的功能是作为其他动画类的容器，一个动画组还可以包含另外的动画组。

1.　实现属性动画

　　前面已经讲到 QPropertyAnimation 类可以对 Qt 属性进行插值，如果一个值要实现动画效果，就要使用这个类。之所以使用 Qt 属性来实现动画，主要原因是这样可以为已经存在的 Qt API 中的类提供灵活的动画设置。可以在 QWidget 类的帮助文档中查看其所有的属性。当然，并不是所有的属性都可以设置动画，必须是前面讲到的 Qt 支持的 QVariant 类型。下面我们看一个例子。

　　（项目源码路径为 src\09\9-12\myanimation）新建 Empty qmake Project，名称为 myanimation，完成后先在项目文件中添加 QT += widgets 一行代码并保存该文件，然后添加新文件 main.cpp，并在其中添加如下代码。

```cpp
#include <QApplication>
#include <QPushButton>
#include <QPropertyAnimation>

int main(int argc, char* argv[ ])
{
    QApplication app(argc, argv);
    QPushButton button("Animated Button");
    button.show();
    QPropertyAnimation animation(&button, "geometry");
    animation.setDuration(10000);
    animation.setStartValue(QRect(50, 50, 120, 30));
    animation.setEndValue(QRect(250, 250, 200, 60));
    animation.start();
    return app.exec();
}
```

　　这里创建了一个按钮部件并让其显示，然后为按钮部件的 geometry 属性创建了动画，使用 setDuration() 指定了动画的持续时间为 10000ms，即 10s，然后使用函数 setStartValue() 和 setEndValue() 分别设置了动画开始时和结束时 geometry 属性的值，最后调用 start() 函数开始播放动画。这样就实现了按钮部件在 10s 内从屏幕的（50, 50）点移动到（250, 250）点，与此同时，动画由宽 120、高 30 的大小变为宽 200、高 60 的大小。除了设置属性开始和结束的值，还可以调用 setKeyValueAt(qreal step, const QVariant &value) 函数在动画中间为属性设置值，其中 step 取值在 0.0 和 1.0 之间，0.0 表示开始位置，1.0 表示结束位置，而 value 为属性的值。将程序中调用 setStartValue() 和 setEndValue() 两个函数的代码更改如下。

```
animation.setKeyValueAt(0, QRect(50, 50, 120, 30));
animation.setKeyValueAt(0.8, QRect(250, 250, 200, 60));
animation.setKeyValueAt(1, QRect(50, 50, 120, 30));
```

这样就实现了在 8s 内按钮部件由（50, 50）点移动到（250, 250）点，并变化大小，然后在后 2s 内又回到原点并且恢复原来大小的动画。现在可以运行程序查看效果。

在动画中可以使用 pause()来暂停动画；使用 resume()来恢复暂停状态；使用 stop()来停止动画。可以使用 setDirection()设置动画的方向，这里可以设置为两个方向，默认是 QAbstractAnimation::Forward，动画的当前时间随着时间而递增，即从开始位置到结束位置；还有一个 QAbstractAnimation::Backward，动画的当前时间随着时间而递减，即从结束位置到开始位置。还可以使用 setLoopCount()函数来设置动画的重复次数，默认为 1，表示执行一次；如果设置为 0，那么动画不会执行；如果设置为-1，那么在调用 stop()函数停止动画之前，它会一直持续。

2. 使用缓和曲线

在前面程序的运行效果中可以看到，按钮部件的运动过程都是线性的，即匀速运动。除了在动画中添加更多的关键点，还可以使用缓和曲线，缓和曲线描述了怎样来控制 0 和 1 之间的插值速度，这样就可以在不改变插值的情况下来控制动画的速度。下面我们看一个例子。

（项目源码路径为 src\09\9-13\myanimation）将前面程序中设置值的代码更改如下。

```
animation.setDuration(2000);
animation.setStartValue(QRect(250, 0, 120, 30));
animation.setEndValue(QRect(250, 300, 120, 30));
animation.setEasingCurve(QEasingCurve::OutBounce);
```

这里使用了 QEasingCurve::OutBounce 缓和曲线，此时运行程序，发现它会使按钮部件就像从开始位置掉落到结束位置的皮球一样出现弹跳效果。QEasingCurve 类提供了 40 多种缓和曲线，还可以自定义缓和曲线，具体内容参见该类的帮助文档。Qt 还提供了一个 Easing Curves Example 示例程序，其中演示了所有缓和曲线的效果。

3. 动画组

在一个应用中经常会包含多个动画，例如要同时移动多个图形项或者让它们一个接一个地串行移动。通过使用 QAnimationGroup 类可以实现复杂的动画，它的两个子类 QSequentialAnimationGroup 和 QParallelAnimationGroup 分别提供了串行动画组和并行动画组。下面我们看一个串行动画组的例子。

（项目源码路径为 src\09\9-14\myanimation）在前面程序的 main.cpp 文件中添加头文件#include <QSequentialAnimationGroup>，再将主函数的中间部分内容更改如下。

```
QPushButton button("Animated Button");
button.show();
// 按钮部件的动画 1
QPropertyAnimation *animation1 = new QPropertyAnimation(&button, "geometry");
animation1->setDuration(2000);
animation1->setStartValue(QRect(250, 0, 120, 30));
animation1->setEndValue(QRect(250, 300, 120, 30));
animation1->setEasingCurve(QEasingCurve::OutBounce);
// 按钮部件的动画 2
QPropertyAnimation *animation2 = new QPropertyAnimation(&button, "geometry");
animation2->setDuration(1000);
animation2->setStartValue(QRect(250, 300, 120, 30));
animation2->setEndValue(QRect(250, 300, 200, 60));
// 串行动画组
QSequentialAnimationGroup group;
group.addAnimation(animation1);
```

```
group.addAnimation(animation2);
group.start();
```

此时运行程序就会先执行动画 1，等执行完动画 1 之后才执行动画 2，动画的执行顺序与加入动画组的顺序是一致的。

4. 在图形视图框架中使用动画

要为 QGraphicsItem 对象使用动画，也可以通过 QPropertyAnimation 类实现。但是，QGraphicsItem 并不是继承自 QObject 类，所以直接继承自 QGraphicsItem 的图形项并不能使用 QPropertyAnimation 类来创建动画。Qt 4.6 提供了一个 QGraphicsItem 的子类 QGraphicsObject，它继承自 QObject 和 QGraphicsItem，这个类为所有需要使用信号和槽以及属性的图形项提供了一个基类，通过创建这个类的子类就可以使用属性动画了。QGraphicsObject 还提供了多个常用的属性，比如位置 pos、透明度 opacity、旋转 rotation 和缩放 scale 等，这些都可以直接用来设置动画。

下面我们看一个例子，（项目源码路径为 src\09\9-15\myitemanimation）新建 Empty qmake Project 项目，将名称设置为 myitemanimation。完成后先在项目文件中添加 QT += widgets 一行代码并保存该文件，然后添加新的 C++类，类名为 MyItem，基类设置为 QGraphicsObject。然后更改 myitem.h 文件内容如下。

```cpp
#ifndef MYITEM_H
#define MYITEM_H
#include <QGraphicsObject>
class MyItem : public QGraphicsObject
{
public:
    MyItem(QGraphicsItem *parent = 0);
    QRectF boundingRect() const override;
    void paint(QPainter *painter,const QStyleOptionGraphicsItem *option,
    QWidget *widget) override;
};
#endif // MYITEM_H
```

接着到 myitem.cpp 文件中，更改其内容如下。

```cpp
#include "myitem.h"
#include <QPainter>
MyItem::MyItem(QGraphicsItem *parent) :
    QGraphicsObject(parent)
{
}

QRectF MyItem::boundingRect() const
{
    return QRectF(-10 - 0.5, -10 - 0.5, 20 + 1, 20 + 1);
}
void MyItem::paint(QPainter *painter, const QStyleOptionGraphicsItem *,
QWidget *)
{
    painter->drawRect(-10, -10, 20, 20);
}
```

最后添加新的 main.cpp 文件，并更改其内容如下。

```cpp
#include <QApplication>
#include <QGraphicsScene>
#include <QGraphicsView>
#include "myitem.h"
#include <QPropertyAnimation>
```

```
int main(int argc, char* argv[ ])
{
    QApplication app(argc, argv);
    QGraphicsScene scene;
    scene.setSceneRect(-200, -150, 400, 300);
    MyItem *item = new MyItem;
    scene.addItem(item);
    QGraphicsView view;
    view.setScene(&scene);
    view.show();
    // 为图形项的 rotation 属性创建动画
    QPropertyAnimation *animation = new QPropertyAnimation(item, "rotation");
    animation->setDuration(2000);
    animation->setStartValue(0);
    animation->setEndValue(360);
    animation->start(QAbstractAnimation::DeleteWhenStopped);
    return app.exec();
}
```

现在运行程序，图形项已经可以自动旋转了。当然这个动画效果也可以使用前面讲到的其他知识来实现，不过可以看到，使用动画框架是非常简单的，而且如果要实现更加复杂的动画，那么动画框架的优势就更明显了。在使用动画对象时，如果是创建对象的指针，而且执行一遍以后就不再使用，那么可以在 start()函数中指定 DeleteWhenStopped 删除策略，这样当动画执行结束后便会自动销毁该动画对象。

除了继承 QGraphicsObject 类，当然也可以同时继承 QObject 和 QGraphicsItem 类来实现自己的图形项，不过要注意 QObejct 必须是第一个继承的类，这是元对象系统的要求。另外还可以继承自 QGraphicsWidget 类，这个类已经是 QObject 的子类了。

9.2.5   状态机框架

状态机框架提供了一些类来创建和执行状态图，状态图为一个系统如何对外界激励进行反应提供了一个图形化模型，该模型是通过定义一些系统可能进入的状态以及系统怎样从一个状态切换到另一个状态来实现的。事件驱动的系统（比如 Qt 应用程序）的一个关键特性就是它的行为不仅仅依赖于最后一个事件或者当前的事件，而且也依赖于将要执行的事件。通过使用状态图，这些信息会非常容易进行表达。

状态机框架提供了一个 API 和一个执行模型来有效地将状态图的元素和语义嵌入 Qt 应用程序中。该框架与 Qt 的元对象系统是紧密结合的，例如状态间的切换可以由信号来触发。Qt 的事件系统用来驱动状态机。在状态机框架中的状态图是分层的，一个状态可以嵌套在其他状态中，在状态机的一个有效配置中的所有状态都拥有一个共同的祖先。可以在帮助中通过 Qt State Machine 关键字查看更多相关内容。

1.   创建状态机

下面先来看一个简单的应用：假定状态机由一个 QPushButton 控制，包含 3 个状态：s1、s2和 s3。其中，s1 是初始状态。当单击按钮时，状态机切换到另一个状态。图 9-4 是该状态机的状态图。下面通过编写代码来看一下该状态机在程序中的实现。

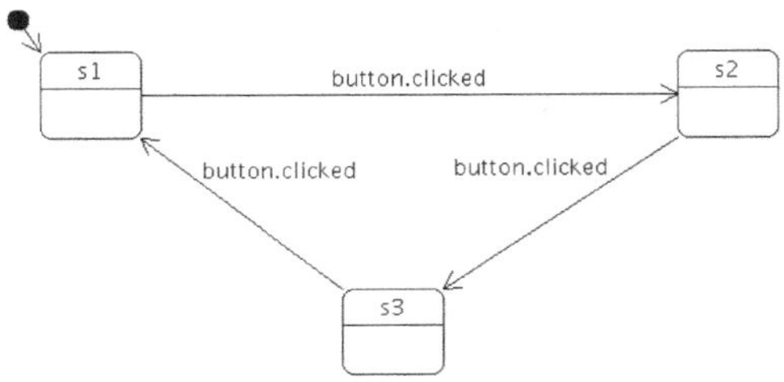

图 9-4   一个简单的状态机的状态图

（项目源码路径为 src\09\9-16\mystatemachine）新建 Empty qmake Project，项目名称为 mystatemachine，完成后先在项目文件中添加 QT += widgets statemachine 一行代码并保存该文

件，然后添加新的 **main.cpp** 文件，并更改其中内容为：

```cpp
#include <QApplication>
#include <QPushButton>
#include <QState>
#include <QStateMachine>

int main(int argc, char* argv[ ])
{
    QApplication app(argc, argv);
    QPushButton button("State Machine");
    // 创建状态机和 3 个状态，并将 3 个状态添加到状态机中
    QStateMachine machine;
    QState *s1 = new QState(&machine);
    QState *s2 = new QState(&machine);
    QState *s3 = new QState(&machine);
    // 为按钮部件的 geometry 属性分配一个值，当进入该状态时会设置该值
    s1->assignProperty(&button, "geometry", QRect(100, 100, 120, 50));
    s2->assignProperty(&button, "geometry", QRect(300, 100, 120, 50));
    s3->assignProperty(&button, "geometry", QRect(200, 200, 120, 50));
    // 使用按钮部件的单击信号来完成 3 个状态的切换
    s1->addTransition(&button, &QPushButton::clicked, s2);
    s2->addTransition(&button, &QPushButton::clicked, s3);
    s3->addTransition(&button, &QPushButton::clicked, s1);
    // 设置状态机的初始状态并启动状态机
    machine.setInitialState(s1);
    machine.start();
    button.show();
    return app.exec();
}
```

要使用一个状态机，需要先创建该状态机和使用的状态，可以像这里在创建状态时直接将其添加到状态机中，也可以使用 QStateMachine::addState() 来添加状态；创建完状态后，要使用 assignProperty() 函数为 QObject 对象的属性分配值，这样在进入该状态时就可以为 QObject 对象的这个属性设置该值；然后要使用 addTransition() 函数来完成一个状态到另一个状态的切换，可以关联 QObject 对象的一个信号来触发切换；最后要为状态机设置初始状态并启动状态机，这样当状态机启动时就会自动进入初始状态。状态机是异步执行的，它会成为应用程序事件循环的一部分。现在可以运行程序，然后单击按钮，查看状态机的运行效果。

当状态机进入一个状态时，会发射 QState::entered() 信号，而退出一个状态时，会发射 QState::exited() 信号。可以关联这两个信号来完成一些操作。例如在进入 s3 状态时将按钮最小化，那么可以在程序中调用 setInitialState() 函数的代码前添加如下代码。

```cpp
QObject::connect(s3, &QState::entered, &button, &QPushButton::showMinimized);
```

这里定义的 3 个状态间的切换是循环的，状态机也永远不会停止。如果想让状态机完成一个状态后就停止，那么可以设置这个状态为 QFinalState 对象，将它加入状态图中，等切换到该状态时，状态机就会发射 finished() 信号并停止。

2. 在状态机中使用动画

如果将状态机中的 API 和 Qt 中的动画 API 相关联，那么就可以使分配到状态上的属性自动实现动画效果。在前面的程序中先添加头文件：

```cpp
#include <QSignalTransition>
#include <QPropertyAnimation>
```

然后将进行状态切换的代码更改如下。

```
QSignalTransition *transition1 = s1->addTransition(&button,
                                    &QPushButton::clicked, s2);
QSignalTransition *transition2 = s2->addTransition(&button,
                                    &QPushButton::clicked, s3);
QSignalTransition *transition3 = s3->addTransition(&button,
                                    &QPushButton::clicked, s1);
QPropertyAnimation *animation = new QPropertyAnimation(&button, "geometry");
transition1->addAnimation(animation);
transition2->addAnimation(animation);
transition3->addAnimation(animation);
```

这样就可以在状态切换时使用动画效果了。在属性上添加动画，就意味着当进入一个状态时分配的属性将无法立即生效，而是在进入时开始播放动画，然后以平滑的动画来达到属性分配的值。这里无须为动画设置开始和结束的值，它们会被隐含地进行设置，开始值就是开始播放动画时属性的当前值，结束值就是状态分配的属性的值。

9.3 Qt Quick 中的图形动画基础

本节将讲述 Qt Quick 程序中的图形动画应用内容。首先讲解颜色、渐变，通过这些类型可以学会怎样给一个项目上色；然后讲解几种图片的显示方式，让读者可以随心所欲地设置图片；在变换部分会讲到项目缩放、旋转和平移等效果的实现方式；后面的状态和动画中，将会让图形界面动起来，实现动态界面效果。

9.3.1 颜色、渐变

1. 颜色 color

QtQuick 模块扩展了 QML 的基本类型，其中包含一个 color 类型。color 类型是一个 ARGB 格式的颜色值，可以使用多种方式来指定，例如 SVG 颜色名称、十六进制表示法、Qt.rgba()函数等。

（1）SVG 颜色名称。SVG 颜色名称使用一个英文单词来指定一个颜色，例如红色就是"red"。所有的颜色名称可以在帮助中通过 color QML Value Type 关键字进行查看。

（2）十六进制表示法。color 可以使用 3 个或者 4 个十六进制数字来表示，格式为#RRGGBB 或#AARRGGBB。其中的 AA 设置透明度（Alpha 值），取值范围是 0～255，即十六进制的 00～FF，00 表示完全透明，FF 表示完全不透明；RR、GG、BB 分别表示红、绿、蓝分量，取值范围是 0～255。例如，完全不透明的红色就是#FF0000。如果颜色是完全不透明的，AA 分量可以省略。半透明的蓝色可以用#800000FF 表示。

（3）使用 Qt 函数。QML 可以使用 Qt 全局对象，它提供了一些实用的函数、属性和枚举类型，例如与颜色相关的函数包括 rgba()、hsla()、darker()、lighter()和 tint()等。其中，rgba()通过指定红、绿、蓝和 Alpha 等分量来返回一个颜色，所有分量的取值范围都是 0～1，例如 Qt.rgba(1, 0, 0, 1)返回红色。

2. 渐变 Gradient

QML 使用 Gradient 定义一个渐变。渐变使用一组 GradientStop 子项目指定颜色，每一个 GradientStop 子项目都在渐变中指定一个位置和一个颜色；位置通过 position 属性设置，取值范围是 0.0～1.0；颜色通过 color 属性设置，默认是黑色。另外，渐变默认是垂直的 Gradient.Vertical，可以通过 orientation 属性设置为水平的 Gradient.Horizontal。注意，Gradient 本身是不可见项目，因此需要在一个可见项目（如 Rectangle）中使用渐变。例如，下面的代码定义了一个使用渐变的 Rectangle。渐变从红色开始，然后在矩形的 1/3 高度时变为黄色，最后以绿色结尾（项目源码路径为 src\09\9-17\mygradient）。

```
Rectangle {
    width: 100; height: 100
    gradient: Gradient {
        GradientStop { position: 0.0; color: "red" }
        GradientStop { position: 0.33; color: "yellow" }
        GradientStop { position: 1.0; color: "green" }
    }
}
```

注意：使用渐变比使用纯色或者图片填充性能开销更大，因此建议只在静态项目中使用渐变。如果动画中包含了渐变，那么可能产生某些非预期的结果。建议这种情况下使用事先创建好的带有渐变效果的图片或 SVG 绘图。

9.3.2　图片、边界图片和动态图片

1. 图片 Image

Image 类型用来显示图片。图片路径通过 source 属性指定，可以是绝对路径或相对路径。图片格式可以是 Qt 支持的任何格式，如 PNG、JPEG 和 SVG 等。如果 Image 对象的 width 和 height 属性都没有指定，Image 会自动使用加载的图片的宽度和高度。如果指定了 Image 的大小，那么默认情况下，图片会缩放到这个大小。这个行为也可以通过设置 fillMode 属性来改变，它允许图片进行拉伸或者平铺，例如下面的代码中使用平铺模式来显示图片（项目源码路径为 src\09\9-18\myimage）。

```
Image {
    width: 200; height: 200
    fillMode: Image.Tile
    source: "qtlogo.png"
}
```

上述代码使用相对路径指定了图片，当然也可以将图片放到资源文件中。另外，代码使用 Tile 平铺模式显示图片。默认的显示方式是，在指定大小的矩形（这里是宽 200、高 200 的正方形）中心显示一张完整的图片，然后在其四周进行平铺。如果需要将完整的图片显示在左上角，然后向右、向下进行平铺，可以添加如下两行代码。

```
horizontalAlignment: Image.AlignLeft
verticalAlignment: Image.AlignTop
```

其中，horizontalAlignment 用来设置水平对齐方式，可以设置为 Image.AlignLeft、Image.AlignRight 和 Image.AlignHCenter；verticalAlignment 用来设置垂直对齐方式，可以设置为 Image.AlignTop、Image.AlignBottom 和 Image.AlignVCenter。

fillMode 还提供了其他一些填充模式，读者可以根据实际需求进行选择使用，所有的填充模式及其效果如图 9-5 所示。

本地图片默认会被立即加载，并且在加载完成以前阻塞用户界面。如果加载一个特别巨大的图片，可以将 Image 的 asynchronous 属性设置为 true，将加载的操作放在一个低优先级的线程中进行。如果图片需要从网络获取，则自动在低优先级线程中进行异步加载；通过 progress 属性和 status 属性可以获得实时进度。Image 加载的图片会在内部进行缓存和共享。因此，即便若干 Image 项目使用同一 source，也只会保留该图片的一个备份。注意，一般图片是 QML 用户界面内存消耗最多的组件，所以建议将不是界面组成部分的图片使用 sourceSize 属性设置其大

小。sourceSize 属性可以设置 sourceSize.width 和 sourceSize.height，它们与 width 和 height 属性不同：设置 Image 的 width 和 height 属性会在绘制图片时进行缩放，但是内存中保存的还是图片原始大小，而 sourceSize 属性则会设置图片在内存中的大小，这样，即使巨大的图片也不会占用过多内存。

下面的代码加载了百度主页的 Logo 图片，并通过 sourceSize 属性设置了其在内存中实际保存的图片为 100 像素×100 像素。最后通过 status 属性获取并输出了加载状态（项目源码路径为 src\09\9-19\myimage）。

图 9-5　图片填充模式效果示意图

```
Image {
    id: image; width: 200; height: 200
    fillMode: Image.Tile
    source: "            /img/baidu_sylogo1.gif"
    sourceSize.width: 100; sourceSize.height: 100;

    onStatusChanged: {
        if (image.status == Image.Ready) console.log('Loaded')
        else if (image.status == Image.Loading) console.log('Loading')
    }
}
```

可用的加载状态除了这里的 Image.Ready 图片已经加载完毕、Image.Loading 图片正在被加载外，还有 Image.Null 没有设置图片、Image.Error 加载时发生错误等。另外，还可以通过 Image 的 cache 属性设置是否缓存图片，默认为 true；可以设置 mirror 属性为 true 将图片水平翻转，实现镜像效果；设置 smooth 属性可以在图片缩放或转换时提升显示效果，不过有时会影响性能，默认设置为 true。

图 9-6　BorderImage 区域示意图

2. 边界图片 BorderImage

BorderImage 类型利用图片创建边框。BorderImage 将源图片分成 9 个区域，如图 9-6 所示。当图片进行缩放时，源图片的各个区域使用下面的方式进行缩放或者平铺来创建要显示的边界图片。

- 4 个角（区域 1、3、7、9）不进行缩放。
- 区域 2 和 8 通过 horizontalTileMode 属性设置的模式进行缩放。
- 区域 4 和 6 通过 verticalTileMode 属性设置的模式进行缩放。
- 区域 5 结合 horizontalTileMode 和 verticalTileMode 属性设置的模式进行缩放。

这些区域可以使用图片的 border 属性组进行定义。4 条边界线将图片分成 9 个区域，在图 9-6 中，上下左右 4 条边界线分别是 border.top、border.bottom、border.left 和 border.right，每条边界线都指定了到相应图片边界的、以像素为单位的距离。水平或垂直方向上，可用的填充模式有 BorderImage.Stretch 拉伸、BorderImage.Repeat 平铺但边缘可能被修剪、BorderImage.Round 平铺但可能会将图片进行缩小以确保边缘的图片不会被修剪。下面我们看一个例子，使用平铺方式来显示（项目源码路径为 src\09\9-20\myborderimage）。

```
BorderImage {
    width: 180; height: 180
    border { left: 30; top: 30; right: 30; bottom: 30 }
```

```
    horizontalTileMode: BorderImage.Repeat
    verticalTileMode: BorderImage.Repeat
    source: "colors.png"
}
```

3. 动态图片 AnimatedImage

AnimatedImage 类型扩展了 Image 类型，可以用来播放包含了一系列帧的图片动画，比如 GIF 文件。当前帧和动画总长度信息可以分别使用 currentFrame 和 frameCount 属性获取。通过改变 playing 和 paused 属性来开始、暂停和停止动画。在下面的例子中，通过获取动画当前帧和总帧数实现了播放进度的显示（项目源码路径为 src\09\9-21\myanimatedimage）。

```
Rectangle {
    width: animation.width; height: animation.height + 8
    AnimatedImage { id: animation; source: "fireworks.gif" }
    Rectangle {
        property int frames: animation.frameCount

        width: 4; height: 8; color: "red"
        x: (animation.width - width) * animation.currentFrame / frames
        y: animation.height
    }
}
```

9.3.3　缩放、旋转和平移变换

1. 使用属性实现简单变换

Item 类型拥有一个 scale 属性和一个 rotation 属性，分别可以实现项目的缩放和旋转。对于 scale，如果其值小于 1.0，会将项目缩小显示；如果大于 1.0，则会将项目放大显示。如果使用一个负值，则显示镜像效果。scale 默认值是 1.0，也就是显示正常大小。例如，下面的例子将黄色矩形放大了 1.6 倍进行显示（项目源码路径为 src\09\9-22\myscale）。

```
Rectangle {
    color: "lightgrey"; width: 100; height: 100
    Rectangle {
        color: "blue"; width: 25; height: 25
    }
    Rectangle {
        color: "yellow"; x: 25; y: 25; width: 25; height: 25
        scale: 1.6
    }
}
```

缩放以 transformOrigin 属性指定的点为原点进行；可用的点一共有 9 个，默认原点是 Center 即项目的中心，如图 9-7 所示。如果需要使用任意的点作为原点，则需要使用后面讲到的 Scale 和 Rotation 对象。

使用 rotation 属性可以指定项目顺时针旋转的度数，默认值为 0；如果是负值，则进行逆时针旋转。旋转也是以 transformOrigin 属性指定的点为中心点。例如，下面的代码中将黄色的矩形顺时针旋转了 30°（项目源码路径为 src\09\9-23\myrotation）。

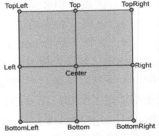

图 9-7　项目变换原点示意图

```
Rectangle {
    color: "lightgrey"; width: 100; height: 100

    Rectangle {
```

```
        color: "yellow"; x: 25; y: 25; width: 50; height: 50
        rotation: 30
    }
}
```

2. 使用 Transform 实现高级变换

如果前面的简单变换不能满足需要，则可以使用 Item 的 transform 属性，该属性需要指定一个 Transform 类型的列表。Transform 是一个抽象类型，无法被直接实例化，常用的 Transform 类型有 3 个：Rotation、Scale 和 Translate，分别用来进行旋转、缩放和平移。这些类型可以通过专门的属性进行更高级的变换设置。下面以 Rotation 为例进行讲解。

Rotation 提供了坐标轴和原点属性。坐标轴有 axis.x、axis.y 和 axis.z，分别代表 X 轴、Y 轴和 Z 轴，可以实现 3D 效果。原点由 origin.x 和 origin.y 来指定。对于简单的 2D 旋转，是不需要指定坐标轴的。对于典型的 3D 旋转，既需要指定原点，也需要指定坐标轴。图 9-8 为原点和坐标轴的设置示意图。使用 angle 属性可以指定顺时针旋转的度数。

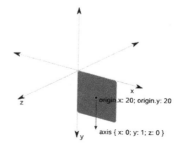

图 9-8　旋转坐标轴示意图

下面的代码将一个图片以 Y 轴为旋转轴进行了旋转（项目源码路径为 src\09\9-24\myrotation）。

```
Row {
    x: 10; y: 10; spacing: 10
    Image { source: "qtlogo.png" }
    Image { source: "qtlogo.png"
        transform: Rotation {
            origin.x: 30; origin.y: 30; angle: 72
        axis { x: 0; y: 1; z: 0 }
        }
    }
}
```

9.3.4　状态 State

很多用户界面设计都是状态驱动的，根据当前状态的不同，显示不同的界面。例如，交通信号灯会在不同的状态设置不同的颜色或符号：处于停止状态时，红灯会亮起，黄灯和绿灯熄灭；处于警告状态时，黄灯会亮起，红灯和绿灯熄灭。在前面讲解了 Qt Widgets 中状态机框架的内容，下面我们看一下 Qt Quick 中状态的应用。

应用程序的不同界面可以被看作对应不同的场景，或者是通过改变外观来响应用户的交互。通常情况下，界面中多个组件的改变是并发进行的，这样的界面可以看作从一个状态改变到另一个状态。这种理解适用于各种界面类型。例如，一个图片浏览器最初使用网格来显示多张图片；当单击一张图片后，进入"详细"状态，放大显示单张图片，与此同时，用户界面也改变成图片编辑界面。再比如，一个按钮被按下时，会改变到"按下"状态，按钮的多个属性（颜色和位置）都会发生变化来产生一个被按下的外观。

QML 的状态依赖于 State 类型的一组属性设置，可以包含以下几点。

- 显示一些组件而隐藏其他组件。
- 为用户呈现不同的动作。
- 开始、停止或者暂停动画。
- 执行一些需要在新的状态中使用的脚本。
- 为一个特定的项目改变一个属性值。

- 显示一个不同的视图或者画面。

所有基于 Item 的对象都有一个 state 属性, 用于描述项目的当前状态, 可以通过向项目的 states 属性添加新的 State 对象指定附加状态。组件的每一个状态都有一个唯一的名称, 默认值是空字符串。要改变一个项目的当前状态, 可以将 state 属性设置为要改变到的状态的名称。对于不是 Item 派生的对象, 可以通过 StateGroup 类型来使用状态。不同的状态间进行切换时, 可以使用过渡 (Transitions) 来实现动画效果。读者可以在帮助中通过 Qt Quick States 关键字查看更多相关内容。

1. 创建状态

要创建一个状态, 可以向项目的 states 属性添加一个 State 对象。states 属性是一个包含了该项目所有状态的列表。下面我们看一个例子 (项目源码路径为 src\09\9-25\mystate)。

```
Item {
    width: 150; height: 100

    Rectangle {
        id: signal; anchors.fill: parent; color: "lightgrey"
        state: "WARNING"
        Image {id: img; anchors.centerIn: parent;
            source: "warning.png"}

        states: [
            State {
                name: "WARNING"
                PropertyChanges { target: signal; color: "lightgrey"}
                PropertyChanges { target: img; source: "warning.png"}
            },
            State {
                name: "CRITICAL"
                PropertyChanges { target: signal; color: "red"}
                PropertyChanges { target: img; source: "critical.png"}
            }
        ]
    }

    Image {
        id: signalswitch
        width: 22; height: 22; source: "switch.png"

        MouseArea {
            anchors.fill: parent
            onClicked: {
                if (signal.state === "WARNING")
                    signal.state = "CRITICAL"
                else
                    signal.state = "WARNING"
            }
        }
    }
}
```

代码示例中的 signal 项目有 WARNING 和 CRITICAL 两个状态。当在 WARNING 状态时, 显示浅灰色和 warning 图标; 在 CRITICAL 状态时, 显示红色和 critical 图标。这里使用了 PropertyChanges 类型来修改对象属性的值, 需要先通过 target 属性指定要修改的对象的 id, 然后设置要修改的对象的相关属性。PropertyChanges 不仅可以修改拥有状态的对象, 也可以修改其他对象, 比如这里的 img。

可以通过为对象的 state 属性指定合适的状态名称来改变状态，比如这里在 MouseArea 中进行了状态切换，当鼠标单击切换图标时，signal 项目就会切换状态。

State 不仅可以对属性值进行修改，还可以进行下面的操作。

- 使用 StateChangeScript 运行脚本。
- 使用 PropertyChanges 重写一个对象的已有信号处理器。
- 使用 ParentChange 重定义一个项目的父项目。
- 使用 AnchorChanges 修改锚的值。

可以在帮助中通过 States and Transitions 关键字查看相关内容，其中的文档讲解了怎样定义基本的状态并在它们之间使用动画进行切换，读者可以参考一下。

2. 默认状态和 when 属性

所有基于 Item 的组件都有一个 state 属性和一个默认状态。默认状态就是空字符串（""），包含了项目的所有初始属性值。默认状态主要用于在状态改变前管理属性值，可以将 state 属性设置为空字符串来加载默认状态。

为简化操作，可以使用 State 类型的 when 属性绑定一个表达式来改变状态。当表达式的值为 true 时，会切换到相应状态；当表达式的值为 false 时，会切换到默认状态。例如下面的代码片段中，当 signal 的 state 为 CRITICAL 时，bell 项目会切换到 RINGING 状态。

```
Rectangle {
    id: bell
    width: 75; height: 75; color: "yellow"

    states: State {
            name: "RINGING"
            when: (signal.state == "CRITICAL")
            PropertyChanges {target: speaker; play: "RING!"}
        }
}
```

另外，在实际开发中，经常搭配使用 when 和 MouseArea 简化切换程序界面的实现。例如下面的代码片段中，在定义状态时就直接指定在鼠标按下时切换到该状态。

```
Rectangle {
    ...
    MouseArea {
        id: mouseArea
        anchors.fill: parent
    }
    states: State {
        name: "CRITICAL"; when: mouseArea.pressed
        ...
    }
}
```

9.4　Qt Quick 中的动画和过渡

如前面的例子所示，状态改变会使属性值突然发生改变，这样的变化是很不友好的。为了解决这个问题，Qt Quick 引入了 Transition（过渡）类型，通过在过渡中定义动画和插值行为，可以让状态切换变得更平滑。

动画通过在属性值上应用动画类型来创建，动画类型会对属性值进行插值，从而创建出平滑的过渡效果。要创建动画，需要为某个属性使用恰当的动画类型；应用的动画也依赖于需要实现的行为类型。可以在 Qt 帮助中通过 Animation and Transitions in Qt Quick 关键字查看本节相关内容。

9.4.1　使用属性动画

　　PropertyAnimation 属性动画是针对属性值应用的动画对象，可以随时间的推移逐渐改变属性的值。其原理是在设置的两个属性值之间进行插值，形成平滑的变化效果。属性动画提供了时间控制，并且可以使用缓和曲线（easing curves）进行不同的插值。

　　下面我们看一个例子（项目源码路径为 src\09\9-26\mypropertyanimation）。

```
Image {
    id: windmill
    width: 300; height: 300; source: "windmill.png"; opacity: 0.1
    MouseArea {
        anchors.fill: parent
        onClicked: {
            animateRotation.start(); animateOpacity.start()
        }
    }
    PropertyAnimation {
        id: animateOpacity
        target: windmill; properties: "opacity"; to: 1.0; duration: 2000
    }
    NumberAnimation {
        id: animateRotation
        target: windmill; properties: "rotation"
        from: 0; to: 360; duration: 3000
        loops: Animation.Infinite
        easing {type: Easing.OutBack}
    }
}
```

　　这个例子实现了单击风车让其逐渐显示清晰，并从转动状态逐渐到停止状态，然后又稍微反向转动的动画效果。代码使用 PropertyAnimation 逐渐改变透明度；使用 NumberAnimation 设置旋转动画。NumberAnimation 继承自 PropertyAnimation，使用这种特定的属性动画类型比使用 PropertyAnimation 类型本身更高效。除了用于改变数值的 NumberAnimation 类型，还有用于改变颜色值的 ColorAnimation、用于控制旋转的 RotationAnimation 和用于改变 Vector3d 值的 Vector3dAnimation 等特定动画类型。这些动画类型都继承自 PropertyAnimation，它们的用法与 NumberAnimation 相似。需要说明的是，RotationAnimation 可以使用 direction 属性指定旋转的方向，可用的值如下。

- RotationAnimation.Numerical（默认）：向数字改变的方向旋转，例如从 0 到 240，会顺时针旋转 240°；从 240 到 0，会逆时针旋转 240°。
- RotationAnimation.Clockwise：在两个值之间顺时针旋转。
- RotationAnimation.Counterclockwise：在两个值之间逆时针旋转。
- RotationAnimation.Shortest：在两个值之间选择最短的路径旋转，例如从 10 到 350，会逆时针旋转 20°。

9.4.2　使用预定义的目标和属性

　　在前面的例子中，PropertyAnimation 和 NumberAnimation 对象需要指定目标 target 和属性 properties 来设置动画。其实也可以不设置这两个属性，而是使用预定义的目标和属性，这需要使用<Animation> on <Property>语法。下面的例子就使用这种语法指定了两个属性动画对象（项目源码路径为 src\09\9-27\mypropertyanimation）。

```
Item {
    width: 300; height: 300
    Rectangle {
        id: rect
        width: 100; height: 100; color: "red"
        PropertyAnimation on x { to: 100 }
        PropertyAnimation on y { to: 100 }
    }
}
```

运行程序可以看到，使用这种语法实现的动画会在矩形加载完成后立即执行。这里使用了 <Animation> on <Property> 语法，所以不再需要为 PropertyAnimation 对象指定 target 属性，这里默认指定为 rect；也不需要指定 property 属性，这里分别是 x 和 y 属性。

这种语法也可以使用在组合动画中，这样可以保证一组动画都应用在相同的属性上。这里来看一个简单的例子，使用 SequentialAnimation 动画使矩形的颜色先变为黄色，然后变为蓝色（项目源码路径为 src\09\9-28\mypropertyanimation）。

```
Rectangle {
    width: 100; height: 100; color: "red"
    SequentialAnimation on color {
        ColorAnimation { to: "yellow"; duration: 1000 }
        ColorAnimation { to: "blue"; duration: 1000 }
    }
}
```

这里由于 SequentialAnimation 对象指定 color 属性使用了 <Animation> on <Property> 语法，它的 ColorAnimation 子对象会自动应用到 color 属性上，不再需要指定 target 和 property 属性。

9.4.3 在状态改变时使用过渡

Qt Quick 的状态就是对属性的配置，不同的状态拥有不同的属性。一般状态的改变会导致属性值突然变化，在改变状态时使用动画过渡效果会产生更好的视觉体验。Qt Quick 中的 Transition 类型用来指定一个过渡，其中可以包含动画类型，即通过在不同状态的属性值之间进行插值产生动画效果。通过将 Transition 对象绑定到项目的 transitions 属性来使用过渡。

下面我们看一个例子。一个按钮通常包含两个状态：用户按下时的 pressed 状态，用户释放按钮时的 released 状态。不同的状态需要设置不同的属性值，通过过渡类型可以在两个状态间切换时产生动画效果（项目源码路径为 src\09\9-29\mypropertyanimation）。

```
Item {
    width: 100; height: 100
    Rectangle {
        id: button
        width: 75; height: 75; anchors.centerIn: parent
        state: "RELEASED"

        MouseArea {
            anchors.fill: parent
            onPressed: button.state = "PRESSED"
            onReleased: button.state = "RELEASED"
        }

        states: [
            State {
                name: "PRESSED"
                PropertyChanges { target: button; color: "lightyellow"}
            },
            State {
```

```
                name: "RELEASED"
                PropertyChanges { target: button; color: "lightsteelblue"}
            }
        ]

        transitions: [
            Transition {
                from: "PRESSED"; to: "RELEASED"
                ColorAnimation { target: button; duration: 500}
            },
            Transition {
                from: "RELEASED"; to: "PRESSED"
                ColorAnimation { target: button; duration: 500}
            }
        ]
    }
}
```

在上面的代码中，Transition 分别将状态名称绑定到 to 和 from 属性，用来指定在这两个状态间切换时使用过渡。另外，使用类似上面的对称或其他简单的过渡，可以将 to 属性值直接设置为通配符"*"，这样所有的状态改变都可以使用这个过渡。因此，上面代码中的 transitions 属性可以简单写为：

```
transitions:
    Transition {
        to: "*"
        ColorAnimation { target: button; duration: 500}
    }
```

9.4.4　使用默认的行为动画

默认的属性动画可以使用 Behavior 设置。Behavior 可以指定到具体的属性，如果在这样的 Behavior 类型中使用了动画，那么当这个属性的值改变时都会应用动画。Behavior 类型有一个 enabled 属性，可以设置为 true 或 false 来开启或者关闭行为动画。

例如，一个 Ball 组件将行为动画指定到它的 *x*、*y* 和 color 属性上，通过设置动画，使该组件的实例在每次移动时都具有弹性效果（项目源码路径为 src\09\9-30\mybehavior）。

```
// Ball.qml
import QtQuick

Rectangle {
    id: ball
    width: 75; height: 75; radius: width; color: "lightsteelblue"
    Behavior on x {
        NumberAnimation {
            id: bouncebehavior; duration: 700
            easing {
                type: Easing.OutElastic
                amplitude: 1.0; period: 0.5
            }
        }
    }
    Behavior on y { animation: bouncebehavior }
    Behavior { ColorAnimation { target: ball; duration: 800 } }
}
```

在 Ball.qml 组件中，使用不同方式为 *x*、*y* 和 color 属性设置了 Behavior 动画。这里通过使用 Easing 缓和曲线实现了弹性效果。下面在 mybehavior.qml 文件中使用该组件。

```
// mybehavior.qml
import QtQuick
```

```
Item {
    width: 800; height: 800
    Ball { id: ball }
    MouseArea {
        anchors.fill: parent
        onClicked: {
            ball.color = Qt.rgba(Math.random(256),
                            Math.random(256), Math.random(256), 1)
            ball.x += 100; ball.y += 100
        }
    }
}
```

这里设置了每次单击鼠标，都要改变 ball 的位置和颜色，从而显示出动画效果。

9.4.5 使用并行或顺序动画组

一组动画可以使用 ParallelAnimation 或 SequentialAnimation 类型实现并行或者顺序执行。并行动画使一组动画在同一时间同时执行；顺序动画使一组动画逐个执行。

在下面的例子中有几条文本，使用了顺序动画使它们逐个显示（项目源码路径为 src\09\9-31\mysequentialanimation）。

```
Rectangle {
    id: banner
    width: 150; height: 100; border.color: "black"

    Column {
        anchors.centerIn: parent
        Text { id: code; text: "Code less."; opacity: 0.01 }
        Text { id: create; text: "Create more."; opacity: 0.01 }
        Text { id: deploy; text: "Deploy everywhere."; opacity: 0.01 }
    }

    MouseArea {
        anchors.fill: parent; onPressed: playbanner.start()
    }

    SequentialAnimation {
        id: playbanner; running: false
        NumberAnimation { target: code; property: "opacity";
            to: 1.0; duration: 2000}
        NumberAnimation { target: create; property: "opacity";
            to: 1.0; duration: 2000}
        NumberAnimation { target: deploy; property: "opacity";
            to: 1.0; duration: 2000}
    }
}
```

将独立动画加入 ParallelAnimation 或 SequentialAnimation 中，它们将不能再独立地开始或者停止，并行动画或者顺序动画必须作为一个组合开始或停止。

9.4.6 使用动画师动画

Animator 类型与前面讲到的普通动画类型不同，它会直接在 Qt Quick 的场景图上进行操作。当使用 Animator 时，动画会运行在场景图的渲染线程中，并且当动画运行时相关属性的值不会变化，而在动画结束时，相关的属性值会直接设置为最终值。Animator 类型不能直接使用，可以使用它的几个子类型：OpacityAnimator、RotationAnimator、ScaleAnimator、UniformAnimator、

XAnimator 和 YAnimator。这几个类型的使用与前面讲到的属性动画类型相似，下面我们看一个例子（项目源码路径为 src\09\9-32\myanimator）。

```
Window {
    visible: true; width: 640; height: 480

    Rectangle {
        id: mixBox; width: 50; height: 50

        ParallelAnimation {
            running: true
            ColorAnimation {
                target: mixBox; property: "color"
                from: "forestgreen"; to: "lightsteelblue";
                duration: 1000
            }
            ScaleAnimator {
                target: mixBox; from: 2; to: 1; duration: 1000
            }
        }
    }
}
```

如果在 ParallelAnimation 或 SequentialAnimation 中的子动画类型都是 Animator 类型，那么该并行或顺序动画也会被视为一个 Animator 并运行在场景图的渲染线程中。另外，Animator 类型可以用于过渡，但是不支持 reversible 属性。

9.4.7　控制动画的执行

1. 动画回放

所有的动画类型都继承自 Animation。虽然 Animation 本身无法实例化，但是它为其他动画类型提供了基本的属性和函数。Animation 类型包含了 start()开始、stop()停止、resume()恢复、pause()暂停、restart()重新开始和 complete()完毕等方法，可以用来控制动画的执行。

需要说明的是 stop()和 complete()的区别：前者将动画立即停止，属性获得动画停止时的值；后者将动画立即执行完毕，属性获得动画执行结束时的值。例如：

```
Rectangle {
    NumberAnimation on x { from: 0; to: 100; duration: 500 }
}
```

如果在第 250ms 时调用 stop()，那么属性 x 的值为 50；如果调用的是 complete()，那么属性 x 的值是 100。

2. 缓和曲线

缓和曲线在前面提过，它用于定义动画如何在开始值和结束值之间进行插值。不过，某些缓和曲线在使用时可能超出定义的插值范围。使用缓和曲线可以有效简化一些动画效果的创建过程，例如反弹、加速、减速和循环动画等。

一个 QML 对象可以对不同的属性动画使用不同的缓和曲线。缓和曲线提供了多种属性来控制曲线，例如振幅 amplitude、过冲 overshoot、周期 period 和贝赛尔曲线 bezierCurve 等。不过，有些属性只能在特定的曲线中使用。

PropertyAnimation 提供了几十种缓和曲线，读者可以在该类型的帮助文档中查看所有的曲线类型。

3. 其他动画类型

QML 还提供了几个在设置动画时很有用的类型，如下所示。

- PauseAnimation：在动画执行时暂停。
- ScriptAction：在动画过程中执行 JavaScript，可以和 StateChangeScript 一起使用，从而重用现有脚本。
- PropertyAction：在动画中立即修改一个属性的值，属性改变时不使用动画。

QML 还提供了几种特定属性类型的动画。

- SmoothedAnimation：一个特定的 NumberAnimation 类型，当目标值改变时会在动画中出现一个平滑的过渡效果。
- SpringAnimation：一个类似弹簧的动画，并制定了 mass、damping 和 epsilon 等特性。
- ParentAnimation：用来在父项目改变时产生动画效果。
- AnchorAnimation：用来在锚改变时产生动画效果。

9.5 小结

本章讲解的内容涉及颜色、图片、变换、状态和动画，使用这些内容可以创建出漂亮动态的界面效果。比起前面章节枯燥地讲解语法和基础内容，读者可能更乐于学习本章的知识。本章知识点较多，读者需要多动手实际编码，然后将多个知识点联合起来使用，才能开发出效果出众的应用。

9.6 练习

1. 学会使用 QPainter 在 paintEvent()中绘制简单的图形。
2. 简述 Qt Widgets 中重绘事件发生的原因和注意事项。
3. 简述 QImage、QPixmap、QBitmap 和 QPicture 等图像类的作用。
4. 简述图形视图框架的结构。
5. 掌握通过继承 QGraphicsItem 类自定义图形项的方法。
6. 了解图形视图框架中图形项之间进行碰撞检测的方法。
7. 学会在 Qt Widgets 中创建简单的状态机程序。
8. 简述在 Qt Quick 程序中使用颜色的几种方法。
9. 了解 BorderImage 类型进行缩放的规则，学会利用图片创建边框。
10. 掌握 Qt Quick 中 Item 类型的缩放、旋转和平移变换的方法。
11. 学会使用 State 在 Qt Quick 中创建多状态应用。
12. 学会使用 PropertyAnimation 在 Qt Quick 中创建动画。
13. 简述 Qt Quick 中的常见动画类型。

第10章 数据存储和显示

应用程序往往要存储大量的数据，并对它们进行处理，然后通过各种形式显示给用户，用户需要时还可以对数据进行编辑。Qt 中的模型/视图架构就是用来实现大量数据的存储、处理及显示的。这种架构引入的功能分离思想为开发者定制项目的显示提供了高度的灵活性，而且还提供了一个标准的模型接口来允许大范围的数据源使用已经存在的项目视图。本章主要讲解在 Qt Widgets 和 Qt Quick 中模型/视图架构的应用，其中还会涉及数据库、XML 的相关内容。

10.1 Qt Widgets 中的模型/视图架构

模型/视图架构包含三部分：模型（Model）是应用对象，用来表示数据；视图（View）是模型的用户界面，用来显示数据；委托（Delegate，也被称为代理）可以定制数据的渲染和编辑方式。通过数据和界面进行分离，使得相同的数据在多个不同的视图中进行显示成为可能，而且还可以创建新的视图，而不需要改变底层的数据框架。

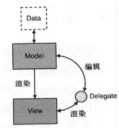

图 10-1 模型/视图架构

模型/视图的整体架构如图 10-1 所示。其中模型与数据源进行通信，为架构中的其他组件提供了接口。视图从模型中获得模型索引（Model Index），模型索引用来表示数据项。在标准的视图中，委托渲染数据项，当编辑项目时，委托使用模型索引直接与模型进行通信。可以在帮助中通过 Model/View Programming 关键字查看本节相关内容。

10.1.1 模型类

在模型/视图架构中，模型提供了一个标准的接口供视图和委托来访问数据。在 Qt Widgets 中，这个标准的接口使用 QAbstractItemModel 类来定义。无论数据项是怎样存储在何种底层数据结构中，QAbstractItemModel 的子类都会以层次结构来表示数据，这个结构中包含了数据项表。视图按照这种约定来访问模型中的数据项，但是这不会影响数据的显示，视图可以使用任何形式将数据显示出来。当模型中的数据发生变化时，模型会通过信号和槽机制告知与其相关联的视图。

QAbstractItemModel 为数据提供了一个十分灵活的接口来处理各种视图，这些视图可以将数据表现为表格、列表和树等形式。然而，当要实现一个新的模型时，如果它基于列表或者表格的数据结构，那么可以使用 QAbstractListModel 和 QAbstractTableModel 类，因为它们为一些常见的功能提供了默认的实现。这些类都可以被子类化来提供模型，从而支持特殊类型的列表和表格。

Qt Widgets 也提供了一些现成的模型来处理数据项。

- QStringListModel 用来存储一个简单的 QString 项目列表。
- QStandardItemModel 管理复杂的树形结构数据项，每一个数据项可以包含任意的数据。
- QFileSystemModel 提供了本地文件系统中文件和目录的信息，可以和 QListView 或者 QTreeView 一起使用来显示一个目录中的内容。
- QSqlQueryModel、QSqlTableModel 和 QSqlRelationalTableModel 用来访问数据库。

　　如果 Qt 提供的这些标准模型无法满足需要，还可以子类化 QAbstractItemModel、QAbstractListModel 或者 QAbstractTableModel 来创建自定义的模型。

　　常见的 3 种模型分别是列表模型（List Model）、表格模型（Table Model）和树模型（Tree Model），它们的示意图如图 10-2 所示。

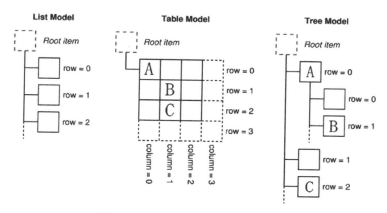

图 10-2　常见的 3 种模型的示意图

1. 模型索引

　　为了确保数据的表示与数据的获取相分离，Qt 引入了模型索引的概念。每一块可以通过模型获取的数据都使用一个模型索引来表示，视图和委托使用这些索引来请求数据项并显示。这样，只有模型需要知道怎样获取数据，被模型管理的数据类型可以广泛地被定义。模型索引包含一个指针，指向创建它们的模型，当使用多个模型时可以避免混淆。

　　模型索引由 QModelIndex 类提供，它是对一块数据的临时引用，可以用来检索或者修改模型中的数据。因为模型随时可能对内部的结构进行重新组织，这样模型索引可能失效，所以不需要也不应该存储模型索引。如果需要对一块数据进行长时间的引用，必须使用 QPersistentModelIndex 创建模型索引。如果要获得一个数据项的模型索引，必须指定模型的 3 个属性（行号、列号和父项的模型索引），例如：

```
QModelIndex index = model->index(row, column, parent);
```

其中，row、column 和 parent 分别代表了这 3 个属性。

2. 行和列

　　在最基本的形式中，一个模型可以通过把它看作一个简单的表格来访问，这时每个数据项可以使用行号和列号来定位。但这并不意味着在底层的数据块是存储在数组结构中的，使用行号和列号只是一种约定，以确保各组件间可以相互通信。

　　行号和列号都是从 0 开始的，在图 10-2 中可以看到，列表模型和表格模型的所有数据项都是以根项（Root item）为父项的，这些数据项都可以被称为顶层数据项（Top level item），在获取这些数据项的索引时，父项的模型索引可以用 QModelIndex()表示。例如，图 10-2 的 Table Model 中的 A、B、C 这 3 项的模型索引可以用如下代码获取。

```
QModelIndex indexA = model->index(0, 0, QModelIndex());
QModelIndex indexB = model->index(1, 1, QModelIndex());
QModelIndex indexC = model->index(2, 1, QModelIndex());
```

3. 父项

　　前面讲述的类似于表格的接口对于表格或者列表的使用是非常理想的，但是，像树视图一样的结构需要模型提供一个更加灵活的接口，因为每一个数据项都可能成为其他数据项的父项，一个树视图中的顶层数据项也可能包含其他的数据项列表。当为模型项请求一个索引时，必须提供该数据项父项的一些信息。前面讲到，顶层数据项可以使用 QModelIndex()作为父项索引，但是在树模型中，如果一个数据项不是顶层数据项，那么就要指定它的父项索引。例如，图 10-2 的 Tree Model 中的 A、B、C 这 3 项的模型索引可以使用如下代码获得。

```
QModelIndex indexA = model->index(0, 0, QModelIndex());
QModelIndex indexC = model->index(2, 0, QModelIndex());
QModelIndex indexB = model->index(1, 0, indexA);
```

4. 项角色

模型中的数据项可以作为各种角色在其他组件中使用，允许为不同的情况提供不同类型的数据。例如，Qt::DisplayRole 用于访问一个字符串，所以可以作为文本显示在视图中。通常情况下，数据项包含了一些不同角色的数据，这些标准的角色由枚举类型 Qt::ItemDataRole 来定义，常用的角色包括 Qt::DisplayRole、Qt::EditRole 和 Qt::DecorationRole 等，要查看全部的角色类型，可以在帮助中索引 Qt::ItemDataRole 关键字。通过为每个角色提供适当的项目数据，模型可以为视图和委托提供提示，告知数据应该怎样展示给用户。角色指出了从模型中引用哪种类型的数据，视图可以使用不同的方式来显示不同的角色，如图 10-3 所示。不同类型的视图也可以自由地解析或者忽略这些角色信息。

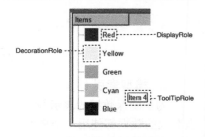

可以通过向模型指定相关数据项对应的模型索引以及特定的角色来获取需要的类型的数据，例如：

图 10-3　项角色示意图

```
QVariant value = model->data(index, role);
```

下面通过程序来加深对这些概念的理解。（项目源码路径为 src\10\10-1\modelview）新建空的 Qt 项目 Empty qmake Project，项目名称为 modelview，完成后在 modelview.pro 文件中添加 QT += widgets 并保存该文件。然后往项目中添加新的 main.cpp 文件，并更改其内容如下。

```cpp
#include <QApplication>
#include <QTreeView>
#include <QDebug>
#include <QStandardItemModel>

int main(int argc, char *argv[])
{
    QApplication app(argc, argv);
    // 创建标准项模型
    QStandardItemModel model;
    // 获取模型的根项（Root Item），根项是不可见的
    QStandardItem *parentItem = model.invisibleRootItem();
    // 创建标准项 item0，并设置显示文本、图标和工具提示
    QStandardItem *item0 = new QStandardItem;
    item0->setText("A");
    QPixmap pixmap0(50, 50);
    pixmap0.fill("red");
    item0->setIcon(QIcon(pixmap0));
    item0->setToolTip("indexA");
    // 将创建的标准项作为根项的子项
    parentItem->appendRow(item0);
    // 将创建的标准项作为新的父项
    parentItem = item0;
    // 创建新的标准项，它将作为 item0 的子项
```

```
QStandardItem *item1 = new QStandardItem;
item1->setText("B");
QPixmap pixmap1(50,50);
pixmap1.fill("blue");
item1->setIcon(QIcon(pixmap1));
item1->setToolTip("indexB");
parentItem->appendRow(item1);
// 创建新的标准项，这里使用了另一种方法来设置文本、图标和工具提示
QStandardItem *item2 = new QStandardItem;
QPixmap pixmap2(50,50);
pixmap2.fill("green");
item2->setData("C", Qt::EditRole);
item2->setData("indexC", Qt::ToolTipRole);
item2->setData(QIcon(pixmap2), Qt::DecorationRole);
parentItem->appendRow(item2);
// 在树视图中显示模型
QTreeView view;
view.setModel(&model);
view.show();
// 获取 item0 的索引并输出子项数目，然后输出 item1 的显示文本和工具提示
QModelIndex indexA = model.index(0, 0, QModelIndex());
qDebug() << "indexA row count: " << model.rowCount(indexA);
QModelIndex indexB = model.index(0, 0, indexA);
qDebug() << "indexB text: " << model.data(indexB, Qt::EditRole).toString();
qDebug() << "indexB toolTip: "
        << model.data(indexB, Qt::ToolTipRole).toString();
return app.exec();
}
```

这里使用了标准项模型 QStandardItemModel，该类提供了一个通用的模型来存储自定义的数据。QStandardItemModel 中的项由 QStandardItem 类提供，该类为项目的创建提供了很多便捷函数，例如设置图标的 setIcon()函数等。当然，也可以不使用这些函数，而是使用 setData()函数，并且指定项角色，如代码中创建 item2 就是使用的这种方法。通过代码可以看到，获取模型的大小，可以使用 rowCount()和 columnCount()等函数；可以使用模型索引来访问模型中的项目，但是需要指定其行号、列号和父模型索引；当要访问顶层项目时，父模型索引可以使用 QModelIndex()来表示；如果项目包含不同角色的数据，那么获取数据时要指定相应的项角色。现在可以运行程序查看效果。

10.1.2　视图类

在模型/视图架构中，视图包含了模型中的数据项，并将它们呈现给用户，而数据的表示方法可能与底层用于存储数据项的数据结构完全不同。这种内容与表现的分离之所以能够实现，是因为使用了 QAbstractItemModel 提供的一个标准模型接口，还有 QAbstractItemView 提供的一个标准视图接口，以及使用模型索引提供了一种通用的方法来表示数据。视图通常管理从模型获取的数据的整体布局，它们可以自己渲染独立的数据项，也可以使用委托来处理渲染和编辑。

Qt 提供了几种不同类型的视图：QListView 将数据项显示为一个列表；QTableView 将模型中的数据显示在一个表格中；QTreeView 将模型的数据项显示在具有层次的列表中。这些类都是基于 QAbstractItemView 抽象基类的。这些类可以直接使用，也可以被子类化来提供定制的视图。

对于一些视图，例如 QTableView 和 QTreeView，在显示项目的同时还可以显示头部。这是通过 QHeaderView 类实现的，它们使用 QAbstractItemModel::headerData()函数从模型中获取数据，然后一般使用一个标签来显示头部信息。可以通过子类化 QHeaderView 类来设置标签的显示。

除了呈现数据，视图还处理项目间的导航，以及项目选择的一些功能，表 10-1 和表 10-2 分别罗列了视图中的选择行为（QAbstractItemView::SelectionBehavior）和选择模式（QAbstractItemView::

SelectionMode）。视图也实现了一些基本的用户接口特性，比如上下文菜单和拖放等。视图可以为项目提供默认的编辑实现，当然也可以和委托一起来提供一个自定义的编辑器。

表 10-1　视图类的选择行为

常　　量	描　　述
QAbstractItemView::SelectItems	选择单个项目
QAbstractItemView::SelectRows	只选择行
QAbstractItemView::SelectColumns	只选择列

表 10-2　视图类的选择模式

常　　量	描　　述
QAbstractItemView::SingleSelection	当用户选择一个项目后，所有已经选择的项目将成为未选择状态，而且用户无法在已经选择的项目上单击来取消选择
QAbstractItemView::ContiguousSelection	如果用户在单击一个项目的同时按着 Shift 键，所有在当前项目和单击项目之间的项目都将被选择或者取消选择，这依赖于被单击项目的状态
QAbstractItemView::ExtendedSelection	具有 ContiguousSelection 的特性，而且还可以按着 Ctrl 键进行不连续的选择
QAbstractItemView::MultiSelection	用户选择一个项目时不影响其他已经选择的项目
QAbstractItemView::NoSelection	项目无法被选择

在视图中被选择的项目的信息存储在一个 QItemSelectionModel 实例中，这样被选择的项目的模型索引便保持在一个独立的模型中，与所有的视图都是独立的。当在一个模型上设置多个视图时，就可以实现在多个视图之间共享选择。

当操作选择时，你可以将 QItemSelectionModel 看作一个项目模型中所有项目的选择状态的一个记录。一旦设置了一个选择模型，所有的项目集合都可以被选择，取消选择，或者切换选择状态，而不需要知道哪一个项目已经被选择了。所有被选择项目的索引都可以被随时进行检索，其他的组件也可以通过信号和槽机制来获取选择模型的改变信息。

标准的视图类提供了默认的选择模型，可以在大多数的应用中直接使用。属于一个视图的选择模型可以使用这个视图的 selectionModel()函数获得，而且还可以在多个视图之间使用 setSelectionModel()函数来共享该选择模型，所以一般不需要重新构建一个选择模型。下面通过例子来看一下选择模型的使用。

（项目源码路径为 src\10\10-2\myselection）新建 Qt Widgets 应用，项目名称为 myselection，类名和基类保持 MainWindow 和 QMainWindow 不变。完成后在 mainwindow.h 文件中添加类的前置声明：

```
class QTableView;
```

再添加一个私有对象指针：

```
QTableView *tableView;
```

下面到 mainwindow.cpp 文件中添加头文件：

```
#include <QStandardItemModel>
#include <QTableView>
```

然后在构造函数中添加如下内容。

```
QStandardItemModel *model = new QStandardItemModel(7, 4, this);
for (int row = 0; row < 7; ++row) {
    for (int column = 0; column < 4; ++column) {
        QStandardItem *item = new QStandardItem(QString("%1")
                                        .arg(row * 4 + column));
        model->setItem(row, column, item);
    }
}
tableView = new QTableView;
tableView->setModel(model);
setCentralWidget(tableView);
// 获取视图的项目选择模型
QItemSelectionModel *selectionModel = tableView->selectionModel();
// 定义左上角和右下角的索引，然后使用这两个索引创建选择
QModelIndex topLeft;
QModelIndex bottomRight;
topLeft = model->index(1, 1, QModelIndex());
bottomRight = model->index(5, 2, QModelIndex());
QItemSelection selection(topLeft, bottomRight);
// 使用指定的选择模式来选择项目
selectionModel->select(selection, QItemSelectionModel::Select);
```

这里先获取了视图的选择模型, 要使用选择模型来选择视图中的项目, 就必须指定 QItemSelection 和选择模式 QItemSelectionModel::SelectionFlag。QItemSelection 是一个项目选择块, 需要指定它的左上角和右下角的项目的索引; 而选择模式是选择模型更新时的方式, 它是一个枚举类型, 在 QItemSelectionModel 类中被定义, 可以在帮助中查看它的值。这里使用的 QItemSelectionModel::Select 表明所有指定的索引都将被选择, 还有其他的一些值, 比如 QItemSelectionModel::Toggle, 会将指定索引的当前状态切换为相反的状态, 如果以前项目没有被选择, 那么现在会被选择, 而如果项目已经被选择了, 那么现在会取消选择。SelectionFlag 的值还可以使用位或 "|" 运算符来联合使用, 比如使用 QItemSelectionModel::Select | QItemSelectionModel::Rows 可以选中指定选择的项目所在的所有行的项目。

10.1.3 委托类

一般来讲, 视图用来将模型中的数据展示给用户, 也用来处理用户的输入。但为了获得更高的灵活性, 交互可以由委托来执行。这些委托组件提供了输入功能, 而且也负责渲染一些视图中的个别项目。控制委托的标准接口在 QAbstractItemDelegate 类中定义。

QAbstractItemDelegate 是委托的抽象基类, 包含 QItemDelegate 和 QStyledItemDelegate 两个子类。从 Qt 4.4 开始, 默认的委托实现由 QStyledItemDelegate 类提供, 其也被用作 Qt 标准视图的默认委托。QStyledItemDelegate 和 QItemDelegate 是相互独立的, 只能选择其一来为视图中的项目绘制和提供编辑器。它们的主要不同就是, QStyledItemDelegate 使用当前的样式来绘制项目, 因此, 当要实现自定义的委托或者要和 Qt 样式表一起应用时, 建议使用 QStyledItemDelegate 作为基类。

委托通过实现 paint() 和 sizeHint() 函数来使它们可以渲染自身的内容。然而, 简单的基于部件的委托可以通过子类化 QStyledItemDelegate 来实现, 而不需要使用 QAbstractItemDelegate, 这样可以使用这些函数的默认实现。委托的编辑器可以通过两种方式来实现, 一种是使用部件来管理编辑过程, 另一种是直接处理事件。读者可以参考一下 Qt 提供的 Spin Box Delegate Example 和 Star Delegate Example 示例程序。如果想要继承 QAbstractItemDelegate 来实现自定义的渲染操作, 那么可以参考一下 Pixelator Example 示例程序。

Qt 中的标准视图都使用 QStyledItemDelegate 的实例来提供编辑功能, 这种委托接口的默认

实现为 QListView、QTableView 和 QTreeView 等标准视图的每一个项目提供了普通风格的渲染。标准视图中的默认委托会处理所有的标准角色，具体的内容可以在 QStyledItemDelegate 类的帮助文档中查看。可以使用 itemDelegate()函数获取一个视图中使用的委托，使用 setItemDelegate()函数可以为一个视图安装一个自定义委托。

下面通过一个例子来讲解如何使用现成的部件自定义委托。这里的委托使用了 QSpinBox来提供编辑功能，主要用于显示整数的模型。

（项目源码路径为 src\10\10-3\myselection）在前面例 10-2 程序的基础上继续添加代码。向项目中添加新的 C++类，类名为 SpinBoxDelegate，基类设置为 QStyledItemDelegate。完成后将spinboxdelegate.h 文件内容更改如下。

```
#ifndef SPINBOXDELEGATE_H
#define SPINBOXDELEGATE_H

#include <QStyledItemDelegate>
class SpinBoxDelegate : public QStyledItemDelegate
{
    Q_OBJECT
public:
    SpinBoxDelegate(QObject *parent = nullptr);
    QWidget *createEditor(QWidget *parent, const QStyleOptionViewItem &option,
                    const QModelIndex &index) const override;
    void setEditorData(QWidget *editor, const QModelIndex &index) const override;
    void setModelData(QWidget *editor, QAbstractItemModel *model,
                const QModelIndex &index) const override;
    void updateEditorGeometry(QWidget *editor,
                const QStyleOptionViewItem &option,
                const QModelIndex &index) const override;
};
#endif // SPINBOXDELEGATE_H
```

这里的委托继承自 QStyledItemDelegate，这样不需要编写自定义的显示函数，不过，还是必须要提供几个函数来管理编辑器部件。可以看到，在构造委托时并没用设置编辑器部件，只有在需要编辑器部件时才创建它。下面到 spinboxdelegate.cpp 文件中，先添加一个头文件#include <QSpinBox>，然后将构造函数更改如下。

```
SpinBoxDelegate::SpinBoxDelegate(QObject *parent) :
    QStyledItemDelegate(parent)
{
}
```

再添加这几个函数的定义：

```
// 创建编辑器
QWidget *SpinBoxDelegate::createEditor(QWidget *parent,
                        const QStyleOptionViewItem &/* option */,
                        const QModelIndex &/* index */) const
{
    QSpinBox *editor = new QSpinBox(parent);
    editor->setFrame(false);
    editor->setMinimum(0);
    editor->setMaximum(100);
    return editor;
}
```

当视图需要一个编辑器时，它会告知委托来为被修改的项目提供一个编辑器部件。这里的createEditor()函数为委托设置一个合适的部件提供了所需要的一切。在这个函数中，并不需要为编辑器部件保持一个指针，因为视图会负责在不再需要该编辑器时销毁它。

```
// 为编辑器设置数据
void SpinBoxDelegate::setEditorData(QWidget *editor,
                                    const QModelIndex &index) const
{
    int value = index.model()->data(index, Qt::EditRole).toInt();
    QSpinBox *spinBox = static_cast<QSpinBox*>(editor);
    spinBox->setValue(value);
}
```

委托必须将模型中的数据复制到编辑器中，这里已经知道了编辑器部件是一个 QSpinBox，但是也可能需要为模型中不同类型的数据提供不同的编辑器，基于这个原因，要在访问部件的成员函数以前将它转换为合适的类型。

```
// 将数据写入模型
void SpinBoxDelegate::setModelData(QWidget *editor, QAbstractItemModel *model,
                                   const QModelIndex &index) const
{
    QSpinBox *spinBox = static_cast<QSpinBox*>(editor);
    spinBox->interpretText();
    int value = spinBox->value();
    model->setData(index, value, Qt::EditRole);
}
```

当用户完成了对 QSpinBox 部件中数据的编辑，视图会通过调用 setModelData()函数来告知委托将编辑好的数据存储到模型中。这里调用了 interpretText()函数来确保获得的是 QSpinBox 中最近更新的数值。标准的 QStyledItemDelegate 类会在完成编辑后发射 closeEditor()信号来告知视图，视图确保编辑器部件被关闭和销毁。而这里只是提供了简单的编辑功能，并不需要发射这个信号。

```
// 更新编辑器几何布局
void SpinBoxDelegate::updateEditorGeometry(QWidget *editor,
                                           const QStyleOptionViewItem &option,
                                           const QModelIndex &/* index */) const
{
    editor->setGeometry(option.rect);
}
```

委托有责任来管理编辑器的几何布局，必须在创建编辑器以及视图中项目的大小或位置改变时设置它的几何布局，视图使用 QStyleOptionViewItem 对象提供了所有需要的几何布局信息。在这里，只使用了项目的矩形作为编辑器的几何布局，而对于更复杂的编辑器部件，可能需要将这个矩形进行分割。

下面我们使用自定义的委托。到 mainwindow.cpp 文件中，先添加头文件 #include "spinboxdelegate.h"，然后在构造函数的最后面添加如下代码。

```
SpinBoxDelegate *delegate = new SpinBoxDelegate(this);
tableView->setItemDelegate(delegate);
```

一个视图可以通过调用 setItemDelegate()函数来设置一个自定义的委托。下面运行程序，可以看到使用自定义委托和使用默认委托的不同。

编辑完成后，委托应该为其他组件提供提示，告知它们编辑操作的结果，提供提示也有利于后续的编辑操作。这个可以通过在发射 colseEditor()信号时使用合适的提示来实现，它们会被在构造编辑器时安装的默认的 QStyledItemDelegate 事件过滤器捕获。可以通过调整编辑器的行为来使得它更加友好。对于 QStyledItemDelegate 提供的默认事件过滤器，如果用户在 SpinBox 编辑器中按下回车键，那么委托就会向模型提交数值然后关闭编辑器。可以通过在 SpinBox 上安装自己的事件过滤器来改变这个行为，并提供编辑提示来迎合自己的需要。例如，可以在发射 colseEditor() 时使用 QAbstractItemDelegate::EditNextItem 提示来实现在视图中自动编辑下一个项目。

另一种不需要使用事件过滤器的方式是提供自定义的编辑器部件，例如子类化 QSpinBox。这种方式可以对编辑器的行为提供更多的控制，不过它是以编写更多的代码为代价的。一般地，如果需要自定义一个标准的 Qt 编辑器部件的行为，在委托中安装一个事件过滤器的方式更加简便。

10.1.4　项目视图的便捷类

从 Qt 4 开始引进了一些标准部件来提供经典的基于项的容器部件，它们的底层是通过模型/视图框架实现的。这些部件分别是：QListWidget 提供了一个项目列表，QTreeWidget 显示了一个多层次的树结构，QTableWidget 提供了一个以项目作为单元的表格。它们都继承了 QAbstractItemView 类的行为。这些类之所以被称为便捷类，是因为它们使用起来比较简单，适合于少量数据的存储和显示。因为它们没有将视图和模型进行分离，所以没有视图类灵活，不能和任意的模型一起使用，一般建议使用模型/视图的方式来处理数据。下面我们看一个 QListWidget 的例子。

（项目源码路径为 src\10\10-4\listwidget）新建 Empty qmake Project，项目名称为 listwidget，完成后在 listwidget.pro 文件中添加 QT += widgets 并保存该文件，然后向项目中添加新的 main.cpp 文件，并更改内容如下。

```cpp
#include <QApplication>
#include <QDebug>
#include <QListWidget>
#include <QTreeWidget>
#include <QTableWidget>

int main(int argc, char *argv[])
{
    QApplication app(argc, argv);
    QListWidget listWidget;
    // 一种添加项目的简便方法
    new QListWidgetItem("a", &listWidget);
    // 添加项目的另一种方法，这样还可以进行各种设置
    QListWidgetItem *listWidgetItem = new QListWidgetItem;
    listWidgetItem->setText("b");
    listWidgetItem->setIcon(QIcon("../listwidget/yafeilinux.png"));
    listWidgetItem->setToolTip("this is b!");
    listWidget.insertItem(1, listWidgetItem);
    // 设置排序为倒序
    listWidget.sortItems(Qt::DescendingOrder);
    // 显示列表部件
    listWidget.show();
    return app.exec();
}
```

单层的项目列表一般使用一个 QListWidget 和一些 QListWidgetItem 来显示，一个列表部件可以像一般的窗口部件那样进行创建。可以在创建 QListWidgetItem 时将它直接添加到已经创建的列表部件中，也可以稍后使用 QListWidget 类的 insertItem() 函数来添加。列表中的每一个项目都可以显示一个文本标签和一个图标，还可以为其设置工具提示、状态提示和 "What's This?" 提示。默认列表中的项目会根据它们添加的顺序进行排序，也可以使用 sortItems() 函数对项目进行排序，比如程序中使用的 Qt::DescendingOrder 是按字母降序排序，还有一个 Qt::AscendingOrder 是按字母升序进行排序。现在可以运行程序查看效果。

10.2   Qt Widgets 中的数据库应用

在学习数据库之前，你应掌握一些基本的 SQL 知识，应该可以看懂简单的 SELECT、INSERT、UPDATE 和 DELETE 等语句，虽然 Qt 提供了不需要 SQL 知识就可以浏览和编辑数据库的接口，但是对 SQL 有基本的了解有助于你更好地学习相关内容。

10.2.1   数据库简介

Qt SQL 模块提供了对数据库的支持，该模块中的众多类基本上可以分为 3 层，如表 10-3 所示。

表 10-3   Qt SQL 模块的类分层

用户接口层	QSqlQueryModel、QSqlTableModel 和 QSqlRelationalTableModel
SQL 接口层	QSqlDatabase、QSqlQuery、QSqlError、QSqlField、QSqlIndex 和 QSqlRecord
驱动层	QSqlDriver、QSqlDriverCreator、QSqlDriverCreatorBase、QSqlDriverPlugin 和 QSqlResult

其中，驱动层为具体的数据库和 SQL 接口层之间提供了底层的桥梁；SQL 接口层提供了对数据库的访问，其中的 QSqlDatabase 类用来创建连接，QSqlQuery 类可以使用 SQL 语句来实现与数据库交互，其他几个类对该层提供了支持；用户接口层的几个类实现了将数据库中的数据链接到窗口部件上，这些类是使用前面讲到的模型/视图框架实现的，它们是更高层次的抽象，即便不熟悉 SQL 也可以操作数据库。

要使用 Qt SQL 模块中的这些类，需要在项目文件（.pro 文件）中添加一行代码：

```
QT += sql
```

读者可以在帮助中通过 SQL Programming 关键字查看数据库部分的相关内容。

10.2.2   SQL 数据库驱动

Qt SQL 模块使用数据库驱动插件来和不同的数据库接口进行通信。由于 Qt SQL 模块的接口是独立于数据库的，所以所有数据库特定的代码都包含在了这些驱动中。Qt 默认支持一些驱动，也可以添加其他驱动，Qt 包含的驱动如表 10-4 所示。下面通过程序来查看当前版本的 Qt 中可用的数据库插件。

表 10-4   Qt 包含的数据库驱动

驱 动 名 称	数 据 库
QDB2	IBM DB2（7.1 或者以上版本）
QMYSQL/MARIADB	MySQL 或者 MARIADB（5.6 或者以上版本）
QOCI	Oracle Call Interface Driver（12.1 或者以上版本）
QODBC	Open Database Connectivity(ODBC)-微软 SQL Server 和其他 ODBC 兼容数据库
QPSQL	PostgreSQL（7.3 或者以上版本）
QSQLITE	SQLite 版本 3

（项目源码路径为 src\10\10-5\databasedriver）新建 Empty qmake Project，项目名称为 databasedriver，完成后往项目中添加新的 main.cpp 文件。下面先在 databasedriver.pro 文件中添加如下一行代码。

```
QT += sql widgets
```

完成后按下 Ctrl+S 快捷键保存该文件，然后将 main.cpp 文件的内容更改如下。

```
#include <QApplication>
#include <QSqlDatabase>
#include <QStringList>
int main(int argc, char *argv[])
{
    QApplication a(argc, argv);
    qDebug() << "Available drivers:";
    QStringList drivers = QSqlDatabase::drivers();
    for(const QString&driver:drivers)
        qDebug() << driver;
    return a.exec();
}
```

　　这里使用了 QSqlDatabase 类的静态函数 drivers()获取了可用的驱动列表，然后将它们遍历输出。运行程序，在"应用程序输出"窗口可以看到输出的结果为 QSQLITE、QODBC 和 QPSQL，表明现在仅支持这 3 个驱动。其实，也可以在 Qt 安装目录下的 plugins/sqldrivers 文件夹中看到所有的驱动插件文件。

　　这里要重点提一下 SQLite 数据库，它是一款轻型的文件型数据库，无须数据库服务器，主要应用于嵌入式领域，支持跨平台，而且 Qt 对它提供了很好的默认支持，所以本章后面的内容将使用该数据库为例进行讲解。关于数据库驱动的更多内容，可以参考 SQL Database Drivers 关键字对应的帮助文档，这里还列出了编译驱动器插件和编写自定义的数据库驱动的方法。

10.2.3　创建数据库连接

　　要想使用 QSqlQuery 或者 QSqlQueryModel 访问数据库，那么先要创建并打开一个或者多个数据库连接。数据库连接使用连接名来定义，而不是使用数据库名，可以向相同的数据库创建多个连接。QSqlDatabase 也支持默认连接，默认连接就是一个没有命名的连接。在使用 QSqlQuery 或者 QSqlQueryModel 的成员函数时，需要指定一个连接名作为参数，如果没有指定，那么就会使用默认连接。如果在应用程序中只需要有一个数据库连接，那么使用默认连接是很方便的。

　　创建一个连接时，会创建一个 QSqlDatabase 类的实例，只有调用 open()函数后该连接才可以被使用。下面的代码片段显示了怎样创建一个默认的连接，然后打开它。

```
QSqlDatabase db = QSqlDatabase::addDatabase("QMYSQL");
db.setHostName("bigblue");
db.setDatabaseName("flightdb");
db.setUserName("acarlson");
db.setPassword("1uTbSbAs");
bool ok = db.open();
```

　　第一行创建了一个连接对象，最后一行打开该连接以便使用。当创建了连接后，还初始化了一些连接信息，包括数据库名、主机名、用户名和密码等。这里连接到了主机 bigblue 上名称为 flightdb 的 MySQL 数据库。在 addDatabase()函数中的 QMYSQL 参数指定了该连接使用的数据库驱动类型。因为这里并没有指定 addDatabase()函数的第二个参数即连接名，所以这样建立的是默认连接。下面的示例代码中创建了名为 first 和 second 的两个连接。

```
QSqlDatabase firstDB = QSqlDatabase::addDatabase("QMYSQL", "first");
QSqlDatabase secondDB = QSqlDatabase::addDatabase("QMYSQL", "second");
```

　　创建完连接后，可以在任何地方使用 QSqlDatabase::database()静态函数通过连接名称获取指向数据库连接的指针，如果没有指明连接名称，则返回默认连接，例如：

```
QSqlDatabase defaultDB = QSqlDatabase::database();
QSqlDatabase firstDB = QSqlDatabase::database("first");
QSqlDatabase secondDB = QSqlDatabase::database("second");
```

要移除一个数据库连接，需要先使用 QSqlDatabase::close()关闭数据库，然后使用静态函数 QSqlDatabase::removeDatabase()移除该连接。下面通过一个例子来具体看一下数据库连接的建立过程。

（项目源码路径为 src\10\10-6\databasedriver）在前面的例 10-5 中添加新的 C++头文件，名称为 connection.h，完成后将其内容更改如下：

```
#ifndef CONNECTION_H
#define CONNECTION_H

#include <QMessageBox>
#include <QSqlDatabase>
#include <QSqlQuery>

static bool createConnection()
{
   QSqlDatabase db = QSqlDatabase::addDatabase("QSQLITE");
   db.setDatabaseName(":memory:");
   if (!db.open()) {
      QMessageBox::critical(0, "Cannot open database",
          "Unable to establish a database connection.", QMessageBox::Cancel);
      return false;
   }
   QSqlQuery query;
   query.exec("create table student (id int primary key, "
             "name varchar(20))");
   query.exec("insert into student values(0, 'LiMing')");
   query.exec("insert into student values(1, 'LiuTao')");
   query.exec("insert into student values(2, 'WangHong')");
   return true;
}

#endif // CONNECTION_H
```

这个头文件中添加了一个建立连接的函数，使用这个头文件的目的主要是简化主函数中的内容。这里先创建了一个 SQLite 数据库的默认连接，设置数据库名称时使用了 ":memory:"，表明这个是建立在内存中的数据库（SQLite 数据库支持内存中的临时数据库），也就是说该数据库只在程序运行期间有效，等程序运行结束时就会将其销毁。当然，也可以将其改为一个具体的数据库名称，比如 my.db，这样就会在项目生成目录中创建该数据库文件。下面使用 open()函数将数据库打开，如果打开失败，则弹出提示对话框。最后使用 QSqlQuery 创建了一个 student 表，并插入了包含 id 和 name 两个字段的 3 条记录。其中，id 字段是 int 类型的，primary key 表明该字段是主键，不能为空，而且不能有重复的值；name 字段是 varchar 类型的，并且不大于 20 个字符。这里使用的 SQL 语句都要包含在双引号中，如果一行写不完，那么分行后，每一行都要使用两个双引号引起来。

下面到 main.cpp 文件中，先添加头文件：

```
#include "connection.h"
#include <QVariant>
```

然后将主函数的内容更改为：

```
int main(int argc, char *argv[])
{
   QApplication a(argc, argv);
   if (!createConnection()) return 1;
   // 使用 QSqlQuery 查询整张表
   QSqlQuery query;
   query.exec("select * from student");
   while(query.next()) {
```

```
        qDebug() << query.value(0).toInt() << query.value(1).toString();
    }
    return a.exec();
}
```

这里调用了 createConnection()函数来创建数据库连接，使用 QSqlQuery 查询整张表并将其所有内容进行了输出。现在运行程序，可以在"应用程序输出"窗口中看到 student 表格中的内容。

10.2.4 执行 SQL 语句

1. 执行一个查询

QSqlQuery 类提供了一个接口，用于执行 SQL 语句和浏览查询的结果集。要执行一个 SQL 语句，只需要简单地创建一个 QSqlQuery 对象，然后调用 QSqlQuery::exec()函数即可，例如：

```
QSqlQuery query;
query.exec("select * from student");
```

在 QSqlQuery 的构造函数中可以接受一个可选的 QSqlDatabase 对象来指定使用的是哪一个数据库连接，当没有指定连接时，则使用默认连接。如果发生了错误，那么 exec()函数会返回 false，可以使用 QSqlQuery::lastError()来获取错误信息。

2. 浏览结果集

QSqlQuery 提供了对结果集的访问，可以一次访问一条记录。当执行完 exec()函数后，QSqlQuery 的内部指针会位于第一条记录前面的位置。必须调用一次 QSqlQuery::next()函数来使其前进到第一条记录，然后可以重复使用 next()函数来访问其他的记录，直到该函数的返回值为 false，例如可以使用以下代码来遍历一个结果集。

```
while(query.next()) {
    qDebug() << query.value(0).toInt() << query.value(1).toString();
}
```

其中 QSqlQuery::value()函数可以返回当前记录的一个字段值。比如 value(0)就是第一个字段的值，各个字段从 0 开始编号。该函数返回一个 QVariant，不同的数据库类型会自动映射为 Qt 中最接近的相应类型，这里的 toInt()和 toString()就是将 QVariant 转换为 int 和 QString 类型。在 Data Types for Qt-supported Database Systems 关键字对应的帮助文档中列出了所有的数据库数据类型在 Qt 中的对应类型，需要时可以参考一下。

QSqlQuery 类提供了多个函数来实现在结果集中进行定位，比如 next()定位到下一条记录，previous()定位到前一条记录，first()定位到第一条记录，last()定位到最后一条记录，seek(n)定位到第 n 条记录。如果只需要使用 next()和 seek()来遍历结果集，那么可以在调用 exec()函数以前调用 setForwardOnly(true)，这样可以显著加快在结果集上的查询速度。当前位置可以使用 at()返回；record()函数可以返回当前指向的记录；如果数据库支持，那么可以使用 size()来返回结果集中的总行数。要判断一个数据库驱动是否支持一个给定的特性，可以使用 QSqlDriver::hasFeature()函数。

3. 插入、更新和删除记录

使用 QSqlQuery 可以执行任意的 SQL 语句，下面通过示例来看一下怎样插入、更新和删除记录，其中还会涉及数值绑定的内容，这样就可以在 SQL 语句中使用变量了。

（项目源码路径为 src\10\10-7\databasedriver）打开前面例 10-6 的 main.cpp，在主函数中的 a.exec()函数调用之前，添加如下代码。

```
query.exec("insert into student (id, name) values (100, 'ChenYun')");
```

这样就在 student 表中重新插入了一条记录。如果想在同一时间插入多条记录，那么一个有效的方法就是将查询语句和真实的值分离，这可以使用占位符来完成。Qt 支持两种占位符：名称绑定和位置绑定。例如，使用名称绑定，上面这条代码就等价于下面的代码片段：

```
query.prepare("insert into student (id, name) values (:id, :name)");
int idValue = 100;
QString nameValue = "ChenYun";
query.bindValue(":id", idValue);
query.bindValue(":name", nameValue);
query.exec();
```

如果使用位置绑定，那么就等价于下面的代码片段：

```
query.prepare("insert into student (id, name) values (?, ?)");
int idValue = 100;
QString nameValue = "ChenYun";
query.addBindValue(idValue);
query.addBindValue(nameValue);
query.exec();
```

可以看到，使用这两种方法来绑定值都是很方便的，只需要注意使用的格式即可。当要插入多条记录时，只需要调用 QSqlQuery::prepare()一次，然后使用多次 bindValue()或者 addBindValue()函数来绑定需要的数据，最后调用一次 exec()函数就可以了。其实，进行多条数据插入时，还可以采用批处理方式，向程序中继续添加如下代码。

```
query.prepare("insert into student (id, name) values (?, ?)");
QVariantList ids;
ids << 20 << 21 << 22;
query.addBindValue(ids);
QVariantList names;
names << "xiaoming" << "xiaoliang" << "xiaogang";
query.addBindValue(names);
if(!query.execBatch()) qDebug() << query.lastError();
```

这里先使用了占位符，不过每一个字段值都绑定了一个列表，最后只要调用 execBatch()函数即可。如果出现错误，可以使用 lastError()返回错误信息，注意要添加头文件：

```
#include <QSqlError>
```

需要注意，现在每次运行程序都会对外部数据库文件进行操作，第一次运行这里的代码插入完记录以后，如果再次运行程序，就会出现 QSqlError 提示。因为 id 是主键，这里要再次插入相同 id 的记录就会失败。

对于记录的更新和删除，它们和插入操作是相似的，并且也可以使用占位符。继续向主函数中添加代码：

```
query.exec("update student set name = 'xiaohong' where id = 20"); // 更新
query.exec("delete from student where id = 21");                  // 删除
```

可以使用前面的方法对整个 student 表进行遍历输出，运行程序来查看数据的更改。

4. 事务

事务可以保证一个复杂操作的原子性，就是对于一个数据库操作序列，这些操作要么全部做完，要么一条也不做，它是一个不可分割的工作单位。在 Qt 中，如果底层的数据库引擎支持事务，那么 QSqlDriver::hasFeature(QSqlDriver::Transactions)会返回 true。可以使用 QSqlDatabase::transaction()来启动一个事务，然后编写一些希望在事务中执行的 SQL 语句，最后调用 QSqlDatabase::commit()提交或者 QSqlDatabase::rollback()回滚。当使用事务时，必须在创建查询以前就开始事务，例如下面的代码片段所示。

```
QSqlDatabase::database().transaction();
QSqlQuery query;
query.exec("SELECT id FROM employee WHERE name = 'Torild Halvorsen'");
if (query.next()) {
    int employeeId = query.value(0).toInt();
    query.exec("INSERT INTO project (id, name, ownerid) "
               "VALUES (201, 'Manhattan Project', "
               + QString::number(employeeId) + ')');
}
QSqlDatabase::database().commit();
```

10.2.5　SQL 查询模型

除了 QSqlQuery，Qt 还提供了 3 个更高层的类来访问数据库，分别是 QSqlQueryModel、QSqlTableModel 和 QSqlRelationalTableModel。这 3 个类都是从 QAbstractTableModel 派生来的，可以很容易地实现将数据库中的数据在 QListView 和 QTableView 等视图中进行显示。其中，QSqlQueryModel 提供了一个基于 SQL 查询的只读模型，下面通过一个例子进行讲解。

（项目源码路径为 src\10\10-8\sqlmodel）新建 Qt Widgets 项目，项目名称为 sqlmodel，类名为 MainWindow，基类为 QMainWindow。完成后，在 sqlmodel.pro 文件中添加代码 QT += sql，然后保存该文件。下面再往项目中添加新的 C++头文件，名称为 connection.h，完成后在其中添加数据库连接函数的定义：

```
#include <QMessageBox>
#include <QSqlDatabase>
#include <QSqlQuery>
static bool createConnection()
{
    QSqlDatabase db = QSqlDatabase::addDatabase("QSQLITE");
    db.setDatabaseName("my.db");
    if (!db.open()) {
        QMessageBox::critical(0, "Cannot open database1",
            "Unable to establish a database connection.", QMessageBox::Cancel);
        return false;
    }
    QSqlQuery query;
    // 创建 student 表
    query.exec("create table student (id int primary key, "
                "name varchar, course int)");
    query.exec("insert into student values(1, '李强', 11)");
    query.exec("insert into student values(2, '马亮', 11)");
    query.exec("insert into student values(3, '孙红', 12)");
    // 创建 course 表
    query.exec("create table course (id int primary key, "
                "name varchar, teacher varchar)");
    query.exec("insert into course values(10, '数学', '王老师')");
    query.exec("insert into course values(11, '英语', '张老师')");
    query.exec("insert into course values(12, '计算机', '白老师')");
    return true;
}
```

这里使用默认数据库连接创建了 student 和 course 两张表。下面再到 main.cpp 文件中，先添加头文件：

```
#include "connection.h"
```

然后在主函数中的 QApplication a(argc, argv)代码下面添加如下代码。

```
if (!createConnection()) return 1;
```

下面到 mainwindow.cpp 文件中，先添加头文件：

```
#include <QSqlQueryModel>
... ...// 这里省略了部分头文件，请读者自行添加
```

然后在构造函数中添加如下代码。

```
QSqlQueryModel *model = new QSqlQueryModel(this);
model->setQuery("select * from student");
model->setHeaderData(0, Qt::Horizontal, tr("学号"));
model->setHeaderData(1, Qt::Horizontal, tr("姓名"));
model->setHeaderData(2, Qt::Horizontal, tr("课程"));
QTableView *view = new QTableView(this);
view->setModel(model);
setCentralWidget(view);
```

这里先创建了 QSqlQueryModel 对象，然后使用 setQuery() 来执行 SQL 语句查询整张 student 表，并使用 setHeaderData() 来设置显示的表头。后面创建了视图，并将 QSqlQueryModel 对象作为其要显示的模型。现在可以运行程序，查看效果。

注意，其实 QSqlQueryModel 中存储的是执行完 setQuery() 函数后的结果集，所以视图中显示的是结果集的内容。QSqlQueryModel 还提供了 columnCount() 返回一条记录中字段的个数；rowCount() 返回结果集中记录的条数；record() 返回第 n 条记录；index() 返回指定记录的指定字段的索引；clear() 可以清空模型中的结果集。也可以使用它提供的 query() 函数来获取 QSqlQuery 对象，这样就可以使用前面讲到的 QSqlQuery 的相关内容来操作数据库了。还要注意一点，如果现在又使用 setQuery() 进行了新的查询，比如进行了插入操作，这时要想视图中可以显示操作后的结果，那么就必须再次查询整张表，也就是要同时执行下面两行代码：

```
model->setQuery("insert into student values(5,'薛静', 10)");
model->setQuery("select * from student");
```

10.2.6　SQL 表格模型

QSqlTableModel 提供了一个一次只能操作一个 SQL 表的读写模型，它是 QSqlQuery 的更高层次的替代品，可以浏览和修改独立的 SQL 表，并且只需编写很少的代码，而且不需要了解 SQL 语法。该模型默认是可读可写的，如果想让其成为只读的，那么可以从视图进行设置，例如：

```
view->setEditTriggers(QAbstractItemView::NoEditTriggers);
```

下面将通过一个例子来使用该模型对数据库表进行各种操作。

（项目源码路径为 src\10\10-9\sqlmodel）在前面例 10-8 的基础上进行更改。先打开 mainwindow.ui 文件，向窗口上拖入 Label、Push Button、Line Edit 和 Table View 等部件，使用布局管理器对部件进行布局，最终效果如图 10-4 所示。

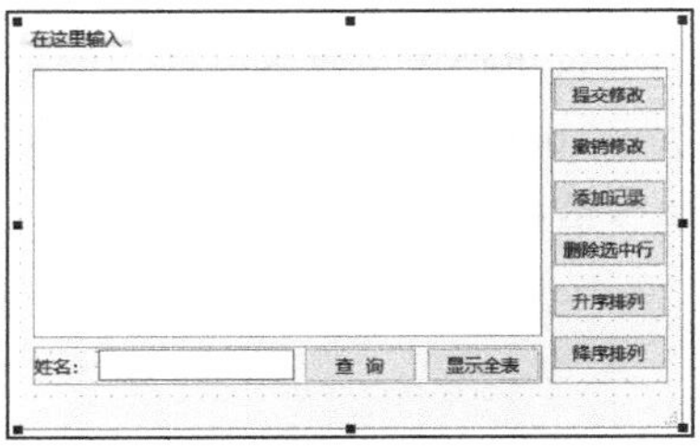

下面到 mainwindow.h 文件中，添加类的前置声明：

图 10-4　SQL 表格模型设计效果

```
class QSqlTableModel;
```

然后添加一个私有对象指针：

```
QSqlTableModel *model;
```

下面到 mainwindow.cpp 文件中，先将例 10-8 在构造函数中添加的代码删除，再添加如下代码。

```
model = new QSqlTableModel(this);
model->setTable("student");
```

```
model->select();
// 设置编辑策略
model->setEditStrategy(QSqlTableModel::OnManualSubmit);
ui->tableView->setModel(model);
```

这里创建一个 QSqlTableModel 后，只需使用 setTable() 来为其指定数据库表，然后使用 select()
函数进行查询，调用这两个函数就等价于执行了"select * from student"这个 SQL 语句。这里
还可以使用 setFilter() 来指定查询时的条件，在后面会看到这个函数的使用。在使用该模型以前，
一般还要设置其编辑策略，它由 QSqlTableModel::EditStrategy 枚举类型定义，一共有 3 个值，
如表 10-5 所示，用来说明当数据库中的值被编辑后，什么情况下提交修改。现在可以运行程序，
在窗口中会显示 student 表的内容。

表 10-5 SQL 表格模型的编辑策略

常 量	描 述
QSqlTableModel::OnFieldChange	所有对模型的改变都会立即应用到数据库
QSqlTableModel::OnRowChange	对一条记录的改变会在用户选择另一条记录时被应用
QSqlTableModel::OnManualSubmit	所有改变会在模型中进行缓存，直到调用 submitAll() 或者 revertAll() 函数

下面我们逐一实现那些按钮的功能，每当实现一个按钮的功能，都可以运行一下程序，测
试该按钮的效果。下面先进入"提交修改"按钮的单击信号槽，添加如下代码。

```
void MainWindow::on_pushButton_clicked() // "提交修改"按钮
{
    // 开始事务操作
    model->database().transaction();
    if (model->submitAll()) {
        if(model->database().commit()) // 提交
            QMessageBox::information(this, tr("tableModel"),
                               tr("数据修改成功！"));
    } else {
        model->database().rollback(); // 回滚
        QMessageBox::warning(this, tr("tableModel"),
                         tr("数据库错误: %1").arg(model->lastError().text()),
                         QMessageBox::Ok);
    }
}
```

这里使用了事务操作，如果可以使用 submitAll() 将模型中的修改向数据库提交成功，那么
执行 commit()；否则进行回滚 rollback()，并提示错误信息。下面进入"撤销修改"按钮的单击
信号槽，添加如下代码。

```
void MainWindow::on_pushButton_2_clicked() // "撤销修改"按钮
{
    model->revertAll();
}
```

这里只是简单调用了 revertAll() 函数将模型中的修改进行恢复。现在可以运行程序，然后
修改表格中的内容，如果单击"撤销修改"按钮，所有的修改都会被恢复。但是如果先单击了
"提交修改"按钮，因为数据已经提交到了数据库，再单击"撤销修改"按钮也无法恢复了。下
面再进入"查询"按钮的单击信号槽中，添加如下代码。

```
void MainWindow::on_pushButton_7_clicked() // "查询"按钮，进行筛选
{
    QString name = ui->lineEdit->text();
```

```
    // 根据姓名进行筛选，一定要使用单引号
    model->setFilter(QString("name = '%1'").arg(name));
    model->select();
}
```

这里使用了 setFilter()函数来进行数据筛选，注意，筛选的字符串中"%1"必须使用单引号。现在运行程序，就可以在行编辑器中输入一个姓名，然后单击"查询"按钮进行查找操作了。下面进入"显示全表"按钮的单击信号槽，添加如下代码。

```
void MainWindow::on_pushButton_8_clicked() // "显示全表"按钮
{
    model->setTable("student");
    model->select();
}
```

这里再次对整张表进行了查询。下面分别进入"升序排列"和"降序排列"按钮的单击信号槽，更改如下。

```
void MainWindow::on_pushButton_5_clicked() // 按 id "升序排列"按钮
{
    model->setSort(0, Qt::AscendingOrder); //id字段，即第0列，升序排列
    model->select();
}
void MainWindow::on_pushButton_6_clicked() // 按 id "降序排列"按钮
{
    model->setSort(0, Qt::DescendingOrder);
    model->select();
}
```

这里使用了 setSort()函数来对指定的字段进行排序。下面进入"删除选中行"按钮的单击信号槽，更改如下。

```
void MainWindow::on_pushButton_4_clicked() // "删除选中行"按钮
{
    int curRow = ui->tableView->currentIndex().row(); // 获取选中的行
    model->removeRow(curRow);        // 删除该行
    int ok = QMessageBox::warning(this,tr("删除当前行!"),
             tr("你确定删除当前行吗？"), QMessageBox::Yes, QMessageBox::No);
    if(ok == QMessageBox::No)
    {         // 如果不删除，则撤销
      model->revertAll();
    } else { // 否则提交，在数据库中删除该行
      model->submitAll();
    }
}
```

这里先获取了当前行的行号，然后调用 removeRow()来删除该行，这时该行的最前面会显示"！"号。在删除行时会弹出一个对话框，询问是否确定要删除该行，如果确定删除，那么就执行 submitAll()函数进行提交修改，否则执行 revertAll()函数进行恢复。最后进入"添加记录"按钮单击信号的槽中，进行插入操作：

```
void MainWindow::on_pushButton_3_clicked() // "添加记录"按钮
{
    int rowNum = model->rowCount();          // 获得表的行数
    int id = 10;
    model->insertRow(rowNum);                // 添加一行
    model->setData(model->index(rowNum,0), id);
    //model->submitAll();                    // 可以直接提交
}
```

这里实现了在表的最后添加一条新的记录，因为 id 为主键，所以必须为其提供一个 id 值。使用 insertRow() 可以插入一行，使用 setData() 可以为一个字段设置值。这里可以调用 submitAll() 直接提交修改，如果没有直接提交修改，那么新添加的行的前面会显示 "＊" 号，这样可以使用 "提交修改" 按钮来确认添加该行，或者使用 "撤销修改" 按钮来取消添加该行。到这里整个程序就设计完毕了，可以运行程序，测试效果。

10.2.7　SQL 关系表格模型

QSqlRelationalTableModel 继承自 QSqlTableModel，并且对其进行了扩展，提供了对外键的支持。一个外键就是一个表中的一个字段和其他表中的主键字段之间的一对一的映射。例如，student 表中的 course 字段对应的是 course 表中的 id 字段，那么就称字段 course 是一个外键。因为这里的 course 字段的值是一些数字，这样的显示很不友好，使用关系表格模型，就可以将它显示为 course 表中的 name 字段的值。下面我们看一个例子。

（项目源码路径为 src\10\10-10\sqlmodel）在例 10-8 的基础上进行修改。在 mainwindow.cpp 文件中，先删除在例 10-8 中添加到构造函数中的代码，然后添加如下代码。

```
QSqlRelationalTableModel *model = new QSqlRelationalTableModel(this);
model->setTable("student");
model->setRelation(2, QSqlRelation("course", "id", "name"));
model->select();
QTableView *view = new QTableView(this);
view->setModel(model);
setCentralWidget(view);
```

这里的 setRelation() 函数用来在两个表之间创建一个关系，其中参数 "2" 表示 student 表中编号为 2 的列，即第 3 个字段 course 是一个外键，它映射到了 course 表中的 id 字段，而视图需要向用户显示 course 表中的 name 字段的值。

Qt 还提供了一个 QSqlRelationalDelegate 委托类，它可以为 QSqlRelationalTableModel 显示和编辑数据。这个委托为一个外键提供了一个 QComboBox 部件来显示所有可选的数据，这样就显得更加人性化了。使用这个委托是很简单的，先在 mainwindow.cpp 文件中添加头文件 #include <QSqlRelationalDelegate>，然后继续在构造函数中添加如下一行代码。

```
view->setItemDelegate(new QSqlRelationalDelegate(view));
```

本节介绍的几个模型各有特点，可以根据自己的需要来选择使用。如果熟悉 SQL 语法，又不需要将所有的数据都显示出来，那么只需要使用 QSqlQuery 就可以了。对于 QSqlTableModel，它主要是用来显示一个单独表格的，而 QSqlQueryModel 可以用来显示任意一个结果集。如果想显示任意一个结果集，而且想使其可读写，那么建议子类化 QSqlQueryModel，然后重新实现 flags() 和 setData() 函数。这部分内容可以查看 Presenting Data in a Table View 关键字对应的帮助文档，也可以参考一下 Query Model Example 示例程序。

10.3　Qt Widgets 中的 XML 应用

可扩展标记语言（Extensible Markup Language，XML）是一种类似于 HTML 的标记语言，设计目的是用来传输数据，而不是显示数据。XML 的标签没有被预定义，用户需要在使用时自行进行定义。XML 是 W3C（万维网联盟）的推荐标准。相对于数据库表格的二维表示，XML 使用的树形结构更能表现出数据的包含关系，作为一种文本文件格式，XML 简单明了的特性使得它在信息存储和描述领域非常流行。

以前的版本中，Qt 提供了 Qt XML 模块来进行 XML 文档的处理，主要提供了两种解析方法：一种是 DOM 方法，可以进行读写；另一种是 SAX 方法，可以进行读取。从 Qt 5 开始，Qt XML 模块不再提供维护，而是推荐使用 Qt Core 模块中的 QXmlStreamReader 和 QXmlStreamWriter 进行 XML 读取和写入，这是一种基于流的方法。可以在帮助中通过 XML Processing 关键字查看本节相关内容。

10.3.1　QXmlStreamReader

从 4.3 版本开始，Qt 引入了两个新的类来读取和写入 XML 文档：QXmlStreamReader 和 QXmlStreamWriter。QXmlStreamReader 类提供了一个快速的解析器通过一个简单的流 API 来读取格式良好的 XML 文档，它作为 Qt 的 SAX 解析器的替代品身份出现，比 SAX 解析器更快、更方便。

下面先来看一个标准的 XML 文档：

```
<?xml version="1.0" encoding="UTF-8"?>
<library>
    <book id="01">
        <title>Qt</title>
        <author>shiming</author>
    </book>
    <book id="02">
        <title>Linux</title>
        <author>yafei</author>
    </book>
</library>
```

每个 XML 文档都由 XML 声明语句（或者称为 XML 序言）开始，它是对 XML 文档处理的环境和要求的说明，比如这里的<?xml version="1.0" encoding="UTF-8"?>，其中 xml version="1.0"，表明使用的 XML 的版本号，这里字母是区分大小写的；encoding="UTF-8"是使用的编码。XML 文档内容由多个元素组成，一个元素由起始标签<标签名>、终止标签</标签名>以及两个标签之间的内容组成。文档中第一个元素被称为根元素，比如这里的<library></library>，XML 文档必须有且只有一个根元素。元素的名称是区分大小写的，元素还可以嵌套，比如这里的 library、book、title 和 author 等都是元素。元素可以包含属性，用来描述元素的相关信息，属性名和属性值在元素的起始标签中给出，格式为<元素名 属性名="属性值">，如<book id="01">，属性值必须在单引号或者双引号中。在元素中可以包含子元素，也可以只包含文本内容，比如这里的<title>Qt</title>中的 Qt 就是文本内容。

QXmlStreamReader 可以从 QIODevice 或者 QByteArray 中读取数据。流读取器的基本原理就是将 XML 文档报告为一个记号（tokens）流，应用程序代码自身来驱动循环，在需要的时候可以从读取器中一个接一个地拉出记号。这个是通过调用 readNext()函数实现的，它可以读取下一个记号，然后返回一个记号类型，它由枚举类型 QXmlStreamReader::TokenType 定义，其所有取值如表 10-6 所示。可以使用 isStartElement()和 text()等函数来判断这个记号是否包含需要的信息。使用这种主动拉取记号的方式最大的好处就是可以构建递归解析器，也就是可以在不同的函数或者类中来处理 XML 文档中的不同记号。下面我们看一个使用 QXmlStreamReader 解析 XML 文档的例子。

表 10-6　在 QXmlStreamReader 中的记号类型

常　　量	描　　述
QXmlStreamReader::NoToken	没有读到任何内容
QXmlStreamReader::Invalid	发生了一个错误，在 error()和 errorString()中报告

常　　量	描　　述
QXmlStreamReader::StartDocument	在 documentVersion()中报告 XML 版本号，在 documentEncoding() 中指定文档的编码
QXmlStreamReader::EndDocument	报告文档结束
QXmlStreamReader::StartElement	使用 namespaceUri()和 name()来报告元素开始，可以使用 attributes() 来获取属性
QXmlStreamReader::EndElement	使用 namespaceUri()和 name()来报告元素结束
QXmlStreamReader::Characters	使用 text()来报告字符，如果字符是空白，那么 isWhitespace()返 回 true，如果字符源自 CDATA 部分，那么 isCDATA()返回 true
QXmlStreamReader::Comment	使用 text()报告一个注释
QXmlStreamReader::DTD	使用 text()来报告一个 DTD，符号声明在 notationDeclarations()中， 实体声明在 entityDeclarations()中，具体的 DTD 声明通过 dtdName()、 dtdPublicId()和 dtdSystemId()来报告
QXmlStreamReader::EntityReference	报告一个无法解析的实体引用，引用的名字由 name()获取，text() 可以获取替换文本
QXmlStreamReader::Processing Instruction	使用 processingInstructionTarget()和 processingInstructionData()来 报告一个处理指令

（项目源码路径为 src\10\10-11\myxmlstream）新建控制台应用 Qt Console Application，名称 为 myxmlstream，完成后到 main.cpp 文件中，将其代码更改如下。

```cpp
#include <QCoreApplication>
#include <QFile>
#include <QXmlStreamReader>
#include <QXmlStreamWriter>

int main(int argc, char *argv[])
{
    QCoreApplication a(argc, argv);
    QFile file("../myxmlstream/my.xml");
    if (!file.open(QFile::ReadOnly | QFile::Text))
    {
        qDebug()<<"Error: cannot open file";
        return 1;
    }
    QXmlStreamReader reader;
    // 设置文件，这时会将流设置为初始状态 reader.setDevice(&file);
    // 如果没有读到文档结尾，而且没有出现错误
    while (!reader.atEnd()) {
        // 读取下一个记号，它返回记号的类型
        QXmlStreamReader::TokenType type = reader.readNext();
        // 下面便根据记号的类型来进行不同的输出
        if (type == QXmlStreamReader::StartDocument)
            qDebug() << reader.documentEncoding() << reader.documentVersion();
        if (type == QXmlStreamReader::StartElement) {
            qDebug() << "<" << reader.name() << ">";
            if (reader.attributes().hasAttribute("id"))
                qDebug() << reader.attributes().value("id");
        }
        if (type == QXmlStreamReader::EndElement)
            qDebug() << "</" << reader.name() << ">";
        if (type == QXmlStreamReader::Characters && !reader.isWhitespace())
            qDebug() << reader.text();
```

```
    }
        // 如果读取过程中出现错误, 那么输出错误信息
        if (reader.hasError()) {
            qDebug() << "error: " << reader.errorString();
        }
    file.close();
    return a.exec();
}
```

可以看到, 流读取器在一个循环中通过使用 readNext()来不断读取记号, 这里可以对不同的记号和不同的内容进行不同的处理, 既可以在本函数中进行, 也可以在其他函数或者其他类中进行。

10.3.2 QXmlStreamWriter

与 QXmlStreamReader 对应的是 QXmlStreamWriter, 它通过一个简单的流 API 提供了一个 XML 写入器。QXmlStreamWriter 的使用也是十分简单的, 只需要调用相应的记号的写入函数来写入相关数据即可。下面通过一个例子来进行讲解。

(项目源码路径为 src\10\10-12\myxmlstream) 将前面主函数的内容更改如下。

```
int main(int argc, char *argv[])
{
    QCoreApplication a(argc, argv);
    QFile file("../myxmlstream/my2.xml");
    if (!file.open(QFile::WriteOnly | QFile::Text))
    {
        qDebug() << "Error: cannot open file";
        return 1;
    }
    QXmlStreamWriter stream(&file);
    stream.setAutoFormatting(true);
    stream.writeStartDocument();
    stream.writeStartElement("bookmark");
    stream.writeAttribute("href", "                        ");
    stream.writeTextElement("title", "Qt Home");
    stream.writeEndElement();
    stream.writeEndDocument();
    file.close();
    qDebug() << "write finished!";
    return a.exec();
}
```

这里使用了 setAutoFormatting(true)函数来自动设置格式, 这样会自动换行和添加缩进。然后使用了 writeStartDocument(), 该函数会自动添加首行的 XML 声明(即<?xml version="1.0" encoding="UTF-8"?>), 添加元素可以使用 writeStartElement(), 不过, 这里要注意, 一定要在元素的属性、文本等添加完成后, 使用 writeEndElement()来关闭前一个打开的元素。在最后使用 writeEndDocument()来完成文档的写入。现在可以运行程序, 这时会在项目目录中生成一个 XML 文档。对于 QXmlStreamReader 和 QXmlStreamWriter 的使用, 还可以参考一下 QXmlStream Bookmarks Example 示例程序。

10.4 Qt Quick 中的模型/视图架构简介

在 Qt Quick 中也使用模型、视图和委托的概念来存储和显示数据。这种开发架构将可视的数据模块化, 从而让开发人员和设计人员能够分别控制数据的不同层面。例如, 开发人员可以很方便地在列表视图和表格视图之间进行切换。若将数据实例封装进一个委托, 则可供开发人

221

员决定如何显示或处理这些数据。可以在帮助中通过 Models and Views in Qt Quick 关键字查看本节相关内容。

为了将数据显示出来，我们要将视图的 model 属性绑定到一个模型类型，然后将 delegate 属性绑定到一个组件或者其他兼容的类型。为便于理解，我们先来看一个典型的模型/视图的例子（项目源码路径为 src\10\10-13\mymodel）。

```
Item {
    width: 200; height: 250

    ListModel {
        id: myModel
        ListElement { type: "Dog"; age: 8 }
        ListElement { type: "Cat"; age: 5 }
    }

    Component {
        id: myDelegate
        Text { text: type + ", " + age; font.pointSize: 12 }
    }

    ListView {
        anchors.fill: parent
        model: myModel; delegate: myDelegate
    }
}
```

这里首先创建了一个 ListModel 作为数据模型，然后使用一个 Component 组件作为委托，最后使用 ListView 作为视图，在视图中需要指定模型和委托。

ListView 的数据模型 model 用来提供数据，委托 delegate 用来设置数据的显示方式，这里分别指定为 myModel 和 myDelegate 对象。在 ListModel 中，使用了 ListElement 添加数据项。每一个数据项都可以有多种类型的角色，比如这里有 type 和 age 两个，并且分别指定了它们的值。委托可以使用一个组件来实现，在其中可以直接绑定数据模型中的角色，比如这里将 type 和 age 的值显示在了一个 Text 文本中。简单来说，就是数据模型中每一个数据项显示时，都会使用委托提供的显示方式。因而，委托可以看作一个数据项显示模板。

如果模型的角色名称和委托的属性名称出现了冲突，那么角色可以通过限定模型名称来访问。例如，如果这里委托中的 Text 元素也有一个 type 或者 age 属性，那么其文本将显示为它的属性值，而不会是模型中 type 和 age 的值。在这种情况下，你可以使用 model.type 和 model.age 来确保委托中可以显示模型中的值。

委托还可以使用一个特殊的 index 角色，它包含了模型中数据项的索引值。注意，如果数据项已经从模型中移除，那么其索引值为–1。所以，如果在委托中绑定了 index 角色，那么一定要注意它的值有可能变为–1 的情况。

需要强调的是，如果模型中没有包含任何命名的角色，那么可以通过 modelData 角色来提供数据。对于只有一个角色的模型，也可以使用 modelData。这种情况下，modelData 角色与命名角色包含了相同的数据。

10.5　Qt Quick 中的数据模型

Qt Quick 提供的模型类型主要包含在 QtQml.Models 模块中，另外还有一个基于 XML 的 QtQml. XmlListModel 模型，以及现在版本中还处于实验阶段的 TableModel 模型，相关类型如表 10-7 所示。

如果这些模型都不能满足需要，还可以使用 Qt C++定义模型，或者使用 QtQuick.LocalStorage 类型来读取和写入 SQLite 数据库。

表 10-7　Model 相关类型

类　　型	简　　介	导 入 语 句
DelegateModel	封装模型和委托	import QtQml. Models
DelegateModelGroup	对 DelegateModel 中的委托项进行排序和过滤	
Instantiator	可用于控制对象的动态创建，或从模板动态创建多个对象	
ListModel	列表数据模型，其中的数据项由 ListElement 进行定义	
ListElement	定义使用在 ListModel 中的一个数据项，其中包含了一组角色	
ObjectModel	对象模型，其中的项是一些可视化 Item	
ItemSelectionModel	QItemSelectionModel 的实例化，需要结合模型和视图使用，用于存储被选中的项目	
Package	与 DelegateModel 一起使用，使具有共享上下文的委托能够提供给多个视图	
XmlListModel	用于从 XML 数据创建只读模型	import QtQml. XmlListModel
XmlListModelRole	用于为 XmlListModel 指定角色	
TableModel	表格数据模型，与 TableView 联合使用	import Qt.labs. qmlmodels
TableModelColumn	指定 TableModel 的列	

10.5.1　整数作为模型

最简单的方法就是用整数作为模型。在这种情况下，模型不包含任何数据角色。例如，在下面的代码片段中创建了一个包含 5 个数据项的 ListView（项目源码路径为 src\10\10-14\mymodel）。

```
Item {
    width: 200; height: 250
    Component {
        id: itemDelegate
        Text { text: "I am item number: " + index }
    }
    ListView {
        anchors.fill: parent
        model: 5
        delegate: itemDelegate
    }
}
```

需要注意，整数模型中项目的数量不能超过 100 000 000。

10.5.2　ListModel

ListModel 是一个简单的容器，可以包含 ListElement 类型来存储数据。ListModel 的数据项的数量可以使用 count 属性获得。为了维护模型中的数据，该类型还提供了一系列方法，包括追加 append()、插入 insert()、移动 move()、移除 remove()、获取 get()、替换 set()和清空 clear()等。其中一些方法需要接受字典类型（如"cost": 5.95）作为其参数，这种字典类型会被模型自动转换成 ListElement 对象。如果需要通过模型修改 ListElement 中的内容，可以使用 setProperty()方法，这个方法可以修改给定索引位置的 ListElement 的属性值。

ListElement 需要在 ListModel 中定义，使用方法同其他 QML 类型基本没有区别，不同之处在于，ListElement 没有固定的属性，而是包含一系列自定义的键值。可以把 ListElement 看作一个键值对组成的集合，其中键被称为 role（角色），它使用与属性相同的语法进行定义，角色既定义了如何访问数据，也定义了数据本身。角色的名字以小写字母开始，并且应当是给定模型中所有 ListElement 通用的名字。角色的值必须是简单的常量：字符串（带有引号，可以包含在 QT_TR_NOOP 调用中）、布尔类型（true 和 false）、数字或枚举类型（例如 AlignText.AlignHCenter）。角色的名字供委托获取数据使用，每一个角色的名字都可以在委托的作用域内访问，并且指向当前 ListElement 中对应的值。另外，角色还可以包含列表数据，例如包含多个 ListElement。

　　下面我们看一个例子（项目源码路径为 src\10\10-15\mymodel）。

```
Item {
    width: 200; height: 150

    ListModel {
        id: fruitModel
        ListElement {
            name: "Apple"; cost: 2.45
            attributes: [
                ListElement { description: "Core" },
                ListElement { description: "Deciduous" }
            ]
        }
        ListElement {
            name: "Orange"; cost: 3.25
            attributes: [
                ListElement { description: "Citrus" }
            ]
        }
        ListElement {
            name: "Banana"; cost: 1.95
            attributes: [
                ListElement { description: "Tropical" },
                ListElement { description: "Seedless" }
            ]
        }
    }

    Component {
        id: fruitDelegate

        Item {
            width: 200; height: 50

            Text { id: nameField; text: name }
            Text { text: '$' + cost; anchors.left: nameField.right }
            Row {
                anchors.top: nameField.bottom; spacing: 5
                Text { text: "Attributes:" }
                Repeater {
                    model: attributes
                    Text { text: description }
                }
            }
            MouseArea {
                anchors.fill: parent
                onClicked: fruitModel.setProperty(index, "cost", cost * 2)
            }
        }
    }
}
```

```
ListView {
    anchors.fill: parent
    model: fruitModel; delegate: fruitDelegate
}
}
```

上面的代码使用了一个 ListModel 模型对象，用于存储一个水果信息的列表。ListModel 包含了 3 个数据项，分别由一个 ListElement 类型表示。每个 ListElement 都有 3 个角色：name、cost 和 attributes，分别表示了水果的名字、售价和特色描述，其中 attributes 角色使用了列表数据。这里使用了 ListView 展示这个模型（也可以使用 Repeater，方法是类似的）。ListView 需要指定两个属性：model 和 delegate。model 属性指定定义的 fruitModel 模型；delegate 指定自定义委托。这里使用 Component 内联组件作为委托，其中使用 Text、Row 等 Qt Quick 项目定义每个数据项的显示方式。在其中可以直接使用 ListElement 中定义的角色。对于 attributes 角色，这里使用了 Repeater 进行显示。委托还使用了 MouseArea，在其中调用了 setProperty() 函数。每当在一个数据项上单击时，其售价都会翻倍。这里使用了 index 获取模型中被单击的数据项索引。

注意，动态创建的内容一旦设置完成就不能再被修改，setProperty() 函数只能修改那些直接在模型中显式定义的数据项的数据。

10.5.3　XmlListModel

XmlListModel 可以从 XML 数据创建只读的模型，既可以作为视图的数据源，也可以为 Repeater 等能够和模型数据进行交互的类型提供数据。由于 XmlListModel 的数据是异步加载的，因此当程序启动、数据尚未加载的时候，界面会显示一段时间的空白。可以使用 XmlListModel::status 属性判断模型加载的状态。该属性可取的值如下。

- XmlListModel.Null：模型中没有 XML 数据；
- XmlListModel.Ready：XML 数据已经加载到模型；
- XmlListModel.Loading：模型正在读取和加载 XML 数据；
- XmlListModel.Error：加载数据出错，详细出错信息可以使用 errorString() 获得。

XmlListModel 是只读模型，当原始 XML 数据发生改变时，可以通过调用 reload() 刷新模型数据。

下面通过一个例子进行讲解。例如在网页上可以查看一个 RSS 源的数据，它是 XML 格式的，其片段如下。

```xml
<?xml version="1.0" encoding="UTF-8"?>
<rss version="2.0">
  <channel>
    ...
    <item>
      <title>名校投放新专业抢北京优质生源</title>
      <pubDate>2016-04-05 08:54:33</pubDate>
      ...
    </item>
    <item>
      <title>北京普通初中校毕业生将有更多机会读优质高中</title>
      <pubDate>2016-04-05 08:36:17</pubDate>
      ...
    </item>
    ...
  </channel>
</rss>
```

下面的示例代码展示了如何使用 XmlListModel 在视图中显示这里 XML 中的数据（项目源码路径为 src\10\10-16\mymodel）。

```
import QtQuick
import QtQml.XmlListModel
import QtQuick.Controls

Rectangle {
    width: 300; height: 400

    XmlListModel {
        id: xmlModel
        source: "                          "
        query: "/rss/channel/item"

        XmlListModelRole { name: "title"; elementName: "title" }
        XmlListModelRole { name: "pubDate"; elementName: "pubDate" }
    }

    ListView {
        id: view
        anchors.fill: parent
        model: xmlModel
        focus: true
        spacing: 8
        delegate: Label {
            id: label
            width: view.width; height: 50
            verticalAlignment: Text.AlignVCenter
            text: title + ": " + pubDate
            font.pixelSize: 15; elide: Text.ElideRight
            color: label.ListView.isCurrentItem ? "white" : "black"
            background: Image {
                visible: label.ListView.isCurrentItem
                source: "bg.png"
            }
        }
    }
}
```

在这段代码中，XmlListModel 的 source 属性定义为一个远程 XML 文档，能够自动获取这个远程数据。这里 query 属性的值设置为“/rss/channel/item”，表明 XmlListModel 需要为 XML 文档中的每一个<item>生成一个数据项。

XmlListModelRole 类型用来定义模型中每一个数据项的角色，它包含 3 个属性：name 属性用于指定角色的名称，可以在委托中直接访问该名称；elementName 属性用于指定 XML 元素的名称或 XML 元素的路径；attributeName 属性用于指定 XML 元素的属性。这个例子中通过创建 title、pubDate 两个角色名称分别读取了 XML 文档中 title、pubDate 两个元素的数据，需要注意，角色名称可以随意设置，一般会直接使用元素的名称。

示例中使用 ListView 作为视图进行数据的显示，主要通过 delegate 指定的委托项目来设置数据项的具体显示，比如这里使用了 Label 控件。在委托中可以通过 title 和 pubDate 两个角色名称来获取模型中的数据进行显示。这里还通过附加到委托根项目的 ListView.isCurrentItem 属性获取了是否为当前项信息，对当前项进行了特殊显示。另外，需要注意只有设置视图的 focus 属性为 true，才可以通过键盘进行导航。相关内容在后面的视图部分会详细讲解。关于 XmlListModel 的使用，还可以参考 Qt 提供的 RSS News 演示程序。

另外，如果要使用 XML 文档中元素属性的数据，例如有如下 XML 文档：

```
<documents>
    <document title="Title1"/>
    <document title="Title2"/>
</documents>
```

则可以通过如下代码来指定 titleRole 角色读取 document 元素的 title 属性的数据。

```
XmlListModelRole {
    name: "titleRole"
    elementName: "document"
    attributeName: "title"
}
```

10.5.4　TableModel

TableModel 从 Qt 5.14 引入，在现在的版本中依然需要通过实验模块 Qt.labs.qmlmodels 来提供。在该类型出现以前，要想创建具有多个列的模型，需要通过 C++中自定义 QAbstractTableModel 子类来实现。而 TableModel 的目的就是实现一个简单的模型，可以将 JavaScript/JSON 对象存储为能与 TableView 一起使用的表格模型的数据，而不再需要子类化 QAbstractTableModel。

下面先来看一个例子（项目源码路径为 src\10\10-17\mytablemodel）。

```
import QtQuick
import Qt.labs.qmlmodels

Window {
    width: 400; height: 400; visible: true

    TableView {
        anchors.fill: parent
        columnSpacing: 1; rowSpacing: 1
        boundsBehavior: Flickable.StopAtBounds

        model: TableModel {
            TableModelColumn { display: "checked" }
            TableModelColumn { display: "amount" }
            TableModelColumn { display: "fruitType" }
            TableModelColumn { display: "fruitName" }
            TableModelColumn { display: "fruitPrice" }

            rows: [
                {
                    checked: false, amount: 1, fruitType: "Apple",
                    fruitName: "Granny Smith", fruitPrice: 1.50
                },
                {
                    checked: true, amount: 4, fruitType: "Orange",
                    fruitName: "Navel", fruitPrice: 2.50
                },
                {
                    checked: false, amount: 1, fruitType: "Banana",
                    fruitName: "Cavendish", fruitPrice: 3.50
                }
            ]
        }

        delegate:  TextInput {
            text: model.display; padding: 12; selectByMouse: true
            onAccepted: model.display = text

            Rectangle {
```

```
                anchors.fill: parent; color: "#efefef"; z: -1
            }
        }
    }
}
```

　　模型中的每个列都是通过声明 TableModelColumn 实例来指定的，其中每个实例的顺序决定了其列索引。使用 rows 属性或通过调用 appendRow()来设置模型的初始行数据。TableModel 设计用于 JavaScript/JSON 数据，其中每一行都是一些简单的键值对。要访问特定行，可以使用 getRow()，也可以通过 rows 属性直接访问模型的 JavaScript 数据，但不能以这种方式修改模型数据。要添加新行，可以使用 appendRow()和 insertRow()；要修改现有行，可以使用 setRow()、moveRow()、removeRow()和 clear()等方法。另外，可以通过委托来修改模型中的数据，例如示例中使用了 TextInput 控件。

10.5.5　其他模型类型

　　ObjectModel 包含了用于在视图中进行显示的可视项目，也就是说，该类型可以将 Qt Quick 中的可视化项目作为数据项显示到视图上。与 ListModel 不同，使用 ObjectModel 的视图不需要指定委托，因为 ObjectModel 的数据项本身就是可视化项目。可以使用 model 的附加属性 index 获取数据项的索引位置。该类型也提供了追加 append()、插入 insert()、移动 move()、移除 remove()、获取 get()和清空 clear()等方法。

　　DelegateModel 类型封装了一个模型和用于显示这个模型的委托，可以使用 model 属性指定模型，delegate 属性指定委托。一般情况下并不需要使用 DelegateModel。不过，如果需要将 QAbstractItemModel 的子类作为模型使用的时候，使用 DelegateModel 可以很方便地操作和访问 modelIndex()。另外，DelegateModel 可以与 Package 一起为多种视图提供委托，也可以与 DelegateModelGroup 一起用于排序和过滤委托项。DelegateModelGroup 类型提供了一种定位 DelegateModel 委托项的模型数据的方法，并且能够对委托项进行排序和过滤。

　　Package 类型可以结合 DelegateModel，让委托为多个视图提供共享的上下文。在 Package 中的任何项目都会通过 Package.name 附加属性分配一个名称。

　　下面我们看一个例子（项目源码路径为 src\10\10-18\mymodel）。

```
Rectangle {
    width: 200; height: 300

    DelegateModel {
        id: delegateModel
        delegate: Package {
            Text { id: listDelegate; width: parent.width; height: 25;
                text: 'in list'; Package.name: 'list'}
            Text { id: gridDelegate; width: parent.width / 2; height: 50;
                text: 'in grid'; Package.name: 'grid' }
        }
        model: 5
    }
    Rectangle{
        height: parent.height/2; width: parent.width; color: "lightgrey"
        ListView {
            anchors.fill: parent; model: delegateModel.parts.list
        }
    }
    GridView {
        y: parent.height/2;
```

```
    height: parent.height/2; width: parent.width;
    cellWidth: width / 2; cellHeight: 50
    model: delegateModel.parts.grid
  }
}
```

这里使用 Package 作为 DelegateModel 的委托，里面包含了两个命名 Package.name 的项目：list 和 grid。在 DelegateModel 类型中包含一个 parts 属性，它可以选取一个 DelegateModel 模型，这个模型中会使用指定名称的项目作为委托。例如这里在 ListView 中使用了 parts.list 作为模型，该模型就会使用 Package 中的 list 项目作为委托。关于 Package 的使用，还可以参考 Qt 自带的 Photo Viewer 示例程序。

10.5.6 在委托中使用必需属性来匹配模型角色

required 关键字声明的必需属性在模型视图程序中扮演特殊角色。为了更好地控制可访问的角色，并使委托在视图之外更为独立和适用，用户可以借助必需属性。如果委托包含必需属性，则不用指定角色，QML 引擎将检查必需属性的名称是否与模型角色的名称匹配，如果是，则该属性将绑定到模型中的相应值。示例如下（项目源码路径为 src\10\10-19\mymodel）：

```
ListModel {
    id: myModel
    ListElement { type: "Dog"; age: 8; noise: "meow" }
    ListElement { type: "Cat"; age: 5; noise: "woof" }
}
component MyDelegate : Text {
    required property string type
    required property int age
    text: type + ", " + age
}
ListView {
    anchors.fill: parent
    model: myModel
    delegate: MyDelegate {}
}
```

注意，如果在委托中使用了必需属性，那么用到的模型角色都要进行声明，比如这里只声明了 type 和 age 角色，所以现在 noise 无法直接使用。不仅如此，model、index 和 modelData 等常用的角色也将无法直接使用，除非明确把它们设置为必需属性，不然会出现类似 "ReferenceError: index is not defined" 这样的错误提示。

还有一种情况，就是委托中的属性与模型角色名称相同，这时，只需要为相关属性添加 required 关键字即可。示例如下：

```
ListView {
    anchors.fill: parent
    model: ListModel {
        ListElement { color: "red" ; text: "red" }
        ListElement { color: "green"; text: "green" }
    }
    delegate: Text {
        required color
        required text
    }
}
```

可以看到，在模型视图编程时使用必需属性可以使代码更简洁，而且可以让委托更独立，这对于在单独的 QML 文件中声明的委托组件更明显。在 Qt 帮助和自带的示例中，经常可以看见这种用法，读者也可以多使用这种方法。

10.5.7　LocalStorage

LocalStorage 是一个用于读取和写入 SQLite 数据库的单例类型，可以使用 openDatabaseSync() 打开一个本地存储的 SQL 数据库。这些数据库是特定于用户的，也是特定于 QML 的，但是可以被所有 QML 应用程序访问。数据库保存在 QQmlEngine::offlineStoragePath() 返回的子文件夹 Databases 中。数据库的链接无须手动释放，事实上，它们会被 JavaScript 的垃圾收集器自动关闭。

LocalStorage 模块的 API 与 HTML 5 Web Database API 兼容。模块中所有 API 都是异步的，每一个函数的最后一个参数都是该操作的回调函数。如果不关心这个回调函数，可以简单地忽略该参数。关于该类型的使用，也可以查看 Qt Quick Examples - Local Storage 示例程序。

下面我们看一个例子（项目源码路径为 src\10\10-20\mymodel）。

```qml
import QtQuick
import QtQuick.LocalStorage

Rectangle {
    width: 200; height: 100

    Text {
        text: "?"
        anchors.horizontalCenter: parent.horizontalCenter

        function findGreetings() {
            var db = LocalStorage.openDatabaseSync("QQmlExampleDB",
                        "1.0", "The Example QML SQL!", 1000000);
            db.transaction(
                    function(tx) {
                        // 如果数据库表不存在则进行创建
                    tx.executeSql('CREATE TABLE IF NOT EXISTS Greeting
                            (salutation TEXT, salutee TEXT)');
                        // 添加一条记录
                    tx.executeSql('INSERT INTO Greeting VALUES(?, ?)',
                                    [ 'hello', 'world' ]);
                        // 显示内容
                    var rs = tx.executeSql('SELECT * FROM Greeting');

                        var r = ""
                        for(var i = 0; i < rs.rows.length; i++) {
                            r += rs.rows.item(i).salutation + ", "
                                    + rs.rows.item(i).salutee + "\n"
                        }
                        text = r
                    }
                    )
        }
        Component.onCompleted: findGreetings()
    }
}
```

可以使用如下方式打开或创建数据库。

```qml
import QtQuick.LocalStorage as Sql
var db = Sql.openDatabaseSync(identifier, version, description,
                    estimated_size, callback(db))
```

使用该模型，需要先进行导入。openDatabaseSync() 函数返回数据库标识符为 identifier 的数据库。如果数据库不存在，将会自动创建。回调函数 callback(db) 以该数据库作为参数，当数据库创建失败时，callback()函数才会被回调。参数 description 和 estimatedSize 将被写入 INI 文件，不过这两个参数现在都没有使用。函数可能会抛出异常，异常代码为 SQLException.DATABASE_ERR 或 SQLException.VERSION_ERR。

数据库创建完成之后，系统会创建一个 INI 文件，用于指定数据库的特性，如表 10-8 所示。这些数据能够被应用程序工具使用。

表 10-8　数据库特性

键	值
Name	传入 openDatabaseSync 函数的数据库名字
Version	传入 openDatabaseSync 函数的数据库版本
Description	传入 openDatabaseSync 函数的数据库描述
EstimatedSize	传入 openDatabaseSync 函数的数据库预计大小（单位：字节）
Driver	现在为 QSQLITE 数据库

10.6　视图类型

视图作为数据项集合的容器，不仅提供了强大的功能，还可以进行定制来满足样式或行为上的特殊需求。视图类型主要是 Flickable 的几个子类型，包括列表视图 ListView、网格视图 GridView、表格视图 TableView 及其子类型树视图 TreeView。作为 Flickable 的子类型，这几个视图在数据量超出窗口范围时，可以进行拖动以显示更多的数据。下面以 ListView 和 GridView 为例进行讲解。

10.6.1　ListView

ListView 可以以水平或垂直形式显示列表，在前面的示例中，已经多次使用过该类型，这里重点讲解它的一些特性。

1. 键盘导航和高亮

使用键盘控制视图，需要设置 focus 属性为 true，以便 ListView 能够接收键盘事件。如果不想视图具有交互性，可以设置 interactive 属性为 false，这样视图将无法通过鼠标或键盘进行操作。还有一个 keyNavigationEnabled 属性可以设置是否启用键盘导航，该属性值默认与 interactive 属性进行了绑定，如果明确指定了该属性的值，那么会解除绑定。还可以设置 keyNavigationWraps 属性为 true，这样当使用键盘导航时，如果到达列表的最后一个数据项，会自动跳转到列表的第一个数据项。

highlight 属性可以设置一个组件作为高亮，实际的组件实例的几何形状是被列表管理的，以便该高亮留在当前项目，除非将 highlightFollowsCurrentItem 属性设置为 false。高亮项目的默认 z 值为 0。默认情况下，ListView 负责移动高亮项的位置。可以自行设置高亮项的移动速度和改变大小的速度，可用的属性有 highlightMoveVelocity、highlightMoveDuration、highlightResizeVelocity 和 highlightResizeDuration。前两个分别以速度值和持续时间设置高亮项移动速度；后两个分别以速度值和持续时间设置高亮项大小改变的速度。默认情况下，速度值为每秒 400 像素，持续时间值为-1。如果同时设置速度值和持续时间，则取二者之中较快的一个；若要仅设置一个属性，另一个属性可以设置为-1，例如只设置 highlightMoveDuration，那么需要设置 highlightMoveVelocity 为-1。要使用这 4 个属性，必须保证 highlightFollowsCurrentItem 为 true 才会有效。移动速度和持续时间属性用于 index 变化而产生的移动，例如调用 incrementCurrentIndex()，而当用户轻击 ListView 时，轻击的速度将用于控制移动速度。ListView 还会在委托的根项目中附加多个属性，例如 ListView.isCurrentItem，可以对当前项进行特殊处理。

下面我们看一个例子（项目源码路径为 src\10\10-21\myview）。

```
Item {
    width: 120; height: 370

    ListView {
        id: listview; anchors.fill: parent; anchors.margins: 30
        model: 5; spacing: 5
        delegate: numberDelegate; snapMode: ListView.SnapToItem
        header: Rectangle {
            width: 50; height: 20; color: "#b4d34e"
            Text {anchors.centerIn: parent; text: "header"}
        }
        footer: Rectangle {
            width: 50; height: 20; color: "#797e65"
            Text {anchors.centerIn: parent; text: "footer"}
        }
        highlight: Rectangle {
                    color: "black"; radius: 5
                    opacity: 0.3; z:5
        }
        focus: true; keyNavigationWraps :true
        highlightMoveVelocity: -1
        highlightMoveDuration: 1000
    }
    Component {
        id: numberDelegate

        Rectangle {
            id: wrapper; width: 50; height: 50;
            color: ListView.isCurrentItem ? "white" : "lightGreen"
            Text {
                anchors.centerIn: parent;
                font.pointSize: 15; text: index
                color: wrapper.ListView.isCurrentItem ? "blue" : "white"
            }
        }
    }
}
```

　　这里分别使用了两个 Rectangle 项目来作为 header 和 footer。在 highlight 中使用了一个黑色半透明的矩形，并设置了其 z 值为 5，目的是让高亮可以显示在所有数据项的上面，z 也可以设置为大于 0 的其他值。这里必须在 ListView 中设置 focus 为 true，才可以使用键盘进行导航。在委托组件的根项目 Rectangle 中可以直接使用 ListView.isCurrentItem 附加属性获取当前项目，而在子对象 Text 中，必须使用 wrapper.ListView.isCurrentItem 才可以使用该属性。

　　视图的 clip 属性默认是 false，如果想要其他项目或者屏幕对超出的内容进行裁剪，需要将该属性设置为 true。例如将前面例子中的 model 设置为 20，当在 ListView 中设置 clip 为 true 后，视图最下面一个数据项只能显示一部分。

　　当使用高亮时，可以使用一系列属性控制高亮的行为。preferredHighlightBegin 属性和 preferredHighlightEnd 属性用来设置高亮（当前项目）的最佳范围，前者必须小于后者。它们可以在列表滚动时影响当前项目的位置，例如在列表滚动时当前选择的项目要保持在列表的中间，可以将 preferredHighlightBegin 和 preferredHighlightEnd 分别设置为中间的数据项的顶部坐标和底部坐标。不过它们还受到 highlightRangeMode 属性的影响，该属性的可选值如下。

● ListView.ApplyRange：视图尝试将高亮保持在设置的范围内，但是在列表的末尾或者与鼠标交互时可以移出设置的范围。

- ListView.StrictlyEnforceRange：高亮不会移出设置的范围。如果使用键盘或者鼠标引起高亮要移出设置的范围时，当前项可能改变，从而保证高亮不会移出设置的范围。
- ListView.NoHighlightRange：默认值，没有设置范围。

为了获得高亮项更多的控制权，用户可以将 highlightFollowsCurrentItem 属性设置为 false。这意味着视图不再负责高亮项位置的移动，而是交给高亮组件本身来进行处理。

2. 数据分组

ListView 支持数据的分组显示：相关数据可以出现在一个分组中。每个分组还可以使用委托定义其显示的样式。ListView 定义了一个 section 附加属性，用于将相关数据显示在一个分组中，section 是一个属性组，其属性如下。

- section.property：定义分组的依据，也就是根据数据模型的哪一个角色进行分组。
- section.criteria：定义如何创建分组名字，可选值如下。
  - ViewSection.FullString：默认，依照 section.property 定义的值创建分组。
  - ViewSection.FirstCharacter：依照 section.property 值的首字母创建分组。
- section.delegate：与 ListView 的委托类似，用于提供每一个分组的委托组件，其 z 属性值为 2。
- section.labelPositioning：定义当前或下一个分组标签的位置，可选值如下。
  - ViewSection.InlineLabels：默认，分组标签出现在数据项之间。
  - ViewSection.CurrentLabelAtStart：在列表滚动时，当前分组的标签始终出现在列表视图开始的位置。
  - ViewSection.NextLabelAtEnd：在列表滚动时，下一分组的标签始终出现在列表视图末尾。该选项要求系统预先找到下一个分组的位置，因此可能会有一定的性能问题。

ListView 中的每一个数据项都有 ListView.section、ListView.previousSection 和 ListView.nextSection 等附加属性。

下面我们看一个例子（项目源码路径为 src\10\10-22\myview）。

```
Rectangle {
    id: container; width: 150; height: 300

    ListModel {
        id: nameModel
        ListElement { name: "LiLi"; group: "friend" }
        ListElement { name: "LiuMing"; group: "friend" }
        ListElement { name: "ChenXiao"; group: "classmate" }
        ListElement { name: "ZhangFei"; group: "classmate" }
        ListElement { name: "BaiDong"; group: "colleague" }
    }

    ListView {
        anchors.fill: parent; model: nameModel
        delegate: Text { text: name; font.pixelSize: 18 }
        section.property: "group"
        section.criteria: ViewSection.FullString
        section.delegate: sectionHeading
    }

    Component {
        id: sectionHeading
        Rectangle {
            width: container.width; height: childrenRect.height
            color: "lightsteelblue"
```

```
        Text {
            text: section; font.bold: true; font.pixelSize: 20
        }
        }
    }
}
```

这里使用了模型中的 group 角色进行分组,并且是 FullString
匹配,这样就会按照模型中的 group 角色的值进行分组,将 group
值相同的分在一组进行显示,运行效果如图 10-5 所示。

10.6.2 GridView

网格视图 GridView 在一块可用的空间中以方格形式显示数
据列表。GridView 和 ListView 非常类似,实质的区别在于,

图 10-5 数据分组示例运行效果

GridView 需要在一个二维表格视图中使用委托,而不是线性列表中。相对于 ListView,GridView 并
不建立在委托的大小及其间距之上,GridView 使用 cellWidth 和 cellHeight 属性控制单元格的大小,
每一个委托所渲染的数据项都会出现在这样一个单元格的左上角。

下面我们看一个例子(项目源码路径为 src\10\10-23\myview)。

```
Rectangle {
    width: 200; height: 200

    ListModel {
        id: model
        ListElement { name: "Jim"; portrait: "icon.png" }
        ListElement { name: "John"; portrait: "icon.png" }
        ListElement { name: "Bill"; portrait: "icon.png" }
        ListElement { name: "Sam"; portrait: "icon.png" }
    }

    GridView {
        id: grid; width: 200; height: 200
        cellWidth: 100; cellHeight: 100
        model: model; delegate: contactDelegate
        highlight: Rectangle { color: "lightsteelblue"; radius: 5 }
        focus: true
    }

    Component {
        id: contactDelegate
        Item {
            width: grid.cellWidth; height: grid.cellHeight
            Column {
                anchors.centerIn: parent
                Image { source: portrait; anchors.horizontalCenter:
                                          parent.horizontalCenter }
                Text { text: name; anchors.horizontalCenter:
                                          parent.horizontalCenter }
            }
        }
    }
}
```

这里创建了一个网格视图,视图中每一个单元格的宽度和高度均为 100 像素,而委托中为
每一个数据项设置了一个图片和一个文本。运行效果如图 10-6 所示。

GridView 也可以包含头部和脚部以及使用高亮委托,这与 ListView 是类似的。还可以使用

flow 属性设置 GridView 的方向，可选值如下。

- GridView.FlowLeftToRight：默认值，表格从左向右开始填充，按照从上向下的顺序添加行。此时，表格是纵向滚动的。
- GridView.FlowTopToBottom：表格从上向下开始填充，按照从左向右的顺序添加列。此时，表格是横向滚动的。

图 10-6　GridView 示例运行效果

10.6.3　视图过渡

在 ListView 和 GridView 中，因为修改了模型中的数据而需要更改视图上的数据项时，可以指定一个过渡使视图的变化出现动画效果。可以使用过渡的属性有 populate、add、remove、move、displaced、addDisplaced、removeDisplaced 和 moveDisplaced 等。

下面我们看一个例子（项目源码路径为 src\10\10-24\myview）。

```
ListView {
    width: 160; height: 320
    model: ListModel {}

    delegate: Rectangle {
        width: 100; height: 30; border.width: 1
        color: "lightsteelblue"
        Text { anchors.centerIn: parent; text: name }
    }
    add: Transition {
        NumberAnimation { property: "opacity";
            from: 0; to: 1.0; duration: 400 }
        NumberAnimation { property: "scale";
            from: 0; to: 1.0; duration: 400 }
    }
    displaced: Transition {
        NumberAnimation { properties: "x,y"; duration: 400;
            easing.type: Easing.OutBounce }
    }
    focus: true
    Keys.onSpacePressed: model.insert(0, { "name": "Item "
                                    + model.count })
}
```

每当按下空格键时，都会向模型中添加一个数据项。在视图中为添加 add 和移位 displaced 操作设置了过渡效果，所以每当添加数据项时都会有动画效果。注意，这里的 NumberAnimation 对象并不需要指定 target 和 to 属性，因为视图已经隐式地将 target 设置为了对应的项目，将 to 设置为了该项目最终的位置。运行代码，有读者可能发现，快速按下空格键的时候会有一些数据项无法正常添加，下面我们看一下如何解决这个问题。

一个视图过渡有可能在任意时刻被其他过渡打断。如果只进行简单的过渡，无须考虑动画中断的情况。但是，如果过渡中更改了一些属性，那么中断可能会引起不可预料的后果。例如，在前面示例中快速按下空格键出现的问题，项目 0 通过 add 过渡插入了 index 0 的位置。这时项目 1 非常快速地插入 index 0 的位置，而此时项目 0 的过渡还没有结束。项目 1 插入项目 0 的前面，所以项目 0 要移位，视图就会中断项目 0 的 add 过渡，并开始项目 0 的 displaced 过渡。因为中断的发生，opacity 和 scale 动画没有结束，会导致项目的 opacity 和 scale 值小于 1.0。要解决这个问题，在 displaced 过渡中要确保项目的属性已经到达了在 add 过渡中设置的值。例如：

```
displaced: Transition {
    NumberAnimation { properties: "x,y"; duration: 400;
                      easing.type: Easing.OutBounce }
    // 确保 opacity 和 scale 值变为 1.0
    NumberAnimation { property: "opacity"; to: 1.0 }
    NumberAnimation { property: "scale"; to: 1.0 }
}
```

同样的原则适用于任何视图过渡组合。例如，在添加过渡动画没有结束以前就开始了移动，或者在移动动画没有结束以前就进行了移出等。处理这些情况的原则就是每一个过渡都要处理相同的属性集。

另外，如果想要为视图中的单个数据项定制不同的过渡动画，需要使用 ViewTransition 附加属性。这个附加属性会为使用了过渡的项目提供如下属性。

- ViewTransition.item：过渡中的项目。
- ViewTransition.index：该项目的索引。
- ViewTransition.destination：该项目要移动到目标位置 (x, y)。
- ViewTransition.targetIndexes：目标项目的索引（目标项目可能不止一个）。
- ViewTransition.targetItems：目标项目本身。

例如在前面的例子中，假如只插入 5 个数据项，那么这 5 个项目会在 index 为 0 的位置连续插入。当插入第 5 个项目时，会添加 Item 4 到视图中。这时 add 过渡执行一次，displaced 过渡执行 4 次（已经存在的 4 个项目每个都要执行一次）。

10.7 小结

读者利用模型/视图架构可以轻松完成以数据为中心的程序开发，对于复杂的数据显示和处理，建议使用 Qt Widgets 编程；如果主要是进行数据的显示，则可以使用 Qt Quick 编程，配合动画、状态和过渡等相关类型，可以设计出流畅的数据展示界面。本章主要讲解了常规视图的显示，读者还可以使用后面讲到的 Qt 图表和数据可视化来更直观地显示数据。

10.8 练习

1. 简述 Qt 中的模型/视图架构。
2. 简述 Qt Widgets 中常用的模型类和视图类。
3. 请先了解委托的概念，并学会继承 QStyledItemDelegate 类来自定义委托。
4. 请分层列举 Qt SQL 模块中的常用类。
5. 掌握 QSqlDatabase 类创建数据库连接的方法。
6. 掌握使用 QSqlQuery 执行简单的查询、插入、删除等 SQL 语句。
7. 掌握 QSqlQueryModel、QSqlTableModel 和 QSqlRelationalTableModel 等类的用法。
8. 了解 XML 文档格式，学会使用 QXmlStreamReader 和 QXmlStreamWriter 读写 XML 文档。
9. 请列举 Qt Quick 提供的常见模型类型。
10. 学会使用 ListElement 类型在 ListModel 中创建角色。
11. 掌握使用 XmlListModel 从 XML 数据创建模型的方法。
12. 了解在委托中使用必需属性来匹配模型角色。
13. 熟练应用 ListView 类型，掌握键盘导航、高亮、数据分组和视图过渡的实现方法。

第 11 章　Qt 图表

我们在介绍模型/视图编程时提到了列表、表格等标准视图的应用，如果想要实现条形图或者饼状图等特殊显示方式，就要重新实现视图类。如果读者用过自定义视图，就会发现要想实现满意的效果是非常困难的。不过，从 Qt 5.7 开始，在开源版 Qt 中可以使用 Qt Charts 模块来创建几乎所有常见的图表类型，包括折线图、曲线图、面积图、散点图、柱形图、饼状图、盒须图等，而且还提供了美观时尚的主题界面以及交互功能。

Qt Charts 模块是基于 Qt 图形视图框架的，生成的图表可以很容易集成到 QWidget、QGraphicsWidget 或 QML 程序中。该模块同时提供了 C++ API 和 QML API，也就是说 Qt 图表同时支持 Qt Widgets 编程和 Qt Quick 编程。可以在帮助中通过 Qt Charts 关键字查看本章相关内容。

要使用 Qt Charts 模块，需要在安装 Qt 时选择安装 Qt Charts 组件，还需要在项目文件.pro 中添加如下代码。

```
QT += charts
```

11.1　在 Qt Widgets 中使用 Qt 图表

Qt Charts 模块中的 QChart 类用来管理不同类型的系列以及相关的图例、坐标轴等对象，QChart 继承自 QGraphicsWidget，可以很容易在 QGraphicsScene 中使用。如果要在普通的 QWidget 部件中显示图表，那么可以借助 QChartView 类。

11.1.1　简单示例

本节将通过一个简单的图表示例程序来讲解 Qt 图表的基本知识。

（项目源码路径为 src\11\11-1\mycharts）新建 Qt Widgets 应用，项目名称为 mycharts，基类选择 QWidget，类名保持 Widget 不变。完成后打开 mycharts.pro 文件，添加一行代码：

```
QT += charts
```

保存该文件。然后打开 widget.h，先添加类的前置声明：

```
class QChartView;
```

再添加一个私有对象指针：

```
QChartView *view;
```

下面到 widget.cpp 文件中，添加头文件：

```
#include <QLineSeries>
#include <QChartView>
#include <QValueAxis>
```

然后在构造函数中添加如下代码。

```
QLineSeries* series = new QLineSeries();
series->append(0, 0);
series->append(2, 4);
```

```
QChartView *view = new QChartView(this);
view->chart()->addSeries(series);
view->resize(400, 300);
```

现在可以运行程序查看一下效果。这里的 **QLineSeries** 用来绘制折线图，它是一个线系列，通过直线将一系列的数据点进行相连。可以通过 append() 函数向系列中添加数据点，其参数为 (X, Y) 坐标值。因为要在 QWidget 中使用图表，所以这里使用了 QChartView，创建该类实例时会自动创建一个 QChart 对象，可以通过 chart() 函数来获取关联图表的指针。其实，Qt 图表的主要功能都要由 QChart 类来完成，比如这里使用了 addSeries() 来添加系列，添加完成后图表会获得系列的拥有权。

1. 使用默认坐标轴

下面继续添加代码。

```
QLineSeries* series1 = new QLineSeries();
series1->append(0, 0);
series1->append(1, 4);
series1->append(3, 5);
view->chart()->addSeries(series1);
// 设置默认坐标轴
view->chart()->createDefaultAxes();
view->setRenderHint(QPainter::Antialiasing);
```

这里向图表中添加了第 2 个线系列，然后使用 QChart 的 **createDefaultAxes()** 生成了默认的坐标轴，注意，必须在所有系列都添加完毕后才能使用该函数生成默认坐标轴。最后调用了 QChartView 的 setRenderHint(QPainter::Antialiasing)来启用抗锯齿，这样可以使折线绘制得更平滑。可以运行程序查看效果。

2. 设置图表标题和系列名称

继续添加如下代码。

```
view->chart()->setTitle(tr("My Charts"));
view->chart()->setTitleBrush(Qt::darkYellow);
view->chart()->setTitleFont(QFont("Arial", 20));
series->setName("2020");
series1->setName("2021");
```

使用 setTitle()函数来为图表添加标题，并设置标题颜色和字体。通过使用 setName()为系列设置名称，可以使其在图例中显示出来。

3. 设置图例

下面添加代码来设置图例。

```
view->chart()->legend()->setMarkerShape(QLegend::MarkerShapeStar);
view->chart()->legend()->setBackgroundVisible(true);
view->chart()->legend()->setColor(QColor(255, 255, 255, 150));
view->chart()->legend()->setLabelColor(Qt::darkYellow);
view->chart()->legend()->setAlignment(Qt::AlignBottom);
```

可以通过 QChart::legend()函数获取图表的图例对象。图例是一个图形对象，由 QLegend 类表示，该对象无法被创建或者删除。当系列发生变化时，QChart 会更新图例的状态。默认情况下，图例附着在图表上，可以使用 QLegend::detachFromChart()将其分离从而独立于图表进行布局，这时还可以设置 setInteractive(true)来使图例通过鼠标进行移动和改变大小。另外，可以使用 setMarkerShape()设置图例标记的形状，通过 markers()可以获取所有标记的列表，标记由 QLegendMarker 类表示，它包含一个 icon 图标和一个标签，图标的颜色对应了系列的颜色，标签用来显示系列的名称；使用 setAlignment()可以设置图例与图表的对齐方式；使用 setShowToolTips()
来设置文本被截断时是否显示工具提示；还可以使用 setBackgroundVisible(true)来显示图例背
景，使用 setBrush()、setLabelBrush()、setColor()、setLabelColor()、setFont()等函数来设置图例
背景及标签的画刷、颜色等。

4. 设置图表及绘图区背景

下面我们来为图表设置背景效果。

```
view->chart()->setBackgroundBrush(Qt::lightGray);
view->chart()->setPlotAreaBackgroundBrush(Qt::white);
view->chart()->setPlotAreaBackgroundVisible(true);
view->chart()->setBackgroundRoundness(15);
view->chart()->setDropShadowEnabled(true);
```

使用 QChart 的 setBackgroundBrush()可以设置背景画刷，默认是为整个图表设置背景。还可以

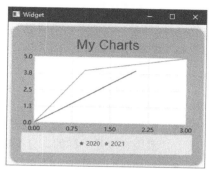

通过 setPlotAreaBackgroundBrush()为中间的绘图区设置背
景，该背景默认是不显示的，如果需要设置该背景，需要
调用 setPlotAreaBackgroundVisible(true)。整个图表的背景默
认是显示的，也可以通过 setBackgroundVisible()设置是否显
示。还可以通过 setBackgroundRoundness()设置图表背景矩
形的圆角弧度，使用 setDropShadowEnabled(true)来启用阴
影效果。现在运行程序，效果如图 11-1 所示。

图 11-1　图表运行效果

5. 使用主题

QChart 还提供了几个现成的主题，如表 11-1 所示，
可以通过 setTheme()函数进行设置，例如：

```
view->chart()->setTheme(QChart::ChartThemeBlueIcy);
```

表 11-1　QChart 提供的主题

主　　题	描　　述
QChart::ChartThemeLight	默认主题，是一个浅色主题
QChart::ChartThemeBlueCerulean	天蓝色主题
QChart::ChartThemeDark	深色主题
QChart::ChartThemeBrownSand	沙褐色主题
QChart::ChartThemeBlueNcs	自然色彩系统（natural color system，NCS）蓝色主题
QChart::ChartThemeHighContrast	高对比度主题
QChart::ChartThemeBlueIcy	冰蓝色主题
QChart::ChartThemeQt	Qt 主题

6. 设置动画效果

Qt 图表还支持动画效果，可以通过 QChart 的 setAnimationOptions()函数来设置动画选项，
可取的值如表 11-2 所示。如果开启了动画，可以使用 setAnimationDuration()设置动画的持续时
间，使用 setAnimationEasingCurve()来设置动画使用的缓和曲线。例如：

```
view->chart()->setAnimationOptions(QChart::AllAnimations);
view->chart()->setAnimationDuration(2000);
view->chart()->setAnimationEasingCurve(QEasingCurve(QEasingCurve::InQuad));
```

注意，运行程序前，还需要添加#include <QEasingCurve>头文件。

表 11-2 QChart 中的动画选项

动 画 选 项	描 述
QChart::NoAnimation	默认值，不启用动画效果
QChart::GridAxisAnimations	启用网格和轴的动画效果
QChart::SeriesAnimations	启用系列的动画效果
QChart::AllAnimations	启用所有动画效果

读者也可以参考一下 Chart Themes Example 示例程序，其中对所有主题效果、动画效果和图例位置进行了演示。

11.1.2 坐标轴

坐标轴用来设置一条包含刻度线、网格线和阴影的轴线，可以显示在图表的上、下、左、右等不同方向。每一个系列都可以绑定一个或多个水平和垂直坐标轴。Qt Charts 支持下面这几种坐标轴类型，它们全部继承自 QAbstractAxis 类。

- 数值坐标轴 QValueAxis：数值轴会直接向轴上添加实际的数值，该数值显示在刻度线的位置。
- 分类坐标轴 QCategoryAxis：分类轴可以使用分类标签来区分基础数据，类别范围的宽度可以自由指定，分类标签显示在刻度线之间。
- 柱形图分类坐标轴 QBarCategoryAxis：柱形图分类轴与分类轴类似，但是所有类别的范围宽度是一样的，分类标签显示在刻度线之间。
- 日期时间坐标轴 QDateTimeAxis：在标签上可以显示日期或者时间信息，日期时间可以指定显示格式。
- 对数数值坐标轴 QLogValueAxis：对数数值轴上的刻度是非线性的，它依赖于使用的数量级，轴上的每一个刻度数值都是前一个刻度数值乘以一个值。
- 颜色坐标轴 QColorAxis：可以显示指定渐变的颜色比例。

下面我们看一个例子（项目源码路径为 src\11\11-2\myaxis）。新建 Qt Widgets 应用，项目名称为 myaxis，基类选择 QWidget，类名保持 Widget 不变。完成后打开 myaxis.pro 文件，添加代码 QT += charts，然后保存该文件。

下面到 widget.h 文件中添加类的前置声明：

```
class QChartView;
```

然后添加两个私有对象指针：

```
QChartView *view1;
QChartView *view2;
```

下面到 widget.cpp 文件中，先添加头文件：

```
#include <QtCharts>
```

然后在构造函数中添加如下代码。

```
view1 = new QChartView(this);
view2 = new QChartView(this);
view1->move(10, 10);
view2->move(420, 10);
view1->resize(400, 300);
view2->resize(400, 300);
resize(830, 320);
view1->setRenderHint(QPainter::Antialiasing);
```

```
view2->setRenderHint(QPainter::Antialiasing);
```

这里主要是进行了初始化操作，设置了两个图表在窗口的位置，现在如果运行程序，会发现两个图表都是空白的。下面来实现第一个图表，它将使用数值坐标轴作为横轴，对数数值坐标轴作为纵轴，先添加一个系列：

```
view1->chart()->legend()->setVisible(false);
QSplineSeries *series = new QSplineSeries;
series->append(5, 10);
series->append(12, 16);
series->append(14, 64);
*series << QPointF(16, 128) << QPointF(18, 32);
view1->chart()->addSeries(series);
series->setPointsVisible(true);
series->setLightMarker(QImage("../myaxis/star.png"));
series->setMarkerSize(10);
series->setPointLabelsVisible(true);
series->setPointLabelsFormat("(@xPoint, @yPoint)");
series->setPointLabelsColor(Qt::lightGray);
series->setPointLabelsClipping(false);
```

这里的 QSplineSeries 继承自 QLineSeries，用来存储一些数据点绘制一条曲线，其用法与 QLineSeries 相似。QLineSeries 则继承自 QXYSeries，而 QXYSeries 提供了多个成员函数来对数据点进行设置。可以通过 append()来添加数据点，也可以使用流运算符一次性添加多个点；数据点默认是不显示的，可以通过 setPointsVisible(true)来显示数据点，数据点默认显示为一个圆点，可以使用 setMarkerSize()来设置其大小，还可以使用 setLightMarker()来设置为其他图片；数据点的标签默认也是不显示的，可以通过 setPointLabelsVisible(true)来显示，通过 setPointLabelsFormat()来设置内容显示格式，在其中可以通过@xPoint 和@yPoint 格式标记来引用数据点的坐标值；当标签在绘制区域边缘时，默认会被裁剪，可以通过设置 setPointLabelsClipping(false)来显示完整的标签。下面来添加 X 坐标轴：

```
QValueAxis *axisX = new QValueAxis;
axisX->setRange(0, 21);
axisX->setTickCount(6);
axisX->setMinorTickCount(1);
axisX->setLabelFormat("%.2f");
axisX->setLabelsAngle(30);
axisX->setLabelsColor(Qt::darkYellow);
view1->chart()->addAxis(axisX, Qt::AlignBottom);
series->attachAxis(axisX);
```

这里使用了数值坐标轴 QValueAxis，可以使用 setRange()来设置轴上最小值和最大值之间的范围，通过 setTickCount()来设置刻度线数量，默认值为 5，不能小于 2；还可以使用 setMinorTickCount()来设置次要刻度线的数量，就是在主要刻度线之间的网格线的数量，默认值为 0；可以使用 setLabelFormat()来设置标签格式，支持标准 C++库函数 printf()提供的各种格式控制符，如 d、i、o、x、X、f、F、e、E、g、G、c 等；还可以使用 setLabelsAngle()、setLabelsColor()来设置标签的角度和颜色。

当设置好坐标轴以后，需要使用 QChart::addAxis()将坐标轴添加到图表中，并指明对齐方式。另外，要将一个系列与指定坐标轴进行关联，需要该系列调用 attachAxis()来附着指定的轴，一个系列只能有一个横坐标轴和一个纵坐标轴。还需要注意，一定要在图表通过 addSeries()添加完系列以后再添加轴，顺序不能乱。现在可以运行程序查看效果。

在 QValueAxis 中还有一个 applyNiceNumbers()函数，使用该函数可以修改刻度线的数量和范围，使用 $1*10^n$、$2*10^n$ 或者 $5*10^n$ 等作为刻度值，从而使轴的刻度值看起来整齐美观。

另外，刻度线显示位置有两种设置方式，默认的是 QValueAxis::TicksFixed，就是通过取值范围和刻度线数量均匀显示，还有一种 QValueAxis::TicksDynamic，可以通过 setTickAnchor() 设置基值和 setTickInterval() 设置间隔来动态设置，例如：

```
axisX->setTickType(QValueAxis::TicksDynamic);
axisX->setTickAnchor(5);
axisX->setTickInterval(5);
```

下面我们添加 Y 坐标轴：

```
QLogValueAxis *axisY = new QLogValueAxis;
axisY->setBase(2);
axisY->setRange(8, 260);
axisY->setMinorTickCount(1);
view1->chart()->addAxis(axisY, Qt::AlignLeft);
series->attachAxis(axisY);
```

这里使用了对数数值坐标轴 QLogValueAxis，需要通过 setBase() 来指定对数的底数，轴上的每个刻度值都是前一个刻度值乘以底数，不需要指定刻度线数量。QLogValueAxis 和 QValueAxis 都继承自 QAbstractAxis，它们的一些用法是相似的。可以运行程序查看效果。

下面添加代码在第二个图表中添加柱形图，然后使用柱形图分类坐标轴 QBarCategoryAxis 和分类坐标轴 QCategoryAxis 分别作为横轴和纵轴。首先添加柱形图系列：

```
QBarSet *set0 = new QBarSet("Jane");
QBarSet *set1 = new QBarSet("John");
QBarSet *set2 = new QBarSet("Axel");
*set0 << 1 << 2 << 3 << 4 << 5 << 6;
*set1 << 5 << 0 << 0 << 4 << 0 << 7;
*set2 << 3 << 5 << 8 << 13 << 8 << 5;
QBarSeries *series1 = new QBarSeries();
series1->append(set0);
series1->append(set1);
series1->append(set2);
view2->chart()->addSeries(series1);
```

柱形图系列由 QBarSeries 类表示，会将数据绘制为一系列按类别分组的竖条，每个类别从添加到系列中的每个柱形集 QBarSet 中提取一条。QBarSet 作为柱形集包含了每个类别中的一个数据值，可以通过 append() 来添加一个值或者值的列表，也可以使用流运算符添加。下面来添加柱形图分类坐标轴：

```
QStringList categories;
categories << "Jan" << "Feb" << "Mar" << "Apr" << "May" << "Jun";
QBarCategoryAxis *axisX1 = new QBarCategoryAxis();
axisX1->append(categories);
view2->chart()->addAxis(axisX1, Qt::AlignBottom);
series1->attachAxis(axisX1);
```

柱形图分类坐标轴由 QBarCategoryAxis 表示，可以通过 append() 来添加分类，类别名称会显示在刻度之间。现在可以运行程序查看效果。

与柱形图 QBarSeries 相似的，还有堆积柱形图 QStackedBarSeries 和百分比堆积柱形图 QPercentBarSeries。QStackedBarSeries 会将一类柱形条堆积在一个垂直柱形条上，每个柱形集中对应分类的柱形条都作为这个垂直柱形条的一段；而 QPercentBarSeries 与 QStackedBarSeries 类似，只是所有堆积柱形条都是等长的，而其中的分段柱形会根据代表的数值在总值中的占比绘制为不同的长度。只需要将代码中 QBarSeries 替换为 QStackedBarSeries 或者 QPercentBarSeries，就可以查看另外两种柱形图的效果。与它们 3 个对应的还有 3 个水平柱形图 QHorizontalBarSeries、QHorizontalStackedBarSeries 和 QHorizontalPercentBarSeries，用法相似，这里就不再赘述。

下面来接着添加 Y 坐标轴：

```
QCategoryAxis *axisY1 = new QCategoryAxis;
axisY1->append("Low", 5);
axisY1->append("Medium", 10);
axisY1->append("High", 15);
view2->chart()->addAxis(axisY1, Qt::AlignLeft);
series1->attachAxis(axisY1);
```

这里使用了分类坐标轴 QCategoryAxis，它继承自 QValueAxis。与柱形图分类坐标轴 QBarCategoryAxis 不同，QCategoryAxis 可以指定分类的宽度。可以通过 append() 来添加新的类别，其中需要指定分类标签和该分类的最大值。还可以通过 setStartValue() 来设置第一个分类的最小值。

本节通过例子详细讲解了几个坐标轴和系列的应用，对于日期时间坐标轴 QDateTimeAxis 和颜色坐标轴 QColorAxis，用起来也很简单，有需要的读者可以根据本节知识和帮助文档直接使用。对于其他几个没有讲到的系列，散点图 QScatterSeries 与折线图 QLineSeries 都继承自 QXYSeries，用法也非常相似；面积图 QAreaSeries 就是通过 QLineSeries 作为区域的上边界进行填充；而盒须图 QBoxPlotSeries、蜡烛图 QCandlestickSeries 和饼状图 QPieSeries 都可以在帮助中通过 Qt Charts Examples 关键字查看相应的示例，这里也就不再举例讲解。

11.1.3 使用外部数据动态创建图表

图表是用来显示数据的，前面的例子为了演示方便都使用了个别的现成数据，但是实际编程中一般要使用数据库或者 XML 来作为数据源提供数据。本节将通过一个实例，演示如何使用数据库来提供数据，通过表格和图表两种方式进行数据显示。

Qt Charts 模块提供了一些模型映射类，可以让各个图表使用 QAbstractItemModel 的子类作为数据源，这些类均以 ModelMapper 结尾，读者可以在帮助中通过 Qt Charts C++ Classes 关键字查看相关内容。通过使用这些映射器，可以将数据模型中指定的数据全部显示到图表上，还可以随着数据模型中数据的变化而自动更新显示。除了使用这种方式，有时还希望将模型中的数据一个一个动态显示到图表上，这个可以使用定时器更新图表的绘图区域来实现。下面通过实际的例子来进行讲解。

（项目源码路径为 src\11\11-3\mycharts）新建 Qt Widgets 应用，项目名称为 mycharts，基类选择 QWidget，类名保持 Widget 不变。完成后打开 mycharts.pro 文件，添加代码 QT += charts sql，然后保存该文件。在项目中添加新的 C++头文件，名称为 connection.h，完成后将其内容更改为：

```
#ifndef CONNECTION_H
#define CONNECTION_H
#include <QMessageBox>
#include <QSqlDatabase>
#include <QSqlQuery>
static bool createConnection()
{
  QSqlDatabase db = QSqlDatabase::addDatabase("QSQLITE");
  db.setDatabaseName("my.db");
  if (!db.open()) {
    QMessageBox::critical(0, "Cannot open database1",
        "Unable to establish a database connection.", QMessageBox::Cancel);
    return false;
  }
  QSqlQuery query;
  query.exec("create table m_xy (id int primary key, "
             "m_x int, m_y int)");
  query.exec("insert into m_xy values(0, 2, 3)");
```

```
    query.exec("insert into m_xy values(1, 5, 8)");
    query.exec("insert into m_xy values(2, 7, 4)");
    query.exec("insert into m_xy values(3, 9, 5)");
    return true;
}
#endif // CONNECTION_H
```

下面打开 main.cpp 文件，添加头文件#include "connection.h"，然后在 main()函数的 QApplication a(argc, argv)代码下面添加一行代码：

```
if (!createConnection()) return 1;
```

下面到 widget.h 文件中添加类的前置声明：

```
class QSqlTableModel;
class QChartView;
class QValueAxis;
class QSplineSeries;
```

然后添加几个私有对象指针：

```
QSqlTableModel *model;
QChartView *chartView;
QValueAxis *axisX;
QSplineSeries *series;
```

下面到 widget.cpp 文件中，先添加头文件：

```
#include <QtSql>
#include <QtCharts>
#include <QTableView>
```

然后在构造函数中添加如下代码。

```
// 初始化模型和视图
model = new QSqlTableModel(this);
model->setTable("m_xy");
model->select();
model->setHeaderData(0, Qt::Horizontal, tr("序号"));
model->setHeaderData(1, Qt::Horizontal, tr("X轴"));
model->setHeaderData(2, Qt::Horizontal, tr("Y轴"));
QTableView *view = new QTableView(this);
view->setModel(model);
view->resize(320, 300);
view->move(10, 10);
// 设置图表视图、添加系列和轴
chartView = new QChartView(this);
chartView->resize(400, 300);
chartView->setRenderHint(QPainter::Antialiasing);
chartView->move(350, 10);
chartView->chart()->legend()->setVisible(false);
chartView->chart()->setAnimationOptions(QChart::AllAnimations);
chartView->chart()->setTheme(QChart::ChartThemeBlueIcy);
series = new QSplineSeries;
chartView->chart()->addSeries(series);
axisX = new QValueAxis;
axisX->setRange(0, 10);
axisX->setTickCount(11);
axisX->setLabelFormat("%d");
chartView->chart()->addAxis(axisX, Qt::AlignBottom);
series->attachAxis(axisX);
QValueAxis *axisY = new QValueAxis;
axisY->setRange(0, 10);
```

```
axisY->setTickCount(6);
axisY->setMinorTickCount(1);
chartView->chart()->addAxis(axisY, Qt::AlignLeft);
series->attachAxis(axisY);
// 使用模型映射器关联模型中的数据到图表系列
QVXYModelMapper *mapper = new QVXYModelMapper(this);
mapper->setSeries(series);
mapper->setModel(model);
mapper->setXColumn(1);
mapper->setYColumn(2);
```

前面的代码主要是对模型、视图和图表的初始化，不再讲解。这里重点看一下这个 QVXYModelMapper 类，它被称为垂直模型映射器，可以将折线图、曲线图或散点图与一个数据模型进行关联，在这个数据模型中需要包含两列数值来分别为数据点提供 X、Y 坐标。可以分别通过 setModel() 和 setSeries() 来设置模型和系列，然后通过 setXColumn() 和 setYColumn() 来指定模型中的字段为 X 和 Y 坐标提供数值。在这个例子中，分别使用 m_xy 表中的 m_x 和 m_y 字段来为 QSplineSeries 的数据点提供 X 和 Y 坐标，表中的每一行记录都表示为了一个数据点。现在可以运行程序查看效果。对应这个例子，读者也可以查看一下 Qt 提供的 Model Data Example 示例程序。

下面再来看一下如何为图表动态添加数据。首先将前面例子中最后添加的 QVXYModelMapper 相关的代码全部注释或者删除掉，然后到 widget.h 文件中，添加类的前置声明：

```
class QTimer;
```

再添加私有成员变量：

```
int id = 0;
QTimer *timer;
```

最后添加一个槽声明：

```
public slots:
    void handleTimeout();
```

下面到 widget.cpp 文件中，先添加头文件#include <QTimer>，然后在构造函数中添加如下代码。

```
for (int i=0; i< 20; i++) {
    int count = model->rowCount();
    int value = model->data(model->index(count-1, 1)).toInt();
    int m_x = QRandomGenerator::global()->bounded(3) +1 + value;
    int m_y = QRandomGenerator::global()->bounded(10) + 1;
    model->insertRow(count);
    model->setData(model->index(count, 0), count);
    model->setData(model->index(count, 1), m_x);
    model->setData(model->index(count, 2), m_y);
    model->submitAll();
}
model->select();
timer = new QTimer(this);
connect(timer, &QTimer::timeout, this, &Widget::handleTimeout);
timer->start(2000);
```

为了演示效果更好，这里先使用代码向数据库表中添加了 20 条记录，然后开启了一个间隔 2s 的定时器。下面我们将添加定时器溢出信号关联的槽的实现：

```
void Widget::handleTimeout()
{
    if (id < model->rowCount()) {
```

```
        int m_x = model->data(model->index(id, 1)).toInt();
        int m_y = model->data(model->index(id, 2)).toInt();
        series->append(m_x, m_y);
        if (m_x > axisX->max() - 3) {
            int temp = model->data(model->index(id-1, 1)).toInt();
            qreal width = chartView->chart()->plotArea().width();
            qreal dx = width / (axisX->tickCount()-1) *(m_x - temp);
            chartView->chart()->scroll(dx, 0);
        }
        id++;
    } else timer->stop();
}
```

这里是实现动态添加数据的核心代码，其实也很简单，就是获取数据模型中的数据值添加到图表系列中，然后更新图表的显示区域，这个是通过 QChart::scroll() 来实现的，它可以根据指定的距离来滚动图表的可见区域。因为相邻数据点的 X 差值不同，所以每次需要根据这个差值来移动不同的距离。除了这种方式，也可以通过每次设置 X 轴的最大值、最小值来实现图表滚动显示。现在可以运行程序查看效果。对应这个例子，读者也可以查看一下 Qt 提供的 Dynamic Spline Example 示例程序。

11.2　在 Qt Quick 中使用 Qt 图表

Qt Charts 模块同时提供了 C++ 和 QML 两套 API，所以在 Qt Widgets 编程中的内容，在 Qt Quick 编程中也有相似的功能，本节将通过示例来讲解如何在 Qt Quick 应用中使用 Qt 图表，读者可以参照前面学习的知识快速学习本节内容。

要在 Qt Quick 中使用 Qt Charts 模块，需要使用如下导入语句。

```
import QtCharts
```

11.2.1　创建一个图表项目

首先通过一个例子来看一下在 Qt Quick 应用中使用 Qt Charts 模块的流程。

（项目源码路径为 src\11\11-4\mycharts）打开 Qt Creator，选择"文件→New Project"菜单项，模板选择其他项目分类中的 Empty qmake Project，填写项目名称为 mycharts。项目创建完成后打开 mycharts.pro 文件，添加如下代码并保存该文件。

```
QT += quick widgets charts
```

然后添加 main.qml 文件。按下 Ctrl+N 快捷键向项目中添加新文件，模板选择 Qt 分类中的 QML File（Qt Quick 2），名称设置为 main.qml。完成后将其内容修改为：

```
import QtQuick
import QtCharts

Window {
    visible: true
    width: 640; height: 480

    ChartView {
        title: "Line"
        anchors.fill: parent
        antialiasing: true

        LineSeries {
            name: "LineSeries"
            XYPoint { x: 0; y: 0 }
```

```
            XYPoint { x: 1.1; y: 2.1 }
            XYPoint { x: 1.9; y: 3.3 }
        }
    }
}
```

这里首先导入了 Qt Charts 模块。下面代码中的 LineSeries 用来绘制折线图，其中 name 属性就是系列的名称，会显示为该系列的图例，支持 HTML 格式；另外还有 capStyle 端点风格、count 数据点数量、style 画笔风格、width 线宽等属性。XYPoint 对象用来提供静态坐标数据，这里一共设置了 3 个点。所有的系列都需要放到 ChartView 类型中进行显示，该类型用来控制图表的系列、图例和轴的图形显示，这里的 title 属性用来设置图表名称，支持 HTML 格式；antialiasing 属性用于抗锯齿，使折线更平滑。

最后添加 main.cpp 文件。继续添加新文件，选择 C/C++ Source File 模板，名称设置为 main.cpp，完成后修改其内容如下。

```
#include <QtWidgets/QApplication>
#include <QQmlApplicationEngine>

int main(int argc, char *argv[])
{
    QApplication app(argc, argv);

    QQmlApplicationEngine engine;
    engine.load(QUrl::fromLocalFile("../mycharts/main.qml"));

    return app.exec();
}
```

需要注意，从 Qt Creator 3.0 开始，使用 Qt Quick Application 向导创建的项目会基于 Qt Quick 2 模板，默认会使用 QGuiApplication，而 Qt Charts 依赖于 Qt 的 Graphics View Framework 图形视图框架进行渲染，需要使用 QApplication。所以，读者一定要注意，如果使用了 Qt Quick Application 向导创建项目，那么需要在 main.cpp 文件中使用 QApplication 代替 QGuiApplication。另外，这里加载 main.qml 文件直接使用了相对路径，建议读者将其放到资源文件中再使用。

11.2.2　坐标轴

坐标轴可以用来显示刻度线、网格线和阴影等，与 Qt Widgets 编程中相似，Qt Charts 在 Qt Quick 中支持下面这几种坐标轴类型，它们全部继承自 AbstractAxis 类型：数值坐标轴 ValueAxis、分类坐标轴 CategoryAxis、柱形图分类坐标轴 BarCategoryAxis、日期时间坐标轴 DateTimeAxis 以及对数数值坐标轴 LogValueAxis。

同一个图表可以使用多个不同类型的坐标轴，它们可以设置在图表的上、下、左、右等不同方向。

1. 数值坐标轴和对数数值坐标轴

下面通过代码来看一下数值坐标轴的应用。在前面例 11-4 的基础上，将 ChartView 对象中的子对象更改如下（项目源码路径为 src\11\11-5\mycharts）。

```
ValueAxis {
    id: xAxis
    min: 0; max: 1000; labelFormat: "%.1f"
    minorTickCount: 1; tickCount : 5
}

LineSeries {
```

```
   name: "LineSeries"
   axisX: xAxis

   XYPoint { x: 0; y: 0 }
   XYPoint { x: 100; y: 200 }
   XYPoint { x: 300; y: 500 }
   XYPoint { x: 600; y: 400 }
}

MouseArea {
   anchors.fill: parent
   onClicked: {
      xAxis.applyNiceNumbers()
   }
}
```

这里使用数值坐标轴 ValueAxis 作为了 LineSeries 的横轴，可以通过 axisX 属性来指定系列的横坐标轴。对于 ValueAxis 对象，min、max 属性可以设置轴的最小值和最大值；labelFormat 属性可以设置标签格式，支持标准 C++库函数 printf() 提供的各种格式控制符；minorTickCount 属性用来指定次要刻度线的数量，默认为 0；tickCount 属性用来指定轴上的刻度线数量，默认值是 5，不能小于 2。下面的 MouseArea 中调用了 ValueAxis 对象的 applyNiceNumbers()函数，它可以修改刻度线的数量和范围，从而使刻度值变为 10 的 n 次方的倍数。现在运行程序，然后在界面上单击鼠标并查看效果。

通过运行结果可以看出，这里默认显示的刻度值是将最大值减去最小值，然后根据刻度线的数量进行均分，当调用 applyNiceNumbers()函数后，为了使刻度值更美观，程序会自动调整刻度线的数量。其实，刻度值显示有两种类型，由 tickType 属性指定，默认的这种是 ValueAxis.TicksFixed，还有一种动态的 ValueAxis.TicksDynamic，它会根据 tickAnchor 和 tickInterval 两个属性来设置刻度线的位置。下面在 ValueAxis 对象中添加如下代码。

```
tickInterval : 300
tickAnchor : 100
tickType : ValueAxis.TicksDynamic
```

这里 tickAnchor 用来指定动态设置刻度线的基值，tickInterval 指定动态设置刻度线的间隔。要使用动态设置刻度线，必须通过 tickType 属性指明。读者可以运行程序查看效果。

对数数值坐标轴 LogValueAxis 用法与数值坐标轴 ValueAxis 相似，只需要指定对数的底数 base 属性即可，它不需要指定刻度线数量，其 tickCount 属性为只读属性，可以用来获取刻度线数量。

2. 分类坐标轴

继续在前面的程序中添加代码，在 ValueAxis 对象定义的下面添加如下代码。

```
CategoryAxis {
   id: yAxis
   min: 0; max: 700
   labelsPosition : CategoryAxis.AxisLabelsPositionOnValue

   CategoryRange { label: "critical"; endValue: 200 }
   CategoryRange { label: "low"; endValue: 400 }
   CategoryRange { label: "normal"; endValue: 700 }
}
```

分类坐标轴 CategoryAxis 中可以使用 CategoryRange 子对象来指定标签和范围，标签默认显示在范围中间，可以通过 labelsPosition 属性让其显示在刻度值处。另外，CategoryAxis 类型还提供了 startValue 属性用来指定第一个分类的最小值；categoriesLabels 属性用来获取所有标签的字符串列表；count 属性用来获取分类数量；append()、remove()和 replace()等函数用来修改分类。

下面我们在 LineSeries 中指定纵轴：

```
axisY: yAxis
```

3. 柱形图分类坐标轴

柱形图分类坐标轴 BarCategoryAxis 用于柱形图中，其使用也很简单，下面我们看一个例子。将前面例子中 ChartView 对象的定义代码更改如下（项目源码路径为 src\11\11-6\mycharts）。

```
ChartView {
    title: "BarSeries"
    anchors.fill: parent; antialiasing: true

    BarSeries {
        axisX: BarCategoryAxis { categories: ["2007", "2008", "2009",
            "2010", "2011", "2012" ] }
        BarSet { label: "Bob"; values: [2, 2, 3, 4, 5, 6] }
        BarSet { label: "Susan"; values: [5, 1, 2, 4, 1, 7] }
        BarSet { label: "James"; values: [3, 5, 8, 13, 5, 8] }
    }
}
```

这里使用 BarSeries 来创建一个柱形图，BarCategoryAxis 作为柱形图的横坐标轴，在其中一般只需要设置分类信息 categories 属性即可，它是一个字符串列表。柱形图中使用 BarSet 子对象来为各个分类提供数据集，包括了名称和各个分类对应的值。运行程序，效果如图 11-2 所示。

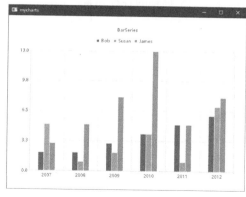

图 11-2　使用柱形图分类坐标轴效果

4. 日期时间坐标轴

日期时间坐标轴 DateTimeAxis 可以将日期时间作为刻度值。下面我们看一个例子，将前面例子中 ChartView 对象的定义代码更改如下（项目源码路径为 src\11\11-7\mycharts）。

```
ChartView {
    title: "LineSeries"
    anchors.fill: parent
    antialiasing: true

    DateTimeAxis {
        id: xAxis
        format: "MM-dd"; tickCount: 5
        min: new Date(2019, 0, 15)  // 2019-1-15
        max: new Date(2019, 2, 1)  // 2019-3-1
    }

    LineSeries {
        name: "LineSeries"
```

```
        axisX: xAxis

        XYPoint { x: toMsecsSinceEpoch(new Date(2019, 0, 20)); y: 12 }
        XYPoint { x: toMsecsSinceEpoch(new Date(2019, 1, 13)); y: 18 }
        XYPoint { x: toMsecsSinceEpoch(new Date(2019, 1, 20)); y: 30 }
    }
}

function toMsecsSinceEpoch(date) {
    var msecs = date.getTime();
    return msecs;
}
```

使用 DateTimeAxis 有几点需要注意，首先是 format 属性用来设置刻度标签显示格式，这个可以在 QDateTime 类的帮助文档中找到详细介绍；然后是使用 JavaScript 的 Date 对象来设置日期时间时，中间表示月份的参数介于 0 到 11 之间，所以 1 月份需要设置为 0；还有就是在 LineSeries 上的点只能用数值表示，所以需要将日期时间格式转换为数值，这个可以通过 JavaScript 的 getTime()方法来获取，它返回从 1970 年 1 月 1 日至今的毫秒数，为了更加清晰，这里自定义了一个 toMsecsSinceEpoch()函数。

5. 坐标轴的共有属性

前面提到所有坐标轴类型全部继承自 AbstractAxis 类型，所以它们都可以使用 AbstractAxis 的属性。通过这些属性可以单独控制坐标轴的各种元素，包括轴线、标题、标签、网格线、阴影等。下面我们看一个例子，在上一小节代码中 DateTimeAxis 对象里面继续添加如下代码（项目源码路径为 src\11\11-8\mycharts）。

```
color: "blue"
gridLineColor: "lightgreen"
labelsAngle: 90
labelsColor: "red"
labelsFont { bold: true; pixelSize: 15 }
shadesVisible: true
shadesColor: "lightgrey"
titleText: "date"
titleFont { bold: true; pixelSize: 30 }
```

通过 color 属性可以设置坐标轴和刻度的颜色；gridLineColor 用于设置网格线的颜色；labelsAngle 可以设置刻度值标签的角度；titleText 可以指定坐标轴的标题。另外，可以使用 gridVisible、labelsVisible、lineVisible、shadesVisible、titleVisible、visible 分别设置网格线、标签、坐标轴线、阴影、标题和坐标轴本身是否可见。

11.2.3 图例 Legend

Legend 类型用来显示图表的图例，Legend 对象可以通过 ChartView 进行引用，当图表中系列改变时，ChartView 会自动更新图例的状态。Legend 类型包含的属性如表 11-3 所示，但是并没有提供用于修改图例标记的接口，如果想修改图例标记，可以创建自定义图例，相关内容可以参考 Qml Custom Legend 示例程序。

表 11-3　Legend 类型的属性

属　　性	描　　述	值
alignment	图例在图表中的位置	Qt.AlignLeft, Qt.AlignRight, Qt.AlignBottom 或 Qt.AlignTop（默认值）
backgroundVisible	图例的背景是否显示	true 或 false（默认值）

续表

属 性	描 述	值
borderColor	边框颜色	color
color	背景颜色	color
font	图例标记的字体	Font
labelColor	标签的颜色	color
markerShape	图例标记的形状	Legend.MarkerShapeRectangle（默认值），Legend.MarkerShapeCircle，Legend.MarkerShapeFromSeries
reverseMarkers	图例标记是否使用反向顺序	true 或 false（默认值）
showToolTips	当文本被截断时是否显示提示	true 或 false（默认值）
visible	是否显示图例	true（默认值）或 false

Legend 类型的属性可以附加到 ChartView 类型，下面通过代码来看一下如何修改图例属性（项目源码路径为 src\11\11-9\mycharts）。

```
ChartView {
    title: "Bar series"
    anchors.fill: parent; antialiasing: true

    legend {
        alignment: Qt.AlignBottom
        backgroundVisible: true
        color: "lightblue"; borderColor: "blue"; labelColor: "gold"
        font.bold: true; font.pointSize: 15
        markerShape: Legend.MarkerShapeCircle
    }

    BarSeries {
        id: mySeries
        axisX: BarCategoryAxis { categories: ["2007", "2008", "2009" ] }
        BarSet { label: "Bob"; values: [2, 2, 3] }
        BarSet { label: "Susan"; values: [5, 1, 2] }
        BarSet { label: "James"; values: [3, 5, 8] }
    }
}
```

11.2.4 ChartView

前面已经看到可以通过 ChartView 来显示一个图表，其实，是由 ChartView 将系列、坐标轴、图例等元素组合到一起形成了一个完整的图表。下面在前面示例的基础上添加代码，来看一下 ChartView 的基本设置（项目源码路径为 src\11\11-10\mycharts）。

```
ChartView {
    title: qsTr("我的图表"); titleColor: Qt.lighter("blue")
    titleFont{ bold: true; pointSize: 20}
    plotAreaColor: "lightgrey"
    backgroundColor: Qt.lighter("red"); backgroundRoundness: 25
    dropShadowEnabled: true

    anchors.fill: parent; anchors.margins: 20
    antialiasing: true

    LineSeries {
        name: "LineSeries"
```

```
        XYPoint { x: 0; y: 0 }
        XYPoint { x: 1.1; y: 2.1 }
        XYPoint { x: 1.9; y: 3.3 }
    }
}
```

可以使用 title 属性来设置图表的标题，titleColor 和 titleFont 用来设置标题的颜色和字体；plotAreaColor 用来设置中间绘图区的颜色；backgroundColor 设置整个图表的背景色，如果没有设置 plotAreaColor，那么中间的绘图区也显示背景色；backgroundRoundness 可以设置图表背景矩形的圆角弧度；dropShadowEnabled 设置图表背景是否使用阴影效果。

虽然可以使用属性来简单自定义图表外观，但组合一个漂亮的主题还是需要费些功夫的。ChartView 中为我们提供了几个内建的主题（见表 11-1），ChartView 的主题会涉及图表的所有可视化元素，包括系列、坐标轴和图例的颜色、画笔、画刷、字体等。

要使用这些主题，只需要指定 theme 属性即可，比如在前面示例代码 ChartView 对象声明中添加如下一行代码。

```
theme: ChartView.ChartThemeBrownSand
```

这样就使用了沙褐色主题，但是需要注意，如果使用了 backgroundColor、plotAreaColor 等属性设置，那么主题颜色便不再起作用。你可以查看 Chart Themes Example 示例程序，其中对所有主题效果进行了演示。

ChartView 还可以选择是否启用动画效果，包括系列动画和网格轴动画，由 animationOptions 属性指定，其取值如表 11-2 所示。你还可以使用 animationDuration 属性指定动画的持续时间，使用 animationEasingCurve 设置缓和曲线，所有可用的缓和曲线可以在 PropertyAnimation 类型的帮助文档中查看。

继续在前面代码 ChartView 对象声明中添加如下代码。

```
animationOptions: ChartView.AllAnimations
animationDuration: 5000
animationEasingCurve: Easing.InQuad
```

11.2.5　使用数据动态创建图表

前面对图表的基本构成元素进行了介绍，在示例中只是使用了现成的数据直接创建的系列，但是在实际应用中大多是从外部读取数据来动态创建图表。这一小节，将通过一个简单的例子，从模型中动态读取数据来创建图表，其中会对前面没有涉及的一些方法和属性进行介绍。

我们将新创建一个项目（项目源码路径为 src\11\11-11\mycharts），完成后将 main.qml 文件内容更改如下。

```
import QtQuick
import QtCharts
import QtQml.Models

Window {
    visible: true
    width: 640; height: 480
    property int currentIndex: -1

    ChartView {
        id: chartView
        anchors.fill: parent
        title: qsTr("我的网站访问量")
        theme: ChartView.ChartThemeBlueCerulean
        antialiasing: true
```

```
        }
    }
```

这里定义了一个 ChartView 对象，并没有在其中直接添加系列的定义，所以运行程序，只是显示空白的界面。下面我们通过一个 ListModel 来模拟数据源，并在其中提供了一些现成数据。让我们继续在 main.qml 文件中添加代码：

```
ListModel {
    id: listModel

    ListElement { month: 1; pv: 205864 }
    ListElement { month: 2; pv: 254681 }
    ListElement { month: 3; pv: 306582 }
    ListElement { month: 4; pv: 284326 }
    ListElement { month: 5; pv: 248957 }
    ListElement { month: 6; pv: 315624 }
}
```

这里使用 ListModel 提供了 month 和 pv 数据。下面我们通过开启定时器来创建系列：

```
Timer {
    id: timer
    interval: 1500; repeat: true
    triggeredOnStart: true; running: true
    onTriggered: {
        currentIndex++;
        if (currentIndex < listModel.count) {
            var lineSeries = chartView.series("2018");
            // 第一次运行时创建曲线
            if (!lineSeries) {
                lineSeries = chartView.createSeries(ChartView.SeriesTypeSpline,
"2018");
                chartView.axisY().min = 200000;
                chartView.axisY().max = 320000;
                chartView.axisY().tickCount = 6;
                chartView.axisY().titleText = qsTr("PV");
                chartView.axisX().visible = false
                lineSeries.color = "#87CEFA"
                lineSeries.pointsVisible = true
                lineSeries.pointLabelsVisible = true
                lineSeries.pointLabelsFormat = qsTr("@xPoint 月份 PV:@yPoint")
                chartView.animationOptions = ChartView.SeriesAnimations
            }

            lineSeries.append(listModel.get(currentIndex).month,
                        listModel.get(currentIndex).pv);

            if (listModel.get(currentIndex).month > 3) {
                chartView.axisX().max =
                        Number(listModel.get(currentIndex).month) + 1;
                chartView.axisX().min = chartView.axisX().max - 5;
            } else {
                chartView.axisX().max = 5;
                chartView.axisX().min = 0;
            }
            chartView.axisX().tickCount = chartView.axisX().max
                    - chartView.axisX().min + 1;
        } else {
            timer.stop();
            chartView.axisX().min = 0;
        }
```

```
    }
  }
```

　　这段代码有几个关键点，首先是通过 listModel.count 进行循环添加数据点；通过 chartView.series ("2018") 来获取名称为 "2018" 的系列，判断该系列是否已经存在；因为如果是第一次运行，那么需要先来创建 "2018" 系列，这里是通过 chartView.createSeries(ChartView.SeriesTypeSpline, "2018") 创建了类型为 SplineSeries、名称为 "2018" 的曲线系列。下面的 pointsVisible 属性用来显示数据点，pointLabelsVisible 设置显示数据点的标签，pointLabelsFormat 用于设置数据点标签的显示格式，这里可以通过 @xPoint 和 @yPoint 来获取该点的 X、Y 坐标值；创建完曲线后，通过 append(real x, real y) 来为曲线添加数据点；最后面的判断语句用来在不同情况下设置 X 坐标轴的范围，读者也可以根据实际情况自行进行设置。程序运行效果如图 11-3 所示。

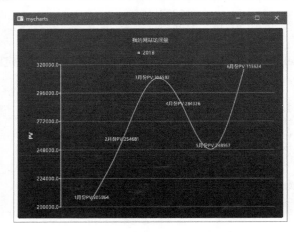

图 11-3　使用数据动态创建图表效果

11.2.6　常用图表类型介绍

　　前面示例中讲解了常用的折线图、曲线图、柱形图，在 Qt Charts 模块中还包括散点图、面积图、饼状图、盒须图等其他类型的图表，它们用法相似，这里就不再单独提供示例进行演示。下面对每种图表做一个简单介绍，需要使用的读者可以直接参考相关类型的帮助文档。

1. 折线图、曲线图和散点图

　　散点图与前面讲到的折线图和曲线图用法相似。折线图 LineSeries、曲线图 SplineSeries 和散点图 ScatterSeries 都继承自 XYSeries，它们的共同特点是显示的信息都是由 XYPoint 指定的数据点。在 XYSeries 类型中定义的属性、信号和方法在这 3 个图表类型中都可以使用。

2. 面积图

　　面积图 AreaSeries 用来显示一定量的数据，强调数据随时间变化的程度。面积图基于折线图，可以通过 upperSeries 属性来指定一个折线系列作为区域的上边界，默认的下边界是可绘制区域的下边界，然后填充颜色。当然，也可以通过 lowerSeries 来指定另一个折线系列作为图形的下边界。

3. 柱形图、堆积柱形图、百分比堆积柱形图

　　柱形图通过水平或垂直的按类分组的柱形条来表示数据，前面示例中已经看到柱形图 BarSeries 类型可以使用按类分组的垂直柱形条来表示数据，每一类（categories）都包含了所有柱形集 BarSet 的一个柱形条；而在堆积柱形图 StackedBarSeries 中，一类柱形条会堆积在一个垂直柱形条上，每个柱形对应分类的柱形条都作为这个垂直柱形条的一段；百分比堆积柱形图

PercentBarSeries 与堆积柱形图类似，只是所有堆积柱形条都是等长的，而其中的分段柱形会根据代表的数值在总值中的占比绘制为不同的长度。

这 3 种柱形图的代码可以通用，比如前面使用 BarSeries 的示例，可以直接更改类型名称为 StackedBarSeries 或者 PercentBarSeries 来使用其他两种类型。

4. 饼状图

饼状图 PieSeries 由 PieSlice 类型定义的切片组成，PieSeries 可以通过计算一个切片在总切片中占的百分比来决定该切片在饼状图中的大小。默认饼状图被定义为一个完整的饼状，也可以通过设置开始角度 startAngle 和结束角度 endAngle 来创建部分饼图。一个完整的饼图为 360°，12 点钟方向为 0°。可以通过 find(string label) 或者 at(int index) 来获取一个指定的切片，切片的 exploded 属性可以设置该切片与饼状图分离，从而突出显示。

5. 盒须图（箱形图）

盒须图 BoxPlotSeries 又称为箱形图，因其形状如箱子而得名，常用于品质管理。盒须图中的盒须项由 BoxSet 类型指定，它是 5 个不同数值的图形表示，这 5 个数值按最小值、下四分位数、中位数、上四分位数和最大值的顺序进行指定。

6. 蜡烛图（K 线图）

蜡烛图 CandlestickSeries 又称为 K 线图，常用于股市和期货市场。蜡烛图中的蜡烛项由 CandlestickSet 类型指定，它是 5 个数值的图形表示：open、high、low、close 和 timestamp。需要注意的是，在一个蜡烛图中，每个 timestamp 必须是唯一的。

7. 极坐标图

极坐标图 PolarChartView 在一个圆图中来展示数据，在这个圆图中的数据点通过一个夹角和一段相对于极点（中心点）的距离来表示。PolarChartView 是对 ChartView 类型的特例化，支持折线系列、曲线系列、面积系列和散点系列，以及这些系列所支持的坐标轴类型，每一个坐标轴既可以作为径向轴，也可以作为角轴。

11.3　小结

本章对 Qt 图表模块在 Qt Widgets 和 Qt Quick 中的应用做了详细介绍，虽然图表类型众多，但是基本使用方法和思路是相通的，只要在实践中对一两个图表能够熟练应用，其他图表类型也会很快上手。使用图表真正的难点在于数据的整合，一旦获取了要展示的数据，就可以按照自己的想法用图表显示出来。

11.4　练习

1. 学会在 Qt Widgets 中使用 Qt 图表，可以设置图例、动画等。
2. 简述 QAbstractAxis 的几个子类代表的坐标轴类型。
3. 掌握使用 QVXYModelMapper 类关联数据模型为图表提供数据。
4. 了解使用定时器为图表动态添加数据的方法。
5. 学会在 Qt Quick 中使用 Qt 图表。
6. 掌握 ValueAxis、CategoryAxis、BarCategoryAxis 等常用坐标轴的用法。
7. 掌握使用 ListModel 等作为图表数据源的方法。
8. 简述 Qt Quick 中的常用图表类型。

第 12 章　Qt 数据可视化

第 11 章讲解的 Qt Charts 模块可以用来显示图表，这是在 2D 层面的数据可视化。从 Qt 5.7 开始，在开源版 Qt 中与 Qt Charts 模块同时引入的还包含一个 Qt Data Visualization 模块。该模块提供了一种开发复杂、动态且需要快速响应的 3D 可视化应用的方法，擅长对深度图或者大量快速变化的数据（例如从多个传感器接收到的数据）进行可视化，一般用于对分析要求较高的行业，例如学术研究或医学。

Qt Data Visualization 模块可以通过 3D 柱形图、3D 散点图和 3D 曲面图等形式来展示数据，还可以在 3D 视图和 2D 视图之间进行切换，从而最大限度利用 3D 可视化数据的价值。该模块提供了 C++ API 和 QML API，所以同时支持 Qt Widgets 编程和 Qt Quick 编程。

要使用 Qt Data Visualization 模块，需要在安装 Qt 时选择安装 Qt Data Visualization 组件，还需要在项目文件.pro 中添加如下代码。

```
QT += datavisualization
```

另外，Qt Data Visualization 模块需要 OpenGL 的支持。由于 OpenGL 不再是 Qt 6.x 中的默认渲染后端，因此有必要在环境变量或应用程序主体中明确定义渲染后端。可以在 main()函数的开头添加如下一行代码。

```
qputenv("QSG_RHI_BACKEND", "opengl");
```

可以在 Qt 帮助中通过 Qt Data Visualization 关键字查看本章相关内容。

12.1　在 Qt Widgets 中使用数据可视化

在 Qt Data Visualization 模块中的 QAbstract3DGraph 类是所有 3D 图形的基类，它继承自 QWindow 和 QOpenGLFunctions。QAbstract3DGraph 无法直接使用，实际编程中，使用的是它的 3 个子类，分别是 Q3DBars（3D 柱形图）、Q3DScatter（3D 散点图）和 Q3DSurface（3D 曲面图）。使用 Qt Data Visualization 模块，需要包含如下头文件。

```
#include <QtDataVisualization>
```

12.1.1　3D 柱形图

下面将通过一个例子来讲解 Qt 数据可视化的相关内容，这里以 Q3DBars 为例进行讲解，Q3DScatter 和 Q3DSurface 有相似的用法，读者可以参照进行学习。

（项目源码路径为 src\12\12-1\my3dbars）新建项目，模板选择其他项目分类中的 Empty qmake Project，项目名称为 my3dbars，完成后打开 my3dbars.pro 项目文件，添加如下内容。

```
QT += core gui datavisualization
greaterThan(QT_MAJOR_VERSION, 4): QT += widgets
```

然后按下 Ctrl+N 快捷键，向项目中添加新的 main.cpp 文件，修改内容如下。

```
#include <QApplication>
```

```
#include <QtDataVisualization>

int main(int argc, char *argv[])
{
    qputenv("QSG_RHI_BACKEND", "opengl");
    QApplication a(argc, argv);
    Q3DBars bars;
    bars.setFlags(bars.flags() ^ Qt::FramelessWindowHint);
    bars.resize(800, 600);
    bars.rowAxis()->setRange(0, 1);
    bars.columnAxis()->setRange(0, 3);
}
```

这里首先创建了 Q3DBars 的一个实例，因为要将其作为顶级窗口，所以要将它默认设置的
Qt::FramelessWindowHint 窗口类型清除掉。然后通过 rowAxis()、columnAxis()来获取行和列的
默认轴并设置了范围。下面我们继续添加代码，如下所示。

```
QBar3DSeries *series = new QBar3DSeries;
QBarDataRow *data = new QBarDataRow;
QBarDataRow *data1 = new QBarDataRow;
*data << 1.0f << 3.0f << 7.5f << 5.0f ;
*data1 << 2.0f << 1.0f << 4.0f << 3.5f;
series->dataProxy()->addRow(data);
series->dataProxy()->addRow(data1);
bars.addSeries(series);
bars.show();
return a.exec();
```

QBar3DSeries 类用来管理系列的可视化元素和数据。需要使用数据代理 QBarDataProxy 来添加
数据，可以通过 dataProxy()来获取默认的数据代理。系列中每一行的数据可以由 QBarDataRow 来指
定，然后通过 QBarDataProxy 的 addRow()将其添加到系列中。最后请使用 Q3DBars 的 addSeries()将
系列添加到 3D 柱形图中，并调用 show()进行显示。

运行程序，你可以按住鼠标右键并移动鼠标来旋转场景，通过鼠标滚轮进行缩放。使用鼠
标单击一个柱形可以将其选中并在标签中显示其数据。

12.1.2　自定义 3D 场景

3D 场景是通过使用 Q3DScene 类实现的，场景中有一个活动相机（使用 Q3DCamera 类实现）
和一个活动光源（使用 Q3DLight 类实现）。光源始终相对于相机定位，默认情况下，灯光位置会
自动跟随相机。可以通过指定相机的预设位置、旋转和缩放级别来定制相机。在代码中，你可以
使用 Q3DBars 的 scene()函数来获取 Q3DScene 实例的指针，然后使用其 activeCamera()函数获取
场景中当前活动的相机。对于 Q3DCamera，你可以使用 setXRotation()、setYRotation()和
setZoomLevel()等函数来设置相机的旋转和缩放，zoomLevel 的默认值为 100.0，通过
setMinZoomLevel()可以设置缩放允许的最小值，默认为10.0，不能小于1.0；通过 setMaxZoomLevel()
可以设置缩放允许的最大值，默认值为500.0。另外，还可以使用 setCameraPreset()来设置相机的位
置，通过 Q3DCamera:: CameraPreset 枚举类型提供了 20 多种预设的相机位置，具体内容参见
Q3DCamera 的帮助文档。

下面我们在 12.1.1 节的"return a.exec();"代码前继续添加如下代码。

```
Q3DCamera *camera = bars.scene()->activeCamera();
camera->setCameraPreset(Q3DCamera::CameraPresetIsometricRightHigh);
camera->setZoomLevel(130);
```

现在可以运行程序查看效果，然后更改这里的设置对比一下运行结果。

12.1.3　设置轴标签、柱形标签和轴标题

让我们继续在前面的示例中添加代码。

```
const QStringList rows = { "row0", "row1" };
const QStringList cols = { "col0", "col1", "col2", "col3" };
series->dataProxy()->setRowLabels(rows);
series->dataProxy()->setColumnLabels(cols);
series->setItemLabelFormat("@rowLabel, @colLabel: @valueLabel");
```

在前面使用 addRow()添加数据时，你可以使用该函数的另一种重载形式指定行标签，不过也可以单独使用 QBarDataProxy 类的 setRowLabels()来为所有行添加标签，使用 setColumnLabels()来为所有列添加标签。对于 3D 柱形图中每个柱形的标签，你可以使用 QBar3DSeries 的 setItemLabelFormat()来设置，其中可用的标记有@rowLabel、@colLabel 和@valueLabel 等，如表 12-1 所示。

表 12-1　QBar3DSeries 的 setItemLabelFormat()中可用的标记

标　记	描　述
@rowTitle	行坐标轴的标题
@colTitle	列坐标轴的标题
@valueTitle	数值坐标轴的标题
@rowIdx	可见的行索引
@colIdx	可见的列索引
@rowLabel	行坐标的标签
@colLabel	列坐标的标签
@valueLabel	数值坐标的值
@seriesName	系列名称
%<format spec>	项目数值使用指定的格式，支持标准 C++库函数 printf()提供的各种格式控制符，如 d、i、o、x、X、f、F、e、E、g、G、c 等

继续添加如下代码来设置轴标题。

```
bars.rowAxis()->setTitle("Row");
bars.rowAxis()->setTitleVisible(true);
bars.columnAxis()->setTitle("Column");
bars.columnAxis()->setTitleVisible(true);
bars.valueAxis()->setTitle("Value");
bars.valueAxis()->setTitleVisible(true);
bars.columnAxis()->setLabelAutoRotation(60);
qDebug() << "rowAxis: " << bars.rowAxis()->orientation();       // Z 轴
qDebug() << "columnAxis: " << bars.columnAxis()->orientation(); // X 轴
qDebug() << "valueAxis: " << bars.valueAxis()->orientation();   // Y 轴
```

可以分别使用 Q3DBars 的 rowAxis()、columnAxis()和 valueAxis()来获取默认的 3 个轴，3D 柱形图的行和列坐标轴均为 QCategory3DAxis，数值坐标轴为 QValue3DAxis，这两类坐标轴都继承自 QAbstract3DAxis。轴标题默认是不显示的，可以通过 setTitleVisible(true)进行显示，使用 setTitle()来设置轴标题。前面代码使用数据代理中 setRowLabels()设置的标签，也可以通过轴的 setLabels()来设置。轴上标签也可以随着相机的移动来自动改变角度，从而尽可能朝向相机，可以使用 setLabelAutoRotation()来设置角度，其默认值为 0，就是不会自动旋转，取值范围为 0～90。另外，可以通过 orientation()来获取轴的方向，其结果由 QAbstract3DAxis::AxisOrientation 枚举类型指定，即 X 轴、Y 轴和 Z 轴。运行程序，通过输出结果可以看到，rowAxis 为 Z 轴、

columnAxis 为 *X* 轴、valueAxis 为 *Y* 轴。

12.1.4 设置 3D 项的形状

在 QAbstract3DSeries 中预定义了多个 3D 形状,如表 12-2 所示,可以通过 setMesh()为系列的项进行设置。还可以通过 setMeshSmooth(true)来使 3D 形状显示更平滑。继续添加如下代码。

```
series->setMesh(QAbstract3DSeries::MeshPyramid);
series->setMeshSmooth(true);
```

表 12-2　QAbstract3DSeries::Mesh 取值

常　　量	描　　述
QAbstract3DSeries::MeshUserDefined	用户自定义,需要通过 setUserDefinedMesh()来指定一个 Wavefront OBJ 格式的文件
QAbstract3DSeries::MeshBar	基本的矩形条
QAbstract3DSeries::MeshCube	基本的立方体
QAbstract3DSeries::MeshPyramid	四面金字塔
QAbstract3DSeries::MeshCone	基本的锥形
QAbstract3DSeries::MeshCylinder	基本的圆柱形
QAbstract3DSeries::MeshBevelBar	略有斜角的矩形条
QAbstract3DSeries::MeshBevelCube	略有斜角的立方体
QAbstract3DSeries::MeshSphere	球形
QAbstract3DSeries::MeshMinimal	三角形金字塔,只适用于 Q3DScatter
QAbstract3DSeries::MeshArrow	向上的箭头,只适用于 Q3DScatter
QAbstract3DSeries::MeshPoint	2D 点,只适用于 Q3DScatter

另外,Q3DBars 中的 setBarThickness()可以设置柱形条的宽窄,默认值为 1.0,表示宽度和深度一样,如果设置为 0.5,则表示深度是宽度的两倍。还可以使用 setBarSpacing()来设置在 *X* 轴、*Z* 轴上柱形条之间的空隙,默认值为(1.0, 1.0)。继续添加如下代码并运行程序查看效果。

```
bars.setBarThickness(0.6);
bars.setBarSpacing(QSizeF(3.0, 2.0));
```

还有一个 setFloorLevel()可以设置 *Y* 轴的水平面位置,默认值为 0,大于该值的柱形条会绘制在平面上方,小于该值的柱形条会绘制在平面下方。

12.1.5 设置主题

Q3DTheme 类用来指定影响所有图形的视觉属性,Qt 提供了几个内置的主题可以直接使用,也可以在这些现成主题上进行修改。可以通过 Q3DBars 的 activeTheme()来获取主题对象,然后使用 Q3DTheme 的 setType()来设置要使用的主题类型,可以通过 Q3DTheme::Theme 关键字查看所有主题类型。另外,还可以使用 Q3DTheme 类中众多的函数来自定义主题的相关属性。继续添加如下代码。

```
bars.activeTheme()->setType(Q3DTheme::ThemeStoneMoss);
const QList<QColor> colors = { Qt::green };
bars.activeTheme()->setBaseColors(colors);
bars.activeTheme()->setSingleHighlightColor(Qt::red);
```

这里使用了现成的主题,然后使用 setBaseColors()设置了 3D 柱形条的颜色,使用 setSingleHighlightColor()设置了单个 3D 柱形条被鼠标单击后的颜色。现在运行程序,效果如图 12-1

所示，其中还示意了 *X*、*Y*、*Z* 坐标轴的位置。

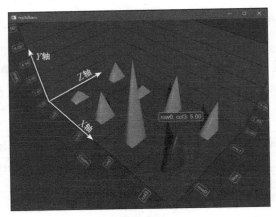

图 12-1　3D 柱形图示例程序运行效果

12.1.6　选择模式和切片视图

所有可视化类型都支持使用鼠标、触摸和编程的方式来选择单个数据项，被选中的项会进行突出显示。3D 柱形图和 3D 曲面图还支持切片选择模式，可以将选中的行或列以伪 2D 图形的形式绘制在分离出来的视图中，这样可以很方便地查看单个行或列的实际值。3D 柱形图还支持在不打开切片视图的情况下突出显示所选柱形的整个行或列。通过设置选择模式，在 3D 柱形图中还支持通过单击轴标签来选择整个行或列。

可以使用 QAbstract3DGraph 的 setSelectionMode() 来设置选择模式，可取的值如表 12-3 所示。

表 12-3　QAbstract3DGraph::SelectionFlag 取值

常　　量	描　　述
QAbstract3DGraph::SelectionNone	选择模式不可用
QAbstract3DGraph::SelectionItem	选择突出显示单个项目
QAbstract3DGraph::SelectionRow	选择突出显示单个行
QAbstract3DGraph::SelectionItemAndRow	相当于 SelectionItem | SelectionRow，使用不同颜色同时突出显示项目和行
QAbstract3DGraph::SelectionColumn	选择突出显示单个列
QAbstract3DGraph::SelectionItemAndColumn	相当于 SelectionItem | SelectionColumn，使用不同颜色同时突出显示项目和列
QAbstract3DGraph::SelectionRowAndColumn	相当于 SelectionRow | SelectionColumn，同时突出显示行和列
QAbstract3DGraph::SelectionItemRowAndColumn	相当于 SelectionItem | SelectionRow | SelectionColumn，同时突出显示项目、行和列
QAbstract3DGraph::SelectionSlice	使用此模式会让图形自动处理切片视图，另外，还必须设置 SelectionRow 或 SelectionColumn 两者中的一个才能生效。只有 3D 柱形图和 3D 曲面图支持该模式。如果不想自动处理切片视图，那么不要设置该模式，可以使用 Q3DScene 来显示切片视图
QAbstract3DGraph::SelectionMultiSeries	同一位置的所有系列的项目都会突出显示，只有 3D 柱形图和 3D 曲面图支持该模式

要启用 2D 切片视图，只需要添加下面一行代码。

```
bars.setSelectionMode(QAbstract3DGraph::SelectionRow |
QAbstract3DGraph::SelectionSlice);
```

这时运行程序，单击一个柱形条，就会自动切换到 2D 切片视图，再次单击左上角的缩略图就可以回到 3D 柱形图界面。

12.1.7　项目模型和数据映射

前面示例中通过数据代理为 3D 柱形图添加了数据，除此之外，每种可视化类型都为项目模型（QAbstractItemModel 的子类）提供了专门的代理类，例如，用于 QBar3DSeries 的 QItemModelBarDataProxy，用于 Q3DScatter 的 QItemModelScatterDataProxy，以及用于 Q3DSurface 的 QItemModelSurfaceDataProxy。这些代理使用起来很简单，只需要为它们指定一个包含数据的项目模型的指针，然后设置映射规则即可。数据映射是基于项目模型的角色（role）的，需要为不同可视化类型提供不同角色的数据。对于特定的可视化类型，代理也支持其他一些功能，例如，QItemModelBarDataProxy 可以将 QAbstractItemModel 的行和列直接映射到柱形图的行和列。

下面我们看一个例子。（项目源码路径为 src\12\12-2\mymapping）新建 Qt Widgets 应用，项目名称设置为 mymapping，基类选择 QWidget，类名保持 Widget 不变。完成后打开 mymapping.pro 文件，添加 QT += datavisualization 一行代码并保存该文件。下面进入 widget.cpp 文件，先添加头文件：

```
#include <QtDataVisualization>
#include <QTableWidget>
```

然后在构造函数中添加如下代码。

```
QTableWidget *tableWidget = new QTableWidget(2, 3, this);
tableWidget->resize(360, 90);
tableWidget->move(220, 10);
QStringList days;
days << "Monday" << "Tuesday" << "Wednesday";
QStringList weeks;
weeks << "week 1" << "week 2";
//                        Mon   Tue   Wed
float expenses[2][3] = {{2.0f, 1.0f, 3.0f},    // week 1
                        {0.5f, 1.0f, 3.0f}};   // week 2
for (int week = 0; week < weeks.size(); week++) {
    for (int day = 0; day < days.size(); day++) {
        QModelIndex index = tableWidget->model()->index(week, day);
        tableWidget->model()->setData(index, expenses[week][day]);
    }
}
tableWidget->setVerticalHeaderLabels(weeks);
tableWidget->setHorizontalHeaderLabels(days);
```

这里使用了 QTableWidget 来生成表格并保存数据，最后需要指定垂直和水平表头的标签内容。下面继续添加代码：

```
Q3DBars *graph = new Q3DBars();
QWidget *container = QWidget::createWindowContainer(graph, this);
container->resize(780, 450);
container->move(10, 120);
Q3DCamera *camera = graph->scene()->activeCamera();
camera->setCameraPreset(Q3DCamera::CameraPresetIsometricRightHigh);
graph->activeTheme()->setType(Q3DTheme::ThemeIsabelle);
```

因为所有数据可视化图形类都继承自 QWindow，所以它们无法直接作为 QWidget 的子部件，需要使用 QWidget::createWindowContainer() 来创建一个 QWidget 窗口容器，从而将 QWindow 嵌入基于 QWidget 的应用中。下面继续添加代码：

```
QItemModelBarDataProxy *proxy =
                    new QItemModelBarDataProxy(tableWidget->model());
proxy->setUseModelCategories(true);
QBar3DSeries *series = new QBar3DSeries(proxy);
series->setMesh(QAbstract3DSeries::MeshPyramid);
graph->addSeries(series);
graph->setSelectionMode(QAbstract3DGraph::SelectionRow
                    | QAbstract3DGraph::SelectionSlice);
```

创建 QItemModelBarDataProxy 实例时需要指定数据模型，通过 setUseModelCategories(true) 可以直接使用模型中的行和列映射到 3D 柱形图的行和列，并使用 Qt::DisplayRole 指定的数据作为柱形项的数值。现在可以运行程序查看效果。

12.1.8　3D 散点图和 3D 曲面图

前面一直以经常使用的 Q3DBars 为例进行讲解，下面我们看一下 3D 散点图 Q3DScatter 和 3D 曲面图 Q3DSurface 的用法。

Q3DScatter 用于创建 3D 散点图，它将数据呈现为一些点的集合。QScatter3DSeries 和 QScatterDataProxy 用于将数据设置到图形，以及控制图形的可视属性。可以分别通过 Q3DScatter 的 axisX()、axisY() 和 axisZ() 来获取 3 个坐标轴，它们都是 QValue3DAxis 数值坐标轴。下面我们看一个例子。

（项目源码路径为 src\12\12-3\my3dscatter）参照前面例 12-1，新建项目 my3dscatter，完成后在 main.cpp 文件中添加如下代码。

```
Q3DScatter scatter;
scatter.setFlags(scatter.flags() ^ Qt::FramelessWindowHint);
scatter.resize(800, 600);
QScatter3DSeries *series = new QScatter3DSeries;
QScatterDataArray data;
data << QVector3D(0.5f, 0.5f, 0.5f) << QVector3D(-0.3f, -0.5f, -0.4f)
    << QVector3D(0.0f, -0.3f, 0.2f);
series->dataProxy()->addItems(data);
scatter.addSeries(series);
scatter.show();
```

Q3DSurface 用于将数据呈现为 3D 曲面图，QSurface3DSeries 和 QSurfaceDataProxy 用于为图形设置数据，以及控制图形的可视属性。与 Q3DScatter 一样，可以通过 Q3DSurface 的 axisX()、axisY() 和 axisZ() 来获取 3 个坐标轴，它们都是 QValue3DAxis 数值坐标轴。下面我们看一个例子。

（项目源码路径为 src\12\12-4\my3dsurface）参照前面例 12-1，新建项目 my3dsurface，完成后在 main.cpp 文件中添加如下代码。

```
Q3DSurface surface;
surface.setFlags(surface.flags() ^ Qt::FramelessWindowHint);
surface.resize(800, 600);
QSurfaceDataArray *data = new QSurfaceDataArray;
QSurfaceDataRow *dataRow1 = new QSurfaceDataRow;
QSurfaceDataRow *dataRow2 = new QSurfaceDataRow;
*dataRow1 << QVector3D(0.0f, 0.1f, 0.5f) << QVector3D(1.0f, 0.5f, 0.5f);
*dataRow2 << QVector3D(0.0f, 1.8f, 1.0f) << QVector3D(1.0f, 1.2f, 1.0f);
*data << dataRow1 << dataRow2;
QSurface3DSeries *series = new QSurface3DSeries;
series->dataProxy()->resetArray(data);
```

```
surface.addSeries(series);
surface.show();
```

Q3DSurface 还可以使用 QHeightMapSurfaceDataProxy 数据代理对高度图数据进行处理，从而将高度图可视化为 3D 曲面图，显示出 3D 地形图的效果。在前面程序中继续添加如下代码。

```
Q3DSurface surface1;
surface1.setFlags(surface1.flags() ^ Qt::FramelessWindowHint);
surface1.resize(800, 600);
surface1.activeTheme()->setType(Q3DTheme::ThemeStoneMoss);
QSurface3DSeries *series1 = new QSurface3DSeries;
QHeightMapSurfaceDataProxy *proxy =
        new QHeightMapSurfaceDataProxy("../my3dsurface/layer.png");
series1->setDataProxy(proxy);
series1->setDrawMode(QSurface3DSeries::DrawSurface);
surface1.addSeries(series1);
surface1.show();
```

可以看到，只需要使用 QHeightMapSurfaceDataProxy 指定高度图的路径即可，为了显示更清晰，笔者一般会设置 setDrawMode(QSurface3DSeries::DrawSurface)，这样只绘制曲面而不再绘制网格。现在可以运行程序查看效果。另外，读者还可以参考 Qt 提供的 Graph Gallery 示例程序。

12.2　在 Qt Quick 中使用数据可视化

下面我们看一下如何在 Qt Quick 程序中使用数据可视化。在 Qt Data Visualization 模块中的 AbstractGraph3D 类型是 Qt Quick 中所有 3D 图形的基类型，其 3 个子类型分别是 Bars3D（3D 柱形图）、Scatter3D（3D 散点图）和 Surface3D（3D 曲面图）。要使用这些 QML 类型，需要使用如下导入语句。

```
import QtDataVisualization
```

12.2.1　3D 柱形图

Qt Quick 中 Bars3D 类型用来创建 3D 柱形图，Bar3DSeries 和 BarDataProxy 用来为图形设置数据并控制图形的可视化属性。BarDataProxy 作为 3D 柱形图的数据代理，可以处理数据行的添加、插入、更改、移除等操作，但是该类型无法直接创建，编程中要使用其子类型 ItemModelBarDataProxy。下面通过例子来看一下如何创建 3D 柱形图。

（项目源码路径为 src\12\12-5\mydatavisualization）新建项目，模板选择其他项目分类中的 Empty qmake Project，填写项目名称为 mydatavisualization。项目创建完成后，打开 mydatavisualization.pro 文件，添加如下代码并保存该文件。

```
QT += quick datavisualization
```

然后添加新的 main.cpp 文件，修改其内容如下。

```
#include <QGuiApplication>
#include <QQmlApplicationEngine>

int main(int argc, char *argv[])
{
    qputenv("QSG_RHI_BACKEND", "opengl");
    QGuiApplication app(argc, argv);

    QQmlApplicationEngine engine;
    engine.load(QUrl::fromLocalFile("../mydatavisualization/main.qml"));
```

```
    return app.exec();
}
```

下面添加 main.qml 文件，将其内容修改为：

```
import QtQuick
import QtDataVisualization

Window {
    visible: true; width: 640; height: 480

    Bars3D {
        width: parent.width
        height: parent.height

        Bar3DSeries {
            itemLabelFormat: "@colLabel, @rowLabel: @valueLabel"

            ItemModelBarDataProxy {
                itemModel: dataModel
                rowRole: "year"
                columnRole: "city"
                valueRole: "expenses"
            }
        }
    }

    ListModel {
        id: dataModel
        ListElement{ year: "2012"; city: "Oulu"; expenses: "4200"; }
        ListElement{ year: "2012"; city: "Rauma"; expenses: "2100"; }
        ListElement{ year: "2013"; city: "Oulu"; expenses: "3960"; }
        ListElement{ year: "2013"; city: "Rauma"; expenses: "1990"; }
    }
}
```

Bars3D 类型用来渲染 3D 柱形图，在其中需要使用 Bar3DSeries 来设置数据系列，Bar3DSeries 除了管理可视化元素，还需要通过数据代理 ItemModelBarDataProxy 来设置系列的数据。

Bar3DSeries 中通过 itemLabelFormat 属性指定了系列中数据项的标签格式，当数据项（就是一个 3D 柱形）被选中后，会通过指定的标签格式显示内容，这里使用的@colLabel、@rowLabel 和@valueLabel 是格式标记，可用的格式标记如表 12-1 所示。

这里的数据是通过 ListModel 提供的，在 ItemModelBarDataProxy 中由 itemModel 属性指定了数据模型，然后通过 rowRole、columnRole 和 valueRole 这 3 个属性将模型中的角色与 3D 柱形系列的行、列和数值进行映射。现在可以运行程序查看效果。

在 Bars3D 类型中，可以使用 barThickness 来设置 3D 柱形的宽窄，其取值为行和列宽度的比值；barSpacing 可以设置在行和列上两个 3D 柱形之间的空隙；还有一个 floorLevel 属性可以设置水平面的位置，默认为 0，大于其值的柱形会绘制在上面，小于该值的柱形会绘制在平面下面。例如，在 Bars3D 中设置如下属性值。

```
barThickness: 0.8
barSpacing: Qt.size(1.0, 3.0)
floorLevel: 2700
```

12.2.2　3D 坐标轴

Qt Data Visualization 中支持数值坐标轴 ValueAxis3D 和分类坐标轴 CategoryAxis3D，它们都继承

自 AbstractAxis3D 类型。与 Qt Charts 类似，如果没有明确指定坐标轴，那么会创建一个没有标签的临时默认坐标轴。但是如果在一个方向上指定了坐标轴，那么该方向上的默认坐标轴就会被销毁。

下面通过一个例子来进行讲解，在前面例程的基础上修改代码如下（项目源码路径为src\12\12-6\mydatavisualization）。

```
Window {
    visible: true; width: 640; height: 480

    Bars3D {
        width: parent.width; height: parent.height
        rowAxis: rAxis; columnAxis: cAxis; valueAxis: vAxis

        Bar3DSeries {
            itemLabelFormat: "@colLabel, @rowLabel: @valueLabel"

            ItemModelBarDataProxy {
                itemModel: dataModel
                rowRole: "year"; columnRole: "month"; valueRole: "income"
            }
        }
    }

    ValueAxis3D {
        id: vAxis
        title: "Y-Axis"; titleVisible: true
        min: 0; max: 30
        subSegmentCount: 2
        labelFormat: "%.1f"
    }

    CategoryAxis3D {
        id: rAxis
        title: "Z-Axis"; titleVisible: true; labelAutoRotation: 30
    }

    CategoryAxis3D {
        id: cAxis
        title: "X-Axis"; titleVisible: true
        labels: ["January", "February"]
        labelAutoRotation: 30
    }

    ListModel {
        id: dataModel
        ListElement{ year: "2018"; month: "01";  income: "16"  }
        ListElement{ year: "2018"; month: "02";  income: "28"  }
        ListElement{ year: "2019"; month: "01";  income: "22"  }
        ListElement{ year: "2019"; month: "02";  income: "25"  }
    }
}
```

这里通过 ValueAxis3D 和两个 CategoryAxis3D 定义了 3 个坐标轴，分别设置为了 Bars3D 的行坐标轴、列坐标轴和数值坐标轴。对于 ValueAxis3D，它与 Qt Charts 中的 ValueAxis 类似；CategoryAxis3D 与 Qt Charts 中的 CategoryAxis 也很类似，这里在 cAxis 中还设置了其 labels 属性，因为该轴上对应的数据 month 为数值，显示不够友好，所以这里进行了设置；而 labelAutoRotation 属性可以设置标签的可旋转角度，最大值为 90，这样当视角改变时，标签可以自动旋转，从而更好地显示内容。

在大多数情况下，都会使用 rowAxis、columnAxis 和 valueAxis 来区分 3 个坐标轴，也可以通过 orientation 属性来获取坐标轴的方向。现在可以运行程序查看效果。

12.2.3　数据代理

在前面的示例中已经看到，需要通过数据代理将模型中的数据映射到图表上。除了前面在 Bar3DSeries 中使用的 ItemModelBarDataProxy，后面要讲到的 3D 散点图、3D 曲面图也有自己的数据代理，相关类型的继承关系如图 12-2 所示。这一节以 ItemModelBarDataProxy 为例，对数据代理进行讲解。

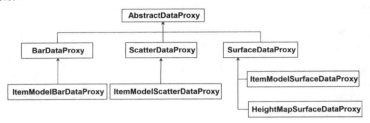

图 12-2　数据代理相关类型关系图

通过 ItemModelBarDataProxy 可以使用 AbstractItemModel 派生出的模型作为 3D 柱形图 Bars3D 的数据源，当映射或模型改变时，数据会进行异步解析。在前面的示例中已经看到，默认情况下映射的数据会自动生成行分类和列分类，但有时候可能只想显示某些分类的内容，这时可以通过 ItemModelBarDataProxy 类型的 rowCategories 和 columnCategories 来明确指定需要显示的行、列分类，同时还需要设置 autoRowCategories、autoColumnCategories 为 false，这样才能使设置的分类生效。例如：

```
rowCategories: ["2019"]
autoRowCategories: false
columnCategories: ["01"]
autoColumnCategories: false
```

这样就会只解析并显示 year 为 2019 的行，month 为 01 的列。

有时候模型提供的数据并不是直接可用的，比如角色 timestamp 的值为 2006-01，而实际需要的是里面的年份 2006 和月份 01，这时就需要对这个 timestamp 的数据进行处理。ItemModelBarDataProxy 提供了 rowRolePattern 和 columnRolePattern，以使用正则表达式分别对行和列映射来的数据进行查找和替换，然后作为分类使用。rowRolePattern 和 columnRolePattern 属性可以指定一个正则表达式来找到需要替换的那部分数据，而对应的 rowRoleReplace 和 columnRoleReplace 两个属性则用来指定具体要替换的内容。

下面我们看一个例子，在例 12-6 的基础上进行更改（项目源码路径为 src\12\12-7\ mydatavisualization）：

```
ItemModelBarDataProxy {
    itemModel: dataModel
    rowRole: "timestamp"
    columnRole: "timestamp"
    valueRole: "income"
    rowRolePattern: /^(\d\d\d\d).*$/
    columnRolePattern: /^.*-(\d\d)$/
    rowRoleReplace: "\\1"
    columnRoleReplace: "\\1"
    multiMatchBehavior: ItemModelBarDataProxy.MMBCumulative
}
```

将数据模型修改为如下样式。

```
ListModel {
    id: dataModel
    ListElement{ timestamp: "2006-01"; expenses: "-4"; income: "5" }
    ListElement{ timestamp: "2006-02"; expenses: "-5"; income: "6" }
    ListElement{ timestamp: "2006-02"; expenses: "-5"; income: "4" }
}
```

这里行和列需要的年、月信息都包含在 timestamp 角色中，所以 rowRole 和 columnRole 都指定为该角色，然后通过设置搜索表达式和替换字符串来获取 timestamp 中需要的那部分字段。具体来说，对于 rowRole，这里获取了 timestamp 字符串中第一个捕获的 2006，然后使用 2006 把整个 timestamp 字符串进行替换，这样就只保留了年份信息；类似的，对于 columnRole 只保留了月份信息。这里的 rowRoleReplace 和 columnRoleReplace 的具体用法可以参见 QString::replace (const QRegularExpression &rx, const QString &after)的帮助文档。

在这里还设置了 multiMatchBehavior 属性，该值可以指定当多个数据被相同的行、列组合匹配到的时候的操作，比如这里有两个 2006-02，这里指定的 ItemModelBarDataProxy.MMBCumulative 表明会使用所有匹配到的数据的总和作为条形的数值。multiMatchBehavior 属性取值如表 12-4 所示。

表 12-4　multiMatchBehavior 属性取值

常 量	描 述
ItemModelBarDataProxy.MMBFirst	选择匹配到的第一个值
ItemModelBarDataProxy.MMBLast	（默认）选择匹配到的最后一个值
ItemModelBarDataProxy.MMBAverage	选择所有匹配到的值的平均值
ItemModelBarDataProxy.MMBCumulative	选择所有匹配到的值的总值

12.2.4　3D 系列

3D 柱形系列 Bar3DSeries 以及后面要讲到的 Scatter3DSeries、Surface3DSeries 都继承自 Abstract3DSeries。在 Abstract3DSeries 中定义了一些基本的属性，比如颜色、项目标签、高亮颜色等，其中 mesh 属性指定了 3D 图形中单个项目的形状，其可选值可以参照表 12-2。另外，可以设置 meshSmooth 为 true 来显示 3D 图形的光滑版本。

（项目源码路径为 src\12\12-8\mydatavisualization）例如，在例 12-7 的 Bar3DSeries 对象中添加如下代码。

```
mesh: Abstract3DSeries.MeshPyramid
baseColor: "gold"
singleHighlightColor: "lightgreen"
itemLabelVisible: false
meshAngle: 30
```

12.2.5　自定义 3D 场景

通过 Scene3D 类型可以设置 3D 场景，其中有一个由 Camera3D 指定的相机和一个由 Light3D 指定的光源，光源位置始终与相机相对应，默认情况下，光源位置会自动跟随相机。在代码中，一般可以通过 scene.activeCamera 来获取图形关联的场景的活动相机，从而进行相关设置。对于 Camera3D，其 cameraPreset 属性可以设置预设的相机位置，提供了 20 多个现成的位置进行设置，可以参考 Q3DCamera::CameraPreset；如果没有通过 cameraPreset 设置相机位置，那么也可以使用 xRotation 和 yRotation 来设置相机的角度。另外，使用 zoomLevel 可以设置相机的缩放比例，默认值为 100，可以由 minZoomLevel 和 maxZoomLevel 设置最小值和最大值，默认值分别为 10.0 和 500.0，注意最小值不能小于 1.0。例如，在 Bars3D 中设置如下属性（项目源码路径为 src\12\12-9\mydatavisualization）：

```
scene{
    activeCamera.cameraPreset: Camera3D.CameraPresetIsometricRightHigh
    activeCamera.zoomLevel: 120
}
```

这样就会使用预设的角度和缩放来显示图形了。当然，也可以通过设置旋转角度来改变相机：

```
scene{
    activeCamera.xRotation: -30
    activeCamera.yRotation: 45
    activeCamera.zoomLevel: 120
}
```

12.2.6　设置主题

Qt Data Visualization 中可以通过 Theme3D 类型来设置主题，其中内建了 9 种现成的主题，可以在帮助中通过 Q3DTheme::Theme 关键字进行查看。这些主题是通过一些可视元素的样式设置的集合，其中包含了颜色、字体、光照强度、环境光强度等。

在编程中可以直接使用现成的主题，也可以在这些主题的基础上进行修改。如果对所有主题都不满意，那么可以直接从头来创建一个主题。Theme3D 主题的各属性默认值如表 12-5 所示。

表 12-5　Theme3D 主题属性默认值

属　　性	默　认　值
ambientLightStrength	0.25（取值范围 0.0～1.0）
backgroundColor	"black"
backgroundEnabled	true
baseColors	"black"
baseGradients	线性渐变，基本上全黑
colorStyle	Theme3D.ColorStyleUniform
font	标签字体
gridEnabled	true
gridLineColor	"white"
highlightLightStrength	7.5（取值范围 0.0～10.0）
labelBackgroundColor	"gray"
labelBackgroundEnabled	true
labelBorderEnabled	true
labelTextColor	"white"
lightColor	"white"
lightStrength	5.0（取值范围 0.0～10.0）
multiHighlightColor	"blue"
multiHighlightGradient	线性渐变，基本上全黑
singleHighlightColor	"red"
singleHighlightGradient	线性渐变，基本上全黑
windowColor	"black"

这里的 colorStyle 用于设置图形颜色的样式，取值如下。

- Theme3D.ColorStyleUniform：使用单一颜色进行渲染，使用的颜色会在 baseColors、singleHighlightColor 和 multiHighlightColor 属性中指定。
- Theme3D.ColorStyleObjectGradient：无论对象多高都使用完整的渐变进行渲染，渐变通过 baseGradients、singleHighlightGradient 和 multiHighlightGradient 属性指定。
- Theme3D.ColorStyleRangeGradient：使用完整渐变的一部分进行渲染，该部分由对象的高度及其在 Y 轴上的位置决定，渐变通过 baseGradients、singleHighlightGradient 和 multiHighlightGradient 属性指定。

另外，baseColors、baseGradients 属性可以设置多个值，这些值会按照顺序应用到不同的系列上。（项目源码路径为 src\12\12-10\mydatavisualization）下面我们看一个例子，在例 12-6 的基础上进行修改。

```
Window {
    ... ...
    ThemeColor { id: dynamicColor; color: "gold" }
    ThemeColor { id: dynamicColor2; color: "lightgreen"}

    Theme3D {
        id: userDefinedTheme
        ambientLightStrength: 0.5
        backgroundColor: "transparent"; backgroundEnabled: true
        baseColors: [dynamicColor, dynamicColor2]
        colorStyle: Theme3D.ColorStyleUniform
        font.pointSize: 35; font.bold: true
        gridLineColor: "grey"
        highlightLightStrength: 0.5
        labelBackgroundColor: "transparent"
        labelBorderEnabled: false; labelTextColor: "white"
        lightColor: "white"; lightStrength: 7.0
        singleHighlightColor: "lightblue"
        windowColor: "black"
    }

    Bars3D {
        ... ...
        theme: userDefinedTheme // 指定主题
        ... ...
        Bar3DSeries {... ...}

        Bar3DSeries {                 // 添加第二个系列
            ... ...
            ItemModelBarDataProxy {
                itemModel: dataModel
                rowRole: "year"; columnRole: "month"; valueRole: "expenses"
            }
        }
    }
    ... ...
    ListModel {
        id: dataModel
        ListElement{year: "2018"; month: "01";  income: "16"; expenses: "9"}
        ListElement{year: "2018"; month: "02";  income: "28"; expenses: "13"}
        ListElement{year: "2019"; month: "01";  income: "22"; expenses: "15"}
        ListElement{year: "2019"; month: "02";  income: "25"; expenses: "14"}
    }
}
```

这里使用 Theme3D 自定义了一个全新的主题，然后应用到 Bars3D 对象上。当然，也可以在现成的主题上稍作修改之后加以使用，例如：

```
Bars3D {
    ...
    theme: Theme3D {
        type: Theme3D.ThemeRetro
        labelBorderEnabled: true
        font.pointSize: 35
        labelBackgroundEnabled: false
    }
    ...
}
```

12.2.7　选择模式和切片视图

所有可视化类型都支持使用鼠标、触摸和编程的方式来选择单个数据项，被选中的项目会进行突出显示。3D 柱形图和 3D 曲面图还支持切片选择模式，可以将选中的行或列以伪 2D 图形的形式绘制在分离出来的视图中，这样可以很方便地查看单个行或列的实际值。3D 柱形图还支持在不打开切片视图的情况下突出显示所选柱形的整个行或列。通过设置选择模式，在 3D 柱形图中还支持通过单击轴标签来选择整个行或列。

在 AbstractGraph3D 中可以通过 selectionMode 属性来设置选择模式，可取的值如表 12-3 所示，其中的枚举值还可以通过或运算符来组合使用。

要实现 2D 切片视图，只需要在 Bars3D 对象中添加如下一行代码。

```
selectionMode: AbstractGraph3D.SelectionItemAndRow | AbstractGraph3D.SelectionSlice
```

程序运行效果如图 12-3 所示。

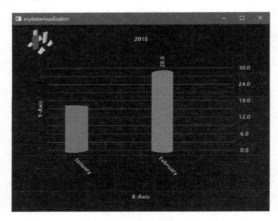

图 12-3　2D 切片视图效果

12.2.8　3D 散点图

3D 散点图 Scatter3D 通过一系列点来展示数据，与其对应的系列和数据代理分别是 Scatter3DSeries 和 ScatterDataProxy。3D 散点图的 3 个轴 axisX、axisY 和 axisZ 都是 ValueAxis3D 类型的。下面我们看一个例子（项目源码路径为 src\12\12-11\mydatavisualization）。

```
Window {
    ... ...
    Scatter3D {
```

```
      width: parent.width; height: parent.height
      axisX: xAxis; axisY: yAxis; axisZ: zAxis

      scene{
          activeCamera.cameraPreset: Camera3D.CameraPresetIsometricRightHigh
          activeCamera.zoomLevel: 120
      }

      theme: Theme3D {
          type: Theme3D.ThemeStoneMoss
          font.pointSize: 35
      }

      Scatter3DSeries {
          ItemModelScatterDataProxy {
              itemModel: dataModel
              xPosRole: "xPos"; yPosRole: "yPos"; zPosRole: "zPos"
          }
      }
  }

  ValueAxis3D {
      id: xAxis
      title: "X-Axis"; titleVisible: true
      min: 1; max: 5; subSegmentCount: 2
      labelFormat: "%.2f"; labelAutoRotation: 45
  }

  ValueAxis3D {
      id: yAxis
      title: "Y-Axis"; titleVisible: true
      min: 1; max: 3; subSegmentCount: 2
      labelFormat: "%.2f"; labelAutoRotation: 45
  }

  ValueAxis3D {
      id: zAxis
      title: "Z-Axis"; titleVisible: true
      min: 1; max: 5; subSegmentCount: 2
      labelFormat: "%.2f"; labelAutoRotation: 45
  }

  ListModel {
      id: dataModel
      ListElement{ xPos: "2.754"; yPos: "1.455"; zPos: "3.362"; }
      ListElement{ xPos: "3.164"; yPos: "2.022"; zPos: "4.348"; }
      ... ...
  }
}
```

12.2.9　3D 曲面图

3D 曲面图 Surface3D 通过设置点形成一个曲面来展示数据，与其对应的系列和数据代理分别是 Surface3DSeries 和 SurfaceDataProxy。3D 曲面图的 3 个轴也都是 ValueAxis3D 类型的。

下面我们看一个例子（项目源码路径为 src\12\12-12\mydatavisualization）。

```
Surface3D {
    width: parent.width
    height: parent.height
```

```
            Surface3DSeries {
                itemLabelFormat: "Pop density at (@xLabel N, @zLabel E): @yLabel"
                ItemModelSurfaceDataProxy {
                    itemModel: dataModel
                    rowRole: "longitude"
                    columnRole: "latitude"
                    yPosRole: "pop_density"
                }
            }
        }
        ListModel {
            id: dataModel
            ListElement{ longitude: "20"; latitude: "10"; pop_density: "4.75"; }
            ListElement{ longitude: "21"; latitude: "10"; pop_density: "3.00"; }
            ... ...
        }
```

　　在一些情况下，水平方向上的轴网格会被曲面覆盖，这时可能将水平轴网格显示到曲面上方效果会更好。Surface3D 中的 flipHorizontalGrid 属性可以设置水平轴网格的显示位置，默认值为 false，如果需要将水平轴网格显示到曲面上方，可以将其设置为 true。

　　在 3D 曲面图中还有一个 HeightMapSurfaceDataProxy 数据代理，它可以将一个高度图可视化为一个 3D 曲面图，从而显示出 3D 地形图的效果，这个代理使用起来也非常简单，只需要指定一个高度图路径即可。

　　下面我们看一个例子（项目源码路径为 src\12\12-13\mydatavisualization）。

```
Window {
    visible: true; width: 640; height: 480

    ColorGradient {
        id: layerGradient
        ColorGradientStop { position: 0.0; color: "black" }
        ColorGradientStop { position: 0.31; color: "tan" }
        ColorGradientStop { position: 0.32; color: "green" }
        ColorGradientStop { position: 0.40; color: "darkslategray" }
        ColorGradientStop { position: 1.0; color: "white" }
    }

    Surface3D {
        width: parent.width; height: parent.height
        theme: Theme3D {
            type: Theme3D.ThemeEbony; font.pointSize: 35
            colorStyle: Theme3D.ColorStyleRangeGradient
        }
        shadowQuality: AbstractGraph3D.ShadowQualityNone
        selectionMode: AbstractGraph3D.SelectionRow
                    | AbstractGraph3D.SelectionSlice
        scene{ activeCamera.cameraPreset: Camera3D.CameraPresetIsometricLeft }
        axisY{ min: 20; max: 200; segmentCount: 5;
            subSegmentCount: 2; labelFormat: "%i" }
        axisX{ segmentCount: 5; subSegmentCount: 2; labelFormat: "%i" }
        axisZ{ segmentCount: 5; subSegmentCount: 2; labelFormat: "%i" }

        Surface3DSeries {
            baseGradient: layerGradient
            drawMode: Surface3DSeries.DrawSurface
            flatShadingEnabled: false

            HeightMapSurfaceDataProxy {
```

```
                heightMapFile: "../mydatavisualization/layer.png"
            }
        }
    }
}
```

为了显示效果更好，用户一般需要设置 drawMode 为 Surface3DSeries.DrawSurface，这样只绘制曲面而不再绘制网格；flatShadingEnabled 设置为 false 可以使图像更加圆润。

12.3　小结

本章对 Qt Data Visualization 模块进行了全面介绍，对其中涉及的 3D 柱形图、3D 散点图和 3D 曲面图及其相关的概念进行了剖析讲解。可以看到，在 Qt 中实现 3D 数据可视化是非常简单的。本章示例程序中没有添加过多交互操作，读者可以自行修改程序进行相关编码，还可以参考 Qt Data Visualization Examples 关键字对应文档中的众多示例程序。

12.4　练习

1. 简述 Qt Data Visualization 模块的内容和应用。
2. 学会在 Qt Widgets 中使用 Qt 数据可视化，可以设置相机、主题等。
3. 学会在 Qt Widgets 数据可视化应用中使用数据代理类进行模型数据映射。
4. 学会在 Qt Quick 中使用 Qt 数据可视化，可以设置坐标轴、数据项的标签格式等。
5. 掌握在 Qt Quick 中通过 Theme3D 类型自定义主题的方法。
6. 掌握 ItemModelBarDataProxy 等数据代理相关类型的用法。
7. 了解 3D 散点图和 3D 曲面图的实现方法。

第13章　多媒体应用

Qt 对音视频的播放和控制、相机拍照、收音机等多媒体应用提供了强大的支持。从 Qt 5 开始，使用了全新的 Qt Multimedia 模块来实现多媒体应用，该模块提供了丰富的接口，可以轻松地使用平台的多媒体功能，例如进行媒体播放、拍照和录像等。

Qt Multimedia 模块分别提供了一组 QML 类型和一组 C++类来处理多媒体内容，可以实现的功能、对应的示例程序以及需要使用的 QML 类型或 C++类如表 13-1 所示。

表 13-1　多媒体功能、示例及相关 QML 类型和 C++类

功　能	示　例	QML 类型	C++类
播放音效		SoundEffect	QSoundEffect
Qt 空间音频	Spatial Audio Panning Example	SpatialSound、AudioEngine	QSpatialSound、QAudioEngine
播放编码音频（MP3、AAC 等）	Media Player Example	MediaPlayer	QMediaPlayer
低延迟播放原始音频数据	Audio Output Example		QAudioSink
访问原始音频输入数据	Spectrum Example、Audio Source Example		QAudioSource
录制编码音频数据	Audio Recorder Example	CaptureSession、AudioInput、MediaRecorder	QMediaCaptureSession、QAudioInput、QMediaRecorder
发现音频和视频设备	Audio Devices Example	MediaDevices、audioDevice、cameraDevice	QMediaDevices、QAudioDevice、QCameraDevice
播放视频	Media Player Example、QML Media Player Example	MediaPlayer、VideoOutput、Video	QMediaPlayer、QVideoWidget、QGraphicsVideoItem
捕获音频和视频	Camera Example、QML Recorder Example	CaptureSession、Camera、AudioInput、VideoOutput	QMediaCaptureSession、QCamera、QAudioInput、QVideoWidget
拍摄照片		CaptureSession、Camera、ImageCapture	QMediaCaptureSession、QCamera、QImageCapture
拍摄影片		CaptureSession、Camera、MediaRecorder	QMediaCaptureSession、QCamera、QMediaRecorder

Qt 的多媒体接口建立在底层平台的多媒体框架之上，这就意味着对于各种编解码器的支持依赖于使用的平台。要使用多媒体模块的内容，需要在.pro 项目文件中添加如下代码。

```
QT += multimedia
```

读者可以在 Qt 帮助中通过 Qt Multimedia 关键字查看本章相关内容。

13.1　Qt Widgets 中的多媒体应用

本节我们来看一下在 Qt Widgets 中 Qt Multimedia 模块的应用，首先讲解音视频的播放，然

后重点讲解 QMediaPlayer 类，最后还会讲到通过相机 QCamera 进行多媒体捕获的相关内容。

13.1.1 播放音频

在 Qt 中，要想使计算机发出响声，最简单的方法是调用 QApplication::beep()静态函数。在 Qt Multimedia 模块中，有多个用于实现不同层次的音频输入、输出和处理的类。

1. 播放压缩音频

在 Qt 中播放一个音频文件（比如 MP3）十分简单，通过使用 QMediaPlayer，只需要几行代码即可完成。QMediaPlayer 被设计用来进行媒体播放，可以播放音频、视频和网络广播等。下面我们先来看一下如何使用该类播放音频文件。

```
player = new QMediaPlayer;
audioOutput = new QAudioOutput;
player->setAudioOutput(audioOutput);
// ...
player->setSource(QUrl::fromLocalFile("/Music/coolsong.mp3"));
audioOutput->setVolume(50);
player->play();
```

可以看到，当创建 QMediaPlayer 后，我们需要连接到 QAudioOutput 对象来播放音频，还要设置媒体源，这里使用了本地的一个 MP3 文件，如果要播放网络歌曲，只需要将地址修改为 QUrl 网络地址即可。QMediaPlayer 支持的音频文件格式取决于操作系统环境以及用户安装的媒体插件。更多的使用方法会在后面的内容中讲到。

2. 低延迟声音效果

QSoundEffect 类可以使用一种低延迟方式来播放未压缩的音频文件，如 WAV 文件。它非常适合用来播放与用户交互时的音效，如弹出框提示音、虚拟键盘按键音、游戏音效等。如果并不需要低延迟效果，那么最好使用 QMediaPlayer 来播放音频，因为其支持更多的媒体格式并且占用资源更少。下面我们通过例子来看一下 QSoundEffect 的应用。

首先要做的是新建 Qt Widgets 应用（项目源码路径为 src\13\13-1\mysoundeffect），其名称为 mysoundeffect，类名 MainWindow 和基类 QMainWindow 保持默认即可。随后在项目文件 mysoundeffect.pro 中添加如下代码。

```
QT  +=  multimedia
```

完成上述操作后，保存该文件，然后到 mainwindow.h 文件中添加类的前置声明：

```
class QSoundEffect;
```

添加一个私有对象指针：

```
QSoundEffect *effect;
```

再到 mainwindow.cpp 文件中，先添加头文件：

```
#include <QSoundEffect>
```

然后在构造函数中添加如下代码。

```
effect = new QSoundEffect(this);
effect->setSource(QUrl::fromLocalFile("../mysoundeffect/sound.wav"));
effect->setVolume(0.25f);
```

这里创建了 QSoundEffect 对象并设置了要播放的音频文件，然后使用 setVolume()设置了音量大小，其取值范围为 0.0～1.0。

双击 mainwindow.ui 文件进入设计模式，向界面上添加两个 Push Button 和一个 Spin Box，并将两个按钮的文本分别改为"播放"和"停止"。然后更改 Spin Box 的属性，将当前值 value 设置为 1。最后分别转到两个按钮的 clicked()槽和 Spin Box 的 valueChanged(int)槽，更改相关内容如下。

```
void MainWindow::on_pushButton_clicked()      // "播放"按钮
{
    effect->play();
}
void MainWindow::on_pushButton_2_clicked()    // "停止"按钮
{
    effect->stop();
}
void MainWindow::on_spinBox_valueChanged(int arg1)
{
    effect->setLoopCount(arg1);
}
```

使用 setLoopCount()可以设置声音的播放次数，当设置为 0 或 1 时表明只播放一次，如果要无限重复播放，需要设置为 QSoundEffect::Infinite。现在将一个名为 sound.wav 的音频文件（可以在书籍源码中找到）放到源码目录并运行程序，可以先设置播放的次数，然后使用"播放"按钮进行播放，使用"停止"按钮停止播放，也可以连续单击"播放"按钮测试低延迟播放效果。

13.1.2　播放视频

视频文件也可以通过 QMediaPlayer 进行播放，但是需要借助 QVideoWidget 或者 QGraphics VideoItem 类进行显示，这两个类都属于 Qt Multimedia Widgets 模块。QVideoWidget 继承自 QWidget，所以它可以作为一个普通窗口部件进行显示，也可以嵌入其他窗口中。将 QVideoWidget 指定为 QMediaPlayer 的视频输出窗口后，就可以显示播放的视频画面。当然，如果不为播放器设置视频输出部件，播放器也可以播放视频，不过只有声音而不会显示图像。下面我们看一个例子。

（项目源码路径为 src\13\13-2\myvideowidget）新建 Qt Widgets 应用，名称为 myvideowidget，基类选择 QWidget，类名保持 Widget 不变。完成后在项目文件 myvideowidget.pro 中添加如下代码。

```
QT += multimedia multimediawidgets
```

完成后保存该文件。然后到 widget.h 文件中添加类的前置声明：

```
class QMediaPlayer;
class QAudioOutput;
class QVideoWidget;
```

再添加私有对象指针：

```
QMediaPlayer *player;
QAudioOutput *audioOutput;
QVideoWidget *videoWidget;
```

下面进入 widget.cpp 文件，先添加头文件：

```
#include <QMediaPlayer>
#include <QVideoWidget>
#include <QAudioOutput>
```

然后在构造函数中添加如下代码。

```
player = new QMediaPlayer(this);
audioOutput = new QAudioOutput;
player->setAudioOutput(audioOutput);
videoWidget = new QVideoWidget(this);
videoWidget->resize(600, 300);
videoWidget->move(100, 150);
player->setVideoOutput(videoWidget);
```

```
player->setSource(QUrl::fromLocalFile("../myvideowidget/video.wmv"));
player->play();
```

这里设置了 videoWidget 的大小，并将其设置为播放器的视频输出窗口，然后指定了要播放的视频文件。现在将一个名为 video.wmv 的视频文件（可在书籍源码中找到）放到源码目录，然后编译运行程序查看效果。

再来看一下 QGraphicsVideoItem，它继承自 QGraphicsObject，类似于图形视图框架中讲到的 QGraphicsWidget。QGraphicsVideoItem 提供了一个窗口并可以作为一个图形项嵌入场景中显示视频内容。下面我们看一个例子。

（项目源码路径为 src\13\13-3\myvideoitem）新建空项目，模板选择其他项目中的 Empty qmake Project，项目名称为 myvideoitem。创建完成后，在 myvideoitem.pro 中添加如下代码。

```
QT += multimedia multimediawidgets
```

然后保存该文件。往项目中添加新的 C++ Source File，名称为 main.cpp，完成后更改其内容如下。

```cpp
#include <QApplication>
#include <QMediaPlayer>
#include <QGraphicsVideoItem>
#include <QGraphicsView>
#include <QGraphicsScene>
#include <QAudioOutput>

int main(int argc, char *argv[])
{
    QApplication a(argc, argv);
    QGraphicsScene scene;
    QGraphicsView view(&scene);
    view.resize(600, 320);
    QGraphicsVideoItem item;
    scene.addItem(&item);
    item.setSize(QSizeF(500, 300));
    QMediaPlayer player;
    player.setVideoOutput(&item);
    QAudioOutput audioOutput;
    player.setAudioOutput(&audioOutput);
    player.setSource(QUrl::fromLocalFile("../myvideoitem/video.wmv"));
    player.play();
    view.show();
    return a.exec();
}
```

这里首先创建了场景、视图和视频图形项，然后创建了播放器，并将视频图形项作为播放器的视频输出窗口，最后设置了要播放的视频，并显示视图。下面运行程序，可以看到已经在场景中嵌入了视频播放图形项，这样就可以结合图形视图部分的知识实现更多想要的功能。

13.1.3 QMediaPlayer

前面已经看到了 QMediaPlayer 的应用，下面先对该类常用功能进行详细讲解，然后通过设计一个完整的音乐播放器的例子对相关知识点进行讲解。

1. 基本应用

要使用 QMediaPlayer 进行播放，需要先使用 setSource(const QUrl &source)槽来设置媒体源，一般对于本地媒体只需要指定路径即可，所以像前面示例代码那样直接使用 QUrl::fromLocalFile 指定路径即可。如果这里提供了一个媒体流 stream，那么将会直接从流中读取媒体数据而不再对媒体进行解析。设置完媒体源以后，可以使用 play()函数进行播放，使用 pause()、stop()进行暂停和停止。可以通过 source()来获取当前播放的媒体内容。使用 duration()可以获得当前媒体的时长，position()可以获取当前的播放位置，单位均为毫秒。使用 setPosition()可以跳转到一个播放点，通过关联 positionChanged()信号可以随时获取播放进度。

QMediaPlayer 本身无法播放声音，需要使用 setAudioOutput()来指定 QAudioOutput 对象实现音频输出。QAudioOutput 类可以通过 setDevice()来设置音频输出设备，使用 volume()可以获取当前的播放音量，其范围为 0.0～1.0，setVolume()可以设置音量大小，而当音量改变时会发射 volumeChanged()信号。如果要设置为静音，可以使用 setMuted()函数。下面我们看一个例子。

（项目源码路径为 src\13\13-4\myplayer）新建 Qt Widgets 应用，名称为 myplayer，基类选择 QWidget，类名保持 Widget 不变。完成后在项目文件 myplayer.pro 中添加如下代码。

```
QT += multimedia
```

完成后保存该文件。然后到 mainwindow.h 文件中添加类的前置声明：

```
class QMediaPlayer;
class QAudioOutput;
```

再添加私有对象指针：

```
QMediaPlayer *player;
QAudioOutput *audioOutput;
```

声明一个私有槽：

```
private slots:
    void updatePosition(qint64 position);
```

下面转到 mainwindow.cpp 文件中，在构造函数中添加如下代码。

```
player = new QMediaPlayer(this);
audioOutput = new QAudioOutput;
player->setAudioOutput(audioOutput);
player->setSource(QUrl::fromLocalFile("../myplayer/music.mp3"));
connect(player, &QMediaPlayer::positionChanged,
        this, &Widget::updatePosition);
```

双击 mainwindow.ui 进入设计模式，向界面上拖入 Horizontal Slider、Push Button 和 Label 部件，设计界面如图 13-1 所示。分别修改相关部件的 objectName 属性，如表 13-2 所示。

图 13-1　设计播放器界面

表 13-2　各部件的 objectName 属性

部　　件	objectName 属性
播放进度 Horizontal Slider	horizontalSlider_position
音量控制 Horizontal Slider	horizontalSlider_volume
媒体状况 Label	label_status
播放状态 Label	label_state
错误信息 Label	label_error
"播放" 按钮	pushButton_play

续表

部　　件	objectName 属性
"暂停"按钮	pushButton_pause
"停止"按钮	pushButton_stop

下面从设计模式分别转到 3 个按钮的单击信号槽中，修改如下。

```
void Widget::on_pushButton_play_clicked()
{
    player->play();
}
void Widget::on_pushButton_pause_clicked()
{
    player->pause();
}
void Widget::on_pushButton_stop_clicked()
{
    player->stop();
}
```

再回到设计模式，分别在两个 Horizontal Slider 上转到 sliderMoved(int)槽，更改如下。

```
void Widget::on_horizontalSlider_position_sliderMoved(int position)
{
    player->setPosition(position * 1000);
}
void Widget::on_horizontalSlider_volume_sliderMoved(int position)
{
    audioOutput->setVolume(position / 100.0);
}
```

然后在 widget.cpp 文件的构造函数最后添加如下代码。

```
ui->horizontalSlider_volume->setValue(100);
```

最后添加 updatePosition()槽的定义：

```
void Widget::updatePosition(qint64 position)
{
    ui->horizontalSlider_position->setMaximum(player->duration() / 1000);
    ui->horizontalSlider_position->setValue(position / 1000);
}
```

现在可以将一个名为 music.mp3 的音乐文件放到源码目录，运行程序，点击按钮进行音乐的播放测试。

2. 播放状态

QMediaPlayer 使用 setSource()设置了媒体源后，该函数会直接返回，并不等待媒体加载完成，也不会检查可能存在的错误。当媒体的状况发生改变时，播放器会发射 mediaStatusChanged()信号，可以通过关联该信号来获取媒体加载的一些信息。播放器播放的当前媒体会有 8 种不同的状况，由 QMediaPlayer::MediaStatus 枚举类型定义，其取值如表 13-3 所示。

表 13-3　媒体的各种状况

常　　量	描　　述
QMediaPlayer::NoMedia	当前媒体不存在，播放器处于停止状态
QMediaPlayer::LoadingMedia	当前媒体正在被加载，播放器可以处于任何状态
QMediaPlayer::LoadedMedia	当前媒体已经加载完成，播放器处于停止状态

常　　量	描　　述
QMediaPlayer::StalledMedia	因为没有足够的缓冲或者其他临时中断，导致当前媒体的播放处于停滞。播放器处于播放状态或者暂停状态
QMediaPlayer::BufferingMedia	播放器正在缓冲数据，且已经缓冲了足够的数据以便稍后继续播放。播放器处于播放状态或者暂停状态
QMediaPlayer::BufferedMedia	播放器已经完全缓冲了当前媒体。播放器处于播放状态或者暂停状态
QMediaPlayer::EndOfMedia	已经播放到了当前媒体的结尾。播放器处于停止状态
QMediaPlayer::InvalidMedia	当前媒体无法播放。播放器处于停止状态

播放器发生错误时会发射 errorOccurred()信号，通过关联该信号可以对相应的错误进行处理。播放器会出现 5 种不同的错误情况，由 QMediaPlayer::Error 枚举类型定义，其取值如表 13-4 所示。

表 13-4　播放器的各种错误情况

常　　量	描　　述
QMediaPlayer::NoError	没有发生错误
QMediaPlayer::ResourceError	媒体资源无法被解析
QMediaPlayer::FormatError	媒体格式不（完全）支持，可能依然可以播放，但是会缺少声音或者图像
QMediaPlayer::NetworkError	发生了一个网络错误
QMediaPlayer::AccessDeniedError	没有相应的权限来播放媒体资源

QMediaPlayer 进行播放时拥有 3 种状态，它总是处于这 3 种状态的其中一种。这 3 种状态由 QMediaPlayer::PlaybackState 枚举类型定义，其取值如表 13-5 所示。无论其先前处于什么状态，当播放器的状态发生改变时，就会发射 playbackStateChanged()信号，可以通过关联该信号来获取播放器当前的状态，从而进行一些有关的设置，例如改变播放控制图标等。

表 13-5　播放器的各种状态

常　　量	描　　述
QMediaPlayer::StoppedState	停止状态。处于该状态时播放器会从当前媒体的开始进行播放。调用 stop()函数可以直接进入该状态
QMediaPlayer::PlayingState	播放状态。媒体器正在播放媒体内容。调用 play()函数可以直接进入该状态
QMediaPlayer::PausedState	暂停状态。播放器暂停当前的播放，处于该状态时播放器会从当前媒体暂停的位置进行播放。调用 pause()函数可以直接进入暂停状态

下面继续在前面程序中添加代码。首先在 mainwindow.h 中添加头文件#include <QMediaPlayer>，然后声明 3 个私有槽：

```
void stateChanged(QMediaPlayer::PlaybackState state);
void mediaStatusChanged(QMediaPlayer::MediaStatus status);
void showError(QMediaPlayer::Error error, const QString &errorString);
```

下面到 mainwindow.cpp 中，先在构造函数中添加信号和槽的关联：

```
connect(player, &QMediaPlayer::playbackStateChanged,
    this, &Widget::stateChanged);
connect(player, &QMediaPlayer::mediaStatusChanged,
    this, &Widget::mediaStatusChanged);
connect(player, &QMediaPlayer::errorOccurred, this, &Widget::showError);
```

然后添加几个槽的定义，这里省略了部分代码。

```
void Widget::stateChanged(QMediaPlayer::PlaybackState state)
{
    switch (state) {
    case QMediaPlayer::StoppedState:
        ui->label_state->setText(tr("停止状态！"));
        break;
    ... ...
    }
}
void Widget::mediaStatusChanged(QMediaPlayer::MediaStatus status)
{
    switch (status) {
    case QMediaPlayer::NoMedia:
        ui->label_status->setText(tr("没有媒体文件！"));
        break;
    ... ...
    }
}
void Widget::showError(QMediaPlayer::Error error, const QString &errorString)
{
    switch (error) {
    case QMediaPlayer::NoError:
        ui->label_error->setText(tr("没有错误！") + errorString);
        break;
    ... ...
    }
}
```

这里将播放器状态、媒体文件状况和错误信息分别显示到了界面上的标签中，可以运行程序查看效果。

3. 获取媒体元数据

可以使用 QMediaPlayer 的 metaData()函数来获取媒体的元数据。在 QMediaMetaData 中有众多元数据属性，例如 Title、Author、Duration 等。每当 QMediaPlayer 对媒体源进行解析时，一旦元数据可用，它都会发射 metaDataChanged()信号，因此我们可以通过关联该信号来获取当前媒体的相关信息。下面我们简单讲解一下如何获取常用的几个元数据，如果需要获取其他数据，可以参考 QMediaMetaData 文档。

在前面程序中继续添加代码。首先在 mainwindow.h 文件中添加私有槽声明：

```
void metaDataChanged();
```

然后到 mainwindow.cpp 中，添加头文件#include <QMediaMetaData>，再到构造函数最后添加信号槽关联：

```
connect(player, &QMediaPlayer::metaDataChanged,
    this, &Widget::metaDataChanged);
```

最后添加 metaDataChanged()槽的定义：

```
void Widget::metaDataChanged()
{
    QMediaMetaData metaData = player->metaData();
    QString title = metaData.stringValue(QMediaMetaData::Title);
    QString artist = metaData.stringValue(QMediaMetaData::AlbumArtist);
    if(artist != "") {
        setWindowTitle(title + "-" + artist);
    } else setWindowTitle(title);
}
```

这里获取了歌曲的标题和艺术家信息，然后显示在了窗口标题处。该示例在代码中指定了媒体文件路径，为了能获取到元数据，用户可以在播放时手动调用该槽，例如：

```
void Widget::on_pushButton_play_clicked()
{
    player->play();
    metaDataChanged();
}
```

13.1.4　使用相机

Qt 多媒体模块提供了一些与相机相关的类，如果设备安装有摄像头，就可以通过这些类进行拍照或者视频录制。你可以在 Qt 帮助中通过 Camera Overview 关键字查看本节的相关内容。

1. 相机 QCamera

可以使用 QMediaDevices 来查询系统当前可用的相机设备，一般使用其静态函数 defaultVideoInput() 来获取默认相机设备信息，或者使用静态函数 videoInputs() 来获取所有可用相机的列表，例如：

```
const QList<QCameraDevice> cameras = QMediaDevices::videoInputs();
for (const QCameraDevice &cameraDevice : cameras)
    qDebug() << cameraDevice.description();
```

QCameraDevice 类的 id() 可以返回相机的设备 ID，它是相机的唯一 ID，不过因为它是一串杂乱的编码，并不具有可读性。如果要获取友好的可读信息，可以使用 description()，它可以返回相机的描述，例如"USB 2.0 Camera"，操作系统上也通常是通过这个字符来显示设备。使用 position() 可以获取相机的位置，包括 QCameraDevice::UnspecifiedPosition 未指定、QCameraDevice::BackFace 后置、QCameraDevice::FrontFace 前置 3 种。

当获取了可用的相机信息后，可以通过 QCameraDevice 来构建一个相机，例如：

```
camera = new QCamera(cameraDevice);
```

QCamera 类为系统相机设备提供了相应的接口，可以使用 start() 和 stop() 来开启和关闭相机。

QMediaCaptureSession 是管理本地设备上媒体捕获的中心类，可以使用其 setCamera() 函数将相机连接到 QMediaCaptureSession，还可以使用 setVideoOutput() 来设置取景器部件，在普通部件中可以使用 QVideoWidget 来作为取景器进行相机内容预览，在 QGraphicsView 中则可以使用 QGraphicsVideoItem。

2. 使用相机进行拍照

QImageCapture 是一个图像录制类，与 QCamera 配合可以进行拍照。在使用该类对象前，需要先使用 QMediaCaptureSession 类的 setImageCapture() 函数进行设置。使用 QImageCapture 类的 captureToFile() 可以捕获图片并保存到文件，这个操作一般是异步的，如果没有指定文件路径，那么会使用系统上的默认位置和图片命名方式来保存图片；如果只是提供了文件名，并没有指定完整的路径，那么会将图片保存到默认目录。在拍照前，可以使用 setMetaData() 来为图片设置元数据；使用 setQuality() 可以设置图片质量，包括 QImageCapture::VeryLowQuality、QImageCapture::NormalQuality 等 5 种选择；还可以使用 setResolution() 来设置图片分辨率。下面我们看一个使用计算机摄像头进行拍照的例子。

（项目源码路径为 src\13\13-5\mycamera）新建 Qt Widgets 应用，名称为 mycamera，基类选择 QWidget，类名 Widget 保持默认即可。完成后在项目文件 mycamera.pro 中添加如下代码。

```
QT += multimedia multimediawidgets
```

然后双击 widget.ui 进入设计模式，修改主界面的宽度为 600，高度为 400，然后拖入两个 Push Button 到界面右下角，更改其显示文本为"开启相机"和"拍照"。

下面到 widget.h 文件中，添加类前置声明：

```
class QCamera;
class QImageCapture;
```

然后添加 2 个私有对象指针：

```
QCamera *camera;
QImageCapture *imageCapture;
```

下面转到 widget.cpp 文件中，首先添加头文件：

```
#include <QCameraDevice>
#include <QMediaDevices>
... ... // 省略了部分头文件，请读者自行添加
```

然后在构造函数中添加如下代码。

```
camera = new QCamera(this);
QMediaCaptureSession *captureSession = new QMediaCaptureSession(this);
captureSession->setCamera(camera);
QVideoWidget *preview = new QVideoWidget(this);
preview->resize(600, 350);
captureSession->setVideoOutput(preview);
imageCapture = new QImageCapture(this);
captureSession->setImageCapture(imageCapture);
```

这里进行了一些初始化设置。下面从设计模式中分别转到"开启相机"和"拍照"按钮的单击信号槽中，添加如下代码。

```
void Widget::on_pushButton_clicked() // 开启相机
{
    if(QMediaDevices::videoInputs().count()) {
        const QList<QCameraDevice> cameras = QMediaDevices::videoInputs();
        for (const QCameraDevice &cameraDevice : cameras) {
            qDebug() << cameraDevice.description();
        }
        camera->setCameraDevice(cameras.at(0));
        // 当开启相机以后如果拔掉摄像头设备，相机依然处于活动状态，必须先关闭才能再次开启
        if (camera->isActive()) camera->stop();
        camera->start();
    }
}

void Widget::on_pushButton_2_clicked() // 拍照
{
    QString fileName = QFileDialog::getSaveFileName();
    imageCapture->captureToFile(fileName);
}
```

这里在开启相机时，先获取了所有的视频输入设备并进行遍历输出，然后为相机设置了第一个设备。每次调用 start()开启相机前，需要先使用 isActive()判断相机是否处于活动状态。因为有可能相机已经无法使用了，但是 camera 依然处于活动状态。例如以前开启过相机，途中直接把摄像头设备拔掉了，取景器已经无法显示图像，但是 isActive()依然返回 true，这时再次把摄像头设备插上，因为相机处于活动状态，所以无法调用 start()开启相机。这种情况下，只有先将相机关闭，才能再次开启相机。

在"拍照"按钮单击信号对应的槽中，先使用 QFileDialog::getSaveFileName()打开一个文件另存为的对话框来返回指定的路径，然后使用 captureToFile()来捕获图像进行保存。

3. 使用相机进行视频录制

QMediaRecorder 类用来记录媒体内容，可以和 QCamera 一起使用进行视频录制。先创建

QMediaRecorder 对象，然后使用 QMediaCaptureSession 类的 setRecorder()函数关联 QMediaRecorder 对象。进行录制时，可以先通过 isAvailable()判断录制功能是否可用，如果可用，使用 setOutputLocation() 来设置录制文件保存路径，最后调用 record()进行录制，可以使用 pause()、stop()暂停和停止录制。还可以使用 setQuality()、setMediaFormat()来设置录制品质和媒体格式。

（项目源码路径为 src\13\13-6\mycamera）继续在前面代码基础上进行更改。先打开 widget.h 文件，添加类的前置声明：

```
class QMediaRecorder;
```

然后添加一个私有对象指针：

```
QMediaRecorder *recorder;
```

下面到 widget.cpp 文件中，添加头文件：

```
#include <QMediaRecorder>
#include <QMediaFormat>
```

然后在构造函数中添加代码：

```
recorder = new QMediaRecorder(camera);
captureSession->setRecorder(recorder);
```

下面进入设计模式，拖入一个 Push Button，修改显示文本为"录制视频"，然后选中其 checkable 属性，并转到其 clicked(bool)信号对应的槽，更改如下。

```
void Widget::on_pushButton_3_clicked(bool checked) // 录制视频
{
    if(!recorder->isAvailable()) return;
    if(checked) {
        ui->pushButton_3->setText(tr("停止录制"));
        QMediaFormat format(QMediaFormat::MPEG4);
        format.setVideoCodec(QMediaFormat::VideoCodec::H264);
        recorder->setMediaFormat(format);
        recorder->setQuality(QMediaRecorder::HighQuality);
        QString fileName = QFileDialog::getSaveFileName();
        recorder->setOutputLocation(QUrl::fromLocalFile(fileName));
        recorder->record();
    } else {
        ui->pushButton_3->setText(tr("录制视频"));
        recorder->stop();
    }
}
```

QMediaFormat 类用来设置多媒体文件或流的编码格式，可以在初始化时指定或者使用 setFileFormat()设置文件格式，例如 MP3、AVI、MPEG4 等，可以分别使用 setAudioCodec()、setVideoCodec()来设置音频和视频编码，具体内容可以通过该类的帮助文档进行查看。现在可以运行程序测试效果。

4．对相机进行设置

QCamera 提供了丰富的函数来进行成像管道的控制，从而产生不同效果的最终图像。并不是所有相机都支持以下这些设置，在 Windows 系统上使用摄像头对这里讲解的功能大都不支持。

（1）聚焦和缩放。在 QCamera 中可以通过 setFocusMode()来设置焦点策略，其值由 QCamera::FocusMode 枚举类型指定，例如 QCamera::FocusModeAuto、QCamera::FocusModeInfinity 等。其中的 QCamera::FocusModeAutoNear 允许对靠近传感器的物体进行成像，这在条形码识别或者名片扫描等应用上非常有用。另外，QCamera 还可以使用 setZoomFactor()或 zoomTo()来设

置缩放,可以通过 minimumZoomFactor()和 maximumZoomFactor()来获取允许缩放的范围。

（2）曝光和闪光灯。有许多设置会影响照射到相机传感器上的光亮,从而影响最终生成图像的质量。对于自动成像而言,最重要的是设置曝光模式和闪光模式,在 QCamera 中,可以分别使用 setExposureMode()和 setFlashMode()来设置。另外,可以通过 setTorchMode()来设置火炬模式,为低光条件下录制视频提供连续的光源。这些函数的具体用法可以在 QCamera 的帮助文档中查看。

（3）白平衡。可以通过 QCamera 类的 setWhiteBalanceMode()来设置白平衡模式,各种白平衡模式由 QCamera::WhiteBalanceMode 枚举类型进行定义,当使用 QCamera::WhiteBalanceManual 手动白平衡模式时,可以使用 setColorTemperature()来设置色温。

13.1.5 录制音频

录制音频也是通过 QMediaRecorder 来完成的。录制音频与使用相机类似,需要先使用 QMediaDevices 的 audioInputs()来获取可用的音频输入设备,可以使用 defaultAudioInput()来获取默认的设备。可用的音频设备由 QAudioDevice 对象表示,可以通过其 id()或者 description()函数来获取设备相关信息。获得音频输入设备以后,需要创建 QAudioInput 对象,用来表示与 QMediaCaptureSession 一起使用的输入通道,该类可以通过 setVolume()设置音量,使用 setMuted()设置静音。最后使用 QMediaRecorder 的 setOutputLocation()设置音频文件的保存路径,并调用 record()进行录制。下面通过一个例子对整个过程进行讲解。

（项目源码路径为 src\13\13-7\myaudiorecorder）新建 Qt Widgets 应用,名称为 myaudiorecorder,基类选择 QWidget,类名 Widget 保持默认即可。完成后在项目文件 myaudiorecorder.pro 中添加如下代码。

```
QT  += multimedia
```

完成后保存该文件。然后双击 widget.ui 文件进入设计模式,向界面上拖入两个标签 Label、一个 Combo Box、一个 Line Edit 和 3 个按钮 Push Button,设计界面如图 13-2 所示。然后将"开始"按钮的 objectName 修改为 pushButton_start,将"停止"按钮的 objectName 修改为 pushButton_stop。

图 13-2 设计的界面效果

然后转到 widget.h 文件中,添加类的前置声明:

```
class QMediaRecorder;
class QAudioInput;
```

再添加两个私有对象指针:

```
QAudioInput *audioInput;
QMediaRecorder *recorder;
```

下面到 widget.cpp 文件中,添加头文件:

```
#include <QMediaDevices>
#include <QAudioDevice>
... ...// 省略了部分头文件
```

然后在构造函数中添加如下代码。

```
const QList<QAudioDevice> devices = QMediaDevices::audioInputs();
QStringList list;
for (const QAudioDevice &deviceInfo : devices) {
   qDebug() << "Device: " << deviceInfo.description();
   list << deviceInfo.description();
}
ui->comboBox->addItems(list);

QMediaCaptureSession *session = new QMediaCaptureSession(this);
audioInput = new QAudioInput(this);
session->setAudioInput(audioInput);
recorder = new QMediaRecorder(this);
session->setRecorder(recorder);

ui->pushButton_stop->setEnabled(false);
```

这里获取了系统可用的音频输入设备列表，并将其添加到了 comboBox 部件中。下面到设计模式中，分别转到"选择"按钮、"开始"按钮、"停止"按钮的 clicked()信号的槽，更改如下。

```
void Widget::on_pushButton_clicked()          //  "选择"按钮
{
   QString fileName = QFileDialog::getSaveFileName();
   ui->lineEdit->setText(fileName);
}
void Widget::on_pushButton_start_clicked()  //  "开始"按钮
{
   if(ui->lineEdit->text().isEmpty()) {
      QMessageBox::information(this, tr("提示"),
                       tr("请先设置保存路径"), QMessageBox::Ok);
      ui->lineEdit->setFocus();
   } else {
      const QList<QAudioDevice> devices = QMediaDevices::audioInputs();
      int index = ui->comboBox->currentIndex();
      audioInput->setDevice(devices.at(index));
      recorder->setOutputLocation(QUrl::fromLocalFile(
                                  ui->lineEdit->text()));
      recorder->record();
      ui->pushButton_start->setEnabled(false);
      ui->pushButton_stop->setEnabled(true);
   }
}
void Widget::on_pushButton_stop_clicked()     //  "停止"按钮
{
   if(ui->pushButton_start->isEnabled()) {
      return;
   } else {
      recorder->stop();
      ui->pushButton_stop->setEnabled(false);
      ui->pushButton_start->setEnabled(true);
   }
}
```

在"选择"按钮中打开了一个文件对话框用于选择保存路径，在"开始"按钮中设置了音频输入设备、保存地址，然后进行录制，按下"停止"按钮则停止录制。现在可以运行程序，选择系统可用的录音设备（请确保电脑已经安装麦克风并安装了驱动），设置要保存的文件路径，然后单击"开始"按钮进行录制，完成后单击"停止"按钮。

还可以通过关联 durationChanged()信号来显示音频的录制时间。下面继续在程序中添加代码。首先在 widget.h 中添加私有槽声明：

```
void updateProgress(qint64 duration);
```

然后到 widget.cpp 文件，在构造函数后面继续添加代码：

```
connect(recorder, &QMediaRecorder::durationChanged,
    this, &Widget::updateProgress);
```

下面添加槽的定义：

```
void Widget::updateProgress(qint64 duration)
{
    if(recorder->error() != QMediaRecorder::NoError || duration < 1000)
        return;
    setWindowTitle(tr("Recorded %1 sec").arg(duration / 1000));
}
```

这里设置了每当录制进度更新时都在标题栏进行显示。现在可以运行程序进行测试。另外，在 QMediaRecorder 中还提供了一些音频编码的设置，如表 13-6 所示，前面讲到的视频录制有相似的设置，读者可以作为参考。

表 13-6　音频编码设置

参数	描　　述	相 关 函 数
比特率	压缩后音频流的每秒比特数	audioBitRate()、setAudioBitRate()
声道数	音频声道数量	audioChannelCount()、setAudioChannelCount()
编码器	使用 QMediaFormat 类指定	mediaFormat()、setMediaFormat()
编码方式	由 QMediaRecorder::EncodingMode 枚举类型指定，如 QMediaRecorder::ConstantQualityEncoding 调整比特率来保证质量；QMediaRecorder::ConstantBitRateEncoding 调整质量来保证比特率；QMediaRecorder::AverageBitRateEncoding 保证较平均的比特率设置；QMediaRecorder::TwoPassEncoding 先判断媒体特征，在需要的部分分配更多比特	encodingMode()、setEncodingMode()
编码质量	由 QMediaRecorder::Quality 枚举类型指定，如 QMediaRecorder::VeryLowQuality、QMediaRecorder::LowQuality、QMediaRecorder::NormalQuality、QMediaRecorder::HighQuality、QMediaRecorder::VeryHighQuality	quality()、setQuality()
采样率	每秒音频数据的样本个数，单位为赫兹（Hz）	audioSampleRate()、setAudioSampleRate()

13.2　Qt Quick 中的多媒体应用

前面讲解了 Qt Multimedia 模块在 Qt Widgets 中的应用，在 Qt Quick 编程中，Qt Multimedia 模块提供了相似的 API，例如在 Qt Widgets 中的 QMediaPlayer 类，在 Qt Quick 中对应了 MediaPlayer 类型。读者可以参考前面的内容快速掌握本节相关知识。

在 QML 代码中使用 Qt Multimedia 模块中的类型，需要添加如下导入语句。

```
import QtMultimedia
```

可以在帮助中通过 Qt Multimedia QML Types 关键字查看该模块中所有的 QML 类型。

13.2.1 播放压缩音频

MediaPlayer 类型可以用来播放压缩音频或者视频。要播放音频，需要为 MediaPlayer 的 audioOutput 属性设置一个 AudioOutput 对象，然后通过 source 属性指定音频文件的路径，最后在需要的地方调用 play()来开始播放。例如（项目源码路径为 src\13\13-8\myaudio）：

```
import QtQuick
import QtMultimedia

Window {
    width: 640; height: 480; visible: true

    MediaPlayer {
        audioOutput: AudioOutput {}
        source: "music.mp3"
        Component.onCompleted: { play() }
    }
}
```

MediaPlayer 可以通过 play()、pause()和 stop()等方法进行播放、暂停和停止等操作。当进行完这些操作时会发射 playbackStateChanged()信号，如果发生错误，会发射 errorOccurred()信号。使用 duration 属性可以获取音频的持续时间，单位是毫秒。使用 position 属性可以获取当前的播放位置。通过 loops 属性可以设置播放的循环次数，当设置为 0 或 1 时只会播放一次，当设置为 MediaPlayer::Infinite 时会无限循环播放，其默认值为 1。playbackRate 属性可以用来设置播放速率，设置的值为默认播放速率的倍数，默认值为 1.0。使用 metaData 属性组可以获取媒体相关的信息，比如专辑的艺术家 Author、专辑标题 Title 等。mediaStatus 属性保存了媒体加载的状况，取值可以参考表 13-3。

当使用 MediaPlayer 播放音频文件时，首先需要为其设置一个音频输出对象 AudioOutput。该类型的 device 属性可以指定音频输出设备；volume 属性可以获取或者设置音量的大小，取值范围是 0.0～1.0，默认值是 1.0；如果需要静音，可以设置 muted 属性为 true。

下面再来看一个例子（项目源码路径为 src\13\13-9\myplayer）。

```
import QtQuick
import QtMultimedia
import QtQuick.Controls
import QtQuick.Layouts
import Qt.labs.platform

ApplicationWindow {
    id: window; width: 250; height: 200; visible: true

    header: ToolBar {
        RowLayout {
            anchors.fill: parent
            ToolButton { text: qsTr("播放"); onClicked: player.play() }
            ToolButton { text: qsTr("暂停"); onClicked: player.pause() }
            ToolButton { text: qsTr("停止"); onClicked: player.stop() }
            ToolButton { text: qsTr("打开"); onClicked: fileDialog.open() }
        }
    }

    Frame {
        anchors.fill: parent

        ColumnLayout {
```

```
                          spacing: 10; anchors.fill: parent

                          RowLayout {
                              Text { text: qsTr("进度: ") }
                              Slider {
                                  Layout.fillWidth: true
                                  to: player.duration; value: player.position
                                  onMoved: player.position = value
                              }
                          }

                          RowLayout {
                              Text { text: qsTr("音量: ") }
                              Slider {
                                  Layout.fillWidth: true
                                  to: 1.0; value: audio.volume
                                  onMoved: audio.volume = value
                              }
                          }

                          RowLayout {
                              Layout.alignment: Qt.AlignHCenter
                              Text { text: qsTr("循环次数: ") }
                              SpinBox { value: 1; onValueChanged: player.loops = value }
                          }

                          RowLayout {
                              Layout.alignment: Qt.AlignHCenter
                              Text { text: qsTr("播放速度: ") }
                              SpinBox { value: 1;  stepSize: 1
                                  onValueChanged: player.playbackRate = value }
                          }
                      }
                  }

          MediaPlayer {
              id: player
              audioOutput: AudioOutput { id: audio }
              source: fileDialog.file
          }

          FileDialog {
              id: fileDialog
              folder: StandardPaths.writableLocation(
                              StandardPaths.DocumentsLocation)
          }
      }
```

　　这里在工具栏添加了控制播放的几个按钮，然后对播放进度、音量大小、循环次数和播放速度进行了设置。运行程序，先通过"打开"按钮选择音频文件，然后单击"播放"按钮进行播放。

13.2.2　播放未压缩音频

　　与前面讲到的 QSoundEffect 类对应的是 SoundEffect 类型，允许在 Qt Quick 中使用低延迟的方式播放未压缩的音频文件。如果不需要低延迟，那么建议使用 MediaPlayer 类型。

　　一般 SoundEffect 类型播放的声音都是会被多次使用的。它允许提前进行解析并且准备完毕，在需要的时候只需要触发即可。可以声明一个 SoundEffect 实例，然后在任意位置引用它。

　　下面我们看一个例子（项目源码路径为 src\13\13-10\mysoundeffect）。

```
import QtQuick
import QtMultimedia

Text {
    text: "Click Me!";
    font.pointSize: 24; width: 150; height: 50

    SoundEffect {
        id: playSound
        source: "soundeffect.wav"
    }
    MouseArea {
        id: playArea; anchors.fill: parent
        onPressed: { playSound.play() }
    }
}
```

因为 SoundEffect 需要一些资源实现低延迟播放，一些平台可能会限制同时播放的数量。

13.2.3 播放视频

要使用 MediaPlayer 播放视频，除了指定音频输出，还需要使用 videoOutput 属性指定视频输出对象 VideoOutput。VideoOutput 类型中有一个 orientation 属性，可以设置视频的方向，通过指定一个度数（需要是 90 的倍数）来旋转视频，逆时针方向为正值。另外，该类型还包含一个 fillMode 属性，用来定义视频如何缩放来适应窗口，可以取以下值。

- VideoOutput.Stretch：视频进行缩放来适应窗口大小；
- VideoOutput.PreserveAspectFit：默认值，视频宽高按比例进行缩放，不会进行裁剪；
- VideoOutput.PreserveAspectCrop：视频宽高按比例进行缩放，在必要时会进行裁剪。

下面我们看一个例子（项目源码路径为 src\13\13-11\myvideo）。

```
import QtQuick
import QtMultimedia
import QtQuick.Controls

Window {
    width: 800; height: 600; visible: true

    Item {
        id: item; anchors.fill: parent

        MediaPlayer {
            id: player
            source: "video.wmv"
            audioOutput: AudioOutput {}
            videoOutput: videoOutput
        }

        VideoOutput { id: videoOutput; anchors.fill: parent }

        focus: true
        Keys.onSpacePressed: player.playbackState === MediaPlayer.PlayingState
                           ? player.pause() : player.play()
        Keys.onLeftPressed: player.position = player.position - 5000
        Keys.onRightPressed: player.position = player.position + 5000
    }

    Slider {
        width: parent.width; anchors.bottom: item.bottom
```

```
        to: player.duration; value: player.position
    }
}
```

这里使用空格键来控制视频的播放和暂停，使用左右方向键来实现播放的快进和快退。除了 MediaPlayer 类型，还有一个 Video 类型结合了 MediaPlayer 和 VideoOutput 的功能，可以直接用来播放视频。

13.2.4 媒体捕获相关类型

CaptureSession 是管理本地设备上媒体捕获的中心类型，用于捕获的输入输出设备通过该类型进行统一管理，例如可以将相机和音频输入对象绑定到 CaptureSession。该类型的属性包括 audioInput 指定音频输入对象、audioOutput 指定音频输出对象、camera 指定相机、imageCapture 指定图形捕获对象、recorder 指定音视频录制对象、videoOutput 指定视频输出对象。

MediaDevices 类型用于提供可用多媒体设备和系统默认值的信息，它主要监控音频输入设备（麦克风）、音频输出设备（扬声器、耳机）和视频输入设备（摄像头）。该类型可以通过 audioInputs、audioOutputs 和 videoInputs 等属性来获取相应设备组的列表，也可以通过 defaultAudioInput、defaultAudioOutput 和 defaultVideoInput 等属性来获取相应设备组的系统默认设备。

Camera 类型可以在 CaptureSession 中用于视频录制和图像拍摄。可以使用 MediaDevices 获得可用的相机并指定要使用的相机，然后调用 start() 来开启相机，调用 stop() 来关闭相机。Camera 提供了多个属性来控制拍摄和图像的处理，可以通过 supportedFeatures 来获取当前相机支持的特色，主要包括聚焦和缩放、曝光和闪光灯、白平衡等设置，可以参考前面 QCamera 处的介绍。

13.2.5 使用 ImageCapture 进行拍照

虽然需要使用 Camera 进行图像输入，但具体拍照和录像等功能是分别由单独的类型来完成的。ImageCapture 类型用来捕获静止图像，并在图像已经捕获或成功保存时发射信号。使用该类型，需要先在 CaptureSession 中进行绑定，然后调用 capture() 来捕获图像，一旦捕获成功，就可以使用 preview 属性获取捕获图像的路径并通过 Image 进行预览，或者通过 saveToFile(location) 保存到指定的位置。另外，也可以通过 captureToFile(location) 直接完成捕获和保存操作。当图像捕获成功或者保存成功时，会分别发射 imageCaptured() 和 imageSaved() 信号；如果出现问题，会发射 errorOccurred() 信号。

下面我们看一个例子（项目源码路径为 src\13\13-12\myimagecapture）。

```
import QtQuick
import QtMultimedia
import QtQuick.Controls
import Qt.labs.platform

Rectangle {
    width: 480; height: 360; color: "black"

    MediaDevices { id: mediaDevices }
    Camera { id: camera; cameraDevice: mediaDevices.defaultVideoInput }
    ImageCapture { id: imageCapture }
    VideoOutput { id: videoOutput; anchors.fill: parent }

    CaptureSession {
        imageCapture: imageCapture
        camera: camera
        videoOutput: videoOutput
    }
```

```
    Button {
        id: openBtn
        text: camera.active ? qsTr("关闭") : qsTr("打开")
        anchors.bottom: parent.bottom
        anchors.horizontalCenter: parent.horizontalCenter
        onClicked: camera.active ? camera.stop() : camera.start()
    }
}
```

　　这里首先使用 MediaDevices 获取了默认的相机设备，并在 CaptureSession 中分别绑定了图像捕获、相机和视频输出等对象。然后添加了一个按钮控件，根据相机是否可用来打开和关闭相机。下面继续添加代码来完成拍照功能。

```
Button {
    id: imageCaptureBtn
    text: qsTr("拍照")
    visible: camera.active
    anchors.left: openBtn.right
    anchors.verticalCenter: openBtn.verticalCenter
    onClicked: {
        imageCapture.capture()
        popup.open()
    }
}

Popup {
    id: popup
    width: 400; height: 300
    modal: true; focus: true
    anchors.centerIn: Overlay.overlay

    Image {
        anchors.fill: parent
        source: imageCapture.preview
    }

    Button {
        text: qsTr("保存")
        onClicked: fileDialog.open()
    }

    FileDialog {
        id: fileDialog
        folder: StandardPaths.writableLocation(
                        StandardPaths.DocumentsLocation)
        fileMode: FileDialog.SaveFile
        currentFile: "untitled.png"
        onAccepted: imageCapture.saveToFile(file)
    }
}
```

　　这里添加了一个按钮来进行图像捕获，并在弹出框中显示捕获的图像，可以通过按钮打开保存对话框对图像进行保存。

13.2.6　使用 MediaRecorder 进行音视频录制

　　MediaRecorder 可以绑定到 CaptureSession 中，对相机和麦克风捕获的视频和音频进行录制。可以通过 isAvailable 属性判断录制服务是否可用；通过 quality 指定录制质量；通过 metaData

指定元数据；通过 outputLocation 指定输出路径。然后调用 record()开始录制，调用 pause()暂停录制，调用 stop()停止录制，每当调用一个方法，就会发射 recorderStateChanged()信号，可以通过 recorderState 获取录制状态。可以通过 duration 获取录制时长，单位是毫秒，每当 duration 的值改变时，都会发射 durationChanged()信号。

下面继续在前面例子的基础上添加代码，来实现视频录制功能（项目源码路径为 src\13\13-13\mymediarecorder）。

```
CaptureSession {
    ... ...
    audioInput: AudioInput {}
    recorder: MediaRecorder { id: recorder }
}
```

首先在 CaptureSession 中绑定了音频输入和多媒体录制对象，然后继续添加如下代码。

```
Button {
    id: recordBtn
    text: qsTr("录像")
    visible: camera.active
    anchors.left: imageCaptureBtn.right
    anchors.verticalCenter: openBtn.verticalCenter
    onClicked: {
        if( recorder.duration === 0 ||
            recorder.recorderState === MediaRecorder.StoppedState ) {
            recordDialog.open()
        }
        else {
            recorder.stop()
            text = qsTr("录像")
            timeLabel.visible = false
            console.log(recorder.duration)
        }
    }
}

FileDialog {
    id: recordDialog
    folder: StandardPaths.writableLocation(StandardPaths.DocumentsLocation)
    fileMode: FileDialog.SaveFile
    currentFile: "untitled.mp4"
    onAccepted: {
        recorder.outputLocation = file
        recorder.record()
        timeLabel.visible = true
        recordBtn.text = qsTr("停止")
    }
}

Label {
    id: timeLabel
    visible: false
    anchors.horizontalCenter: videoOutput.horizontalCenter
    text: recorder.duration / 1000
}
```

这里添加了一个按钮来进行视频捕获，在捕获前先打开一个文件保存对话框选择视频保存的路径，再执行录制操作，录制时通过一个标签来显示时长。

13.3　小结

本章简单介绍了 Qt Multimedia 模块中音视频播放和捕获的操作。可以看到，在 Qt Widgets 和 Qt Quick 中，Qt Multimedia 模块提供的 API 是相似的，读者可以相互参照学习。如果要开发一个完整的音视频播放应用，还需要借助以前学习的其他内容，有兴趣的读者可以动手尝试一下，也可以参考 Qt 提供的 Media Player Example 示例程序。

13.4　练习

1. 简述 Qt Multimedia 模块的主要功能。
2. 学会使用 QMediaPlayer 进行音视频播放。
3. 掌握 QMediaPlayer 的常用功能，可以设计简单的媒体播放器。
4. 掌握通过 QCamera 及相关类进行拍照和视频录制的方法。
5. 掌握通过 QMediaRecorder 及相关类进行音频录制的方法。
6. 掌握通过 Qt Multimedia 模块在 Qt Quick 中进行音视频播放、拍照、录像的方法。

第 14 章　QML 与 C++混合开发

为了实现用户界面与应用程序逻辑分离的目的，QML 支持使用 C++进行扩展，允许将 QML、JavaScript 和 C++三者进行混合开发。由于 QML 引擎与 Qt 元对象系统的集成，实现了在 QML 中可以直接调用 C++的功能，而 QML 模块提供的 C++类能够帮助开发人员从 C++加载、维护 QML 对象。本章将简单介绍如何实现 QML 和 C++的混合编程。可以在 Qt 帮助中通过 Overview - QML and C++ Integration 关键字查看本章相关内容。

14.1　概述

只有 QObject 派生的类才能将数据或函数提供给 QML 使用。由于 QML 引擎集成了 Qt 元对象系统，由 QObject 派生的所有子类的属性、方法和信号等都可以在 QML 中访问。QObject 的子类可以通过多种方式将功能暴露给 QML。

- C++类可以被注册为一个可实例化的 QML 类型，这样它就可以像其他普通 QML 对象类型一样在 QML 代码中被实例化使用。
- C++类可以被注册为一个单例类型，这样可以在 QML 代码中导入这个单例对象实例。
- C++类的实例可以作为上下文属性或上下文对象嵌入 QML 代码中。

另外，还可以创建 C++插件与 QML 模块集成，然后导入 QML 代码中使用，可以在帮助中通过 Creating C++ Plugins for QML 关键字查看相关内容。

除了可以从 QML 中访问 C++的功能，Qt QML 模块也提供了多种方式，实现了在 C++代码中操作 QML 对象，不过，一般情况下并不推荐这样使用。重构 QML 要比重构 C++容易得多，为了减少后期维护成本，笔者建议尽量减少在 C++端处理 QML 内容。

总的来说，通过 QML 与 C++的集成，可以提供下面这些优势。

- 将用户界面代码与应用程序逻辑代码分离。用户界面可以基于 QML 和 JavaScript 实现，程序逻辑则可以使用 C++实现。
- 在 QML 中调用 C++功能。例如，调用程序逻辑、使用由 C++实现的数据模型或者调用第三方 C++库中的一些函数等。
- 使用 Qt QML 或 Qt Quick 模块中现成的 C++接口。例如，使用 QQuickImageProvider 来动态生成图像。
- 使用 C++实现自定义的 QML 对象类型。既可以在自己指定的应用程序中使用，也可以分配给其他程序使用。

下面将重点对通过 C++实现自定义的 QML 对象类型进行讲解，后面还会对 Qt QML 模块中几个常见的 C++类进行介绍。

14.2　在 QML 类型系统中注册 C++类型

将一个 C++类注册到 QML 类型系统，是一种常用的 C++扩展 QML 的方式，这样就可以在 QML 代码中将该 C++类作为一个数据类型使用。要在 QML 中访问 QObject 派生类的属性、函数和信号，该派生类就必须先在 QML 类型系统中进行注册。

QObject 的子类可以注册到 QML 类型系统，无论该类是否可实例化。注册一个可实例化的 C++类，意味着将这个类定义为一个 QML 对象类型，允许在 QML 代码中创建这种类型的对象。同时，QML 对象类型通过这种注册能够获得这种类型的元数据，能够将这种类型用作 QML 与 C++之间进行数据交换的属性值、函数参数和返回值以及信号参数等。而注册一个不可实例化的 C++类，意味着这种类型不能够被实例化。有时这个是很有用的，例如，一个类型包含的枚举要暴露给 QML，但是这个类型本身不需要被实例化。

可以在 Qt 帮助中通过 Defining QML Types from C++关键字查看本节相关内容。

14.2.1　基于宏的注册方式

Qt 5.15 重新设计了类型注册系统，使用一组可以添加到类定义中的宏——它们会将类型标记为导出到 QML。这些宏中最常用的是 QML_ELEMENT，它可以将所在类提供给 QML 作为一个类型，而类型名称就是类名。如果不想使用类名，而是自定义类型名称，那么可以使用对应的 QML_NAMED_ELEMENT(name)宏，通过参数 name 来指定类型名称。下面通过一个例子来讲解如何使用 QML_ELEMENT 宏将 QObject 派生类注册为可实例化的 QML 对象类型。

（项目源码路径为 src\14\14-1\mybackend）新建项目，模板选择其他项目分类中的 Empty qmake Project，项目名称为 mybackend。项目创建完成后，打开 mybackend.pro 文件，添加如下代码并保存该文件。

```
QT += quick quickcontrols2
```

创建完成后，使用 Ctrl+N 快捷键向项目中添加新的 C++类，类名为 BackEnd。完成后将 backend.h 文件内容更改如下。

```cpp
#ifndef BACKEND_H
#define BACKEND_H

#include <QObject>
#include <QString>
#include <QtQml/qqmlregistration.h> // 添加头文件

class BackEnd : public QObject
{
    Q_OBJECT
    Q_PROPERTY(QString userName READ userName WRITE setUserName
               NOTIFY userNameChanged)
    QML_ELEMENT // 添加宏

public:
    explicit BackEnd(QObject *parent = nullptr);
    QString userName();
    void setUserName(const QString &userName);

signals:
    void userNameChanged();

private:
    QString m_userName;
};

#endif // BACKEND_H
```

要使用 QML_ELEMENT 等宏，需要添加 #include <QtQml/qqmlregistration.h>头文件，然后在类定义的私有区添加 QML_ELEMENT 宏，一般在开始处添加，这样会声明这个 BackEnd 类可以作为 QML 的 BackEnd 类型。这里还使用 Q_PROPERTY 宏声明了一个 userName 属性，该属性可以从 QML 访问。下面修改 backend.cpp 内容如下。

```cpp
#include "backend.h"

BackEnd::BackEnd(QObject *parent) :
    QObject(parent)
{
}

QString BackEnd::userName()
{
    return m_userName;
}

void BackEnd::setUserName(const QString &userName)
{
    if (userName == m_userName)
        return;

    m_userName = userName;
    emit userNameChanged();
}
```

每当 m_userName 的值改变时，setUserName()函数都会发射 userNameChanged()信号，该信号可以在 QML 中通过 onUserNameChanged 信号处理器进行处理。

下面需要在项目文件 mybackend.pro 中添加代码：

```
CONFIG += qmltypes
QML_IMPORT_NAME = io.qt.examples.backend
QML_IMPORT_MAJOR_VERSION = 1
```

这样可以使用构建系统在类型命名空间 io.qt.examples.backend 中注册主版本为 1 的类型。次要版本将从附加到属性、方法或信号的任何修订中派生出来，默认次要版本为 0。如果将 QML_ADDED_IN_minor_VERSION()宏添加到类定义中，可以显式地将类型限制为仅在特定的次要版本中可用。

现在 BackEnd 被注册为一个 QML 类型，可以在 QML 中通过导入 io.qt.examples.backend 来访问该类型。下面添加新的 main.qml 文件，完成后将其内容修改为：

```qml
import QtQuick
import QtQuick.Controls
import io.qt.examples.backend

ApplicationWindow {
    id: root
    width: 300; height: 480; visible: true

    BackEnd {
        id: backend
        onUserNameChanged: console.log(backend.userName)
    }

    Column {
        spacing: 10; anchors.centerIn: parent

        TextField {
```

```
            placeholderText: qsTr("User name")
            onTextChanged: backend.userName = text
        }

        Label {
            text: backend.userName
            width: 200; font.pointSize: 20
            background: Rectangle { color: "lightgrey" }
        }
    }
}
```

这里通过导入 io.qt.examples.backend 使得可以在 QML 中使用 BackEnd 类型。最后添加 main.cpp 文件，完成后修改其内容如下。

```
#include <QGuiApplication>
#include <QQmlApplicationEngine>

int main(int argc, char *argv[])
{
    QGuiApplication app(argc, argv);
    QQmlApplicationEngine engine;
    engine.load(QUrl::fromLocalFile("../mybackend/main.qml"));
    return app.exec();
}
```

运行程序，在 TextField 中可以修改 userName 属性的值，然后会同步显示到 Label 控件中。当然，也可以在 C++端对 userName 的值进行各种复杂的处理，从而体现集成 C++的优势。

对注册机制的实现感兴趣的读者，可以查看一下程序编译生成的 mybackend.qmltypes、mybackend_metatypes.json 和 mybackend_qmltyperegistrations.cpp 等文件的内容。例如，mybackend.qmltypes 文件的内容如下。

```
import QtQuick.tooling 1.2

Module {
    Component {
        file: "backend.h"
        name: "BackEnd"
        accessSemantics: "reference"
        prototype: "QObject"
        exports: ["io.qt.examples.backend/BackEnd 1.0"]
        exportMetaObjectRevisions: [256]
        Property {
            name: "userName"
            type: "QString"
            read: "userName"
            write: "setUserName"
            notify: "userNameChanged"
            index: 0
        }
        Signal { name: "userNameChanged" }
    }
}
```

通过这个例子可以看到，使用 QML_ELEMENT 等宏将 QObject 派生类注册为 QML 对象类型，一般需要做如下工作。

（1）在类的.h 头文件中添加 #include <QtQml/qqmlregistration.h>，并在类定义的私有部分添加 QML_ELEMENT 等宏。

（2）将 CONFIG += qmltypes、QML_IMPORT_NAME 和 QML_IMPORT _MAJOR_VERSION 添加到.pro 项目文件中。

（3）在 QML 文件中通过导入 QML_IMPORT_NAME 指定的名称，就可以使用以类名为名称的类型，以及其属性、函数和信号。

14.2.2　注册值类型

具有 Q_GADGET 宏的任何类都可以注册为 QML 值类型。一旦在 QML 类型系统中注册，就可以用作 QML 代码中的属性类型，任何值类型的属性和方法都可以从 QML 代码访问。

Q_GADGET 宏是 Q_OBJECT 宏的简化版，适用于不从 QObject 派生但仍希望使用 QMetaObject 提供的一些相关功能的类。就像 Q_OBJECT 宏一样，它必须出现在类定义的私有部分中，可以使用 Q_ENUM、Q_PROPERTY 和 Q_INVOKABLE，但不能使用信号和槽。

需要注意，与对象类型不同，值类型的名称需要小写。注册值类型的首选方式是使用 QML_VALUE_TYPE 或 QML_ANONYMOUS 宏，其过程与前面讲到的对象类型的注册非常相似。例如，下面的代码片段中注册的值类型的名称为 person。

```
class Person
{
    Q_GADGET
    Q_PROPERTY(QString firstName READ firstName WRITE setFirstName)
    Q_PROPERTY(QString lastName READ lastName WRITE setLastName)
    QML_VALUE_TYPE(person)
public:
    // ...
};
```

14.2.3　注册不可实例化的对象类型

有时需要将 QObject 派生类注册为不可实例化的对象类型，适用于符合下面情况的 C++类。
- 是一个接口类型，不应该被实例化。
- 是不需要向 QML 公开的基类。
- 仅声明一些可以从 QML 访问的枚举。
- 是一种应通过单例提供给 QML 的类型，不应从 QML 实例化。

Qt QML 模块提供了几个用于注册非实例化类型的宏。
- QML_ANONYMOUS 宏注册不可实例化且无法从 QML 引用的 C++类型。无法在 QML 中创建或使用该类型来声明属性。
- QML_INTERFACE 宏注册 Qt 接口类型，该类型不能从 QML 实例化，不过，在 QML 中使用这种类型的 C++属性将执行预期的接口强制转换。
- QML_UNCREATABLE(reason)宏要与 QML_ELEMENT 或 QML_NAMED_ELEMENT 结合使用，注册一个命名的 C++类型，该类型不可实例化，但可以被 QML 类型系统识别。如果类型的枚举或附加属性应该可以从 QML 访问，但类型本身不应该是可实例化的，这时候可以使用这种方式来实现。如果检测到从 QML 创建类型的尝试，则参数 reason 将作为错误消息被发出，从 Qt 6.0 开始，参数可以指定为 "" 来使用一个标准的消息。
- QML_SINGLETON 宏要与 QML_ELEMENT 或 QML_NAMED_ELEMENT 结合使用，注册一个可以从 QML 导入的单例类型。

需要注意的是，所有注册到 QML 类型系统的 C++类型都必须是 QObject 派生的，即便是不可实例化的对象类型也必须如此。

14.2.4　注册单例类型

单例允许 QML 使用命名空间访问其属性值、信号和函数，而不需要 QML 客户端手动实例化一个对象实例。QObject 单例类型对于提供工具方法或全局属性值尤其有用。单例类型不需要关联 QQmlContext，因为它们会被 QML 引擎中所有上下文共享。QObject 单例类型由 QQmlEngine 构造并持有，直到引擎销毁时才会被销毁。

与 QObject 单例类型进行交互的方式与其他 QObject 或实例基本相同，但是需要注意一点，QObject 单例类型只有一个实例，只能通过这种类型的名称访问，而不能使用 ID 进行访问。QObject 单例类型尤其适合实现样式或主题，存储全局状态或提供全局函数。与此同时，QJSValue 也可以作为单例类型使用，但是这种单例类型的属性不能被绑定。

一旦注册成功，QObject 单例类型就可以像其他 QObject 实例一样在 QML 中使用。例如，在下面的代码片段中，ThemeModule 命名空间的版本号为 1.0，其中注册了一个 QObject 单例类型，包含一个 QColor 类型的属性 color，则可以像其他 QObject 实例一样在 QML 中使用。

```
import ThemeModule 1.0 as Theme

Rectangle {
    color: Theme.color
}
```

14.2.5　类型的修订和版本

很多类型都需要提供一个注册类型的版本号。类型的修订和版本允许类型在新版本与旧版本保持兼容的同时，向类型中增加新的属性或函数。比如下面两个 QML 文件，一个是 main.qml，里面使用了 MyType 类型：

```
import QtQuick 1.0

Item {
    id: root
    MyType {}
}
```

下面是 MyType.qml：

```
import MyTypes 1.0

CppType {
    value: root.x
}
```

其中，CppType 对应着 C++类 CppType。假设在新的版本中，CppType 的维护者为 CppType 类增加了一个 root 属性，使用现在版本的代码就会发生歧义。因为在该版本中，root 是顶层组件的 ID。针对这种情况，CppType 的维护者应该指出，从这个特定的版本起，root 重新定义为一个全新的属性。这种机制确保新属性和其他特性能够在不破坏现有程序的前提下得以成功添加。

为了解决这一问题，用户可以使用 REVISION 宏标签标记新增的 root 属性的修订版本号为 1。使用 Q_INVOKABLE 标记的函数、信号和槽也可以使用 Q_REVISION(*x*)宏。例如：

```
class CppType : public BaseType
{
    Q_OBJECT
```

```
    Q_PROPERTY(int root READ root WRITE setRoot
            NOTIFY rootChanged REVISION 1)
    QML_ELEMENT

signals:
    Q_REVISION(1) void rootChanged();
};
```

以这种方式给出的修订将自动解释为.pro 项目文件中 QML_IMPORT _MAJOR_VERSION 给出的主要版本的次要版本。在这种情况下，仅在导入 MyTypes 1.1 或更高版本时 root 属性才可用，MyTypes 1.0 版的导入不受影响。另外，在更高版本中引入时应使用 QML_ADDED_in_MINOR_VERSION 宏进行标记，这样如果该类型所属的 QML 模块的导入版本低于以这种方式确定的版本，则 QML 类型不可见。

通过这种机制，新版本可以在不破坏已有系统的基础之上进行修改。不过，这种机制要求 QML 模块维护人员确保将 minor 版本的更改及时更新到文档中，模块使用人员则要在更新导入语句之前进行检查，是否更新应用程序后还能够正确工作。注意，如果对类型所依赖的基类进行修订，在注册类型本身时会自动注册，这在从别人提供的基类派生类型时很有用。

14.3　Qt QML 模块提供的 C++类

Qt QML 模块提供了一些用于实现 QML 框架的 C++类，客户端可以使用这些类与 QML 在运行时进行交互（例如向对象注入数据，或者调用对象的方法），并且从 QML 文档实例化对象层次结构。

一个使用 C++作为切入点的典型 QML 应用程序构成了一个 QML 客户端。在启动时，客户端会初始化一个 QQmlEngine 类作为 QML 引擎，然后使用 QQmlComponent 对象加载 QML 文档。QML 引擎会提供一个默认的 QQmlContext 对象作为顶层执行上下文，用来执行 QML 文档中定义的函数和表达式。这个上下文可以通过 QQmlEngine::rootContext()函数获取，利用 QML 引擎可以对其进行修改等操作。如果在加载 QML 文档时没有发生任何错误，QML 文档定义的对象层次结构将使用 QQmlComponent 对象的 create()函数进行创建。当所有对象全部创建完毕时，客户端会将控制权移交给应用程序的事件循环，此时，用户输入事件才能够被提交并被应用程序处理。

本节讲述的几个 C++类提供了 QML 运行环境的基础和 QML 的核心概念。可以在帮助中通过 Important C++ Classes Provided By The Qt QML Module 关键字查看本节相关内容。

14.3.1　QQmlEngine、QQmlApplicationEngine 和 QQuickView

QQmlEngine 类提供了一个 QML 引擎，用于管理由 QML 文档定义的对象层次结构。QML 引擎提供了一个默认的 QML 上下文，也就是根上下文。该上下文是表达式的执行环境，并且保证在需要时对象属性能够被正确更新。QQmlEngine 允许将全局设置应用到其管理的所有对象。

在创建 Qt Quick 应用程序时，常用的是 QQmlApplicationEngine 类，它是 QQmlEngine 的子类。QQmlApplicationEngine 结合了 QQmlEngine 和 QQmlComponent 的功能，提供了一种简便的方式从一个单一的 QML 文件加载一个应用程序，并且为 QML 提供了一些核心应用程序功能，而这些功能在 C++/QML 混合程序中一般由 C++进行控制。

当新建一个 Qt Quick Application 时，在 main.cpp 文件的主函数中一般可以使用如下代码来加载 QML 文件。

```
QQmlApplicationEngine engine;
engine.load(QUrl(QStringLiteral("qrc:/main.qml")));
```

这里的 load()函数会自动加载给定的文件并立即创建文件中定义的对象树。需要注意，就像使用 Qt Creator 模板创建的 Qt Quick Application 项目中所见到的那样，加载的 main.qml 中需要使用 Window 或其子类型 ApplicationWindow 作为根对象。这是因为 QQmlApplicationEngine 不会自动创建根窗口，如果使用了 Qt Quick 中的可视化项目，则需要将它们放置在 Window 中。

如果想直接显示一个根对象不是 Window 的 QML 文件，例如其根对象为 Item 或者 Rectangle，那么可以使用 QQuickView 类。该类位于 Qt Quick 模块，提供了 QML 运行时和显示 QML 应用程序的可视窗口，当给定 QML 文件的 URL 时，将自动加载并显示 QML 场景。例如 myqmlfile.qml 文档中使用 Item 作为根对象，可以这样进行加载：

```
int main(int argc, char *argv[])
{
    QGuiApplication app(argc, argv);

    QQuickView *view = new QQuickView;
    view->setSource(QUrl::fromLocalFile("myqmlfile.qml"));
    view->show();
    return app.exec();
}
```

14.3.2　QQmlContext

QQmlContext 提供了对象实例化和表达式执行所需的运行时上下文。所有对象都要在一个特定的上下文中实例化；所有表达式都要在一个特定的上下文中执行。QQmlContext 类在 QML 引擎中定义了这样一个上下文，允许数据暴露给由 QML 引擎实例化的 QML 组件。

QQmlContext 包含了一系列属性，能够通过名字将数据显式绑定到上下文。可以使用 QQmlContext::setContextProperty()函数来定义、更新上下文中的属性。下面的代码片段展示了如何在 QML 中使用 C++模型。

```
QQmlEngine engine;
QStringListModel modelData;
QQmlContext *context = engine.rootContext();
context->setContextProperty("stringModel", &modelData);
```

注意，QQmlContext 的创建者有责任销毁其创建的 QQmlContext 对象。例如：

```
QQmlEngine engine;
QStringListModel modelData;
QQmlContext *context = new QQmlContext(engine.rootContext());
context->setContextProperty("stringModel", &modelData);

QQmlComponent component(&engine);
component.setData("import QtQuick; ListView{ model: stringModel }", QUrl());
QObject *window = component.create(context);
```

与之前的代码不同，这里并没有直接使用根上下文对象，而是由根上下文创建了一个新的上下文对象。modelData 被添加到新的上下文中，并且该上下文作为动态创建的组件的上下文。在这段代码中，window 对象销毁之后，context 对象也就不再需要。此时，必须显式销毁 context 对象。最简单的方法是利用 Qt 的对象层次结构，将 window 作为 context 的父对象。

要简化和维护较大的数据集，可以在 QQmlContext 上设置一个上下文对象，上下文对象的所有属性都可以在 context 中通过名称进行访问，就好像它们是通过调用 QQmlContext::setContextProperty()单独设置的一样。属性值的改变可以通过属性的通知信号获知。使用上下文对象要比一个个手工添加并维护上下文属性值简单快捷得多。下面的代码片段与前面的代码功能一样，只是使用了上下文对象。

```
class MyDataSet : public QObject {
```

```
    // ...
    Q_PROPERTY(QAbstractItemModel *myModel READ model NOTIFY modelChanged)
    // ...
};

MyDataSet myDataSet;
QQmlEngine engine;
QQmlContext *context = new QQmlContext(engine.rootContext());
context->setContextObject(&myDataSet);

QQmlComponent component(&engine);
component.setData("import QtQuick; ListView{ model: myModel }", QUrl());
component.create(context);
```

注意，使用 QQmlContext::setContextProperty()显式设置的属性会优先于上下文对象的属性。

上下文之间会组成层次结构，这个层次结构的根就是 QML 引擎的根上下文。子上下文会继承父上下文的上下文属性；如果在子上下文中设置的上下文属性在父上下文中已经存在了，那么会覆盖父上下文中的属性值。例如下面的代码：

```
QQmlEngine engine;
QQmlContext *context1 = new QQmlContext(engine.rootContext());
QQmlContext *context2 = new QQmlContext(context1);
context1->setContextProperty("a", 12);
context1->setContextProperty("b", 12);
context2->setContextProperty("b", 15);
```

这段代码中创建了两个上下文：context1 和 context2。context2 是 context1 的子上下文，因此具有 context1 的全部属性，包括 a 和 b。context2 重新设置了 b 的值为 15，覆盖了继承自 context1 的值。

注意，这里的"子上下文"并不意味着父上下文持有子上下文，仅仅说明它们之间的绑定是继承的。当一个上下文销毁时，其绑定的所有属性都会停止计算。

设置上下文对象或在上下文中创建了一个对象以后再添加新的上下文属性等操作都是非常耗时的，这往往意味着需要将所有绑定重新计算一遍。所以，要尽可能完全设置上下文属性之后，再使用它创建对象。

14.3.3 QQmlComponent

动态对象实例化是 QML 的核心概念之一，QML 文档定义的对象类型可以在运行时使用 QQmlComponent 类进行实例化。QQmlComponent 实例既可以使用 C++直接创建，也可以通过 Qt.createComponnet()函数在 QML 代码中创建。

组件是可重用的、具有定义好的对外接口的封装 QML 类型。QQmlComponent 封装了 QML 组件的定义，可以用于加载 QML 文档。它需要 QQmlEngine 实例化 QML 文档中定义的对象层次结构。下面通过一个例子来进行讲解。

（项目源码路径为 src\14\14-2\myqmlcomponent）首先创建一个新的 Qt 控制台应用（Qt Console Application），项目名称为 myqmlcomponent，其他保持默认设置。完成后接着在 myqmlcomponent.pro 文件中添加如下一行代码并进行保存。

```
QT += quick
```

下面向项目中添加一个新的 main.qml 文件，然后将其内容更改如下。

```
import QtQuick
```

```
Item {
    width: 200; height: 200
}
```

打开 **main.cpp** 文件，首先添加头文件：

```
#include <QQmlEngine>
#include <QQuickItem>
```

然后修改主函数代码如下。

```
int main(int argc, char *argv[])
{
    QCoreApplication a(argc, argv);

    QQmlEngine engine;
    QQmlComponent component(&engine,
                QUrl::fromLocalFile("../myqmlcomponent/main.qml"));
    QObject *myObject = component.create();
    QQuickItem *item = qobject_cast<QQuickItem*>(myObject);
    qreal width = item->width();
    qDebug() << width;

    return a.exec();
}
```

这时运行程序，就可以在下面的"应用程序输出"窗口看到 width 属性的值了。如果 QQmlComponent 需要从 URL 加载网络资源，或者 QML 文档引用了网络资源，在创建对象之前，QQmlComponent 都要先获取这些网络数据。此时，QQmlComponent 会变成 Loading 状态，只有其状态变成 Ready 之后，QQmlComponent::create()才能够被调用，在此之前，应用程序需要一直等待。

14.3.4　QQmlExpression

动态执行表达式也是 QML 的核心概念之一。QQmlExpression 允许客户端在 C++中利用一个特定的 QML 上下文执行 JavaScript 表达式。表达式的执行结果以 QVariant 的形式返回，并且遵守 QML 引擎确定的转换规则。比如下面的 main.qml 文件：

```
Item {
    width: 200; height: 200
}
```

可以使用下面的 C++代码，在一个上下文中执行 JavaScript 表达式。

```
QQmlEngine *engine = new QQmlEngine;
QQmlComponent component(engine, QUrl::fromLocalFile("main.qml"));

QObject *object = component.create();
QQmlExpression *expr = new QQmlExpression(engine->rootContext(),
                                object, "width * 2");
int result = expr->evaluate().toInt();  // result = 400
```

14.4　小结

本章介绍了 QML 与 C++混合编程的一些基本方法，着重讲解了在 QML 中使用 C++对象的方法。需要说明，进行混合编程的目的是要将表现层 QML 与业务逻辑层 C++更好地分离，如果使用 QML 能直接解决问题，就不需要进行混合编程。

14.5 练习

1. 简述 QML 与 C++进行集成的优势。
2. 简述 QObject 派生类将功能暴露给 QML 的几种方式。
3. 掌握使用 QML_ELEMENT 等宏将 QObject 派生类注册为 QML 对象类型的方法。
4. 简述 QQmlEngine、QQmlComponent、QQmlContext 等类的作用。

附录 A   QML 语法速查

QML 文档是高度可读的、声明式的文档，具有类似 JSON 的语法，支持使用 JavaScript 表达式，具有动态属性绑定等特性。读者在学习 Qt Quick 编程时，遇到一些术语或者想深入学习的知识点，可以在这里进行查找。

A.1   import 导入语句

导入语句可以告知引擎在 QML 文档中使用了哪些模块、JavaScript 资源和组件目录。QML 文档必须导入必要的模块或者类型的命名空间，以便 QML 引擎加载文档中用到的对象类型。默认情况下，QML 文档可以访问到与该.qml 文件同目录下的对象类型。除此以外，如果 QML 文档还需要使用其他对象类型，就必须在 import 部分导入该类型的命名空间。

import 语句看起来非常像 C/C++的 include 预处理指令，但是它们完全不同。import 语句不是预处理语句，不会将其他代码复制到当前文档，而是向 QML 引擎说明要如何处理文档中使用的对象类型。QML 文档中使用的任意组件，比如 Rectangle，以及那些在 JavaScript 或属性绑定中用到的对象，都需要利用 import 语句消除歧义。QML 文档的 import 部分至少要包含一条语句：

```
import QtQuick
```

import 语句有 3 种类型，下面依次进行介绍。可以在 Qt 帮助中通过 Import Statements 关键字查看。

A.1.1   模块（命名空间）导入语句

模块导入语句是最常见的 import 语句，用于将注册了 QML 对象类型或 JavaScript 资源的 QML 模块导入一个指定的命名空间。这类 import 语句的语法是：

```
import <ModuleIdentifier> [<Version.Number>] [as <Qualifier>]
```

其中：
- <ModuleIdentifier>是使用点分割的 URI 标识符。该标识符唯一确定模块的对象类型命名空间。
- <Version.Number>是"主版本号.子版本号"形式的版本信息，指明由此 import 语句导入的可用的对象类型和 JavaScript 资源的集合。此项可以省略，这样会导入最新版本的模块，也可以只省略子版本号，这样会导入主版本的最新子版本。
- <Qualifier>是可选的限定符，用于给导入的对象类型和 JavaScript 资源一个文档内部的命名空间。如果不给出这个限定符，那么导入的对象类型和 JavaScript 资源将会被导入全局命名空间。

以 QML 文件所必需的 import QtQuick 语句为例，该语句导入了 QtQuick 模块提供的所有对象类型。由于没有给出限定符，这些对象类型可以被直接使用。不过，在同时导入多个包含了同名对象类型的模块时，带限定符的形式会更有用。例如，在 QtQuick 模块和自定义的 textwidgets 模块中都包含 Text 类型，如果要在一个文档中同时使用这两个模块，就需要使用带限定符的导入语句（项目源码路径为 src\A\A-1\myimport）：

```
import QtQuick as CoreItems
import "../textwidgets" as MyModule

CoreItems.Rectangle {
    width: 100; height: 100

    MyModule.Text { text: "custom text item!" }
    CoreItems.Text { text: "Hello from Qt Quick!"; y: 20 }
}
```

另外，从 Qt 6 开始，已经移除了 QML 版本控制，所以导入模块时不需要再指定版本号。

A.1.2　目录导入语句

QML 文档支持直接导入包含有 QML 文档的目录。这样便提供了一种简单的方式，可以通过文件系统的目录，将 QML 类型划分成可重复使用的分组。这类 import 语句的语法是：

```
import "<DirectoryPath>" [as <Qualifier>]
```

其中，<DirectoryPath>既可以是本地目录，也可以是远程目录；<Qualifier>和前面模块导入语句中介绍的完全一致。

导入本地的目录不需要进行任何的设置，只需要导入该目录的相对路径或者绝对路径，就可以在 QML 文档中使用目录中定义的对象类型。

与导入本地目录不同，如果要导入一个远程的目录，该目录中需要包含一个 qmldir 文件（注意该文件没用后缀）。qmldir 文件中罗列了目录中的文件列表。例如，一个包含 QML 文件的目录 mycomponents 在远程的 https://qter-images.qter.org/other/mycomponents 上，而在该目录中有一个 qmldir 文件，其内容如下（项目源码路径为 src\A\A-2\myimport）。

```
MyText Text.qml
MyRectangle Rectangle.qml
```

这样便可以使用 URL 来导入远程的 mycomponents 目录，如下面的代码片段所示。

```
import QtQuick
import "https://qter-images.qter.org/other/mycomponents"

Item {
    MyText { text: "Qt!" }
    MyRectangle {x:10; y: 30}
}
```

注意，当导入了网络上的目录时，只能访问该目录中的 qmldir 文件中指定的 QML 文件和 JavaScript 文件。

除了远程目录，本地目录也可以包含一个 qmldir 文件，使用该文件可以快速方便地共享一组 QML 文档，并且只暴露 qmldir 中指定的类型给导入该目录的客户端。另外，如果目录中的 JavaScript 资源没有声明在一个 qmldir 文件中，那么它们不能暴露给客户端。目录清单 qmldir 文件的语法如表 A-1 所示。

表 A-1　目录清单 qmldir 文件语法

命　　令	语　　法	描　　述
对象类型声明	<TypeName> <FileName>	<类型名><文件名>，对象类型声明允许将 QML 文档使用指定的<类型名>进行暴露。例如：RoundedButton RoundedBtn.qml

续表

命　　令	语　　法	描　　述
内部对象 类型声明	internal <TypeName> <FileName>	internal <类型名> <文件名>，内部对象类型声明允许 QML 文档使用<类型名>进行暴露，但是只能暴露给该目录中的 QML 文档。例如： internal HighlightedButton HighlightedBtn.qml
JavaScript 资源声明	<Identifier> <FileName>	<标识符><文件名>，JavaScript 资源声明允许 JavaScript 文件通过给定的标识符进行暴露。例如： MathFunctions mathfuncs.js

可以在帮助中通过 Importing QML Document Directories 关键字查看导入 QML 文档目录的更多相关内容。

A.1.3　JavaScript 资源导入语句

JavaScript 也可以直接导入 QML 文档。这类 import 语句的语法是：

```
import "<JavaScriptFile>" as "<Identifier>"
```

每一个导入的 JavaScript 文件都要指定一个标识符，以便能够在 QML 文档中访问。该标识符必须在整个 QML 文档中唯一。

A.2　QML 类型系统

数据类型是构成 QML 文档的基础。数据类型可以是 QML 语言原生的，可以通过 C++注册，可以由独立的 QML 文档作为模块进行加载，也可以由开发者通过注册 C++类型或者定义 QML 组件来提供自定义的类型。不过，无论这个数据类型来自哪里，QML 引擎都会保证这些类型的属性和实例的类型安全。可以在帮助中通过 The QML Type System 关键字查看更多相关内容。

A.2.1　基本类型

QML 支持 C++常见的数据类型，包括整型、双精度浮点型、字符串和布尔类型。在 QML 中，将这种仅指向简单数据的类型称为基本类型，比如 int 或 string。相对地，将可以包含其他属性、能够具有信号和函数等的类型，称为对象类型。不同于对象类型，基本类型不能用来声明一个 QML 对象，比如 int{}是不允许的。基本类型一般用于以下两种值。

- 单值（例如，int 是单个数字；var 可以是单个项目列表）。
- 一个包含了一组简单的"属性-值"对的值（例如，size 指定的值包含了 width 和 height 属性）。

部分基本类型是引擎默认支持的，不需要导入语句即可正常使用；其余基本类型则在模块中给出，需要导入才能使用。另外，Qt 全局对象提供了一些非常有用的函数操作基本类型的值，例如 darker()、formatDate()、hals()、md5()、qsTr()、quit()等，可以在帮助中通过 QML Global Object 关键字查看更多内容。QML 默认支持的基本类型如表 A-2 所示。

表 A-2　QML 默认支持的基本类型

类　　型	描　　述
int	整型，如 0、10、–10
bool	布尔值，二进制 true/false 值
real	单精度浮点数

续表

类　　型	描　　述
double	双精度浮点数
string	字符串
url	资源定位符
list	QML 对象列表
var	通用属性类型
enumeration	枚举值

QML 其他基本类型由某些模块提供，例如 QtQuick 模块提供的基本类型如表 A-3 所示。

表 A-3　QtQuick 模块提供的基本类型

类　　型	描　　述
color	ARGB 颜色值
font	QFont 的 QML 类型，包含了 QFont 的属性值
matrix4x4	一个 4 行 4 列的矩阵
quaternion	一个四元数，包含一个标量以及 x、y 和 z 属性
vector2d	二维向量，包含 x 和 y 两个属性
vector3d	三维向量，包含 x、y 和 z 这 3 个属性
vector4d	四维向量，包含 x、y、z 和 w 这 4 个属性
date	日期值
point	点值，包含 x 和 y 两个属性
size	大小值，包含 width 和 height 两个属性
rect	矩形值，包含 x、y、width 和 height 这 4 个属性

一些基本类型也包含属性，例如 font 类型包含 pixelSize、family 和 bold 属性。不过这里所说的属性与 QML 类型（如 Rectangle）的属性不同：基本类型的属性没有自己的属性改变信号，只能为基本类型自身创建一个属性改变信号处理器。另外，每当基本类型的一个特性改变时，该基本类型都会发射自身的属性改变信号，例如 onFontChanged 等。

A.2.2　JavaScript 类型

QML 引擎直接支持 JavaScript 对象和数组，任何标准 JavaScript 类型都可以在 QML 中使用 var 类型进行创建和存储。例如下面的代码，在 QML 中使用了 JavaScript 的 Date 和 Array 类型（项目源码路径为 src\A\A-3\myjs）。

```
Item {
    property var theArray: []
    property var theDate: new Date()

    Component.onCompleted: {
        for (var i = 0; i < 10; i++)
            theArray.push("Item " + i)
        console.log("There are", theArray.length, "items in the array")
        console.log("The time is", theDate.toUTCString())
    }
}
```

A.2.3 对象类型

QML 对象类型用于 QML 对象的实例化。对象类型与基本类型最大的区别是，基本类型不能声明一个对象，而对象类型可以通过指定类型名称并在其后的一组大括号里面包含相应属性的方式来声明一个对象。例如，Rectangle 是一个 QML 对象类型，它可以用来创建 Rectangle 类型的对象。

QML 对象类型继承自 QtObject，由各个模块提供。应用程序通过导入模块使用各种对象类型。QtQuick 模块包含了创建用户界面所需要的最基本的对象类型。除了导入模块，还可以通过另外两种方式自定义 QML 对象类型：一是创建.qml 文件来定义类型；二是通过 C++定义 QML 类型，然后在 QML 引擎中注册该类型。

A.3 对象特性（Attributes）

每一个 QML 对象类型都包含一组已定义的特性。每个对象类型的实例在创建时都会包含一组特性，这些特性是在该对象类型中定义的。一个 QML 文档中的对象声明定义了一个新的类型，其中可以包含如下特性。

- id 特性。
- 属性（property）特性。
- 信号（signal）特性。
- 信号处理器（signal handler）特性。
- 方法（method）特性。
- 附加属性（attached properties）和附加信号处理器（attached signal handler）特性。
- 枚举（enumeration）特性。

下面将详细介绍这几种特性。可以在帮助中通过 QML Object Attributes 关键字查看本节相关内容。

A.3.1 id 特性

每一个对象都可以指定一个唯一的 id，这样便可以在其他对象中识别并引用该对象。这个特性是语言本身提供的，不能被 QML 对象类型进行重定义或重写。可以在一个对象所在组件（component）中的任何位置使用该对象的 id 来引用这个对象。因此，id 值在一个组件的作用域中必须是唯一的。

对于一个 QML 对象，id 值是一个特殊的值，不要把它看作一个普通的对象属性。例如，无法像普通属性那样，使用 text.id 获得这个值。一旦对象被创建，它的 id 值就无法改变。尽管 id 看上去非常像字符串，但它不是字符串，而是由语言提供的一种数据类型。

注意，id 值必须使用小写字母或者下划线开头，并且不能使用字母、数字和下画线以外的字符。

A.3.2 属性特性

属性是对象的一个特性，可以分配一个静态的值，也可以绑定一个动态表达式。属性的值可以被其他对象读取。一般而言，属性的值也可以被其他对象修改，除非显式声明为只读属性。

1. 声明属性特性

属性可以在 C++中通过先注册一个类的 Q_PROPERTY 宏，再注册到 QML 类型系统进行创建。此外，还可以在 QML 文档中使用下面的语法声明一个属性。

```
[default] [required] [readonly] property <propertyType> <propertyName>
```

使用这种机制可以很容易地将属性值暴露给外部对象或维护对象的内部状态。与 id 类似，属性的名字 propertyName 也必须以小写字母开始，可以包含字母、数字和下画线。另外，JavaScript 保留字不能作为属性的名字。前面的 default、required 和 readonly 等修饰符是可选的，分别用来声明默认属性、必需属性和只读属性。

声明一个自定义的属性，则会隐式地为该属性创建一个值改变信号，以及一个相应的信号处理器 on<PropertyName>Changed，其中<PropertyName>是自定义属性的名字，并且要求首字母大写。例如（项目源码路径为 src\A\A-4\myproperty）：

```
Rectangle {
    property color previousColor
    property color nextColor
    onNextColorChanged:
        console.log("The next color will be: " + nextColor.toString())
    nextColor: "red"
    width: 400; height: 300; color: nextColor
    MouseArea {
        anchors.fill: parent
        onClicked: nextColor = "yellow"
    }
}
```

在这个例子中，从 Rectangle 基类型派生了一个新类型，它包含两个新属性：previousColor 和 nextColor。我们希望在 nextColor 属性发生改变时得到通知，所以增加了一个信号处理器 onNextColorChanged。

除 enumeration 外，QML 的基本类型都可以用作自定义属性的类型。由于 enumeration 其实就是整型 int，所以，当需要使用 enumeration 的时候，可以选择使用 int 类型替代。

对于 QML 其他基本类型，只要导入相应模块，也可以作为属性类型。需要注意的是 var 类型：var 是一种通用的占位符类型，类似于 QVariant，它可以包含任意类型的值，包括列表和对象。

另外，QML 对象类型也可以作为一个属性类型。示例如下：

```
property Item someItem
property Rectangle someRectangle
```

除了这些 QML 内置的对象类型，还可以将自定义的对象类型作为属性类型使用。

2. 初始化和赋值

QML 属性的值可以通过初始化或者赋值操作来给出，这两种途径都可以直接给定一个静态数据值或绑定一个表达式。

（1）初始化。属性可以在初始化时直接赋值，其语法如下：

```
<propertyName> : <value>
```

也可以将属性声明和属性初始化结合成一条语句：

```
[default] property <propertyType> <propertyName> : <value>
```

下面我们看一个例子：

```
Rectangle {
    color: "yellow"
    property color nextColor: "blue"
}
```

代码中 color 属性使用了初始化语句；而 nextColor 则将属性声明与属性初始化结合在一起。

（2）代码中赋值。赋值操作与 JavaScript 相同，使用赋值运算符（=）完成。其语法是：

```
[<objectId>.]<propertyName> = value
```

在下面的代码中使用赋值运算符，将 rect.color 的值设置为 red（项目源码路径为 src\A\A-5\myproperty）。

```
Rectangle {
id: rect
width: 100; height: 100
   Component.onCompleted: {
      rect.color = "red"
   }
}
```

（3）类型安全。前面已经强调，QML 属性的初始化或赋值，类型必须匹配或能够转换成匹配的类型。但是，上面的代码却将字符串"red"赋值给了 color 类型的属性。这是因为 QML 提供了一系列转换器，能够将 string 转换成很多其他的属性类型。正因为有这些转换器的存在，才可以将"red"转换成颜色类型。由此可以看出，QML 属性是类型安全的：属性值的类型必须与属性要求的类型相匹配。

3. 对象列表属性

可以将一个 QML 对象类型值列表赋值给一个列表类型的属性，其语法是：

```
[<item1>, <item2>, …]
```

列表被包含在一对方括号中，使用逗号分割列表中的对象。

例如，Gradient 类型有一个 stops 属性，用于保存一个 GradientStop 类型对象的列表。下面的代码片段给出如何初始化这个 stops 属性（项目源码路径为 src\A\A-6\mylist）。

```
Rectangle {
   width: 100; height: 100
   gradient: Gradient {
      stops: [ // 因为 stops 属性是默认属性，所以也可以省略
      GradientStop { position: 0.0; color: "red" },
      GradientStop { position: 0.33; color: "yellow" },
      GradientStop { position: 1.0; color: "green" }
      ]
   }
}
```

如果列表仅包含一个对象，也可以省略方括号。可以使用下面的语法在对象声明时指定一个列表类型属性。

```
[default] property list<<objectType>> propertyName
```

而且与其他属性声明类似，在属性声明时也可以使用下面的语法进行属性初始化。

```
[default] property list<<objectType>> propertyName: <value>
```

另外，可以使用 length 属性来获取列表中的对象数量，通过[index]语法来获取列表中的指定值。如果要声明一个用来存储一列值的属性，而不是使用 QML 对象类型的值，那么可以使用 var 属性。

4. 属性组

QML 属性可以按照逻辑关系进行分组。属性可以是一个包含子属性特性的逻辑组，而子属性特性也可以使用点标记或者组标记来赋值。例如，Text 类型的 font 属性是一个属性组。下例中第一个 Text 使用点标记初始化 font 值，第二个 Text 则使用组标记的形式（项目源码路径为 src\A\A-7\myfont）。

```
Row {
    Text { // 点标记
        font.pixelSize: 12; font.bold: true
        text: "text1"
    }
    Text { // 组标记
        font { pixelSize: 12; bold: true }
        text: "text2"
    }
}
```

5. 属性别名

属性别名类似 C++的引用。与普通的属性声明不同，属性别名不需要分配一个新的唯一的存储空间，而是将新声明的属性（称为别名属性，the aliasing property）作为一个已经存在的属性（称为被别名的属性，the aliased property）的直接引用。通过给属性定义一个别名，以后就可以利用这个别名操作这个属性。属性别名的声明与属性的声明类似，但是需要使用 alias 关键字代替属性类型，而且在属性声明的右侧必须是一个有效的别名引用。其语法如下。

```
[default] property alias <name>: <alias reference>
```

与普通属性不同，别名只能引用到其声明处的类型作用域中的一个对象或一个对象的属性。它不能包含任何 JavaScript 表达式，也不能引用类型作用域之外的对象。还要注意右侧的 alias reference 不是可选的，这与普通属性声明中可选的默认值不同。而且当第一次声明别名时，alias reference 必须提供，这一点与 C++引用也非常相似。例如（项目源码路径为 src\A\A-8\myalias）：

```
// Button.qml
import QtQuick

Rectangle {
    property alias buttonText: textItem.text
    width: 100; height: 30; color: "yellow"
    Text { id: textItem }
}
```

这里定义了一个 Button 类型。Button 有一个 buttonText 的属性别名，指向其 Text 子对象的 text 属性。在其他 QML 文档中使用 Button 类型时，可以直接使用如下语句定义其 Text 子对象的文本。

```
Button { buttonText: "click Me" }
```

由于 buttonText 属性仅仅是一个别名，任何针对 buttonText 的修改，都会直接反映到 textItem.text；同样，任何对 textItem.text 的修改都会反映到 buttonText：这是一个双向绑定。

在使用属性别名时需要注意下面几点。

- 属性别名在整个组件初始化完毕之后才是可用的。代码是从上向下执行的，因此一个常见的错误是，在引用所指向的属性还没有初始化的时候就使用了别名。
- 属性别名可以与现有的属性同名，但会覆盖现有属性。
- 引用深度最多为 2 层，超过 2 层的引用无效。

需要说明，属性别名在开发组件的时候特别有用。QML 组件通常是一系列基本类型的有序堆积。一个组件可能有很多子对象，对于组件的使用者，出于封装的考虑，不应该知道这些子对象。然而，组件使用者又不可避免地需要设置某些子对象的属性。此时，可以给子对象属性设置一个别名，把它作为整个组件的属性在外部使用，既解决了子对象封装的问题，又将有用的属性暴露出来。

6. 默认属性

对象声明可以有一个默认属性，默认属性至多有一个。当声明对象时，如果其子对象没有明确指定它要分配到的属性名，那么这个子对象就被赋值给默认属性。

声明默认属性很简单，只要在属性声明语句的前方加上 default 修饰符即可。例如下面的代码，给 MyLabel 增加一个默认属性 someText（项目源码路径为 src\A\A-9\mydefault）。

```
// MyLabel.qml
import QtQuick

Text {
   default property var someText
   text: "Hello, " + someText.text
}
```

可以像下面这样在其他.qml 文件中使用 MyLabel。

```
Rectangle {
   width: 360; height: 360
   MyLabel {
      anchors.centerIn: parent
      Text { text: "world!" }
   }
}
```

这里 Text 对象自动成为 MyLabel 的默认属性 someText 的值。其实，在前面的例子中已经见过默认属性。比如下面的代码片段：

```
Rectangle {
   id: rect
   Text {
   text: "Hello,  world!"
   }
}
```

注意这里的 Text 对象，没有明确指出其赋值给 Rectangle 的哪一个属性，因此它就会自动成为 Rectangle 的默认属性的值。所有基于 Item 的类型都有一个默认属性 data : list<QtObject>，该属性允许将可视化子对象和资源自由添加到 Item 对象中：如果添加的是可视化对象，那么将作为 children；如果添加的是其他对象类型，那么将作为 resource。例如：

```
Item {
    Text {}
    Rectangle {}
    Timer {}
}
```

相当于：

```
Item {
    children: [
       Text {},
       Rectangle {}
    ]
    resources: [
       Timer {}
    ]
}
```

正因如此，不需要显式指出将子对象添加到 data 属性。

7. 必需属性

对象声明中可以通过 required 关键字声明一个必需属性，其语法如下。

```
required property <propertyType> <propertyName>
```

当创建一个对象的实例时，必需属性是必须要设置的。也可以使用如下语法来使现有的属性成为必需属性。

```
required <propertyName>
```

例如下面的代码片段所示，在自定义的 ColorRectangle 类型中，颜色属性必须进行设置，不然无法运行（项目源码路径为 src\A\A-10\myrequired）。

```
// ColorRectangle.qml
import QtQuick
Rectangle {
    required color
}
```

注意，必需属性在模型视图程序中扮演特殊角色：如果视图的委托具有与视图模型的角色名称相同的必需属性，则这些属性将使用模型的相应值进行初始化。

8. 只读属性

有时候需要使用只读属性，通过指定 readonly 关键字，就可以定义一个只读属性。其语法如下。

```
readonly property <propertyType> <propertyName> : <initialValue>
```

只读属性必须给出初始值，否则这个属性是没有意义的。一旦只读属性初始化完毕，属性值就不允许再更改。另外，只读属性不允许是默认属性，也不允许有别名。

9. 属性修饰符对象（Property Modifier Objects）

一个属性可以拥有与之关联的属性修饰符对象，声明与特定属性相关联的属性修饰符对象的语法如下。

```
<PropertyModifierTypeName> on <propertyName> {
    // 对象实例的特性设置
}
```

这个通常被称为"on"语法。需要注意的是，这个语法实际上是一个对象声明，它会实例化一个对象，而该对象作用于一个已经存在的属性。典型的用法是动画类型，例如（项目源码路径为 src\A\A-11\mymodifier）：

```
Rectangle {
    width: 100; height: 100; color: "red"
    NumberAnimation on x { to: 50; duration: 1000 }
}
```

A.3.3 信号和信号处理器特性

QML 中信号和信号处理器的相关内容请参考第 5 章。

A.3.4 方法特性

对象类型的方法就是一个函数，可以执行某些处理或者触发其他事件。可以将方法关联到信号上，这样在发射该信号时就会自动调用该方法。

在 C++ 中，可以使用 Q_INVOKABLE 宏或者 Q_SLOT 宏进行注册的方式定义方法；另外，也可以在 QML 文档的对象声明里使用下面的语法添加一个自定义方法。

```
function <functionName>([<parameterName>[: <parameterType>][, ...]]) [: <returnType>]
{ <body> }
```

QML 的方法可以用于定义相对独立的可重用的 JavaScript 代码块。这些方法可以在内部调用，也可以被外部对象调用。

与信号不同，方法的参数类型可以不明确指定，因为默认情况下这些参数都是 var 类型的。但是为了提高性能和可维护性，笔者建议指定参数的类型。与信号类似，同一作用域中不能有两个同名的方法。但是，新的方法可以重用已有方法的名字。这意味着，原来的方法会被新的方法隐藏，变得不可访问。

下面的代码中，Rectangle 定义了一个 calculateHeight()方法，用于计算 height 的数值（项目源码路径为 src\A\A-12\myfunction）。

```
Rectangle {
    id: rect
    function calculateHeight() : real {
        return rect.width / 2;
    }
    width: 400; height: calculateHeight()
}
```

QML 的方法中如果有参数，可以在方法中通过参数名称来访问这些参数。例如，下面代码中的 moveTo()方法包含两个参数（项目源码路径为 src\A\A-13\myfunction）。

```
Item {
    width: 200; height: 200

    MouseArea {
        anchors.fill: parent
        onClicked: (mouse)=> label.moveTo(mouse.x, mouse.y)
    }
    Text {
        id: label; text: "Move me!"
        function moveTo(newX: real, newY: real) {
            label.x = newX; label.y = newY
        }
    }
}
```

A.3.5　附加属性和附加信号处理器特性

附加属性和附加信号处理器是一种允许对象使用额外的属性或信号处理器的机制。这个机制允许对象访问一些与个别对象相关的属性或者信号，这一点在实际编程时非常有用。

在实现一个 QML 类型时，可以选择性地创建一个包含特定属性和信号的附加类型，该类型的实例在运行时可以被创建并附加给指定的对象，这样便允许这些对象访问附加类型中的属性和信号。

附加属性和附加信号处理器的语法如下。

```
<ArrachingType>.<propertyName>
<ArrachingType>.on<SignalName>
```

1. 附加属性

例如，ListView 类型包含一个附加属性 ListView.isCurrentItem，可以附加到 ListView 的每一个委托对象。这个属性可以让每一个独立的委托对象确定其是不是视图中当前选择的对象，例如（项目源码路径为 src\A\A-14\myarraching）：

```
ListView {
    width: 240; height: 320; model: 3; focus: true
    delegate: Rectangle {
        width: 240; height: 30
        color: ListView.isCurrentItem ? "red" : "yellow"
```

```
    }
}
```

上面的代码中，附加类型的名称是 ListView，而相关的属性是 isCurrentItem，因此需要使用 ListView.isCurrentItem 引用这个附加属性。要注意，这里 ListView.isCurrentItem 只是附加到了根委托对象，而不是委托对象的子对象。

2. 附加信号处理器

附加信号处理器也是类似的。例如 Component.onCompleted 就是一个常用的附加信号处理器，用于在组件创建完成时执行一些 JavaScript 代码。在下面的例子中，一旦 ListModel 完全创建，Component.onCompleted 信号处理器就会被自动调用来填充模型（项目源码路径为 src\A\A-15\myarraching）。

```
ListView {
    width: 240; height: 320
    model: ListModel {
        id: listModel
        Component.onCompleted: {
            for (var i = 0; i < 10; i++)
                listModel.append({"Name": "Item " + i})
        }
    }
    delegate: Text { text: index + "   " + Name }
}
```

因为附加类型 Completed 属于 Component，因此需要使用 Component.onCompleted 引用这个信号处理器。

A.3.6 枚举特性

枚举（Enumeration）提供了一组固定的命名选项，可以在 QML 中通过 enum 关键字来声明。枚举类型名称（例如下面代码中的 TextType）和值（例如下面代码中的 Normal）的首字母必须大写，可以通过<Type>.<EnumerationType>.<Value> 或者<Type>.<Value>来访问值。例如（项目源码路径为 src\A\A-16\myenumeration）：

```
// MyText.qml
Text {
    enum TextType {
        Normal, Heading
    }
    property int textType: MyText.TextType.Normal

    font.bold: textType === MyText.TextType.Heading
    font.pixelSize: textType === MyText.TextType.Heading ? 24 : 12
}
```

A.4 属性绑定

为了充分利用 QML 及其对动态对象行为的内置支持，大多数 QML 对象会使用属性绑定。属性绑定是 QML 的一项核心功能，它允许开发者指定不同对象属性之间的关系，当一个属性的依赖值发生变化时，该属性会根据指定的关系自动更新。具体来说，当一个对象属性要分配一个值时，既可以分配一个静态值，也可以绑定一个 JavaScript 表达式。如果使用静态值，除非给该属性分配了新的值，否则该属性的值是不会改变的；而如果绑定 JavaScript 表达式，只要该表达式的结果更改了，QML 引擎都会自动更新该属性的值。

A.4.1　一般绑定

如果需要创建一个属性绑定，要为属性分配一个表达式，该表达式的计算结果是该属性所需的值。最简单的情况，绑定可能是对另一个属性的引用。在下面的例子中，蓝色矩形的 height 属性绑定到了其父对象的 height 属性上（项目源码路径为 src\A\A-17\mybinding）。

```
Rectangle {
    width: 200; height: 200
    Rectangle {
        width: 100; height: parent.height; color: "blue"
    }
}
```

当父对象的 height 属性改变时，蓝色矩形的 height 值自动更新为相同的值。此外，因为 QML 使用的是兼容标准的 JavaScript 引擎，所以在绑定中可以包含任意有效的 JavaScript 表达式或语句。例如，下面都是有效的绑定。

- height: parent.height / 2
- height: Math.min(parent.width, parent.height)
- height: parent.height > 100 ? parent.height : parent.height/2
- height: {

    if (parent.height > 100) return parent.height

    else return parent.height / 2

  }
- height: someMethodThatReturnsHeight()

当 parent.height 的值更改时，QML 引擎都会重新计算这些表达式，并将更新后的值分配给蓝色矩形的 height 属性。在绑定中除了可以访问对象属性，还可以调用方法或者使用 Date、Math 等内置的 JavaScript 对象。

从语法上来说，绑定可以是非常复杂的，但并不建议在绑定中包含过多的代码。如果一个绑定一开始就非常复杂，比如包含多行或者必须使用循环等，那么最好的方法是进行重构，或者将绑定代码放到一个单独的函数里。

还要提示一点，当同时使用 QML 和 JavaScript 时，区分 QML 属性绑定和 JavaScript 赋值是很重要的。在 QML 中，使用"属性：值"语法来创建一个属性绑定：

```
Rectangle {
    width: otherItem.width
}
```

每当 otherItem.width 更改时，Rectangle 的 width 属性也会自动更新。但是，下面的代码片段则会在 Rectangle 被创建时执行。

```
Rectangle {
    Component.onCompleted: {
        width = otherItem.width;
    }
}
```

这里为 Rectangle 的 width 属性分配了 otherItem.width 的值，是赋值操作，它是通过使用 JavaScript 中的"属性 = 值"语法实现的。与 QML 中的"属性：值"语法不同，这个不会调用 QML 的属性绑定；代码会为 Rectangle 的 width 属性分配 otherItem.width 的值，而当该值改变时不会自动更新。

A.4.2　使用 binding()

一旦属性被绑定到一个表达式，这个属性就会被设置为自动更新。然而，如果这个属性后来又由 JavaScript 语句分配了一个静态值，原有的绑定会被清除。如果并不是为了移除绑定，而是想创建一个新的绑定，则需要使用 Qt.binding() 来实现，就是向 Qt.binding() 传递一个函数来返回需要的结果。例如（项目源码路径为 src\A\A-18\mybinding）：

```
Item {
    width: 600; height: 600
    Rectangle {
        width: 50; height: width * 2
        color: "red"; anchors.centerIn: parent; focus: true
        Keys.onSpacePressed: height = Qt.binding(
                            function() { return width * 3 })

        MouseArea {
            anchors.fill: parent
            onClicked: parent.width += 10
        }
    }
}
```

这样当按下空格键时，会分配新的 width*3 绑定，而不是移除初始的绑定。

A.5　QML 文档

一个 QML 文档就是一个符合 QML 文档语法的字符串，它定义了一个 QML 对象类型。QML 文档通常从存储在本地或远程的.qml 文件进行加载，也可以在代码中进行手动构建。文档中定义的对象类型的实例可以在 QML 代码中使用 Component（组件）进行创建，也可以在 C++ 中使用 QQmlComponent 进行创建。另外，如果这个对象类型使用一个特定的类型名称被显式地暴露给 QML 类型系统，那么这个类型就可以在其他文档的对象声明中直接使用。因为在文档中可以定义可重复使用的 QML 对象类型，所以在客户端可以编写出模块化的、高可读性的、易于维护的代码。

一个 QML 文档包含两部分：import 导入语句部分和对象声明部分。按照惯例，在这两部分之间需要留有一空行进行分隔。需要强调的是，一个 QML 文档只能包含一个根对象声明，不允许出现两个平行的根对象。QML 文档一般使用 UTF-8 格式进行编码。

读者可以在 Qt 帮助中通过 QML Documents 关键字查看本节内容。

A.5.1　通过 QML 文档定义对象类型

QML 的一个核心功能是，可以通过 QML 文档以一种轻量级的方式来方便地定义 QML 对象类型，从而满足不同 QML 应用的需求。标准的 Qt Quick 模块提供了多种类型（例如 Rectangle、Text 和 Image 等）用于创建 QML 应用程序，除此之外，还可以很容易地定义自己的 QML 类型，并在应用中进行重用。

要创建一个对象类型，需要将一个 QML 文档放置到一个以<TypeName>.qml 命名的文本文件中。这里<TypeName>是类型的名称，必须以大写字母开头，不能包含除字母、数字和下划线以外的字符。这个文档会自动被引擎识别为一个 QML 类型的定义。此外，引擎解析 QML 类型名称时需要搜索相同的目录，所以使用这种方式定义的类型，同一目录中的其他 QML 文件会被自动设置为可用的。

例如，下面的文档中声明了一个 Rectangle，其包含一个 MouseArea 子对象，这个文档保存在了以 SquareButton.qml 命名的文件中（项目源码路径为 src\A\A-19\myapplication）。

```
// SquareButton.qml
import QtQuick

Rectangle {
   width: 100; height: 100; color: "red"

   MouseArea {
      anchors.fill: parent
      onClicked: console.log("Button clicked!")
   }
}
```

由于文件名称是 SquareButton.qml, 因此可以被同一目录下的其他 QML 文件作为 SquareButton 类型使用。例如, 在相同的目录中有一个 myapplication.qml 文件, 它可以引用 SquareButton 类型:

```
// myapplication.qml
import QtQuick

SquareButton {}
```

当 myapplication.qml 文档被引擎加载时, 它会将 SquareButton.qml 作为一个组件进行加载, 并对其进行实例化来创建一个 SquareButton 对象。在 SquareButton 类型中封装了定义在 SquareButton.qml 文件中的 QML 对象树。QML 引擎从这个类型实例化一个 SquareButton 对象, 也就是从定义在 SquareButton.qml 文件中的 Rectangle 对象树实例化了一个对象。

如果 SquareButton.qml 没有和 myapplication.qml 在同一个目录中, 那么就需要在 myapplication.qml 中使用 import 语句来导入该类型, 可以在文件系统中使用相对路径进行导入, 也可以作为已安装的模块进行导入。

注意, 因为在一些文件系统中对文件名称是区分大小写的, 所以建议定义 QML 文件名称时严格按照首字母大写而其他字母小写的格式。

A.5.2　QML 组件

组件是可重用的、封装好的 QML 类型, 并提供了定义好的接口。组件一般使用一个.qml 文件定义。前面讲到的使用 QML 文档定义对象类型, 其实就是创建了一个组件。这种使用独立 QML 文件创建组件的方法, 这里不再讨论。下面我们看一下其他几种创建组件的方式。

1. 直接使用 Component 类型在一个 QML 文档中定义一个组件

这种方式简便好用, 例如在 QML 文件中重用一个小型组件, 或定义一个逻辑上属于该文件中其他 QML 组件的组件。下面的例子在文档内部使用 Component 类型定义了一个组件, 其中只包含一个 Rectangle, 该组件被多个 Loader 对象使用（项目源码路径为 src\A\A-20\mycomponent）。

```
Item {
   width: 100; height: 100
   Component {
      id: redSquare
      Rectangle { color: "red"; width: 10; height: 10 }
   }
   Loader { sourceComponent: redSquare }
   Loader { sourceComponent: redSquare; x: 20 }
}
```

注意, 一般 Rectangle 会自己渲染并进行显示, 但是这里却不会。因为它定义在一个 Component 内部。组件内部封装的 QML 类型, 相当于定义在独立的 QML 文件中, 会在需要时才进行加载（例如这里由两个 Loader 对象进行加载）。因为 Component 不是继承自 Item, 所以不能对其进行布局或锚定其他对象。

定义 Component 与定义 QML 文档类似。QML 文档包含一个唯一的根对象来定义组件的行为和属性，并且不能在根对象之外定义行为或属性。类似的，Component 定义也包含一个唯一的根对象（例如这里的 Rectangle），并且不能在根对象之外定义任何数据，只能使用 id 进行引用（例如在 Loader 中使用 redSquare）。

Component 类型一般用于为视图提供图形组件。例如，ListView 的 delegate 属性需要一个 Component 指定它的每一个列表项怎样显示。

Component 的创建上下文（context）对应于 Component 声明处的上下文。当一个组件被 ListView 或 Loader 这样的对象实例化时，这个上下文就是父对象的上下文。例如，下面的代码中 comp1 在 MyItem.qml 的根对象上下文中被创建，在这个组件中实例化的任何对象都可以访问这个上下文中的 id 和属性，例如 internalSettings.color。当 comp1 在其他上下文中用作 ListView 的委托时，依然可以访问它创建上下文中的属性（项目源码路径为 src\A\A-21\mycomponent）。

```qml
// MyItem.qml
import QtQuick

Item {
    property Component mycomponent: comp1

    QtObject {
        id: internalSettings
        property color color: "green"
    }

    Component {
        id: comp1
        Rectangle { color: internalSettings.color;
                    width: 400; height: 50 }
    }
}
```

下面是 mycomponent.qml 的内容。

```qml
import QtQuick

ListView {
    width: 400; height: 400; model: 1
    delegate: myItem.mycomponent

    MyItem { id: myItem }
}
```

2. 使用 Qt.createComponent()来动态创建 Component

要动态加载定义在一个 QML 文件中的组件，则可以调用 Qt 全局对象中的 Qt.createComponent() 函数。这个函数需要将 QML 文件的 URL 作为其参数，然后从这个 URL 上创建一个 Component 对象。一旦有了一个 Component，就可以调用它的 createObject()方法来创建该组件的一个实例。该函数的原型为：

```
QtObject createObject(QtObject parent, object properties)
```

如果 QML 直到运行时才被定义，可以使用 Qt.createQmlObject()函数从一个 QML 字符串创建一个 QML 对象。例如（项目源码路径为 src\A\A-22\mycomponent）：

```
const newObject = Qt.createQmlObject(
'import QtQuick 2.9; Rectangle {color: "red"; width: 20; height: 20}',
parentItem,
```

```
"dynamicSnippet1");
```

第一个参数是要创建的 QML 字符串，就像一个新的文件一样，需要导入所使用的类型；第二个参数是父对象，与组件的父对象参数的语义相同；第三个参数是与新对象相关的文件的路径，它用来报告错误。可以在帮助中通过 Dynamic QML Object Creation from JavaScript 关键字查看更多相关内容。

3. 内联组件

对于在 QML 文档中创建组件，如果不需要公开类型，而只需要创建一个实例，那么可以直接使用 Component；但是如果想用组件类型声明属性，或者想在多个文件中使用它，这时 Component 就不再适合了，而可以使用内联组件。内联组件在文件中声明一个新组件，其语法如下：

```
component <component name> : BaseType {
    // 声明属性等
}
```

A.6　QML 模块

QML 模块在类型命名空间中提供了版本类型和 JavaScript 资源，可以为导入该模块的客户端所使用。模块提供的类型可能定义在 C++的插件中，也可能定义在 QML 文档中。模块使用了 QML 的版本系统，这允许模块可以独立更新。定义一个模块可以实现如下功能。

- 在一个项目中可以共享常见的 QML 类型，例如，不同的窗口可以使用一组 UI 组件。
- 分布 QML 库。
- 可以将功能模块化，一个程序可以只加载需要的库。
- 因为版本化的类型和资源，可以保证模块的安全更新，而不需要打破客户端代码。

可以在帮助中通过 QML Modules 关键字查看本节相关内容。

A.6.1　定义一个 QML 模块

QML 模块通过一个 qmldir 模块定义文件来定义：

```
module <ModuleIdentifier>
[singleton] <TypeName> <InitialVersion> <File>
<ResourceIdentifier> <InitialVersion> <File>
```

每一个模块包含一个关联的类型命名空间，也就是该模块的标识符 ModuleIdentifier，首字母建议大写。模块可以提供 QML 对象类型（通过 QML 文档或 C++插件进行定义）和 JavaScript 资源，并可以被导入客户端。关于 qmldir 文件的用法，可以参考前面 A.1.2 节。可以在帮助中通过 Module Definition qmldir Files 关键字查看更多相关内容。

定义一个模块，需要将属于该模块的所有 QML 文档、JavaScript 资源和 C++插件都放到同一个目录中，然后在该目录中编写一个合适的 qmldir 模块定义文件。这时该目录就可以作为一个模块被安装到 QML 导入路径中，可以参考前面的示例 A-1。需要注意，定义模块并不是在一个项目中共享常用 QML 类型的唯一方法，还可以通过简单地导入 QML 文档目录来实现这一目的。

A.6.2　通过 C++插件提供类型和功能

我们可以通过在 C++插件中实现一些类型（而不是通过 QML 文档定义它们）和逻辑，以获得更好的性能或更大的灵活性。QML 的每个 C++插件都有一个初始化函数，当加载插件时，QML 引擎会调用该函数。此初始化函数会注册插件提供的任何类型，但不能执行其他任何操作（例如，不允许实例化 QObject）。可以在帮助中通过 Creating C++ Plugins for QML 关键字查看详细内容。

附录 B　CMake 简介

CMake 是一组可以构建、测试和打包应用程序的工具。如同 Qt 一样，它是开源的、跨平台的，可以简化跨平台项目开发的构建过程。CMake 拥有自己的参考文档，可以在其官网查看，也可以在 Qt 帮助中通过 CMake Tutorial 关键字查看。使用 Qt Creator 新建项目模板创建不同 Qt 应用程序时，若选择 CMake 为构建系统，则会自动生成 CMakeLists.txt 文件，下面对该文件进行详细介绍。

B.1　构建控制台应用

我们先来看一下最简单的 Qt 控制台应用。新建一个 helloworld 程序，项目模板选择 Qt Console Application，将构建系统 Build system 选择为 CMake。项目创建完成后会生成一个 CMakeLists.txt 文件，这个就是用 CMake 语言编写的用于定义 CMake 项目的核心文件，该文件的内容如下。

```
01 cmake_minimum_required(VERSION 3.14)
02
03 project(helloworld LANGUAGES CXX)
04
05 set(CMAKE_AUTOUIC ON)
06 set(CMAKE_AUTOMOC ON)
07 set(CMAKE_AUTORCC ON)
08
09 set(CMAKE_CXX_STANDARD 17)
10 set(CMAKE_CXX_STANDARD_REQUIRED ON)
11
12 find_package(QT NAMES Qt6 Qt5 REQUIRED COMPONENTS Core)
13 find_package(Qt${QT_VERSION_MAJOR} REQUIRED COMPONENTS Core)
14
15 add_executable(helloworld
16   main.cpp
17 )
18 target_link_libraries(helloworld Qt${QT_VERSION_MAJOR}::Core)
19
20 install(TARGETS helloworld
21   LIBRARY DESTINATION ${CMAKE_INSTALL_LIBDIR})
```

第 1 行的 cmake_minimum_required()指令指定了应用程序所需的最低 CMake 版本，控制台应用默认设置的是 CMake 3.14 版本。

第 3 行 project()指令用来设置项目名称（这里为 helloworld），LANGUAGES 参数表明程序是用 C++编写的。这里还可以使用 VERSION 参数来设置项目版本。

第 5～7 行通过 set()指令设置 CMAKE_AUTOUIC、CMAKE_AUTOMOC 和 CMAKE_AUTORCC 等变量为 ON，即开启自动执行 uic、moc、rcc 命令。例如可以自动使用 rcc 工具编译.qrc 资源文件。

第 9～10 行，指定需要 C++版本 17 或更高版本的编译器，通过设置 CMAKE_CXX

_STANDARD_REQUIRED 变量，可以保证编译器版本低于要求时打印错误。

第 12～13 行，首先使用 find_package()尝试查找 Qt 6，如果失败，则查找 Qt 5。如果找到其中任何一个，变量 QT_VERSION_MAJOR 将被定义为 6 或 5。然后再次使用 find_package()查找并导入 Qt 中的 Core 模块，${QT_VERSION_MAJOR}可以获取 Qt 主要版本号，比如现在是 6，而指定 REQUIRED 可以在找不到该模块的情况下打印错误。

第 15～17 行，add_executable()指定要构建的目标是可执行文件（不是库），其名称为 helloworld，目标应该从 C++源文件 main.cpp 进行构建，这里一般不需要列出头文件。

第 18 行，target_link_libraries()指令表明 helloworld 可执行文件需要链接 Qt Core 模块，也就是前面 find_package()导入的 Qt6::Core 模块。这不仅会将正确的参数添加到链接器中，还可以确保传递给 C++编译器正确的包含目录和编译器定义。

第 20～21 行，install()指令用于指定安装规则，这里通过 TARGETS 指定了生成的可执行文件，LIBRARY DESTINATION 指定了库的安装路径。这个命令在这里不是必须的。

直接按下 Ctrl+R 快捷键编译运行程序，可以在"编译输出"窗口看到执行了如下命令。

```
C:\CMake\bin\cmake.exe --build E:/app/build-helloworld-unknown-Debug --target all
```

这里调用了 cmake.exe 执行构建，并会生成单独的构建目录，这个目录在创建项目时可以自行设置，也可以到项目模式进行设置。

B.2 构建 Qt Widgets 应用

下面我们再来看一下构建 Qt Widgets 应用的情况。通过 Qt Widgets Application 模板创建一个 C++ Widgets 项目，我们将构建系统 Build system 选择为 CMake。项目创建完成后同样会生成一个 CMakeLists.txt 文件，下面我们看一下与前面主要不同的地方：

```
find_package(Qt${QT_VERSION_MAJOR} REQUIRED COMPONENTS Widgets)
```

Qt Widgets 应用需要 Qt6::Widgets 模块，对应的 target_link_libraries()指令也是链接该模块。因为 Widgets 模块基于 Core 模块，所以也会自动链接 Qt6::Core 模块。

```
set(PROJECT_SOURCES
        main.cpp
        mainwindow.cpp
        mainwindow.h
        mainwindow.ui
)
```

因为应用程序目标源码中需要指定.cpp、.ui 等文件，为了简化代码，方便后面调用，这里使用 set()指令定义了 PROJECT_SOURCES 变量来代替这些源文件列表。后面的代码中可以通过 ${PROJECT_SOURCES}来使用该变量。

```
if(${QT_VERSION_MAJOR} GREATER_EQUAL 6)
    qt_add_executable(helloworld
        MANUAL_FINALIZATION
        ${PROJECT_SOURCES}
    )
else()
    if(ANDROID)
        add_library(helloworld SHARED
            ${PROJECT_SOURCES}
        )
    else()
        add_executable(helloworld
```

```
                ${PROJECT_SOURCES}
        )
    endif()
endif()
```

当 Qt 的主要版本大于等于 6 时，通过 qt_add_executable()创建可执行文件；否则，根据平台不同执行不同操作：如果是 Android 平台，则通过 add_library()创建库；如果是其他平台，则通过 add_executable()创建可执行文件。

注意，这里使用了 qt_add_executable()，该指令包含在 Qt6::Core 模块中，所以使用该指令之前需要先通过 find_package()加载该模块。qt_add_executable()会完成 3 项工作：为目标平台创建适当类型的 CMake 目标、将目标链接到 Qt::Core 库、进行 CMake 目标的最终处理。

这里需要重点说一下目标的最终处理（Finalization）。创建目标后，通常需要进一步的处理或者进行最终确定步骤，该过程一般由 qt_finalize_target() 和 qt_finalize_project()来完成。前面提到，调用 qt_add_executable()的最后也将进行 CMake 目标的最终处理，不过执行时间依赖于 CMake 的版本：当使用 CMake 3.19 或更高版本时，目标最终处理会自动推迟到根 CMakeLists.txt 的末尾执行，这样调用者就有机会在最终确定创建的目标之前修改其属性；而当使用 CMake 3.19 之前的版本时，不支持自动延期，将在 qt_add_executable()指令返回之前立即执行目标最终处理。另外，无论使用哪个 CMake 版本，都可以通过 MANUAL_FINALIZATION 关键字来表明无须 qt_add_executable()执行最终处理，稍后将手动显式调用 qt_finalize_target()来完成。一般来说，除非项目必须支持 CMake 3.18 或更早版本，否则不需要使用 MANUAL_FINALIZATION。

```
set_target_properties(helloworld PROPERTIES
    MACOSX_BUNDLE_GUI_IDENTIFIER my.example.com
    MACOSX_BUNDLE_BUNDLE_VERSION ${PROJECT_VERSION}
    MACOSX_BUNDLE_SHORT_VERSION_STRING ${PROJECT_VERSION_MAJOR}.${PROJECT_VERSION_
MINOR}
    MACOSX_BUNDLE TRUE
    WIN32_EXECUTABLE TRUE
)
```

通过 set_target_properties()在应用程序目标上设置属性，例如在 macOS 上创建 Bundle 并指定版本号、设置在 Windows 下是可执行的等。

```
if(QT_VERSION_MAJOR EQUAL 6)
    qt_finalize_executable(helloworld)
endif()
```

当使用 Qt 6.x 版本时，使用 qt_finalize_executable()进行最终的可执行文件处理；当使用 Qt 5 及以前版本时，无须进行该操作。

B.3　构建 Qt Quick 应用

最后再来看一下构建 Qt Quick 应用的情况。通过 Qt Quick Application 模板创建一个 helloworld 项目，将构建系统选择为 CMake。下面我们看一下自动生成的 CMakeLists.txt 文件，与前面讲到的主要区别有：

```
find_package(Qt6 6.5 REQUIRED COMPONENTS Quick)
```

Qt Quick 应用需要加载 Qt6::Quick 模块，这里指定的 6.5 版本号是创建项目时手动选择的。同样，后面需要通过 target_link_libraries()链接到 Qt6::Quick 库。

```
qt_standard_project_setup(REQUIRES 6.5)
```

该指令简化了设置典型 Qt 应用程序的任务，例如设置 CMAKE_AUTOMOC 和 CMAKE_AUTOUIC 等。一般会在第一次调用 find_package(Qt6)之后立即调用该指令，并且通常只出现在顶层 CMakeLists.txt 文件中，在定义任何目标之前调用该指令。

```
qt_add_qml_module(apphelloworld
    URI helloworld
    VERSION 1.0
    QML_FILES Main.qml
)
```

qt_add_qml_module()指令可以定义一个包含 C++源码、QML 文件的 QML 模块，需要提供可执行目标、URI、模块版本、QML 文件列表等。该指令会将 QML 文件放入资源系统的 qrc:/qt/QML/${URI}中。在 main.cpp 中，QQmlApplicationEngine 对象会使用 loadFromModule() 通过 URI 指定的模型来加载 QML 类型。

B.4 小结

从前面的内容可以看到，CMakeLists.txt 文件主要由一些指令组成，这些指令包括 CMake 自身提供的，可以通过其官方文档进行查看；也包括一些 Qt 模块提供的，就是以 qt 开头的指令，可以在帮助中通过 CMake Command Reference 关键字查看。另外，CMake 指令是大小写无关的，但参数和变量是大小写相关的，所以建议全部使用大写指令。

这里只是对 Qt 项目模板自动生成的 CMakeLists.txt 文件进行了介绍，让读者可以更好地理解相关内容。在实际编写项目时，可以根据使用的内容查看对应的帮助文档来修改 CMakeLists.txt 文件。例如，项目中要使用 Qt Quick Controls 模块，可以在对应的帮助文档中看到使用 CMake 构建时需要添加的代码：

```
find_package(Qt6 REQUIRED COMPONENTS QuickControls2)
target_link_libraries(mytarget PRIVATE Qt6::QuickControls2)
```

当然，如果要更好地使用 CMake，还要参照 Build with CMake 关键字对应的帮助文档，配合 CMake 官方文档进行系统学习。